普通高等教育机电类专业规划教材

数控编程加工技术

第二版

张思弟　主编

U0121927

SHUKONG BIANCHENG
JIAGONG JISHU

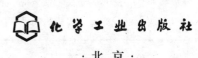 化学工业出版社

·北京·

本书着眼于金属切削加工类数控机床编程加工技术，主要围绕数控车床、数控铣床与加工中心的编程加工系统而全面地展开阐述。在对数控加工装备、数控加工工艺等编程相关知识介绍的基础上，结合具体典型数控系统，从本质上进行分析介绍，使读者理解掌握数控编程加工的实质。最后对目前逐步进入应用的高速切削加工技术和现代制造技术作了一个简要而全面的介绍，作为数控编程加工技术知识的拓展。

本书内容系统、完整、精炼，深入浅出，轻重有度，并注重相关知识间的联系与结合，通过丰富的应用示例实现理论与实践的紧密结合，便于自学。

本书可作为普通高等院校、高职高专机电类相关专业教材，还可作为各类培训机构的培训教材或教学参考书，也可供机械加工及其自动化行业广大科研、工程技术人员等参考。

图书在版编目（CIP）数据

数控编程加工技术/张思弟主编 . —2 版 . —北京：
化学工业出版社，2011.4
普通高等教育机电类专业规划教材
ISBN 978-7-122-10610-0

Ⅰ. 数… Ⅱ. 张… Ⅲ. ①数控机床-程序设计-高等学校-教材②数控机床-加工-高等学校-教材 Ⅳ. TG659

中国版本图书馆 CIP 数据核字（2011）第 029341 号

责任编辑：高　钰　　　　　　　　　文字编辑：李　娜
责任校对：宋　夏　　　　　　　　　装帧设计：史利平

出版发行：化学工业出版社（北京市东城区青年湖南街 13 号　邮政编码 100011）
印　　装：化学工业出版社印刷厂
787mm×1092mm　1/16　印张 22¾　字数 572 千字　　2011 年 4 月北京第 2 版第 1 次印刷

购书咨询：010-64518888（传真：010-64519686）　售后服务：010-64518899
网　　址：http://www.cip.com.cn
凡购买本书，如有缺损质量问题，本社销售中心负责调换。

定　　价：38.00 元　　　　　　　　　　　　　　　　版权所有　违者必究

第二版前言

随着我国制造业的高速发展，制造业对应用型人才的需求越来越大，对应用型人才的层次需求也就越来越高。以高职教育为主体的应用型人才的培养格局已逐渐被打破，应用型人才的培养越来越多地为普通高等教育所重视，越来越多的与生产企业紧密相关的应用技术类课程被列入普通高等学校教学培养计划。

近年来，随着数控技术的高速发展和普及应用，制造业装备逐步实现数控化升级换代，自然对机械工程技术人员也有了相应的知识结构要求。由于数控机床功能和工艺能力的不断扩展提高，数控加工与传统加工在加工工艺与加工过程方面有较大的差异，这将对产品的设计和工艺工作等提出新的要求。数控编程加工技术不仅仅是编程加工人员必须掌握的一项技术，产品的设计、工艺和管理人员等也应有所了解、熟悉或掌握。因此数控编程加工技术将成为培养机械工程技术人才的一门通用课程。

本书第一版自出版以来，受到了广大读者的关心并提出了宝贵意见，谨此表示衷心感谢。

本书第二版主要作为普通高等院校机械、机电类相关专业教材，并可作为高等职业学院和各类培训机构用教材或教学参考书，也可供机械加工及其自动化行业广大科研、工程技术人员等阅读参考。

本书第二版保留了原教材的主要内容，并根据几年来的使用情况，按照高等教育应用型人才的培养目标要求作了如下修订：

1. 对原教材第1、2章内容进行理顺、整合和补充，形成第1、2、3章，分别为数控加工装备、加工工艺和编程基础三个基础公共模块。

2. 对原教材第3、4章和第5、6章内容进行结构整合，删除第4、6章的部分扩展内容，只将原第4、6章中西门子802D的内容分别作为第3、5章的最后一节系统扩展内容，形成第4、5章，分别为数控车床编程加工和数控铣床与加工中心编程加工两个核心模块。

3. 结合社会技术现状，跟踪国内外技术发展趋势，补充增加第6章高速切削加工技术，与第7章数控技术发展及现代制造技术作为拓展模块，适应社会技术发展。

本书由南京工程学院——全国数控培训网络南京数控培训中心、先进数控技术江苏省高校重点建设实验室张思弟主编，贺曙新、饶华球参编，王令其主审。

本书在编写过程中，参阅了大量的相关文献资料，在此向有关作者表示衷心的感谢。

数控技术是一项高速发展的现代先进技术，限于编者水平学识和经验，加之时间仓促，书中疏漏和不妥之处恳请读者批评指正。

编者
2011 年 1 月

第一版前言

数控技术自问世半个多世纪以来，随着相关技术的发展和社会需求的不断增长而迅速发展。特别是近二十年来，开创了一个全新的局面。在发达国家，数控机床已经普及，即使是发展中国家也正得到推广并逐步普及化。我国从 20 世纪 80 年代开始推广普及数控技术，经过二十多年的发展，到本世纪初，随着国家宏观经济建设的发展，数控机床需求量出现了前所未有的增长势头，国内数控机床生产出现了供不应求的局面。

大量数控机床的爆发式增长，导致了数控技术应用型人才的紧缺。近年来，数控编程操作类应用人才每年缺口达几十万。由于人才短缺，导致社会上出现了这么一种怪现象：一方面大量企业持币排队待购数控机床；另一方面在役数控机床由于使用不当其潜力远没有得到发挥。为此，教育部启动了"实施制造业和服务业技能型紧缺人才培养工程"，国家劳动和社会保障部也正在实施"国家高技能人才培养工程"，其共同目的就是缓解并最终解决目前社会人才需求矛盾。

由于大量数控机床投入社会企业应用，数控编程操作技术人才的培养模式也发生了变化。早期的数控编程人员很多是由机床供应商代为进行培训。这种模式无论是质还是量都已经无法满足目前的社会需求。

大量培养数控编程加工应用技能型人才中的一个重要问题是教材。20 世纪末，国内推出了少量的数控编程加工培训教材，在一定时期解了燃眉之急。但这些教材很多还是基于我国"七五"数控技术推广期间自行研制的老一代经济型数控系统等而编写，经过近二十年的发展，显然已经陈旧落伍了。后来也出现了一些新近的教材，但有些在选材上过宽过广，理论性内容偏多。

作者从"七五"开始结缘数控技术，先后参加完成了关于数控技术的国家"七五"、"八五"、"九五"重点科技攻关项目和省部级基金研究项目多项。研制开发出教学培训型数控车床、数控铣床、加工中心、小型柔性制造系统和垂直多关节机器人等，其中部分成果已经实现产业化，并为众多的院校和培训机构等所选用。近年来，作者重点转向投入开展教学和培训工作，并通过中德高等职业教育合作交流，对高等职业教育的内涵有了较为深刻的认识。尤其在多年的师资培训与众多教师接触中，深深感受到一本适合教育发展需求的教材的迫切性和重要性。

本书具有以下特点。

(1) 取材新　作者在行业内工作多年，能动态掌握数控机床市场和教学培训应用单位的状况，选择目前比较流行或新近推出的较具潜力的数控系统作为典型进行介绍，符合社会需求。

(2) 篇幅精　本书不求面面俱到，求精求实是本书的宗旨。线切割属于特种加工范畴，普通快丝线切割编程相对较为简单，一般通过短期或现场培训解决。而慢丝线切割加工复杂零件，如上下异型件等一般必须采用编程软件来实现，在教材中占据一两章的篇幅介绍软件没有必要也无济于事。同样，对于 CAD/CAM 自动编程也需结合具体应用软件进行学习，通常应该在后继课程中结合各校实际情况实施教学。因此这些内容本书不再赘述。

（3）重点明　本书围绕机械加工行业应用面最广的数控车床和数控铣床类编程加工技术展开阐述。通过结合典型数控系统，力求讲通讲透，使学员真正掌握所学，走向社会即能发挥作用。

（4）重本质　本书将一般切削加工类数控编程分为两类：一类为数控车床编程；另一类为数控铣床与加工中心编程。从本质上讲，数控车与数控铣可以涵盖车、铣、钻及镗等加工工艺内容。从结构组成来看，一般加工中心与数控铣床的最大差异就是配置了刀库，可以实现自动换刀，从而扩大其工艺能力范围。数控铣床与加工中心如果配置相同的数控系统，其编程几乎是完全兼容的，只是由于机床硬件配置不同而略有差异。加工中心因具有刀库，因此编程刀具功能可以实现自动换刀，而数控铣床则没有自动换刀能力。而同样是加工中心，如果配置了不同的数控系统，如分别配置西门子 802D 和 FANUC 0i 系统，则其编程将有较大的差异。因此编程必须面向对象（数控系统）。

（5）重实践　数控编程加工是一项实践性很强的技术。从与实践结合的角度出发，本书在系统选择上就考虑到目前各类院校培训机构的现状和发展趋势，并配以丰富的知识和技能习题，以便课后巩固所学。

（6）模块化　考虑到不同教学计划的需要，本书采用模块化方式组织编排。第 1、2 章为基础公共模块，第 3、4 章为数控车床模块，第 5、6 章为数控铣床与加工中心模块，第 7 章为知识扩展模块，各模块自成体系。可以选择 1、2、3、4、7 章或 1、2、5、6、7 章或全部内容进行教学。

本书由南京工程学院——全国数控培训网络南京数控培训中心、先进数控技术江苏省高校重点建设实验室张思弟、贺曙新编著。其中绪论、第 2、3、5 章由张思弟编著，第 4、6 章由贺曙新编著，第 1、7 章由两人共同编著。全书由张思弟负责统稿定稿。饶华球教授担任本书主审并提出了许多宝贵意见。

本书在编写过程中，参考了大量的教材、手册等资料，在此对有关人员表示衷心的感谢。

数控技术是一项高速发展的现代先进技术，限于编者水平学识和经验，加之时间仓促，书中难免有疏漏和不妥之处，恳请读者批评指正。

编著者

2005 年 1 月

目　录

绪　　论

（1）数控机床的产生与发展

随着科学技术的发展，机械产品日趋复杂、精密，更新换代越来越频繁，个性化的需求使得生产类型由大批、大量向多品种、小批量生产转化。相应地，对机械产品加工的精度、效率、柔性及自动化等提出了越来越高的要求。

机械行业传统典型的加工方式主要有三种。

① 采用普通通用机床的单件小批生产。由技术工人手工操作控制机床，工艺参数基本上由操作工人确定，生产效率低、产品质量不稳定，特别是一些较复杂的零件，需依赖靠模或借助划线和样板等用手工操作的方法进行加工，加工效率与精度受到很大的限制。

② 采用通用的机械自动化机床（如凸轮纵切自动车床等）的大批大量生产。以专用凸轮、靠模等实体零件作为加工工艺、控制信息的载体控制机床的自动运行，产品更新需设计更换或调整相应的信息载体零件，需要较长的准备周期，仅适用于标准件类大批量简单零件的加工。

③ 采用组合专用机床及其自动线的大批大量生产。一般以系列化的通用部件与专用化夹具、多轴箱等组成主机本体，采用 PLC 实现自动或半自动控制。其加工工艺内容及参数在设备设计时就严格规定，使用中一般很难也很少更改。这种自动化高效设备需要较大的初期投资和较长的生产准备周期，只有在大批量生产条件下才会产生显著的经济效益，具有一定的投资风险。

显然，上述三种加工方式对于当前机械制造业中占机械加工总量 70%～80% 的单件小批量生产的零件很难适应。

为了解决上述问题，满足多品种、小批量、复杂、高精度零件的自动化生产，迫切需要一种通用、灵活、能够适应于产品频繁变化的柔性自动化机床。

以计算机技术为依托，社会需求为动力，1952 年，美国帕森斯公司（Parsons）和麻省理工学院（MIT）合作，研制成功了世界上第一台以数字计算机为基础的数字控制三坐标直线插补铣床，从而使得机械制造业进入了一个崭新阶段。

第一台数控机床问世以来的 50 多年中，随着微电子技术、自动控制技术和精密测量技术等的发展，数控技术得到了迅速的发展。先后经历了电子管（1952 年）、晶体管（1959年）、小规模集成电路（1965 年）、大规模集成电路及小型计算机（1970 年）和微处理机或微型计算机（1974 年）等五代数控系统。

前三代数控系统属于采用专用控制计算机的硬接线（硬件）系统，一般称为 NC（numerical control）数控。20 世纪 70 年代初期，计算机技术的迅速发展使得小型计算机的价格急剧下降，从而出现了以小型计算机代替专用硬件控制计算机的第四代数控系统。这种系统不仅具有更好的经济性，而且许多功能可用编制的专用程序实现，并可将专用程序存储在小型计算机的存储器中，构成控制软件。这种数控系统称为 CNC（computerized numerical control）即计算机数控系统。70 年代中期，以微处理机为核心的数控系统 MNC（micro-computerized numerical control）得到了迅速发展。CNC 与 MNC 称为软接线（软件）数控系统。目前，NC 数控系统早已经淘汰，现代数控系统均采用 MNC，目前通常将现代数控系统仍然称为 CNC。

我国从 1958 年开始研制数控机床，20 世纪 60 年代中期诞生了第一台带直线圆弧插补的晶体管数控系统，并逐步进入实用阶段。20 世纪 80 年代，通过引进消化吸收日本、美国、德国等国外著名数控系统和伺服系统技术，国产数控系统在性能、可靠性等方面有了较大的提高，特别是经过"六五"、"七五"、"八五"、"九五"科技攻关，掌握了现代数控技术的核心内容，目前已经形成一批不同层次的具有一定生产规模的数控系统生产企业和数控机床整机生产企业。

（2）数控编程加工的任务、特点与学习方法

数控编程加工是以数控机床为装备物质基础，以数控编程技术为手段，以机械加工相关基本理论和实践技能为指导，综合运用多方面知识，实现优质、高效、自动、柔性、敏捷、绿色制造。

数控编程加工是一项复合应用技术，涉及面广，内容丰富，综合性强。涵盖了数学、金属切削原理、刀具、夹具、机械加工工艺、公差配合与测量技术、金属材料及热处理、零件表面加工方法、数控加工工艺特点、数控机床、数控原理等课程知识。学习中要善于综合运用上述知识。

数控编程加工是一门实践性很强的技术，强调与生产实际的结合，注重实践与经验。没有理论的指导，实践将变得盲目，而没有经验的补充，理论也将变得空洞。本课程的学习，必须通过实践教学环节的配合，才能真正掌握。

数控编程加工是一项实用技能型技术，学习期的理论与实践教学仅仅是个入门教学，学会并不难，学好却不易。要想较好地掌握这一技术，唯一的办法就是不断实践，在实践中验证理论，巩固所学。经过实践，再反过来进一步研读相关理论课程，相信一定会有新的收获，如此反复，实现技术的螺旋式进步。

数控编程加工具有很大的灵活性，对同一个加工对象，将会有不同的加工方案，也就有不同的加工程序。即使是相同的加工方案，也可以有不同的加工程序。必须根据具体情况进行深入具体分析，综合、灵活地应用相关知识与经验技能，形成最佳方案，做到工艺优化，语法优化。

数控加工与普通机床加工在方法和内容上并没有本质的区别，主要区别在于控制操作方式。数控加工是通过数控系统执行程序来控制机床的运行的，而程序简单地说就是在加工前用规定的指令代码描述加工所需要的各种操作计划信息的指令集合。因此，如果具备相应普通机床加工的知识和技能，可以把学习数控编程看做是多学一种工具或手段。当然，数控加工具备很多普通机床所没有的功能，学习中注意这些区别。掌握这种差异，就能达到事半功倍的效果。

（3）数控编程与数控系统

数控机床是根据用户预先编制好的程序运行工作的，为了加工出合格的产品首先必须有正确的程序。

一个程序的正确性通常包括两个方面的含意，即语法正确和语义正确。所谓语法正确，就是程序要能被数控系统所识别；而语义正确的含意就是程序应能正确地表达加工工艺要求。

为了实现系统兼容，国际标准化组织制定了相应的标准，规定了编程使用的准备功能代码 G00～G99 和辅助功能代码 M00～M99 各 100 个。我国也在国际标准基础上相应制定了

JB 3208—83 标准。这些标准对于规范各不同数控系统指令系统起到了一定的作用。但是，这些标准是在数控技术发展的初级阶段制定的，不可能精确预计到二三十年后的今天的技术要求。由于技术的高速发展，它们已经不能适应当前的技术发展需要。标准中当初的一些指定功能指令代码已经不够使用，而一些预留不指定功能代码已经被不同的数控系统指定为不同的功能用途。再加上市场经济环境下的竞争等因素，不同系统间的兼容性问题已不可避免。这导致了按某一系统，如西门子 802D 编制的程序，在其他系统如 FANUC 0i 上将根本无法运行。即使是同一品牌不同型号的数控系统，如西门子 802D 与西门子 820M，其程序也无法通用。因此，编程必须注意面向对象。这里的对象指的是具体的数控系统或机床。因为即使是采用了相同的数控系统，如果机床硬件配置不同，实际编程指令系统也会有所不同，这就需要注意参阅实际机床说明书等相关资料。

尽管数控编程指令系统兼容性问题不可避免地存在，但是从本质上讲，不同数控系统的各项指令都是应实际加工工艺要求而设，只要弄清其实质，也就可以做到触类旁通直至融会贯通。因此，只要选择一些编程功能较强且指令系统互补的典型数控系统作为学习素材，并注意与实践相结合，掌握编程并不难。

目前，社会上流行的数控系统有十多个品牌几十个品种。主要以西门子（SIEMENS）和法那科（FANUC）为主。

西门子是国际知名品牌，西门子数控系统也是最早进入我国市场的数控系统品牌之一。但在 20 世纪其中国市场占有率并不是很高，大约只在 25％左右。20 世纪末期，西门子公司改变了对中国市场的策略，加强了对中国市场的攻势，以最新包括最先进的产品挺进中国市场，提供从低到高全方位的技术配套解决方案，市场占有率逐年上升。西门子编程指令系统与国际标准兼容性不是很好，但其指令系统功能十分丰富，同样的任务可以根据实际情况采用最简单的方法解决，因此往往学习麻烦但应用非常方便。此外，一些工艺性或机床性能设定功能通过编程指令开放，从而为高级编程人员进行编程工艺优化提供了条件。

本书涉及的编程系统将从西门子品牌中进行选材，从编程角度考虑，并不追求系统的高机电性能，而更重视系统编程功能，同时从与实践结合出发，考虑各院校和培训机构现在和将来一段时间内的装备状况。

第 1 章　数控加工装备基础

1.1　数控机床的特点与应用范围

从宏观上看，同工艺类型的数控机床加工与普通机床加工并没有本质的区别，但数控机床本身具有高精度、高刚性、高速度、自动化、柔性化、智能化等一系列特征，因此必然在加工使用中表现出一些新的特点。

1.1.1　数控机床的优点

（1）加工精度高

数控机床按数字形式给出的指令进行加工，目前数控装置给出的脉冲当量（每输出一个脉冲数控机床移动部件对应的移动量）普遍达到了 0.001mm，而且进给传动链的反向间隙与丝杠螺距误差等均可由数控装置进行补偿，因此数控机床能够达到比较高的精度，如定位精度达到 0.002～0.005mm。此外，数控机床的传动系统与机床结构一般具有很高的刚度与热稳定性，制造精度高；数控机床的自动加工方式可避免操作者的人为因素带来的误差，因此加工同一批零件的尺寸一致性好，精度高，加工质量十分稳定。

在孔加工工艺中，数控机床一般不采用导向，使得导向装置的误差对加工精度的影响也不复存在。同时，加工中排屑条件得以改善，并可以进行有效的冷却，被加工孔的精度及表面质量有所提高。对于复杂零件的轮廓加工，通过进刀路线及进给速度的控制，可避免被加工表面出现局部缺陷，获得更高的精度和表面质量。

（2）加工生产率高

零件加工所需要的时间包括机动时间和辅助时间两部分，数控机床可以有效地减少这两部分时间，从而提高加工效率。

数控机床的主轴转速与进给量范围较普通机床要大得多，并具有恒线速度等功能，因而每道工序、工步、走刀都能采用最有利的切削用量，充分发挥工艺系统的潜能。数控机床具有良好的结构刚性，允许进行大用量的强力切削，从而有效地节省机动时间。数控机床移动部件空行程运动速度快，消耗在引刀、退刀、定位等辅助运动上的时间也要比普通机床少得多。

数控机床在更换被加工零件时几乎不需要重新调整机床，使安装时间减少。数控机床按坐标运行，可以省去划线等辅助工序，减少辅助工时。数控机床加工精度比较稳定，一般只做首件检验或工序间关键尺寸的抽样检验，可以减少停机检验时间。因此，数控机床的利用率比一般机床要高得多。

在带有刀库和自动换刀装置及自动上料装置等的加工中心上，可以实现多工序连续加工、缩短物流、减少半成品周转时间，使生产效率明显提高。

（3）加工适应性好

数控机床加工对象改变时，只需要重新编制输入新程序就能实现加工对象的加工工艺要求，可以迅速实现加工转型。这就为复杂结构的单件小批零件的生产及新产品的试制提供了极大的便利。此外，数控机床通常还能完成一些普通机床很难加工或根本无法加工的精密复杂零件。

（4）加工劳动强度低

数控机床加工零件是按事先编制的程序自动进行的，操作者通常除了操作面板、装卸工件、关键工序的中间测量以及观察机床的运行外，不需要进行繁重的重复性手工操作，劳动强度与紧张程度大为减轻。数控机床一般都具有较好的安全防护以及自动排屑、自动冷却、自动润滑等装置，操作者劳动条件也得到相应改善。

（5）良好的经济效益

数控机床虽然昂贵，加工分摊到每个零件的设备费用较高。但在单件小批生产情况下，使用数控加工可以节省划线工时，减少调整、加工和检验时间，直接节省生产费用。数控加工工装费用也相对较低，数控加工质量稳定，可以减少甚至避免废品的产生，使生产成本进一步下降。数控机床通用性强，投资风险小。数控机床工艺范围广，便于实现工序集中，简化物流，减少管理成本。数控机床可以加工高附加值的复杂高精度零件，实现高产出。因此，使用数控机床可以获得良好的经济效益。

（6）有利于生产管理现代化

数控机床加工能准确计算零件加工工时，并有效简化检验夹具和半成品等的管理工作，利于实现生产管理现代化。数控机床使用数字信息，适于计算机联网，成为计算机辅助设计、制造、管理等一体化集成的基础。

1.1.2　数控机床的不足

① 设备初期投资大。

② 加工中难以人工调整。

③ 对设备使用维护人员的技术水平要求较高。

④ 就目前而言，对占机械加工总量 20%～30% 的大批大量生产，数控机床无论是在投资还是加工效率方面均逊色于各类组合专用机床及其自动生产线。

1.1.3　数控机床的应用范围

数控机床具备普通机床所没有的许多优点，但这些优点都是在一定的具体条件下才能得以体现。数控机床的应用范围正在不断扩大，但它并不能完全取代其他类型的机床，也还不能以最经济的方式解决机械加工中的所有问题。根据数控机床的自身特点，通常最适合加工以下类型的零件。

① 结构复杂、精度高或必须用数学方法确定的复杂曲线、曲面类零件。如图 1-1(a) 所示表示了三类机床的被加工零件复杂程度与零件批量大小的关系。通常数控机床适合于加工结构较为复杂，在普通机床上加工时需要准备复杂贵重工艺装备的零件。

② 多品种小批量生产的零件。如图 1-1(b) 所示表示了应用三类机床的零件加工批量与综合费用的关系。可见，零件加工批量大时，选择数控机床加工是不利的，原因之一是数控机床设备费用昂贵。此外与大批量生产通常采用的专用机床相比，其效率还是不够高。数控机床一般适合于单件小批生产加工，并有向中批量发展的趋势，即图 1-1(a) 中的 BCD 曲线向 EFG 方向扩展。

③ 需要频繁改型的零件。在军工企业和科研部门，零件频繁改型是司空见惯的事，这就为数控机床提供了用武之地。

④ 价值昂贵，不允许报废的关键零件。

⑤ 希望最短生产周期的急需零件。

目前，在中批量生产甚至大批量生产中已有采用数控机床加工的情况，这种方案从产品

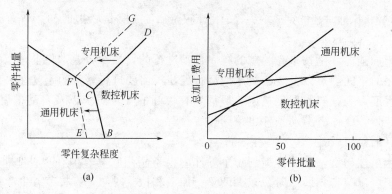

图 1-1　数控加工的适用范围

直接经济效益而言并非最佳，但其投资风险小，能经受市场的波动与冲击，可以动态地适应市场，实现敏捷制造。

广泛推广使用数控机床的主要障碍是设备的初期投资大。由于系统本身的复杂性，维护费用必然相应增加，加上目前社会数控编程、操作、维护人才的严重不足，一定程度上降低了数控机床的利用率，从而进一步增加了综合生产费用。

综上种种原因，在数控机床选用决策中，必须进行反复综合的对比和全面的技术经济分析，从而使数控机床获得其最好的综合经济效益。

1.2　数控机床的组成与工作原理

1.2.1　数控机床的组成

数控机床是一种利用数字控制技术，按照预先编制好的程序实现加工运行的自动化设备。数控机床种类繁多，但对一台完整的数控机床来讲，通常由机床机械部件、数控系统、伺服系统、位置反馈系统、输入装置及程序载体等组成，如图 1-2、图 1-3 所示。

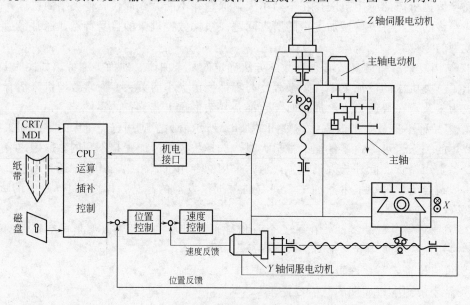

图 1-2　数控机床的组成

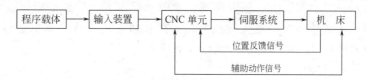

图 1-3　数控机床组成框图

（1）机床机械部件

机床机械部件包括机床主机与辅助装置两部分。

机床主机是用于直接完成各种切削加工运动的机械部分，主要包括支承部件（床身、立柱等）、主运动部件（主轴箱）、进给运动部件（工作滑台及刀架等）等。数控机床与普通机床相比，结构上发生了很大的变化，普遍采用滚珠丝杠、滚动导轨等高效传动部件提高传动效率。由于采用高性能的主轴及伺服传动系统，使得机械传动结构明显简化，传动链大为缩短。

辅助装置如液压系统、气动系统、润滑系统、冷却排屑系统以及刀具自动交换系统、托盘自动交换系统等。

（2）数控系统

数控系统是数控机床的控制核心，通常是一台通用或专用微型计算机。数控系统由信息的输入、处理和输出三部分组成。程序由输入装置将加工信息传给数控系统，通过编译形成计算机能识别的信息，信息处理部分按照控制程序的规定，逐步存储并进行处理后，通过输出单元发出位置和速度控制指令给伺服系统和主运动控制部分。

数控机床的辅助动作，如刀具的选择与更换、冷却液的启停等一般采用可编程序控制器（PLC）进行控制。现代数控系统一般都内置有 PLC 附加电路板，这种结构形式可省去 CNC 与 PLC 间的连线，结构紧凑、可靠性高、操作方便，无论从技术还是经济上都是有利的。

（3）伺服系统

伺服系统是数控机床的一个重要组成部分，包括驱动与执行两部分。它与一般机床进给系统的根本区别是：一般机床进给系统只能稳定地传递所需的力和速度，不能接受随机的输入信息，不能控制执行部件的位移和轨迹；伺服系统则不然，它能将数控系统送来的指令信息经功率放大后，通过机床进给传动元件驱动机床移动部件，实现精确定位或按规定的轨迹和速度运行，以加工出符合图纸要求的零件。伺服系统的伺服精度和动态响应性能是影响数控机床的加工速度、精度和表面粗糙度等的重要因素之一。

伺服系统中常用的执行装置随控制系统的不同而不同。开环伺服系统常用步进电机，闭环（半闭环）伺服系统常用脉宽调速直流电机和交流伺服电机。目前较普及的是采用交流伺服电机。

（4）位置反馈系统

位置反馈通常分为伺服电机转角位移反馈（半闭环中间检测）和机床末端执行机构位移反馈（闭环终端检测）两种。检测传感器（如光电编码器、光栅尺）将上述运动部分的角位移或直线位移转换成电信号，输入数控系统，与指令位置进行比较，并根据比较结果发出指令，纠正所产生的误差。

（5）输入装置

输入装置的作用是将程序载体上的有关信息传递并存入数控系统。根据程序载体的不同，输入装置可以是光电阅读机、磁带机或软盘驱动器等。数控加工程序也可以通过键盘，用手工方式直接输入数控系统。现代数控系统一般还可以由编程计算机通过 RS-232C 甚至采用网络通信方式将数控加工程序传送到数控系统中。

（6）程序载体

程序载体也称为控制介质。数控机床是按零件加工程序运行的，零件加工程序中包含了加工零件所需的全部操作信息、刀具相对工件的相对运动路径信息和工艺信息等，信息是以代码的形式按规定的格式存储在一定的载体上。常用的信息载体有穿孔带、磁带、磁盘等。通过数控机床输入装置，可将信息载体上的程序信息输入到数控系统。

1.2.2 数控机床的工作原理

数控机床加工零件时，根据零件图样要求及加工工艺，将所用刀具、刀具运动轨迹与速度、主轴转速与旋转方向、冷却等辅助操作以及相互间的先后顺序，以规定的数控代码形式编制成程序，并输入到数控系统中。数控系统将输入程序进行处理后，向机床各坐标的伺服系统及辅助装置发出指令，驱动机床各运动部件及辅助装置进行有序的动作与操作，实现刀具与工件的相对运动，加工出所要求的零件。如图 1-4 所示粗略地表示了数控机床加工零件的工作过程。

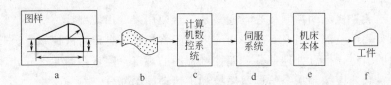

图 1-4　数控加工工作过程

a—图纸与工艺文件；b—加工程序；c—数控系统；
d—伺服系统；e—机床本体；f—加工后的零件

1.3　数控机床分类

数控机床品种很多，通常将其按下面的方法进行分类。

1.3.1 按工艺类型分类

① 金属切削类数控机床。如数控车床、数控铣床、数控钻床、数控磨床及加工中心等。

② 金属成形类数控机床。如数控冲床、数控折弯机、数控剪板机、数控弯管机等。

③ 数控特种加工机床。如数控线切割机床、数控电火花机床、数控激光切割机、数控等离子切割机等。

④ 其他数控机床。如数控三坐标测量机、数控快速成形机等。

1.3.2 按控制运动方式分类

（1）点位控制数控机床

点位控制数控机床的特点是机床移动部件在某坐标平面内只能实现由一个位置到另一个位置的精确定位，在移动和定位过程中并不进行任何加工。机床数控系统只控制行程终点的坐标值，不控制点与点间的运动轨迹，因此几个坐标轴间的运动无任何联系。可以几个坐标同时独立向目标点运动，也可以各坐标依次运动。

点位控制数控机床主要有数控坐标镗床、数控钻床、数控冲床、数控点焊机等。其主要性能指标是保证终点位置精度，并要求快速定位，以便减少空行程时间。图 1-5 所示为点位控制数控钻床的加工示意图。

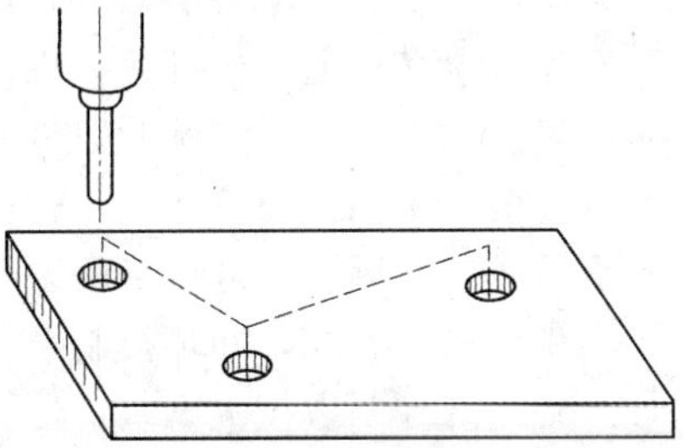

（2）直线控制数控机床

直线控制数控机床的特点是机床移动部件不仅要实现由一个位置到另一个位置的精确移动定位，而且要控制以一定的速度沿坐标轴平行方向进行直线切削加工（有些机床还可进行 45°斜线加工）。这类数控机床主要有简易数控车床、数控镗铣床等。图 1-6 所示为车削直线控制切削加工示意图。

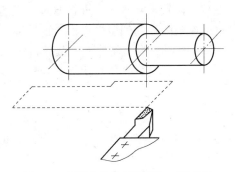

图 1-5　点位控制数控钻床加工示意图

（3）轮廓控制数控机床

轮廓控制数控机床不仅可以完成点位及直线控制数控机床的加工功能，而且能够对两个或两个以上坐标轴进行插补，因而具有各种轮廓切削加工功能。它不仅能控制机床移动部件的起点与终点坐标，而且能控制整个加工轮廓每一点的速度与位移。图 1-7 所示为轮廓控制数控铣床的加工示意图。

图 1-6　车削直线控制切削加工示意图

目前，一般数控车床、数控铣床、数控磨床都属于轮廓控制数控机床。数控火焰切割机、电火花切割机、数控快速成形机等也都采用轮廓控制系统。轮廓控制系统的结构要比点位直线系统更为复杂，在加工过程中需要不断进行插补运算，然后进行相应的速度与位移控制。

现代数控系统的控制功能一般均由软件实现，增加轮廓控制功能并不带来硬件成本的增加。因此，除少数专用控制系统外，现代数控系统一般都具有轮廓控制功能。

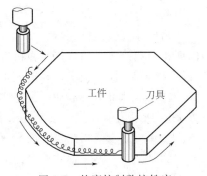

图 1-7　轮廓控制数控铣床
加工示意图

1.3.3　按驱动伺服系统类型分类

（1）开环控制数控机床

图 1-8 所示为开环控制数控机床工作原理图。开环控制数控机床的特点是其数控系统不带反馈装置，通常使用功率步进电机为伺服执行机构。数控系统输出的控制脉冲通过步进驱

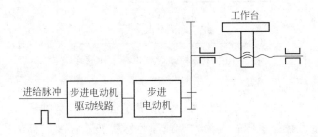

图 1-8　开环控制数控机床工作原理图

动电路，不断改变步进电机的供电状态，使步进电机转过相应的步距角，必要时通过齿轮减速后带动丝杆旋转，通过丝杆螺母机构转换为移动部件的直线位移。移动部件的移动速度与位移量由输入脉冲的频率和脉冲数量所决定。

开环控制系统结构简单，成本较低，但是系统对移动部件的实际位移量不进行检测，不能进行误差校正。因此步进电机的丢步、步距角误差、齿轮与丝杆副等的传动误差都将影响被加工零件精度。因此，开环控制系统仅适用于加工精度要求不很高的中小型数控机床。

（2）半闭环控制数控机床

半闭环控制数控机床的特点是在伺服电机轴或机床传动丝杆上装有角度检测装置（如光电编码器等），通过检测丝杆等的转角间接地反映移动部件的实际位移，然后反馈到数控系统中进行比较，并对误差进行修正。半闭环控制系统调试比较方便，稳定性好。目前，大多将角度检测装置和伺服电机设计成一体，使结构更加紧凑。

图 1-9 所示为半闭环控制数控机床工作原理图。通过速度传感器 A 和角度传感器 B 进行测量，将其与命令值相比较，构成速度与位置控制环。

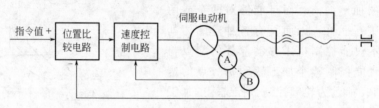

图 1-9　半闭环控制数控机床工作原理图

（3）闭环控制数控机床

闭环控制数控机床的特点是在机床末端运动部件上直接安装位置检测装置，将测量的实际位置值反馈到数控装置中，与输入指令值进行比较，用差值对机床进行控制，使移动部件按实际需要的运动量进行运动，最终实现运动部件的精确运动和定位。

图 1-10 所示为闭环控制数控机床工作原理图。通过速度传感器 A 和直线位移传感器 C 进行测量，并与命令值相比较，构成速度与位置闭环控制。从理论上讲，闭环控制系统的运动精度主要取决于检测装置的检测精度，而与传动链精度无关。因此闭环控制系统的控制精度高于半闭环控制系统。但实际上闭环控制系统的工作特点对机床结构以及传动链仍然有较严格的要求，传动系统的刚性不足及间隙的存在、导轨摩擦引起的爬行等因素将给调试带来困难，甚至使数控机床伺服系统在工作时产生振荡。

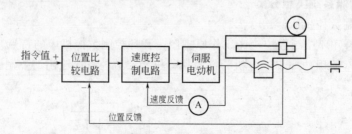

图 1-10　闭环控制数控机床工作原理图

（4）混合控制数控机床

将以上三类数控机床的特点结合起来，就形成了混合控制数控机床。混合控制数控机床特别适用于大型或重型数控机床。因为大型或重型数控机床需要较高的进给速度与相当高的精度，其传动链惯量大，需要的力矩大，如果只采用全闭环控制，机床传动链和工作台全部置于控制闭环中，闭环调试比较复杂。混合控制数控机床通常有两种形式。

① 开环补偿型。如图 1-11 所示，其特点是基本控制选用步进电机开环伺服机构，另外附加一个校正电路。通过装在工作台上的直线位移测量元件的反馈信号校正机械系统的误差。

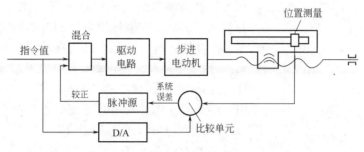

图 1-11　开环补偿型控制

② 半闭环补偿型。如图 1-12 所示，其特点是用半闭环控制方式取得高速度控制，再用装在工作台上的直线位移测量元件实现全闭环修正，以获得高速度与高精度的统一。其中 A 是速度测量元件，B 是角度测量元件，C 是直线位移测量元件。

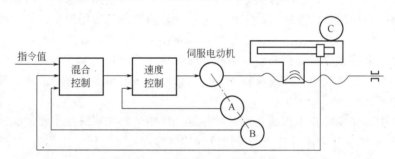

图 1-12　半闭环补偿型控制

1.3.4　按功能水平分类

按数控机床的功能与性能，可以将数控机床分成高、中、低三类。这种分类方法，目前在我国用的较多，但是没有一个明确的界定。

所谓经济型数控机床，只是相对标准型数控机床而言的，在不同国家和不同时期有不同的含意。其特点是根据实际机床的使用要求，合理地简化系统，降低价格。目前在我国，通常把使用由单板机、单片机和步进电机组成系统的数控机床称为经济型数控机床。主要用在中小型数控车床、线切割机床以及普通机床改造等领域，属于低档数控机床的一种，目前在我国有一定的生产批量与市场占有率。

区别于经济型数控机床，把功能比较齐全的数控机床称为全功能数控机床，或称为标准型数控机床。

1.4　数控机床插补原理

1.4.1　插补的概念

在数控机床中，刀具是一步一步移动的。刀具一步移动的距离叫脉冲当量，它是刀具所能移动的最小单位。从理论上讲，刀具的运动轨迹是折线，而并不是光滑曲线。因此，刀具

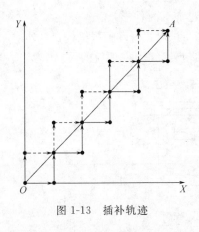

图 1-13　插补轨迹

不可能严格按照所加工的轮廓运动，而只能用折线近似地代替所加工的轮廓。

刀具沿什么样的折线进给是由数控系统决定的，数控系统根据程序给定的信息进行某种预定的数学计算，并据此不断向各个坐标轴发出相互协调的进给脉冲或数据，使被控机械按指定的路线移动（两轴以上的配合运动），这就是插补。换言之，插补就是沿规定轮廓，在轮廓的起点与终点间按一定的算法进行数据点的密化，给出相应轴的位移量或用脉冲把起点与终点间的空白填补（逼近误差要小于 1 个脉冲当量）。

如图 1-13 所示的 45°斜线 OA，用数控机床加工时，可以让刀具沿图中的实折线进给，即先让刀具沿 X 轴走一步，再让刀具沿 Y 轴走一步，直至终点 A。也可让刀具沿途中虚线顺序进给，直至终点。

1.4.2　插补方法

根据输出信号的方式，插补方法可分为脉冲插补法与增量插补法。前者在插补计算后输出的是脉冲序列，如逐点比较法和数字积分法；后者输出的是数据增量，如数据采样法。也可根据被插补曲线的形式，将插补方法分为直线插补法、圆弧插补法、抛物线插补法、高次曲线插补法等。多数数控系统只有直线插补、圆弧插补功能，当实际加工零件轮廓既不是直线也不是圆弧时，可对零件轮廓进行直线——圆弧拟合，即用多段直线或圆弧近似地代替零件轮廓进行加工。

数控系统中，完成插补工作的装置叫插补器。早期的数控系统使用硬件插补器，称为硬件数控（NC）系统。如果插补功能由计算机软件（程序）来完成，则称为软件数控（CNC）系统。现代数控系统一般多为采用配备了 CNC 系统的软件数控系统。

无论硬件数控还是软件数控，其插补运算原理都基本相同，但也有其各自的特点。CNC 系统与 NC 系统的根本区别在于 CNC 采用了软件插补，可以更好地进行数学处理。如在指令系统和必要的算术子程序的支持下，系统既可对输入的命令与数据进行预处理，使之成为对插补运算最直接和最方便的形式，又能方便地采用一些需要较多算术运算的方法，如多种二次曲线、高次曲线的插补方法等。还可以对两种可能的进给方向进行误差试算，选择误差较小的方向进给，以提高插补精度。这些都需要较多的运算步骤，若用硬件来实现将使费用明显增加。此外，软件插补容易进行机能的扩展，也利于调试。

1.4.3　逐点比较法插补

逐点比较插补以区域判别为特征，每走一步都要将加工点的瞬时坐标与给定的图形轨迹相比较，看实际加工点在给定轨迹的什么位置，从而决定下一步的走向。如果加工点在图形的外面，下一步就要向图形里面走；如果加工点在图形里面，则下一步就要向图形外面走。走步方向总是向着逼近给定图形轨迹的方向，以缩小偏差。每次只进行一个坐标轴的插补进给。如此每走一步，算一次偏差，比较一次，决定下一步走向，直至终点。

逐点比较法以阶梯折线来逼近直线或圆弧，能得到一个接近给定图形的轨迹，其最大偏差不超过一个脉冲当量。因此，只要把脉冲当量取得足够小，就可以达到相应的加工精度。

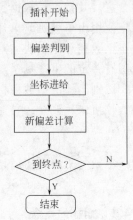

图 1-14　逐点比较法工作流程图

在逐点比较法中，每进给一步都需要 4 个节拍，如图 1-14 所示。

① 偏差判别。判别偏差符号，确定加工点是在给定图形的外边还是里边等，以确定该哪个坐标进给及如何进行偏差计算。

② 坐标进给。根据偏差情况，控制 X 坐标或 Y 坐标进给一步，使加工点向给定图形轨迹靠拢，缩小偏差。

③ 新偏差计算。进给一步后，计算加工点与给定图形的新偏差，作为下一步偏差判别的依据。

④ 终点判别。根据进给一步后的结果，比较判断是否达到终点。如已到达终点，则停止插补工作，否则继续进行插补工作循环。

1.4.4 逐点比较法直线插补

1.4.4.1 直线插补计算原理

（1）偏差函数与偏差判别

按逐点比较法基本原理，每运行一步，必须把动点的实际位置与给定轨迹的理想位置间的误差以"偏差"的形式计算出来，然后根据偏差的正、负决定下一步的走向，以逼近给定轨迹。因此，偏差的计算是关键。以第一象限平面直线为例来推导偏差计算公式。

如图 1-15 所示直线 OA，其起点 O 为坐标原点，终点坐标 $A(x_e, y_e)$ 为已知。直线 OA 即为给定轨迹，$m(x_m, y_m)$ 点为加工点（动点）。若 m 点正好处在直线 OA 上，则有下式成立

$$y_m / x_m = y_e / x_e$$

即

$$y_m x_e - x_m y_e = 0$$

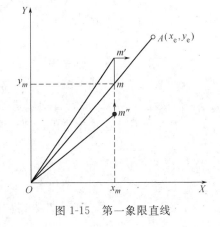

图 1-15 第一象限直线

假定动点处于 OA 的上方，则直线 Om' 的斜率大于 OA 的斜率，从而有

$$y_m / x_m > y_e / x_e$$

即

$$y_m x_e - x_m y_e > 0$$

由以上分析可以看出，$(y_m x_e - x_m y_e)$ 的符号反映了动点 m 与直线 OA 间的偏离情况。为此。可取偏差函数为

$$F_m = y_m x_e - x_m y_e \tag{1-1}$$

据此总结出动点 m 与给定直线 OA 间的相对位置关系如下。

若 $F_m = 0$，则动点正好处在直线 OA 上，如 m；

若 $F_m > 0$，则动点处在直线 OA 上方，如 m'；

若 $F_m < 0$，则动点处在直线 OA 下方，如 m''。

（2）坐标进给

如图 1-15 所示可以看出第一象限直线插补。当 $F_m > 0$ 时，应向 $+X$ 方向进给一步；当 $F_m < 0$ 时应向 $+Y$ 方向进给一步，以逼近给定直线；当 $F_m = 0$ 时，动点正好在直线上，理论上既可以向 $+X$ 方向走，也可以向 $+Y$ 方向走，一般约定向 $+X$ 方向走。于是可以得到第一象限直线的插补法，即当 $F_m \geqslant 0$ 时向 $+X$ 进给一步，当 $F_m < 0$ 时向 $+Y$ 进给一步，如此步步紧逼，直至终点。

（3）新偏差计算

插补过程中每走完一步都要算一次新的偏差，如果按式(1-1)计算则要做两次乘法与一次减法运算。这不仅影响了插补的速度，而且在使用硬件或汇编语言软件实现插补时不太方

便，因此必须设法简化运算。通常采用递推法，即每进一步后所到达点的偏差值通过前一点的偏差递推算出。

如图 1-15 所示，如果经 m 次插补后加工点处于 m' 点，其坐标为（x_m，y_m），因 m' 点在 OA 上方，由式(1-1)求得 $F_m \geqslant 0$，则下一次（$m+1$ 次）插补应向 $+X$ 方向进给一步。设坐标值的单位为脉冲当量，则 $m+1$ 次插补后的坐标值为

$$x_{m+1} = x_m + 1, \qquad y_{m+1} = y_m$$

新偏差函数为 $F_{m+1} = y_{m+1} x_e - x_{m+1} y_e = y_m x_e - (x_m + 1) y_e = y_m x_e - x_m y_e - y_e$

即
$$F_{m+1} = F_m - y_e \tag{1-2}$$

同样，如果经 m 次插补后加工点处于 m'' 点，因 m'' 点在 OA 下方，由式(1-1)求得 $F_m < 0$，则下一次（$m+1$ 次）插补应向 $+Y$ 方向进给一步。走步后的新坐标值为

$$x_{m+1} = x_m, \qquad y_{m+1} = y_m + 1$$

新偏差函数为 $F_{m+1} = y_{m+1} x_e - x_{m+1} y_e = (y_m + 1) x_e - x_m y_e = y_m x_e - x_m y_e + x_e$

即
$$F_{m+1} = F_m + x_e \tag{1-3}$$

由式(1-2)和式(1-3)可见，采用递推算法后，偏差函数的计算只与终点坐标有关，而不涉及动点坐标，且不需要进行乘法运算。新动点的偏差函数可由上一动点的偏差函数递推出来（减 y_e 或加 x_e），因此该算法相当简单，容易实现。由于起点已经预先走到，起点偏差已知为零，即递推开始时的偏差函数初始值为 $F_0 = 0$。

（4）终点判别

终点判别有如下三种方法。

① 设置 Σ_x、Σ_y 两个减法计数器，插补前在 Σ_x、Σ_y 计数器中分别存入终点坐标值 x_e、y_e 作为初始值，当 X 或 Y 方向每进给一步时，在相应的计数器中减去一，直到两个计数器中的数都减到零时，插补停止，到达终点。

② 选终点坐标 x_e、y_e 中较大的坐标作为计数坐标，如 $x_e > y_e$，则用 x_e 作为计数器初始值，仅 X 走步时，计数器才减 1，计数器减到零时即认为到达终点。

③ 设置一个终点计数器 Σ，计数器中存入 X 和 Y 两坐标的进给步数总和，即 $\Sigma = x_e + y_e$，无论 X 或 Y 坐标进给，计数器均减 1，当减到零时即认为到达终点，停止插补。

通常采用上述三种方法中的第三种。

1.4.4.2 直线插补计算举例

设加工第一象限直线，起点为坐标原点，终点坐标为 $x_e = 6$、$y_e = 4$，坐标值单位为脉冲当量，试进行插补计算并画出走步轨迹图。

计算过程见表 1-1，表中的终点判别采用上述第三种方法。走步轨迹如图 1-16 所示。

表 1-1　直线插补过程

步数	偏差判别	坐标进给	偏 差 计 算	终 点 判 别
起点			$F_0 = 0$	$\Sigma = 10$
1	$F = 0$	$+X$	$F_1 = F_0 - y_e = 0 - 4 = -4$	$\Sigma = 10 - 1 = 9$
2	$F < 0$	$+Y$	$F_2 = F_1 + x_e = -4 + 6 = 2$	$\Sigma = 9 - 1 = 8$
3	$F > 0$	$+X$	$F_3 = F_2 - y_e = 2 - 4 = -2$	$\Sigma = 8 - 1 = 7$
4	$F < 0$	$+Y$	$F_4 = F_3 + x_e = -2 + 6 = 4$	$\Sigma = 7 - 1 = 6$
5	$F > 0$	$+X$	$F_5 = F_4 - y_e = 4 - 4 = 0$	$\Sigma = 6 - 1 = 5$
6	$F = 0$	$+X$	$F_6 = F_5 - y_e = 0 - 4 = -4$	$\Sigma = 5 - 1 = 4$
7	$F < 0$	$+Y$	$F_7 = F_6 + x_e = -4 + 6 = 2$	$\Sigma = 4 - 1 = 3$
8	$F > 0$	$+X$	$F_8 = F_7 - y_e = 2 - 4 = -2$	$\Sigma = 3 - 1 = 2$
9	$F < 0$	$+Y$	$F_9 = F_8 + x_e = -2 + 6 = 4$	$\Sigma = 2 - 1 = 1$
10	$F > 0$	$+X$	$F_{10} = F_9 - y_e = 4 - 4 = 0$	$\Sigma = 1 - 1 = 0$

1.4.4.3　四象限直线插补计算

　　以上所述仅为第一象限直线插补的计算处理方法。第一象限直线插补法经适当处理后可推广到其余象限的直线插补。当插补直线处于不同象限时，只要采用其坐标的绝对值计算，即用 $|X|$ 代替 X，用 $|Y|$ 代替 Y，其计算公式及处理过程与第一象限直线完全一样，仅是进给方向不同而已。由此，可得到偏差符号如图 1-17 所示，当动点处在直线上时，偏差 $F=0$；动点不在直线上且偏向 Y 轴一侧时，$F>0$；偏向 X 轴一侧时，$F<0$。由图 1-17 可见，当 $F\geqslant0$ 时，应沿 X 走步，第一、四象限走 $+X$ 方向，第二、三象限走 $-X$ 方向；当 $F<0$ 时，应沿 Y 轴走步，第一、二象限走 $+Y$ 方向，第三、四象限走 $-Y$ 方向。终点判别也应用终点坐标的绝对值作为计数器初值。

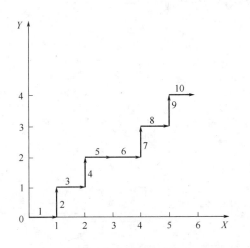

图 1-16　直线插补走步轨迹　　　　图 1-17　四象限直线偏差符号和进给方向

　　例如，第二象限直线 OA_2。其终点坐标 A_2 为（$-x_e$，y_e），在第一象限有一条和它对称于 Y 轴的直线 OA_1，其终点坐标 A_1 为（x_e，y_e）。当从 O 点出发，按第一象限直线 OA_1 进行插补时，若把沿 X 轴正向进给改为沿 X 轴负向进给，则实际插补出的就是第二象限直线 OA_2，而其偏差计算公式与第一象限直线相同。同理，插补第三象限终点 A_3 为（$-x_e$，$-y_e$）的直线 OA_3，它与第一象限终点为（x_e，y_e）的直线 OA_1 对称于原点，可依然按第一象限直线 OA_1 插补，只需在进给时将 X、Y 由正向进给改为负向进给即可。

　　表 1-2 列出了四象限直线插补的偏差计算公式与进给方向。表中 L_1、L_2、L_3、L_4 分别表示第一、第二、第三、第四象限直线。

表 1-2　直线插补计算公式及进给方向

$F_m\geqslant0$			$F_m\leqslant0$		
直线线型	进给方向	偏差计算	直线线型	进给方向	偏差计算
L_1、L_4	$+X$	$F_{m+1}=F_m-y_e$	L_1、L_2	$+Y$	$F_{m+1}=F_m+x_e$
L_2、L_3	$-X$		L_3、L_4	$-Y$	

1.4.4.4　直线插补计算的程序实现

　　程序设计首先要明确设计要求，根据程序的任务划分模块，设计算法及流程图，分配资源后进行程序编制。直线插补只是数控系统软件的一个模块，在设计流程图前，需要确定与其他模块间的关系。因为某一象限的直线在各轴的进给方向是确定的，并且在此直线的插补过程中保持不变，如 L_1 为 $+X$、$+Y$，L_3 为 $-X$、$-Y$。所以，插补程序不处理进给方向问题。进给方向由数据处理程序以标志的形式直接传递给进给驱动子程序。在开环系统中，进给驱动子程序的功能主要是根据插补结果和进给方向标志，驱动步进电机运动。在设计流程图前，作出如下规定：

① 在内存中开出四个数据区 XX、YY、JJ、FF，分别用于存放终点坐标 x_e、y_e、Σ 总步数和偏差 F_m。在 8 位机中，算术运算是以单字节（8 位二进制数）为基础的；16 位机算术运算则以字（16 位二进制数）为基础；在数控系统中，通常需要三个以上的字节才能满足长度和精度的要求。所以，以上四个数据区每个的长度，8 位机可定为 3 个字节，16 位机可定为 2 个字。

② 数据区初始化，包括 FF 区清零，由数据处理模块完成。

这样，直线插补程序流程如图 1-18 所示。

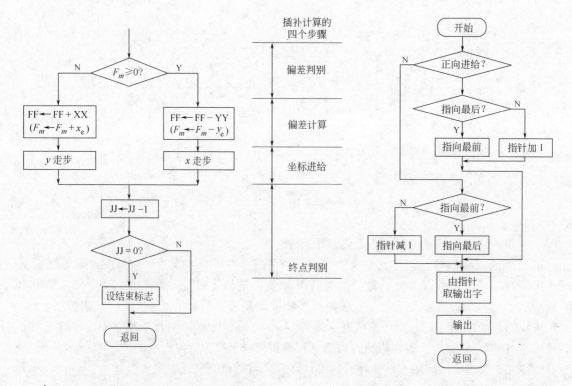

图 1-18　逐点比较法直线插补流程图　　　　　　图 1-19　X 轴进给驱动子程序流程图

设步进电机为三相六拍运行，STX、STY 分别为 X 轴、Y 轴步进电机环形分配指针，PORTX 和 PORTY 分别为 X、Y 轴的控制字输出口地址，标志字节 FLGH 的第 0 位和第 1 位分别表示 X 轴和 Y 轴的进给方向，1 为正向，0 为反向。X 轴进给驱动子程序流程图如图 1-19 所示。

1.4.5　逐点比较法圆弧插补

1.4.5.1　圆弧插补计算原理

（1）偏差函数与偏差判别

与直线插补相同，我们首先以第一象限圆弧为例来讨论圆弧插补的偏差计算公式。

图 1-20 所示的圆弧 $\overset{\frown}{AB}$，其圆心为坐标原点。已知圆弧起点 $A(x_0, y_0)$，终点 $B(x_e,$

y_e），圆弧半径为 R。$m(x_m, y_m)$ 点为加工点（动点），它到圆心的距离为 R_m。由图可见，加工点 m 可能以三种情况出现，即在圆弧上、圆弧外和圆弧内。

当动点 m 在圆弧上时，$x_m^2 + y_m^2 - R_m^2 = 0$；

当动点 m 位于圆内时，$x_m^2 + y_m^2 - R^2 < 0$；

当动点 m 位于圆外时，$x_m^2 + y_m^2 - R^2 > 0$。

则圆弧偏差判别式可定义为

$$F_m = R_m^2 - R^2 = x_m^2 + y_m^2 - R^2 \qquad (1\text{-}4)$$

（2）坐标进给

如图 1-20 所示，为使加工点逼近圆弧，规定进给方向如下。

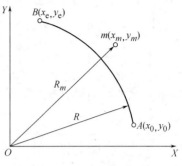

图 1-20　第一象限逆圆弧

若 $F_m \geqslant 0$，动点 m 在圆上或圆外，向 $-X$ 方向进一步；

若 $F_m < 0$，动点 m 在圆内，向 $+Y$ 方向进一步。如此，根据偏差计算结果走步，一步步向终点逼近，直至到达终点。

（3）新偏差计算

式(1-4)的偏差计算公式含有平方计算，设加工点处于 $m(x_m, y_m)$ 点，其偏差计算式为

$$F_m = x_m^2 + y_m^2 - R^2$$

若 $F_m \geqslant 0$，坐标进给沿 $-X$ 方向走一步后到达 $m+1$ 点，其坐标值为

$$x_{m+1} = x_m - 1, \qquad y_{m+1} = y_m$$

新偏差函数为　　　　$F_{m+1} = x_{m+1}^2 + y_{m+1}^2 - R^2 = (x_m - 1)^2 + y_m^2 - R^2$

即

$$F_{m+1} = F_m - 2x_m + 1 \qquad (1\text{-}5)$$

若 $F_m < 0$，坐标进给沿 $+Y$ 方向走一步后到达 $m+1$ 点，其坐标值为

$$x_{m+1} = x_m, \qquad y_{m+1} = y_m + 1$$

新偏差函数为

$$F_{m+1} = x_{m+1}^2 + y_{m+1}^2 - R^2 = x_m^2 + (y_m + 1)^2 - R^2$$

即

$$F_{m+1} = F_m + 2y_m + 1 \qquad (1\text{-}6)$$

由式(1-5) 和式(1-6) 可知，新加工点的偏差可由前一点的偏差及前一点的坐标计算得到。并且，算式中只有乘法和加减运算，避免了平方运算，从而大大简化了计算工作。加工从圆弧起点开始，其起点偏差 $F_0 = 0$ 已知，因此新加工点的偏差总可以根据前一点的数据计算出来。

（4）终点判别

圆弧插补终点判别与直线插补基本相同，可将 X、Y 轴走步总和存入一计数器，无论 X 或 Y 坐标进给，计数器均减 1，当减到零时即认为到达终点。

1.4.5.2　圆弧插补计算举例

设加工第一象限逆圆弧 $\overparen{AB}$，已知起点 $A(4, 0)$，终点 $B(0, 4)$。试进行插补计算并画出走步轨迹。

计算过程见表 1-3。根据表 1-3 作出走步轨迹如图 1-21 所示。

表 1-3　圆弧插补计算过程

步数	偏差判别	坐标进给	偏 差 计 算	坐 标 计 算	终 点 判 别
起点			$F_0 = 0$	$x_0 = 4, y_0 = 0$	$\Sigma = 4 + 4 = 8$
1	$F_0 = 0$	$-X$	$F_1 = F_0 - 2x_0 + 1$ $= 0 - 2 \times 4 + 1 = -7$	$x_1 = 4 - 1 = 3$ $y_1 = 0$	$\Sigma = 8 - 1 = 7$
2	$F_1 < 0$	$+Y$	$F_2 = F_1 + 2y_1 + 1$ $= -7 + 2 \times 0 + 1 = -6$	$x_2 = 3$ $y_2 = y_1 + 1 = 1$	$\Sigma = 7 - 1 = 6$
3	$F_2 < 0$	$+Y$	$F_3 = F_2 + 2y_2 + 1 = -3$	$x_3 = 3, y_3 = 2$	$\Sigma = 5$
4	$F_3 < 0$	$+Y$	$F_4 = F_3 + 2y_3 + 1 = 2$	$x_4 = 3, y_4 = 3$	$\Sigma = 4$
5	$F_4 > 0$	$-X$	$F_5 = F_4 - 2x_4 + 1 = -3$	$x_5 = 2, y_5 = 3$	$\Sigma = 3$
6	$F_5 < 0$	$+Y$	$F_6 = F_5 + 2y_5 + 1 = 4$	$x_6 = 2, y_6 = 4$	$\Sigma = 2$
7	$F_6 > 0$	$-X$	$F_7 = F_6 - 2x_6 + 1 = 1$	$x_7 = 1, y_7 = 4$	$\Sigma = 1$
8	$F_7 > 0$	$-X$	$F_8 = F_7 - 2x_7 + 1 = 0$	$x_8 = 0, y_8 = 4$	$\Sigma = 0$

1.4.5.3　四象限圆弧插补计算

设 SR1、SR2、SR3、SR4 分别表示第一、二、三、四象限顺圆弧；NR1、NR2、NR3、NR4 分别表示第一、二、三、四象限逆圆弧。

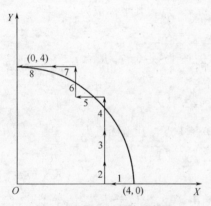

图 1-21　圆弧插补走步轨迹

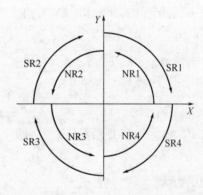

图 1-22　四象限圆弧

从前面分析可知，第一象限逆圆插补运动时，如图 1-22 中 NR1 所示，动点坐标 x_m 的绝对值减少，y_m 的绝对值增加。X 轴进给一步，则

$$x_{m+1} = x_m - 1$$

从而有

$$F_{m+1} = F_m - 2x_m + 1$$

Y 轴进给一步，则

$$y_{m+1} = y_m + 1$$

从而有

$$F_{m+1} = F_m + 2y_m + 1$$

而第一象限顺圆插补运动时，如图 1-22 中 SR1 所示，动点坐标 x_m 的绝对值增加，y_m 的绝对值减少。由此可以得出以下结论

当 $F_m \geqslant 0$，动点在圆上或圆外，Y 轴负向进给，动点坐标绝对值减少

$$y_{m+1} = y_m - 1$$
$$F_{m+1} = F_m - 2y_m + 1$$

当 $F_m < 0$，动点在圆内，X 轴正向进给，动点坐标绝对值增加

$$x_{m+1} = x_m + 1$$
$$F_{m+1} = F_m + 2x_m + 1$$

与直线插补相似，如果插补计算都用坐标的绝对值进行，将进给方向另作处理，那么四个象限的圆弧插补计算即可统一。从图 1-22 可以看出，SR1、NR2、SR3、NR4 的插补运动趋势都是使 X 轴坐标绝对值增加，Y 轴坐标绝对值减少，因此这四种圆弧的插补计算是一致的，以 SR1 为代表。而 NR1、SR2、NR3、SR4 的插补运动趋势都是使 X 轴坐标绝对值减少，Y 轴坐标绝对值增加，因此这四种圆弧的插补计算也是一致的，以 NR1 为代表。

如图 1-22 所示，与第一象限逆圆 NR1 相对应的其他三个象限圆弧有 SR2、NR3、SR4。其中第二象限顺圆 SR2 与第一象限逆圆 NR1 关于 Y 轴对称。由图可见，两个圆弧从各自起点插补出来的轨迹对于 Y 坐标对称，即 Y 方向进给相同，X 方向进给相反。插补完全按第一象限逆圆的偏差计算公式进行计算，只需将 X 轴的进给方向变为正向，就可以走出第二象限顺圆 SR2。在此，圆弧的起点坐标只取其绝对值进行运算，起点坐标的符号则用于确定象限，从而确定进给方向。

表 1-4 列出了 8 种圆弧的插补计算公式和进给方向。

表 1-4　圆弧插补计算公式和进给方向

偏差符号 $F_m \geqslant 0$				偏差符号 $F_m \leqslant 0$			
圆弧线型	进给方向	偏差计算	坐标计算	圆弧线型	进给方向	偏差计算	坐标计算
SR1、NR2	$-Y$	$F_{m+1}=F_m-2y_m+1$	$x_{m+1}=x_m$ $y_{m+1}=y_m-1$	SR1、NR4	$+X$	$F_{m+1}=F_m+2x_m+1$	$x_{m+1}=x_m+1$ $y_{m+1}=y_m$
SR3、NR4	$+Y$			SR3、NR2	$-X$		
NR1、SR4	$-X$	$F_{m+1}=F_m-2x_m+1$	$x_{m+1}=x_m-1$ $y_{m+1}=y_m$	NR1、SR2	$+Y$	$F_{m+1}=F_m+2y_m+1$	$x_{m+1}=x_m$ $y_{m+1}=y_m+1$
NR3、SR2	$+X$			NR3、SR4	$-Y$		

1.4.5.4　圆弧插补计算的程序实现

圆弧插补的偏差计算公式、终点判别公式以及插补步骤如前所述。可见，在插补过程中，所有的逻辑运算及算术运算只与几个数据有关，即偏差值 F_m、坐标值 x_m、y_m 及走步总步数 Σ。与直线插补一样，首先应在内存中开辟四个数据区用于存放这些数据。

XX 与 YY 为 X 坐标值与 Y 坐标值存放单元，用来存放动点坐标值 x_m、y_m。初始存入起点坐标值 x_0、y_0，加工过程中依据坐标计算结果而变化。JJ 为走步数存放单元。初始存入总步数 Σ，$\Sigma = |x_e - x_0| + |y_e - y_0|$，加工过程中作减 1 运算，直至 JJ ＝0 表示加工结束。FF 为加工动点偏差 F_m 存放单元，初始时由数据处理模块将其清零，加工过程中依据偏差计算结果而变化。

进给方向在圆弧不过象限时是不变的，可以由数据处理模块以标志的形式直接传送给伺服驱动程序，插补模块不用处理进给方向的正负问题。数据区的初始化由数据处理程序模块完成。

圆弧插补程序流程如图 1-23 所示。

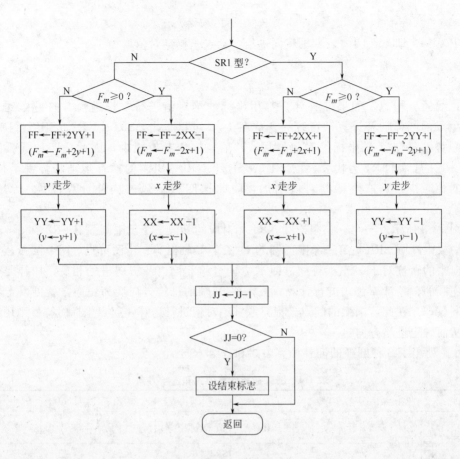

图 1-23　圆弧插补流程图

1.5　数控加工刀辅具

1.5.1　数控加工刀具类型与使用

数控加工刀具应满足高强度、高刚性、高精度、高速度及高寿命和调整方便等基本要求，具体使用中还要根据加工零件的工艺要求，选择合适的刀具类型。

表 1-5 所示为数控车削外圆加工常见刀具类型及其应用情况，表中刀片型号符合国家标准 GB 2076—87《切削刀具可转位刀片型号表示规则》。

数控铣床及加工中心，除了使用普通加工常用刀具类型（端铣刀、立铣刀、键槽铣刀等）外，在模具类零件加工中经常使用圆锥形立铣刀、圆角铣刀和球头铣刀等，如图 1-24 所示，采用高速钢及其涂层或整体硬质合金及其涂层材料，尺寸较大时采用镶刀片结构。鼓形铣刀和成形铣刀也是数控加工常用的刀具形式，如图 1-25 和图 1-26 所示。

球头铣刀在带有复杂曲面的零件加工中应用最为普遍，具有曲面加工干涉少，加工表面质量好的特点，但球头刀的切削能力较差，越接近球头刀底部，切削条件越差。平底铣刀（立铣刀、键槽铣刀等）是平面加工最常用的刀具之一，具有价格便宜、刀刃强度高等特点，切削能力强。圆角铣刀其头部介于球头铣刀与平底铣刀之间，即在刀具底面刃与圆周刃间带有较小的圆弧刃，兼有球头铣刀和平底铣刀的特点。因此，粗加工时，为了实现较高的生产率，一般选择平底铣刀，且刀具直径应尽可能大，不适宜也不必要采用球头铣刀。精加工时根据被加工表面的形状考虑选择，在满足要求的情况下，优先选择平底铣刀；在曲面加工中，若曲面属于直纹曲面或凸形曲面，应尽量选择圆角铣刀，少用球头刀。从理论上讲，精加工中球头铣刀的半径应尽量根据凹形曲面的最小曲率半径进行选择，但如果这样选择的刀具直径太小，不但增加走刀次数，影响加工效率，而且刀具切削加工中磨损加快，加工表面质量差，此外刀具还容易折断而造成故障等。所以，即使是精加工，刀具也应由大到小逐步过渡，即先用大直径刀具完成大部分的表面加工，再用小直径刀具进行清角或局部加工。

表 1-5　数控车削外圆加工常见刀具类型及其应用情况

车削外圆表面	主偏角	45°	45°	60°	75°	95°
	刀片形状及加工示意图	45°	45°	60°	75°	95°
	推荐选用刀片	SCMA SPMR SCMM SNMM-8 SPUN SNMM-9	SCMA SPMR SCMM SNMG SPUN SPGR	TCMA TNMM-8 TCMM TPUN	SCMM SPUM SCMA SPMR SNMA	CCMA CCMM CNMM-7
车削端面	主偏角	75°	90°	90°	95°	
	刀片形状及加工示意图	75°	90°	90°	95°	
	推荐选用刀片	SCMA SPMR SCMM SPUR SPUN CNMG	TNUN TNMA TCMA TPUM TCMM TPMR	CCMA	TPUN TPMR	
车削成形面	主偏角	15°	45°	60°	90°	
	刀片形状及加工示意图	15°	45°	60°	90°	
	推荐选用刀片	RCMM	RNNG	TNMM-8	TNMG	

　　鼓形铣刀的切削刃分布在半径为 R 的圆弧面上，端面无切削刃。加工时，控制刀具上下位置即相应改变刀刃的切削部位，可以在工件上切出从负到正的不同斜角。鼓形刀的 R 越小，所能加工的斜角范围越广，但所能获得的表面质量越差。这种刀具的主要缺点是刃磨困难，切削条件差，而且不适合加工有底的轮廓表面。

　　成形刀一般都是为某些特定的零件结构要素或特定工件的某项加工内容专门设计制造的，如角度面、槽、特型孔、倒角等。

　　数控加工刀具在机床上使用时，通常必须进行编号，并与程序或刀架、刀库对号。此外，加工前还需要将刀具有关参数输入系统补偿存储器，以便对不同的刀具长度和半径等进行补偿，从而加工出合格的工件。

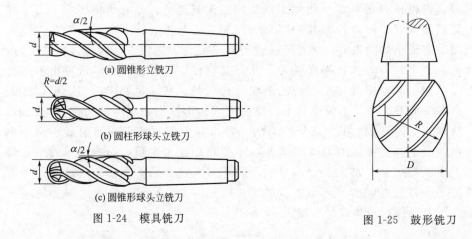

(a) 圆锥形立铣刀

R=d/2

(b) 圆柱形球头立铣刀

(c) 圆锥形球头立铣刀

图 1-24　模具铣刀

图 1-25　鼓形铣刀

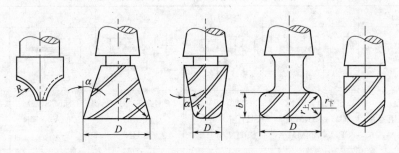

图 1-26　成形铣刀

1.5.2　数控车削工具系统

　　经济型数控车床或一般的中低档数控车床，配套的刀架通常为电动立式四方刀架或卧轴转塔刀架。电动立式四方刀架由于刀位少，较难适应复杂零件加工对刀具数量的要求，在生产型机床上应用逐渐减少。这类机床一般将车刀直接安装在刀架的矩形槽中。

　　卧轴转塔刀架具有较多的刀位数，一般有 6、8、12、16 刀位等。如图 1-27 所示，这类刀架一般在刀架体上开有矩形槽，可以直接安装外圆刀具。此外，在与刀盘轴线平行的多棱面上，可以通过刀座、刀套等附件安装镗刀、钻头等孔加工刀具。如图 1-28 所示为与上述转塔式刀架配套的工具系统。

　　中高档数控车床或车削中心一般配置了高档动力刀架，如图 1-29 所示。刀架的刀盘表面经精密加工，并在其上开有精密安装孔，不同刀具通过各种不同的刀座附件以端面和孔为定位基准安装到刀盘上，因此可以采用机外对刀。

　　这类刀架既可通过各种非动力辅助刀座夹持刀具进行加工，也可安装动力刀座进行主动切削，配合主机完成各种复杂工序，实现高效自动化集中加工。

　　如图 1-30 所示为与上述动力刀架配套的 CZG 车削工具系统，它等同于德国标准 DIN69880。

　　CZG 车削工具系统与刀架连接的柄部为一圆柱法兰结构，在其圆柱面上与轴线垂直方向制有齿形形成齿条结构，如图 1-31 所示。在刀架上，安装刀夹柄部圆柱孔的侧面设有一个由螺栓带动的可移动楔形齿条，该齿条与刀夹柄部上的齿条啮合，并有一定的轴向错位。当旋转夹紧螺栓将楔形齿条径向压向柄部齿条时，由于齿条间存在轴向错位，使柄部法兰紧密贴紧在刀架定位面上，并产生足够的轴向拉紧力配合径向夹紧力将其夹紧。

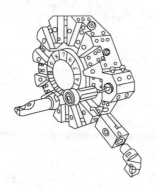

图 1-27　卧轴转塔刀架
与刀具安装

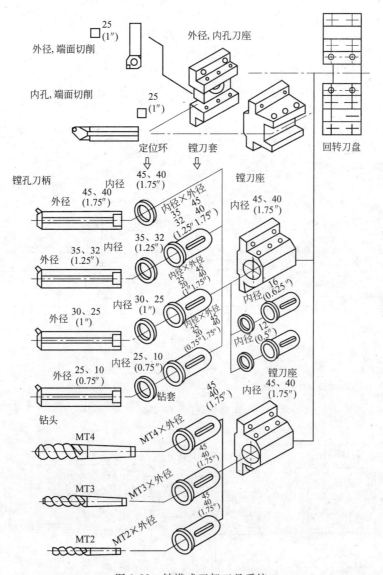

图 1-28　转塔式刀架工具系统

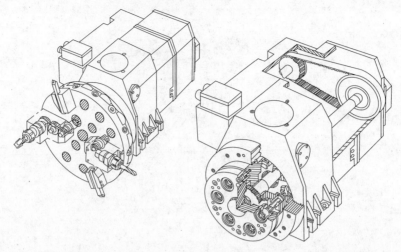

图 1-29　动力刀架

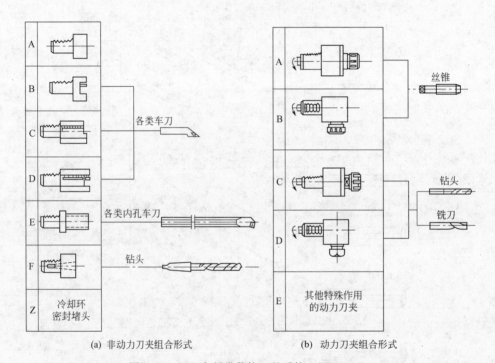

各类车刀

各类内孔车刀

钻头

丝锥

钻头

铣刀

(a)　非动力刀夹组合形式　　　　　　　　(b)　动力刀夹组合形式

图 1-30　CZG 车削类数控工具系统（DIN69880）

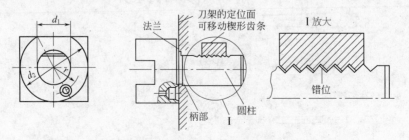

图 1-31　CZG 车削类数控工具系统柄部及其工作状态

这种刀夹系统装卸操作简单、快捷，连接刚度高，重复定位精度高，可以实现机外对刀。

此外，国外许多刀具制造商研制开发了只更换刀头模块的模块式车削工具系统，这些模块式车削工具系统的工作原理基本相似。如图 1-32 所示即为山特维克公司生产的这类系统。其工作原理如下。

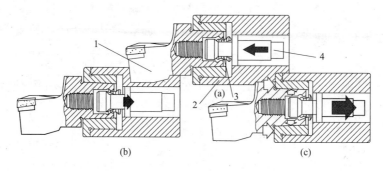

图 1-32　山特维克模块式车削工具系统
1—带椭圆三角短锥接柄的刀头模块；2—刀柄；3—涨环；4—拉杆

如图 1-32(b)、(c) 所示，当拉杆 4 向后移动，前方涨环 3 端部由拉杆 4 轴肩拉动沿接口中心线后拉，涨环 3 外缘周边嵌入刀头模块内沟槽，将刀头模块锁定在刀柄 2 上。当拉杆 4 向前推进时图 1-32(a) 所示，前方涨环 3 端部由拉杆 4 沿中心线方向前推，涨环 3 收缩，其外缘周边和刀头模块内沟槽分离，拉杆将刀头模块推出。

拉杆可以通过液压装置驱动，也可以采用螺纹传动或凸轮驱动。该系统可以实现快速换刀，并具有很高的重复定位精度（$\pm 2\mu m$）和连接刚度。

1.5.3　数控镗铣工具系统

数控铣床与加工中心作为通用型机床要加工各种不同的工件，完成工件上各种不同的加工工艺，需要使用各种品种、规格的刀具。为了减少刀具品种规格，发展了多种标准化、系列化的镗铣工具系统。这些工具系统通常由以下几部分组成：与机床主轴孔相适应的工具柄部、与刀具柄部相连接的刀具装夹部分和各种刀具。

（1）工具系统类型

镗铣工具系统有整体式结构和模块式结构两大类。

如图 1-33 所示为整体式 TSG 工具系统，它把工具柄部和装夹刀具的工作部分制成一体，要求不同工作部分都具有同样结构的柄部，以便与机床主轴相连，具有结构简单可靠、使用方便、调换迅速等特点。

TSG 工具系统编号方法如图 1-34 所示，共有 5 项内容。第 1 项锥度型号代表不同的锥柄柄部（带机械手夹槽）标准，有 BT、JT 等可供选择；第 2 项锥柄规格即锥度号，代表锥度的大小，有 30、40、45、50、60 等可供选择；第 3 项代表不同的用途，有 Q（弹簧夹头接口）、M（莫氏接口）、Z（钻夹头接口）、G（攻丝夹头接口）、T（镗刀柄）、X（铣刀柄）等型式可供选择，每种型式还可以通过后加字母细分；第 4 项代表工作特性，可以代表最小加工直径、定心直径、夹持直径或刀具接口锥度号等；第 5 项代表工作长度，同一刀柄有不同长度可供选择，以满足不同的加工轴向工况要求。

如图 1-35 所示，模块式工具系统把整体式刀具分解为柄部（主柄模块）、中间连接块（连接模块）、工作头部（工作模块）三个主要部分，然后通过各种连接结构，在保证连接精

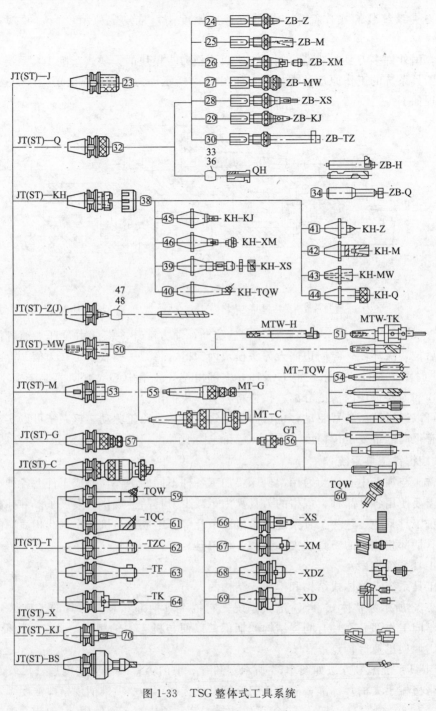

图 1-33　TSG 整体式工具系统

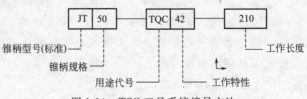

图 1-34　TSG 工具系统编号方法

度、强度、刚性的前提下，将这三部分连接成一个整体。

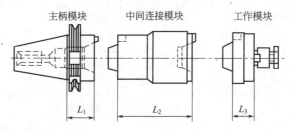

图 1-35　模块式工具系统组成

模块式工具系统可以用不同规格的中间连接块与主柄模块组成各种用途的模块工具系统，既灵活又方便，而且可以大大减少工具的储备，因此发展迅速，应用越来越广泛。图1-36～图 1-38 分别为山特维克公司提供的主柄模块、连接模块和工作模块系列。

ISO 7388/1	ISO 7388/1	DIN 69871	MAS BT	MAS BT	MAS BT	Yamazaki	DIN 2080
ISO 30	BIG-PLUS	B型	ISO 30	BIG-PLUS	B型	ISO 45	ISO 40
ISO 40	ISO 40	ISO 40	ISO 40	ISO 40	ISO 40	ISO 50	ISO 50
ISO 45	ISO 50	ISO 50	ISO 50	ISO 50	ISO 50		
ISO 50							

图 1-36　主柄模块

加长接杆　　缩径接杆

图 1-37　连接模块

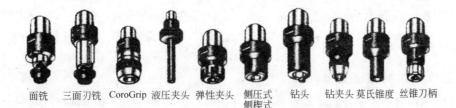

面铣　　三面刀铣　　CoroGrip　液压夹头　弹性夹头　侧压式　　钻头　　钻夹头　莫氏锥度　丝锥刀柄
　　　　　　　　　　　　　　　　　　　　　侧楔式

图 1-38　工作模块

（2）工具柄部结构

工具柄部是与机床主轴的接口，必须与机床主轴相适应。目前数控铣床与加工中心一般采用 7∶24 圆锥工具柄接口，并采用相应型式的拉钉拉紧结构，如图 1-39 所示。这种刀柄不自锁，换刀比较方便，与直柄相比有较高的定心精度和连接刚性。这种工具柄部及相应的拉钉已经标准化和系列化，我国的刀柄国家标准 GB 10944 与国际标准 ISO 7388 基本一致，此外还有日本 BT 标准，德国 DIN 标准等。不同标准刀柄在结构尺寸上略有区别，有可能与加工中心自动换刀系统不相适应，因此选择刀柄不仅要考虑规格，还要注意标准。

随着数控铣床与加工中心高速化的发展，传统的 7∶24 刀柄已经无法满足高速加工机床

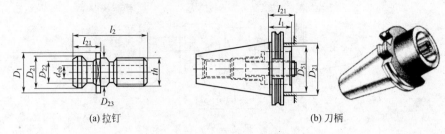

(a) 拉钉   (b) 刀柄

图 1-39　7:24 刀柄与拉钉

的要求。在高速旋转情况下，离心力的作用显得十分突出，主轴端部锥孔的扩张量大于锥柄的扩张量，导致产生锥面配合间隙，由于标准的 7:24 锥柄没有实现主轴端面与内锥面的同时定位，刀柄在拉紧力作用下后退，引起刀具轴向位置的变化。另外刀柄锥部不可避免地存在制造误差，在锥面配合的后端往往还有间隙，从而导致刀尖的跳动和破坏结构的动平衡。

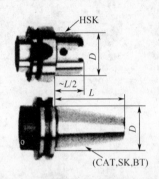

图 1-40　HSK 刀柄与普通刀柄对比

针对上述存在问题，一些研究机构和刀具生产企业开发了一些新型的刀柄结构，以满足高速加工的要求，其中德国的 HSK 刀柄最具代表性。

HSK 刀柄是一种新型高速锥型刀柄，其接口采用锥面和端面同时定位的方式，具有很高的连接精度和刚度，锥体为中空薄壁结构，采用 1:10 短锥，有利于实现换刀轻型化及高速化。由于增加了端面定位，完全消除了轴向定位误差，使得高速高精度加工成为可能，目前在高速铣床与加工中心上应用非常普遍。图 1-40 所示为 HSK 刀柄与普通刀柄的对比情况。

1.5.4　数控加工对刀测量装备

数控机床在编好程序，将工件或夹具及刀具装夹到机床后，一般尚有两件重要工作必须完成，才能启动机床进行加工。其一是要设定工件原点，即确定工件原点在机床坐标系中的位置；其二是要确定并输入刀具参数，一般有刀具长度和半径。这就需要通过对刀测量来实现。

初级用户或经济型数控单机用户一般直接采用刀具结合塞尺或块规等进行对刀测量工作，这种工作方式对刀测量精度低，效率低，操作须十分谨慎。在实际生产中，为了提高对刀测量精度，提高数控机床利用率，必须考虑选择相应的对刀测量工艺装备。

（1）数控车床对刀装备

数控车床对刀有机内人工、自动和机外等多种形式，相应地有各种对刀装备可供选择。

① 机内人工对刀及装备：数控车床目前普遍采用刀具机内人工对刀，在机床上通过每把刀具与工件试切或与试切表面接触的操作方式获得需要的对刀数据。

为了提高对刀精度和效率，机内人工对刀也可通过相应的装置来实现。一般通过人工操作，将刀具运行到位置固定的对刀装置的某位置，例如使刀尖处于光学放大镜的十字线交点，此时读取系统显示器的显示坐标值，与基准刀具的坐标值比较即可获得刀具偏置量。

图 1-41 所示是在数控车床上使用的一种机内人工对刀光学对刀仪，使用时把对刀仪固定安装在车床床身的某一位置，然后将基准刀安装在刀架上，调整对刀仪的镜头位置，使显微镜内的十字线交点对准基准刀的刀尖点，以此作为其他刀具安装或测量的基准。

② 机内自动对刀及装备：数控车床机内自动对刀，一般将刀具触及一个位置固定的测头，通过测头发出讯号，使数控系统自动读取刀具当前位置坐标信息，从而通过计算取得刀偏量。

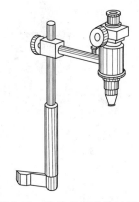

图 1-41　数控车床光学对刀仪　　　　图 1-42　数控车床机内自动对刀仪

图 1-42 所示是在数控车床上使用的一种机内自动对刀接触式对刀仪。使用时将其摆臂摆到测量位置，逐把控制刀具移向对刀仪触头，利用机床位移测量系统获取各刀具的偏移量参数。对刀结束，将摆臂退出测量位置，以免影响加工。

③ 机外对刀及装备：数控车床当加工的零件复杂，使用的刀具数量较多时，消耗在对刀上的辅助时间比例就会增加，从而降低机床的利用率。这种情况下，如果有一定的机床数量，可以考虑采用机外对刀仪实行机外对刀。这种对刀仪一般具有两个方向的高精度位移测量系统。刀具通过刀座以在刀架上一样的安装方式在对刀仪上安装。被测刀具刀尖可以通过光学放大显示在屏幕上。测量时通过相对移动光学测头，使得刀尖与光学屏幕十字线相切，读取测量系统显示的坐标信息即可。

（2）数控铣床与加工中心对刀装备

① 对刀棒：对刀棒由两段圆柱销组成，内部靠弹簧连接，如图 1-43 所示。其一端与主轴同心装夹，并以较低的转速（大约 600r/min）旋转。由于离心力的作用，另一端的销子首先作偏心运动。在销子接触工件的过程中，会出现短时间的同心运动，这时记下系统显示器显示数据（机床坐标），结合考虑接触处销子的实际半径，即可确定工件接触面的位置。

② 对刀器：对刀器是一种具有高精度固定标定值的弹性装置，用以确定主轴方向的坐标数据。图 1-44 所示为一机械式对刀器。对刀时，将其放置或吸附在工作台或工件表面上，通过操作机床移动刀具使刀尖直接压在对刀器对刀面上，使对刀面在一定弹性范围内移动，直至指示表指针为零。这时即可根据系统显示器显示数据（机床坐标）与对刀器标定值确定工件位置或刀具长度数据。

图 1-45 所示为利用对刀棒和对刀器在机床上设定工件坐标系的情况。根据上述原理，利用对刀棒接近工件两侧边获得机床坐标数据 a 和 b，若对刀棒半径为 r，则工件坐标系的

偏置量为 $X_W = a + r$，$Y_W = b + r$。而利用刀具或主轴端面接近对刀器使指示值为零，可获得对刀器上平面的机床坐标数据 c，若对刀器的标定值为 1，则 Z 向工件坐标系的偏置量为 $Z_W = c - 1$。此时的刀具刀尖或主轴端面即可作为刀具长度参考点，其余刀具长度则可按上述方法读取机床坐标数据后与 c 值比较而得。

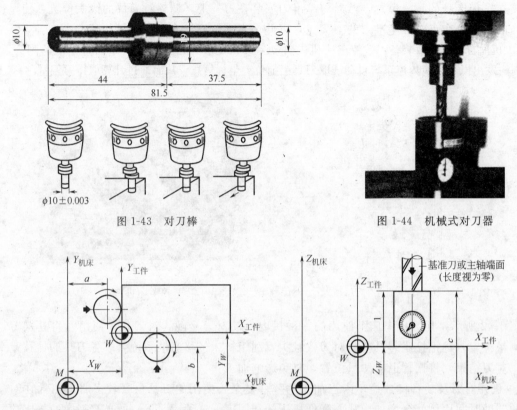

图 1-43　对刀棒

图 1-44　机械式对刀器

图 1-45　工件坐标系设定

图 1-46 所示为一电子对刀器，工作时当刀具或主轴压向对刀面时，对刀面在其弹性范围内移动。在此过程中，对刀器控制电路控制绿、黄、红三只发光二极管和蜂鸣器依此发出显示对刀面位置的声光信号。这时，根据数控系统的显示坐标和对刀器的标定值确定刀具或工件的坐标数据。

图 1-47 所示为用于加工中心及数控镗铣类机床的全能电子对刀器。该对刀器采用导电式工作原理，其上部对刀环具有高精度外圆和端面作为对刀表面，对刀环可沿轴向上、下浮动和径向摆动，其复位精度一般可达 $3\mu m$。

使用该对刀器可以简单快速地完成轴向和径向对刀操作。轴向对刀直接使用对刀器高度值。径向对刀时，先测出对刀环中心坐标，再控制刀具缓慢旋转精确接触对刀环外圆面，根据精确接触时的坐标数据及对刀环中心坐标即可算出刀具实际半径。

将上述对刀器与机床连接部分及对刀环稍作改进，即可用于车床对刀。

③ 3D 测头：3D 测头可解决三维问题，能在机床上对工件的安装位置、尺寸、形状进行测量，将数控机床扩展成为具有三坐标测量功能的机床。

图 1-48 所示为一机械式 3D 测头，其下方球触头精度可精确标定，球触头与柄部的同心度可精确调节。测量时将球触头与工件相关点接触后读取机床即时坐标即可获得工件位置数据，可用于工件零点的设置测量等。

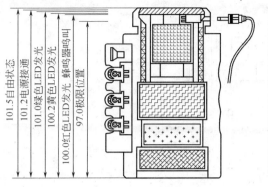

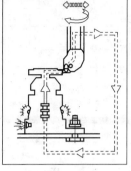

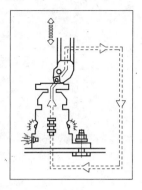

图 1-46　电子对刀器　　　　　　　　　　图 1-47　全能电子对刀器

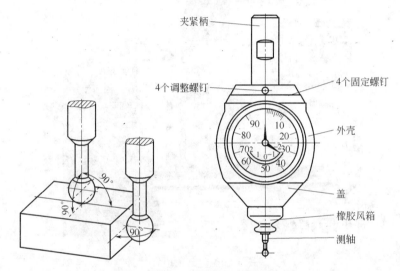

图 1-48　机械 3D 测头

　　图 1-49 所示为一触发式 3D 测头，由柄部、测头主体、测杆及触头组成，其中触头及测杆与柄部间有一固定的电位差。测头装在机床主轴上，机床工作台上的工件（导体）与测头柄部电位相同，当触头与工件表面接触时，便有电流流过测头主体并驱动其内部控制电路工作，产生提示声光信号或输出电信号。用此信号可产生一个满足数控系统要求的输入信号进入机床数控系统，实现编程测量。

　　④ 刀具预调仪：对于一些加工中心或数控机床拥有量较多的场合，需要测量的刀具数量较多时，通常可考虑采用刀具预调仪。刀具预调仪测量属于机外对刀，可以节省大量的占机对刀测量时间。

　　从结构上来看，刀具预调仪主要有直接接触式测量与光屏投影测量两种。图 1-50 所示为一采用光屏投影测量的刀具预调仪，主要由一个高精度回转主轴、两个高精度移动测量轴和一组光学透镜投影系统组成。

　　测量时，被测刀具插入主轴锥孔并与实际工况一样进行轴向拉紧，透镜系统将刀尖放大后投影到屏幕上，根据刀具情况，左右、前后移动立柱，使刀尖初步位于屏幕中十字线相切处。转动主轴，使刀尖位于径向坐标最大位置，精确调整立柱位置，使刀尖与屏幕十字线严格相切。从左上方显示器即可获得刀具长度和半径尺寸数据。测量数据根据需要可由打印机集中打印，也可各刀具分别打印制成标签贴于刀柄上，甚至可以直接通过通信端口传送到机

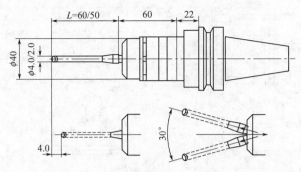

图 1-49　触发式 3D 测头

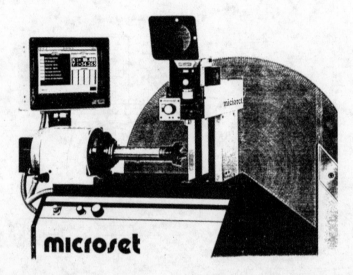

图 1-50　刀具预调仪

床数控系统。

　　由于具体的技术手段问题，对刀也不可避免存在误差，对刀误差属于常值系统性误差，可以通过试切加工结果进行调整，以消除对加工精度的影响。

思考与练习

1-1　试述数控与数控机床的概念。

1-2　数控机床与普通机床相比有何特点？

1-3　数控机床适合用于什么场合？

1-4　数控机床主要由哪几部分组成？各部分的作用是什么？

1-5　试述数控机床的基本工作原理。

1-6　什么是开环数控机床？有何优缺点？适用于什么场合？

1-7　什么是半闭环数控机床？有何优缺点？适用于什么场合？

1-8　什么是闭环数控机床？有何优缺点？适用于什么场合？

1-9　什么是点位、直线和轮廓控制？各有何特点？适用于什么场合？

1-10　什么叫经济型数控？其特点是什么？

1-11　什么叫插补？脉冲当量是何意义？

1-12　常用的插补方法有哪几种？

1-13　什么叫逐点比较插补法？其一个工作循环有哪几个工作节拍？

1-14　逐点比较法直线插补中，偏差函数与刀具进给方向有何关系？

1-15　逐点比较法直线插补中，如何判别直线已经加工完毕？

1-16　圆弧插补时，偏差函数如何定义？它与刀具位置有何关系？

1-17　逐点比较法圆弧插补中，偏差函数与刀具进给方向有何关系？

1-18　数控编程的任务是什么？程序的正确性主要体现在哪两个方面？

1-19　普通数控加工用 7：24 锥度刀柄标准有多种，如 BT 标准和 DIN 标准等，只要规格相同即可互换使用吗？

1-20　普通 7：24 锥度刀柄可以用于高速加工吗？为什么？

1-21　常见的对刀工艺装备有哪些？如何选用？

1-22　立铣刀、圆角铣刀与球头刀各适合应用于什么场合？

第 2 章 数控加工工艺基础

2.1 数控加工工艺概述

所谓数控加工工艺，就是采用数控机床加工零件时所运用的各种方法和技术手段的总和。它是伴随着数控机床的产生、发展而逐步完善起来的一种应用技术，是人们大量数控加工实践经验的总结。

数控加工工艺过程是指在数控机床上利用切削工具直接改变加工对象的形状、尺寸、表面位置和表面状态等，使其成为成品或半成品的过程，其大致流程如图 2-1 所示。通常先根据工程图纸和工艺计划等确定几何、工艺参数，进行数控编程，然后将数控加工程序记录在控制介质上，传递给数控装置，经数控装置处理后控制伺服装置输出执行，实现刀具与工件间的相对成形运动及其他相关辅助运动，完成工件加工。

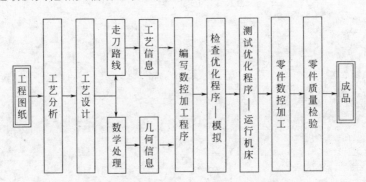

图 2-1 数控加工工艺过程

在数控机床上加工零件，首先要考虑的是工艺问题。数控机床加工工艺与普通机床加工工艺大体相同。只是数控机床加工的零件通常相对普通机床加工的零件要复杂得多，而且数控机床具备一些普通机床所不具备的功能。为了充分发挥数控机床的优势，必须熟悉其性能、掌握其特点及使用方法，在此基础上正确地制定加工工艺方案，进行工艺设计与优化，然后再着手编程。

2.1.1 数控加工工艺基本特点

数控加工与传统加工在许多方面遵循的原则基本上是一致的。但数控加工具有自动化程度高、控制功能强、设备费用高等一系列特点，因此也就相应形成了数控加工工艺的自身特点。

（1）数控加工的工艺内容十分具体

在传统通用机床上进行单件小批加工时，一些具体的工艺问题，如：工序中各工步的划分安排，刀具的形状、材料，走刀路线，切削用量等，很大程度上都是由操作工人根据自己的经验习惯自行考虑确定的，一般无须工艺人员在设计工艺规程时进行过多的规定。而在数

34

控加工时，上述这些具体的工艺问题，不仅成为数控工艺设计时必须考虑的内容，而且还必须作出正确的选择并体现在加工程序中。也就是说，在传统加工中由操作工人在加工中灵活掌握，并可适时调整的许多具体工艺问题和细节，在数控加工时就转变成编程人员必须事先设计和安排的内容。

（2）数控加工的工艺工作十分严密

在传统通用机床加工时，操作者可根据加工中出现的问题，适时灵活地进行人为调整，以适应实际加工情况。数控加工是按事先编制好的程序自动进行的，在不具备完善的诊断与自适应功能等情况下，一旦出现故障或事故将可能导致进一步扩大化。因此数控加工必须周密考虑每个细微环节，避免故障或事故的发生。例如钻小孔或小孔攻丝等容易出现断钻或断丝锥情况，工艺上应采取严密周到的措施，尽可能避免出现差错。又如零件图形数学处理的结果将用于编程，其正确性将直接影响最终的加工结果。

（3）工序相对集中

数控机床通常载有刀库（加工中心）或动力刀架（车削中心）等，甚至具有立/卧主轴或主轴能实现立/卧转换，以及多工位工作台或交换工作台等，可以完成自动换刀和刀具或工件的自动变位等，从而实现工序复合，在一台机床上即可完成不同加工面的铣、钻、扩、铰、镗、攻丝等，实现工序的高度集中，从而缩短加工工艺路线和生产周期，减少加工设备、工装和工件运输工作量。

（4）采用轨迹法

数控车床具有多轴联动插补功能，因此对于零件上的一些成形面或锥面，一般不采用成形刀具进行加工，而是采用轨迹成形加工的方法，通过按零件轮廓编制的程序控制刀具走刀轨迹而成。这样不仅省去了划线、制作样板、靠模等工作，提高了生产率，而且简化了刀具，避免了成形刀宽刃切削容易振动等问题，进一步提高加工质量。

（5）采用先进高效的工艺装备

为了满足数控加工高质量、高效率、自动化、柔性化等要求，数控加工中广泛采用各种先进的数控刀具、夹具和测量装备等。

作为一个编程人员，不仅需要多方面的知识基础，而且还必须具有耐心严谨的工作作风。编制零件加工程序就要综合应用各方面知识，全面周到地考虑零件加工的全过程，正确合理地确定零件加工程序。可以说，一个合格的程序员首先应该是一个优秀的工艺员。

2.1.2　数控加工工艺主要内容

数控加工工艺设计是对工件进行的数控加工前期工艺准备工作，必须在程序编制以前完成。只有在工艺方案确定后，编程才有依据。实践证明，工艺设计考虑不周是造成数控加工出错的主要原因之一。因此，编程前，一定要把工艺设计工作做得尽可能细致、周到，而不要草草了事，急于编程。

通常数控加工工艺主要包括以下内容：

① 选择并确定适合在数控机床上加工的零件并确定工序内容；

② 加工零件图纸的数控加工工艺分析，明确加工内容与技术要求；

③ 确定零件加工方案，制定数控加工工艺路线，如划分工序、安排加工顺序等；

④ 选择数控机床类型、规格；

⑤ 数控加工工序设计，制定定位夹紧方案，划分工步，规划走刀路线；

⑥ 夹具、刀具、辅具、量具的选择与设计；

⑦ 确定切削用量，计算工序尺寸及公差等；

⑧ 编制数控加工工艺技术文件。

数控机床有其一系列的优点，但目前来说价格还是相对较贵，加上消耗大，维护费用高，导致加工成本的增加。因此，必须对零件图纸进行详细的工艺分析，确定那些适合并需要进行数控加工的内容和工序。

2.2 数控加工工艺分析

在进行数控加工工艺分析时，工艺人员应根据数控加工的基本工艺特点与数控机床的功能和实际工作经验，把工作做得细致、扎实，以便为后续工作铺平道路。

（1）根据数控加工的特点确定零件数控加工的内容

从技术和经济等角度出发，对于某个零件来说，并非全部加工工艺过程都适合在数控机床上进行，而往往只选择其中一部分内容采用数控加工。因此，必须对零件图纸进行详细的工艺分析，选择那些适合且需要进行数控加工的内容和工序进行数控加工。工作中应注意结合本单位实际和社会协作情况，立足于解决难题、攻克关键和提高生产率，充分发挥数控加工的优势。一般按下列原则顺序考虑选择。

① 普通通用机床无法加工的内容优先。

② 普通通用机床加工困难，质量难以保证的内容作为重点。

③ 普通通用机床加工效率低，劳动强度大的内容作为平衡。

上述这些加工内容采用数控加工后，在产品质量、生产率及综合经济效益等方面一般都会得到明显提高。

相比之下，下列一些加工内容则不宜采用数控加工。

① 需要通过较长时间占机调整的加工内容，如以毛坯采用划线定位装夹来加工的工序。

② 必须按专用工装协调的孔及其他加工内容。

③ 不能在一次安装中加工完成的其他零星部位。

需要指出的是，在选择确定加工内容时，还要综合考虑生产批量、生产周期、工序间周转情况等。尽量做到合理，以充分发挥数控机床的优势，达到多、快、好、省的目的。

（2）数控加工零件结构工艺性分析

零件结构工艺性是指在满足使用要求前提下零件加工的可行性和经济性，即所设计的零件结构应便于加工成形并且成本低、效率高。对零件进行数控加工结构工艺性分析时要充分考虑数控加工的特点，过去用普通设备加工工艺性很差的结构改用数控设备加工其结构工艺性则可能不再成为问题，比如现代产品零件中大量使用的圆弧结构、微小结构等。

夹具设计中经常使用的定位销，传统设计普遍采用图 2-2(a) 所示的锥形销头部结构，而国外现在则普遍采用图 2-2(b) 所示的球形销头部结构。从使用效果来说，球形头对工件的划伤要比锥形头小得多。但在工艺上，采用传统加工工艺加工球形头比较麻烦，而用数控车削加工则轻而易举。再比如倒角要素，传统设计一般均为直线形式，如设计标注成 "C1"；而国外因大量使用数控机床加工，传统的直线倒角演变成相切圆倒角形式，如设计标注成 "R1"。

数控加工技术在制造领域的应用为产品结构设计提供了广阔的舞台，甚至对传统工程标准提出了挑战，这是一个值得注意的趋向。

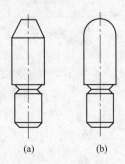

(a)　　　(b)

图 2-2　定位销结构

传统的串行工作产品开发方式，对图纸的工艺性分析与审查，是在零件图纸设计和毛坯设计完成以后进行的，此时零件设计已经定型，倘若在设计时并没考虑到数控加工工艺特点，加工前又要求再根据数控加工工艺特点对图纸或毛坯进行较大更改（特别是要把原来采用普通通用机床加工的零件改为数控加工的情况下），有时会比较困难。若采用并行工作产品开发方式，即在零件图纸和毛坯图纸初步设计阶段便进行工艺性审查与分析，通过工艺人员与设计人员密切合作，使产品更多地满足符合数控加工工艺的特点和要求，尽可能采用适合数控加工的结构，则可充分发挥数控加工的优越性。

数控加工工艺性分析涉及面很广，在此仅从数控加工的可能性、方便性以及精度方面进行考虑。

① 零件图纸中的尺寸标注是否适应数控加工的特点。对数控加工来说，最倾向于以同一基准标注尺寸或直接给出坐标尺寸，这就是坐标标注法。这种标注法，既便于编程，也便于尺寸之间的相互协调，在保证设计、定位、检测基准与编程原点设置的一致性方面带来很大方便。由于零件设计人员往往在尺寸标注中较多地考虑装配等使用特性要求，而不得不采取局部分散的标注方法，这样会给工序安排与数控加工带来诸多不便。事实上，由于数控加工精度及重复定位精度都很高，不会因产生较大的积累误差而破坏使用特性，因而改变局部的分散标注法为集中标注或坐标式尺寸标注是完全可行的。目前，国外的产品零件设计尺寸标注绝大部分采用坐标法标注，这是他们在基本普及数控加工的基础上，充分考虑数控加工特点所采取的一种设计原则。

② 零件图纸中构成轮廓的几何元素的条件是否充分、正确。由于零件设计人员在设计过程中难免有考虑不周，生产中可能遇到构成零件轮廓的几何元素的条件不充分或模糊不清或者相互矛盾的情况。如圆弧与直线、圆弧与圆弧的连接关系到底是相切还是相交，有些是明明画成相切，但根据图纸给出的尺寸计算相切条件不充分或条件多余而变为相交或相离状态，使编程工作无从下手；有时，所给条件又过于"苛刻"或自相矛盾，增加了数学处理（基点计算等）的难度。因为在直接编程时要计算出每一个节点坐标，而计算机辅助编程要对构成轮廓的所有几何元素进行定义，无论哪一点不明确或不确定，编程都无法进行。所以，在审查与分析图纸时，一定要仔细认真，发现问题及时与设计人员沟通解决。

③ 审查与分析零件结构的合理性。零件内腔（包括孔）和外形的一些局部结构在满足使用要求的前提下，最好采用统一的几何类型和尺寸，从而可以减少刀具规格和换刀次数，简化编程，提高加工效率。

如图 2-3(a) 所示的零件，其上的三个退刀槽设计成三种不同的宽度，需要用三把不同宽度的割刀分别对应加工，或按最窄的槽选择割刀宽度，当加工宽槽时分几次切出。这种情况如果不是设计的特殊需要，显然是不合理的。若改成图 2-3(b) 所示结构，只需一把刀即可分别切出三个槽。这样既减少了刀具数量，少占了刀架工位，又节省了换刀时间和切削时间。

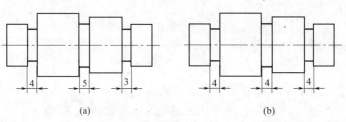

(a)　　　　　　　　　　　　(b)

图 2-3　零件结构工艺性示例 1

内槽圆角的大小决定了加工刀具的最大直径，因而内槽圆角半径不能过小。如图 2-4 所示，零件加工工艺性的好坏与被加工工件轮廓的高低、转接圆弧半径的大小等有关。图 2-4 (b) 与图 2-4(a) 相比，转接圆弧半径相对较大些，因此，可以采用直径较大的铣刀来进行铣削加工；从底平面加工考虑，采用较大的刀具直径，刀间距可以加大，走刀次数相应减少，表面质量也会有所提高，所以工艺性较好。对于此类结构，通常当 $R<0.2H$ 时，认为工艺性就不够理想。

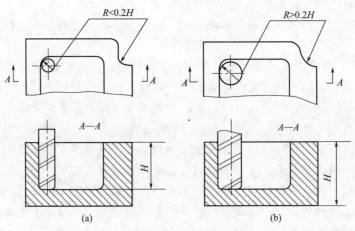

图 2-4　零件结构工艺性示例 2

零件底平面铣削时，槽底圆角半径 R 不应过大。如图 2-4 所示，槽底圆角半径 R 越大，铣刀端刃铣削平面的能力就越差，效率也就越低。当 R 大到一定程度时，甚至要采用球头刀加工，应该尽量避免这种情况。因为铣刀与铣削平面接触的最大直径 $D=D-2R$（D 为铣刀直径）。当铣刀直径 D 一定时，R 越大，铣刀端刃铣削平面的宽度就越小，加工表面的能力就越差，工艺性越差。

④ 精度及技术要求分析。对被加工零件的精度及技术要求进行分析，是零件工艺性分析的重要内容之一，只有在分析零件尺寸精度、形位公差精度和表面粗糙度的基础上，才能对加工方法、装夹方式、刀具及切削用量等进行正确合理的选择。

精度及技术要求分析的主要内容如下：

a. 分析零件精度及各项技术要求是否齐全、合理；

b. 分析本工序的数控加工精度能否达到图纸要求，若达不到，需采取其他措施弥补的话，则应给后续工序留有适当的余量；

c. 找出图样上有位置精度要求的表面，这些表面应尽可能在一次安装下加工完成；

d. 对表面粗糙度要求较高的表面，应认真规划，尽量采用恒线速度切削或高速切削加工，必要时安排后续光整加工。

2.3　数控加工工艺设计

数控加工工艺设计是后续工作的基础，其设计的质量会直接影响零件的加工质量与生产效率。工艺设计时应对零件图、毛坯图认真消化，结合数控加工的特点灵活运用普通加工工艺的一般原则，尽量把数控加工工艺路线设计得更合理一些。

数控机床加工零件，工序一般相对比较集中，在一些复合化数控机床上，甚至可以在一台数控机床上完成整个零件的加工工作。通常在一次安装中，不允许将零件某一部分表面加工完毕后，再加工零件的其他表面，而是应先切除整个零件各加工面的大部分余量，再将其他表面精加工一遍。对于刚性差的工件，中间还需要安排计划暂停以便调整夹紧力等。最终保证加工精度和表面粗糙度要求。

2.3.1　加工顺序的安排

加工顺序安排应根据加工零件结构、毛坯状况及定位夹紧需要来考虑，重点保证定位夹紧、加工时工件的刚性和有利于保证加工精度。一般应遵循下列原则。

（1）基面先行原则

安排加工顺序时，首先要加工的表面，应该是后续工序作为精基准使用的表面，以便后续工序再以该基准面定位，加工其他表面。

（2）先主后次原则

零件上的加工表面，通常分为主要表面和次要表面两大类。主要表面通常是指尺寸、位置精度要求较高的基准面与工作表面；次要表面则是指那些要求较低，对零件整个工艺过程影响较小的辅助表面，如键槽、螺孔、紧固小孔等。这些次要表面与主要表面间有一定的位置精度要求。一般先对主要表面进行预加工，再以主要表面定位加工次要表面。对于整个工艺过程而言，次要表面加工安排在主要表面最终精加工前进行。

（3）先粗后精原则

按照各表面统一粗加工——精加工的顺序进行，逐步提高加工精度。粗加工应在较短的时间内将工件各表面上的大部分加工余量切掉，而不是把零件的某个表面粗精加工完毕后再加工其他的表面。粗加工时一方面要提高金属切除率，另一方面要满足精加工的要求。精加工要保证加工精度，按图样尺寸，尽可能一刀切出零件轮廓。

（4）先面后孔原则

对既有平面又有孔加工的零件，应先加工平面再进行孔加工，这样有利于提高孔的加工位置精度，并避免孔口毛刺的产生。

（5）保证刚性原则

在同一次安装中进行的多个工步，应先安排对工件刚性破坏较小的工步，以保证工件加工时的刚度要求。即一般先加工离夹紧部位较远的或在后续工序中不受力或受力小的部位，本身刚性差又在后续工序中受力的部位安排在后面加工。

（6）先近后远原则

这里所说的远与近，是按加工部位相对起刀点而言的。在一般情况下，离起刀点远的部位后加工，以便缩短刀具移动距离，减少空行程时间。先近后远一般还有利于保持坯件或半成品的刚性，改善其切削条件。

如图 2-5 所示的零件，如果按直径大小次序安排车削，不仅会增加刀具返回所需的空行程时间，而且一开始就削弱了工件的刚性，还可能使台阶的外直角处产生毛刺（飞边）。对这类直径相差不大，而且自身刚性较差的台阶轴，粗加工宜按从右端开始按 1、2、3 顺序逐段安排车削。

（7）相同连续原则

以相同定位夹紧方式或同一把刀具加工的内容最好连接进行，以减少重复定位次数（有色金属零件尤其重要），减少换刀次数与挪动夹紧元件次数。

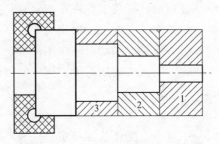

图 2-5　先近后远与保证刚性示例

2.3.2　零件加工方案与机床类型选择

（1）旋转体类零件的加工

这类零件采用数控车床或数控磨床进行加工。通常车削零件毛坯多为棒料或锻坯，加工余量较大且不均匀，编程时，粗车的加工路线往往是考虑的主要问题。

图 2-6 所示为一手柄，其轮廓包含三段圆弧。毛坯采用棒料，直径按最大尺寸留适当余量。可以采用相应编程技术，按零件轮廓圆弧逐层等距内缩的方法进行加工，但在大直径位置会有较多的空刀行程，造成较大的时间浪费。较好的方法是先按直线轮廓车去主要加工余量，再用圆弧程序进行半精加工和精加工。

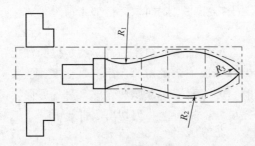

图 2-6　旋转体零件加工

（2）孔系零件加工

孔系零件一般采用钻、镗、铰等工艺，其尺寸精度主要由刀具保证，而位置精度主要由机床或夹具导向保证。数控机床一般不采用夹具导向进行孔系加工，而是直接依靠数控机床的坐标控制功能满足孔间的位置精度要求。这类零件通常采用数控钻、镗、铣类机床或加工中心进行加工。从功能上讲，数控铣床或加工中心覆盖了数控钻、镗床，而用于机械行业的纯金属切削类数控钻床作为商业化产品几乎没有市场生存空间。目前，对于一般单工序的简单孔系加工，通常采用数控铣或数控镗床进行加工；而对于复合工序的复杂孔系加工，一般采用加工中心在一次装夹下，通过自动换刀依次进行加工。

（3）平面或曲面轮廓零件的加工

这类零件需要两坐标联动或三坐标联动插补才能进行加工，通常在数控铣床或加工中心上进行。现代数控铣床类系统一般都具备三轴插补功能。对于复杂曲面的加工往往还要增加控制轴（A、B、C 旋转）才能进行加工，如图 2-7 所示的叶轮零件。

（4）曲面型腔零件的加工

对于一些模具型腔类零件，如图 2-8 所示，其表面复杂且不规则，表面质量及尺寸精度要求较高。当零件材料硬度不高时（如塑料模和橡胶模），通常采用数控铣床进行加工。当零件材料硬度很高时（如锻模），在淬火前进行粗铣，留一定余量在淬火后以电火花成形机加工。随着数控机床技术的发展，高速铣削技术的推广，高硬度模具的加工已经逐步由高速铣削加工来实现，即在淬火前进行粗铣，淬火后进行高速精铣，从而不仅使得模具加工精度高、效率高、周期短，而且模具工作寿命有较大的提高。

图 2-7　叶轮　　　　　　　　　　　　　图 2-8　注塑模零件

（5）板材零件加工

该类零件可根据零件形状，考虑采用数控剪板机、数控板料折弯机或数控冲压机进行加工。传统冲压工艺是按模具复映出工件形状的，模具结构复杂，易磨损，价格贵，准备周期长。采用数控冲压技术，能使加工过程按程序要求自动进行，采用小模具冲压加工形状复杂的大工件，并能一次装夹集中完成多工序加工。利用软件排样，既利于保证加工精度，又可获得高的材料利用率。因此，采用数控板材冲压技术，可以节省模具、原材料，提高生产效率，缩短生产周期。特别在工件形状复杂，精度要求高，生产批量小，品种多，频繁换型的情况下，更能显示出其良好的技术经济效益。

（6）曲面贯通轮廓零件的加工

对于一些冲模或拉伸拉延模零件，其特点为轮廓贯通，可选择数控电火花线切割机进行加工。这种加工方法除工件内角处最小半径由金属电极丝限制外，任何复杂的内、外侧形状，只要是导体或半导体材料，无论硬度高低都可以加工，且加工余量少，加工精度高。目前，较先进的慢走丝线切割机，加工尺寸精度一般可以达到微米级，表面粗糙度 Ra ＜$0.8\mu m$。

2.3.3　定位夹紧方案的确定与夹具选择

（1）定位基准与夹紧方案的确定

① 基准统一原则　对于加工过程中的各道不同工序，在满足加工精度要求的前提下，尽量采用统一的定位基准，甚至使用统一的托盘安装输送零件，以避免因基准转换而产生误差，保证加工后各表面相对位置的准确性。如果零件上没有合适的统一基准面，可增设辅助基准面定位，如：活塞零件的止口、端面，箱体零件的定位销孔等。当零件上没有直接可作为定位基准使用的要素时，可选择零件上的某些次要孔作为工艺孔，将其加工精度提高后作为定位孔；必要时，甚至可在零件上增加工艺凸耳，并在其上作出工艺孔作为后续加工的定位基准，加工完成后视实际情况考虑是否将其切除。

② 基准重合原则　高精度零件的精加工工序，当工艺系统精度裕量不够充分，精度保证有困难时，应该考虑基准重合，即采用设计基准作为定位基准，以避免因基准不重合而引起的定位误差，保证加工精度。

③ 可靠、方便、便于装夹原则　选择定位可靠、装夹方便的表面作为定位基准，优先采用精度高、表面粗糙度小、支承面积大的表面作为基准面。避免采用占机人工调整方案，尽可能使夹具简单，操作方便。

数控加工具有切削速度高、切削用量大的特点，切削加工过程中的切削力、惯性力、离心力等比普通加工要大得多，对工件的夹紧除了考虑传统原则外，应该注意保证更加牢固可靠。因此，对数控夹具的夹紧力和自锁性能提出了更高的要求。

（2）夹具的选择

在定位基准与夹紧方案确定后，即可选择或设计夹具。数控加工用夹具最基本的要求是能保证夹具坐标方向与机床坐标方向的相对固定，从而协调零件与机床坐标系的关系，便于在机床坐标系中找正建立工件坐标系。此外，与普通机床夹具相比，还应提出高精度、高刚性、高效率、自动化、模块化等要求，以便与数控机床相适应。具体按以下原则考虑。

① 高精度、高刚性要求　数控机床具有高精度、高刚性、连续多型面自动加工的特点，因此就要求数控机床夹具具有较高的精度与刚度，从而减少工件在夹具中的定位与夹紧误差及加工中的受力变形，与数控机床的高精度、高刚性相适应，实现对高精度零件的高效加工。

② 定位要求　工件相对夹具一般应采用完全定位，且工件的基准相对机床坐标系原点应有严格确定的位置，以满足能在数控机床坐标系中实现刀具与工件的相对运动要求。同时，夹具在机床上也应完全定位，以满足数控加工中简化定位和安装的要求。

③ 空间要求　数控机床能够实现工序高度集中，在一次安装下加工多个表面。采用的夹具就应能在空间上满足各刀具均有可能接近所有待加工表面，也就是希望夹具要有良好的敞开性，其定位、夹紧机构元件不能影响加工中的走刀，以免产生碰撞。此外，还要考虑带支承托盘的夹具在平移、升降、转动等动作时，夹具与机床其他部件间不应发生空间干涉。

④ 快速重组重调要求　数控加工可通过更换程序快速变换加工对象，为了能迅速更换工装，减少贵重设备的等待闲置时间，要求夹具在更换加工工件时能快速重组重调。此外，为了提高贵重机床利用率，缩短辅助时间，希望夹具在机动时间内，能在加工区外装卸工件，使工件装卸时间与加工时间重合。

根据以上原则，综合考虑经济性，如果是小批量加工时，应尽量采用组合夹具、可调式夹具及其他通用夹具；当成批生产时，可考虑采用专用夹具，但应力求结构简单；当批量较大时应采用气动或液压夹具、多工位夹具等。

2.3.4　刀具系统选择

数控机床刀具的配置必须与数控机床的高精度、高刚性、高速度、自动化等特点相适应，数控机床配置刀具、辅具应掌握的一条基本原则是：质量第一，价格第二。只要质量好，寿命高，虽然价格高一些，但综合经济效益同时得到提高。工艺人员还要特别注意国内外新型刀具的研究成果，以便适时采用。具体要求如下。

（1）高强度、高刚性

数控加工对刀具的强度和刚性要求较普通加工严格，刀具的强度和刚性不好，就不宜兼做粗、精加工，影响生产效率。同时容易出现打刀，并造成事故。当然，刀具刚性差，加工中刀具变形就大，加工精度也低。

（2）适于高速加工、具有良好的切削性能

为了提高生产效率和加工高硬度材料，数控机床正向着高速度、大进给、高刚性和大功率发展。中等规格的加工中心，其主轴最高转速一般为 5000～8000r/min，高速铣削中心主轴转速一般高达 15000～40000r/min，工作进给已由过去的 0～5m/min，提高到 60～80m/min，在这种工作条件下，刀具的平衡、刀片的连接强度等成为突出问题。直径 ϕ40mm 的铣刀，在主轴转速为 40000r/min 时，如果刀片脱落，其射出的速度达 84m/s，不亚于机枪子弹的速度，必须使用非常安全可靠的保护措施。

（3）高精度

为了适应数控加工高精度和自动换刀要求，刀具及其装夹结构也必须具有很高的精度，以保证它在机床上的安装精度（通常在 0.005mm 以内）和重复定位精度。数控机床使用的可转位刀片一般为 M 级精度，其刀体精度也要相应提高。如果数控车床是圆盘形或圆锥形刀架，要求刀具不经过尺寸预调而直接装上使用时，则应选用精密级可转位车刀，其所配用刀片应有 G 级精度，或者选用精化刀具，以保证高要求的刀尖位置精度。数控车床用的整体刀具也应有高精度的要求，以满足精密零件加工的要求。

（4）高可靠性

数控加工是自动加工，数控机床加工的基本前提之一是刀具必须可靠，加工中不会发生意外的损坏，从而避免造成重大事故。

（5）高而稳定的寿命

数控加工刀具性能一定要稳定可靠，同一批刀具的性能寿命一致性要好。自动化加工较先进的刀具管理方式就是定期强制换刀，即按寿命换刀，从而简化刀具的管理。而稳定的性能寿命便于实现按寿命换刀。所谓按寿命换刀即根据刀具供应商提供的，或根据实际使用统计数据获得的刀具寿命时间来确定换刀，寿命时间到即强行换刀，不管实际使用的某把刀具是否确实磨损需要替换。对于精加工刀具，切削过程中的磨损会造成工件尺寸的变化，从而影响加工精度。故刀具的尺寸寿命决定了刀具在两次调整之间所能加工出合格零件的数量。刀具尺寸寿命短，加工尺寸变化大，加工精度低，同时需要频繁换刀、对刀，增加了辅助时间，且容易在工件轮廓上留下接刀刀痕，影响工件表面质量。在数控加工过程中，为了提高生产率，对于精加工刀具，提高其尺寸寿命非常重要。

（6）可靠的断屑与排屑性能

切屑的处理是自动化加工的一个重要课题，它对于保证机床的正常连续工作有着特别重要的意义。数控加工中，紊乱的带状切屑会给连续加工带来很多危害，而 C 形屑对于切削过程的平稳性及工件表面粗糙度有一定的影响。因此数控机床所用刀具在能可靠卷屑与断屑的基础上，还要确保排屑畅通无阻，尤其是孔加工刀具。

（7）精确而迅速的调整

中高档数控机床所用刀具一般最好带有调整装置，这样就能够补偿由于刀具磨损而造成的工件尺寸的变化。为了提高机床生产率，应加快调整速度。

（8）自动且快速的换刀

中高档数控机床一般可以采用机外预调刀具，而且换刀是在加工的自动循环过程中实现的，即自动换刀。这就要求刀具应能与机床快速、准确地接合和脱开，并能适应机械手或机器人的换刀操作。所以连接刀具的刀柄、刀杆、接杆和装夹刀头的刀夹，已发展成各种适应自动化加工要求的结构，成为包括刀具在内的数控工具系统的组成部分。

（9）刀具工作状态监测装置

这种装置可随时将刀具状态（磨损或破损）的监测结果输入计算机，及时发出调整或更换刀具的指令，以避免由于加工过程中偶然因素造成的损失以及由于刀具磨损而造成的加工精度下降，从而保证工作循环的正常进行与加工质量。

（10）刀具标准化、模块化、通用化及复合化

数控机床所用刀具的标准化，可使刀具品种规格减少，批量增加，成本降低，便于管理。为了适应数控机床的多功能发展需求，数控工具系统正向着模块化、通用化方向发展。

为充分发挥数控机床的利用率，要求发展和利用多种复合刀具，使需要多道工序、几种刀具完成的加工，在一道工序中由一把刀具完成，从而提高生产率，保证加工精度。此外，刀具结构以机夹可转位为主，以适应数控加工刀具耐用、稳定、易调、可换等要求。由于数控加工工件一般较为复杂，选择刀具时还应特别注意刀具的形状，保证在切削加工过程中刀具不与工件轮廓发生干涉。

（11）刀具材料

目前，数控加工较多采用硬质合金或高速钢涂层刀具，以保证刀具寿命高，而且稳定可靠。陶瓷和超硬材料（如聚晶金刚石和立方氮化硼）的不断开发并进入实用，更使得数控机床的优势得以充分发挥。

2.3.5 对刀点与换刀点的确定

所谓对刀具有两个方面的含意。其一是为了确定工件在机床上的位置，即确定工件坐标系与机床坐标系的相互位置关系。其二是为了求出各刀具的偏置参数，即各刀具的长度偏置和半径偏置等。这里只从第一种意义上来讨论。

一般情况下，对刀是从各坐标轴方向分别进行的，对刀时直接或间接地使对刀点与刀位点重合。所谓刀位点，是指刀具的定位基准点。对刀点则通常为编程原点，或与编程原点有稳定精确关系的点。对刀点可以设在被加工零件上，也可以设在夹具或机床上，但必须与工件的编程原点有准确的关系，这样才能确定工件坐标系与机床坐标系的关系。

对于平头立铣刀、面铣刀类刀具，刀位点一般为刀具轴线与刀具底面的交点；对球头铣刀，刀位点为球心；对于车削、镗削类刀具，刀位点为假想刀尖或刀具圆角中心；钻头则一般取钻尖为刀位点，如图 2-9 所示。

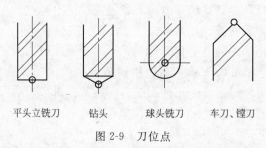

平头立铣刀　　钻头　　球头铣刀　　车刀、镗刀

图 2-9　刀位点

选择对刀点时要考虑到找正容易，编程方便，引起的加工误差小，加工时检查方便、可靠。具体选择原则如下：

① 对刀点应尽量选在零件的设计基准或工艺基准上，如以孔定位的零件，可将孔的中心作为对刀点，以利提高对刀精度；

② 对刀点应选在便于观察、检测、方便的位置上；

③ 对刀点尽量选在工件坐标系的原点上，或者选在已知坐标值的点上，以便于坐标值的计算。

由于具体的技术手段问题，对刀也不可避免存在误差，对刀误差属于常值系统性误差，可以通过试切加工结果进行调整，以消除对加工精度的影响。

换刀点是为加工中心、数控车床等具有自动换刀机构的机床而设置的，因为这些机床在加工过程中可自动换刀。为防止换刀时与零件或夹具等干涉，换刀点常常设置在被加工零件外围一定距离的地方，并要有一定的安全余量。

加工中心通常采用固定位置换刀，换刀点位置直接由刀库或换刀机械手位置确定。

对于数控车床，通常有两种换刀点设置方式，即固定位置换刀和随机位置换刀。

（1）固定位置换刀

固定位置换刀方式的换刀点是机床上的一个固定点，它不随工件坐标系位置的改变而发生位置变化。该固定点位置必须保证换刀时刀架或刀盘上的任何刀具不与工件发生碰撞。换句话说换刀点轴向位置（Z 轴）由轴向最长的刀具（如内孔镗刀、钻头等）确定；换刀点径向位置（X 轴）由径向最长刀具（如外圆刀、切刀等）决定。

这种设置换刀点方式的优点是编程简单方便，在单件小批生产中可以采用。缺点是增加了刀具到零件加工表面的辅助运动距离，降低了加工效率，大批量生产时往往不采用这种设置换刀点的方式。

（2）随机位置换刀

随机位置换刀通常也称为"跟随式换刀"。在批量生产时，为缩短辅助空行程路线，提高加工效率，可以不设置固定的换刀点，每把刀有其各自不同的换刀位置。这里应遵循的原则是：第一，确保换刀时刀具不与工件发生碰撞；第二，力求最短的换刀路线，即在不与工件发生干涉碰撞的前提下，尽可能靠近工件换刀，以节省辅助时间。

跟随式换刀不使用机床数控系统提供的返回换刀点指令，而使用 G0 快速定位指令。这种换刀方式的优点是能够最大限度地缩短换刀路线，但每一把刀具的换刀位置要经过仔细计算，以确保换刀时刀具不与工件碰撞。跟随式换刀常应用于被加工工件有一定批量、使用刀具数量较多、刀具类型多、径向及轴向尺寸相差较大时。

另外跟随式换刀还尤其适合于一次装夹加工多个工件的情况，如图 2-10 所示。此时若采用固定换刀点换刀，工件会离换刀点越来越远，使空程路线增加。

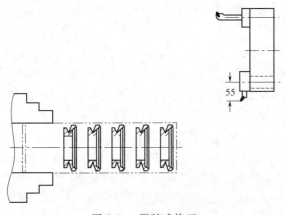

图 2-10　跟随式换刀

2.3.6　走刀路线的确定

走刀路线泛指刀具从程序启动开始运动起，直至程序结束停止运动所经过的路径，包括切削加工的路径及刀具切入、切出等非切削空行程路径。

走刀路线是刀具在整个加工工序中的运动轨迹，它不但包括了工步的内容，也反映出工步顺序。走刀路线是编程的重要依据之一，工步的划分与安排一般可根据走刀路线来进行。

（1）走刀路线的基本原则

在规划确定走刀路线时，主要考虑以下几点：

① 走刀路线应有利于保证零件加工质量；

② 走刀路线应有利于延长刀具寿命；

③ 走刀路线应使数据计算简单，利于减少编程工作量；

④ 走刀路线应尽可能短，以减少程序段，减少空刀时间，提高加工效率；

⑤ 精加工时刀具的进刀、退刀（切入、切出）应平滑连续过渡，避免在切入、切出点留下刀痕缺陷。

以上各项有时是互相矛盾的，此时应分清主次，确保重点，适当兼顾，最终达到一个较为理想的效果。

（2）空行程路线安排

通过合理设置起刀点、换刀点和运动叠加等方法，尽可能地将空行程路线减到最短，从而减少空程时间损失，这在批量生产中不可忽视。

① 切削开始前的引刀与切入　切削加工开始前，由于要进行工件的装夹以及刀具的安装与交换等操作，刀具处于远离工件位置。这时一般采用机床最大运动速度（G0）进行快速引刀，在各个方向同时向工件切入点靠拢，只要保证刀具运行路径上没有障碍即可。

快速引刀终点与切入点的距离，需视切入点处的坯料情况而定。如果坯料切入点处质量较差（精度低），则距离取较大值，反之则可以取较小值，但至少大于加工余量。基本原则是在保证安全不碰撞的前提下，尽可能减小切入距离，以节省时间，提高效率。

快速引刀结束，刀具以工作进给的速度向工件切入点切入。切入结束，刀具已经切到一层加工余量。对于精加工，特别是连续轮廓零件，刀具的切入应注意平滑连续过渡，即沿轮廓切入处的切线方向切入，以避免在切入点处留下刀痕缺陷。

② 切削结束后的切出与退刀　切削加工结束，刀具要退离工件。一般在轮廓终点处沿轮廓长度方向增加一小段长度，刀具要多切出这一小段距离。对于精加工，应尽量避免在轮廓中间切出，对于连续轮廓零件，或必须在轮廓中间切出时，则须沿轮廓切出处的切线方向切出，以避免在切出点处留下刀痕缺陷。刀具的切出行程尽可能小，切出结束，即可以 G0 方式（快速）退刀。

（3）切削进给路线的安排

切削进给路线为最短，可有效地提高生产效率，降低刀具的损耗等。在安排粗加工或半精加工的切削进给路线时，应同时兼顾到被加工零件的刚性及加工的工艺性等要求，精加工时应同时兼顾质量与效率等要求，不要顾此失彼。

图 2-11 所示为一平面孔系，有 4 个孔需要加工，可以采用两种走刀方案。图 2-11（a）方案按照 1、2、3、4 孔的顺序进行加工，该方案加工路线最短，但由于孔 4 的加工定位方向与孔 1、2、3 相反，X 轴的反向间隙会使实际定位误差增加，从而影响加工孔的位置精度。图 2-11（b）方案按 1、2、4、3 的顺序，加工完孔 2 后，刀具向 X 轴反向移动一段距

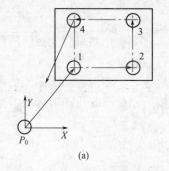
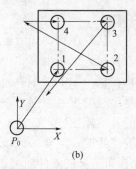

(a)　　　　　　　　　　　　(b)

图 2-11　精镗孔加工路线

离，越过孔 4 后再向 X 轴正方向移至孔 4 进行加工，因各孔加工前的辅助定位运动方向一致，孔间位置精度较高。因此，当孔系加工位置精度要求不高时，可以采用（a）方案；但当孔系加工精度要求较高时，则必须采用（b）方案。

图 2-12 所示为顺铣与逆铣示意图，在普通铣床上，由于进给运动丝杆副的间隙问题，为了铣削平稳，避免工作台窜动，通常采用逆铣。数控机床进给运动采用滚珠丝杆副传动，滚珠丝杆副可以彻底消除间隙，甚至进行预紧，因而不存在间隙引起工作台窜动问题。而从金属切削原理来说，顺铣有利于提高刀具寿命，因此，数控铣削加工应尽可能采用顺铣。但是，对于铸造或锻造坯料，顺铣时刀具从表皮切入，刀刃直接与表层硬皮接触，刀具损耗严重，此时应采用逆铣，使得刀具从工件内层切入，避开与表面硬皮直接接触，保护刃口，提高刀具寿命。

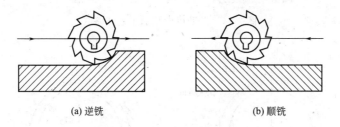

图 2-12　顺铣与逆铣示意图

图 2-13 所示为加工型腔的三种不同走刀方法。如图 2-13(a) 所示为行切法，其特点是刀位数据计算简单，程序量少，效率高，但在每两次走刀的起点与终点处会留下残留高度。如图 2-13(b) 所示的环切法，虽然克服了残留高度问题，但刀位计算复杂，程序量大，当型腔长宽比例较大时，效率明显下降。如图 2-13(c) 所示综合法将上述两者结合起来，先用行切法，最后再环切一次，从而获得较好的编程加工效果。以上行切法走刀路线中走刀方向一般应取平行于最长的刀具路径方向。

图 2-13　型腔加工走刀路线

如图 2-14 所示为发动机叶片加工的两种不同走刀路线。由于加工面是直纹面，采用（a）方案则每次沿直线走刀，刀位计算简单，程序段少，加工过程符合直纹面造型规律，能较好地保证母线的直线度。采用（b）方案则刀位计算复杂，程序段多，但符合零件数据给出情况，叶形的正确度高。

采用数控铣床进行轮廓精铣时，应尽量减少刀具在轮廓处的停留而留下刀痕，避免在轮廓面上垂直进退刀而划伤工件。通常采用切向切入、切出的方式，配合连续路径，使得切入、切出平稳连续过渡，确保切入、切出点无过切或欠切现象，如图 2-15 所示。

此外，考虑到保证工件轮廓表面加工后的粗糙度要求，最终轮廓应安排在最后一次走刀

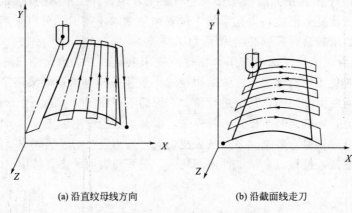

(a) 沿直纹母线方向　　　　　　　　(b) 沿截面线走刀

图 2-14　发动机叶片加工走刀路线

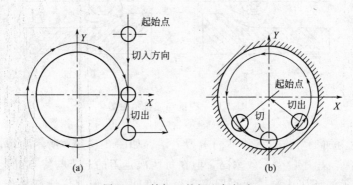

图 2-15　精加工的切入与切出

连续完成。加工路线的选择还应尽量减少工件的变形，减少前道工序对后道工序的影响，刚性差的工件分多次走刀加工等。

2.3.7　切削用量的确定

切削用量主要包括背吃刀量、主轴转速及进给速度等，这些参数在加工程序中必须得以体现。切削用量的选择原则与通用机床加工基本相同，具体数值应根据机床使用说明书和金属切削原理中规定的方法及原则，结合实际加工情况来确定。在数控加工中，以下几点应特别注意。

① 对于目前我国具有较高占有率的经济型数控机床，主轴一般采用普通三相异步电机通过变频器实现无级变速，如果没有机械减速，往往在低速时主轴输出扭矩不足，若切削用量过大，切削负荷增加，容易造成闷车。

② 切削用量过大刀具磨损加快，故应尽可能选择合适的切削用量，使刀具能完成一个零件或一个工作班次的加工工作，大件精加工尤其要注意尽量避免加工过程中间换刀，确保能在刀具寿命内完成全部加工。

③ 刀具进给速度选择应适当，否则工件拐角处会因进给惯性出现超程，从而造成"欠切"（外拐角）或"过切"（内拐角），如图 2-16 所示。

④ 螺纹车削尽可能采用高速进行，以实现优质、高效生产。

⑤ 目前，一般的数控车床都具有恒线速度功能，当加工工件直径有变化时，尽可能采用恒线速度进行加工，既可提高加工表面质量，又可充分发挥刀具的性能，提高生产效率。

⑥ 采用高速加工机床进行加工时，切削用量的选择原则不同于传统切削加工。高速加

工一般选取很高的进给速度，并采用极高的切削速度以便与高进给速度相匹配，同时选取较小的切削深度。

⑦ 当加工圆弧段时，实际进给速度 v_T，即刀触点的进给速度，并不等于设定的刀位点的进给速度 v_f。所谓刀触点，就是加工过程中刀具与工件实际接触的点，即刀具与工件加工轮廓的切点，由它产生最终的切削效果，如图 2-17 所示。

由图可见，加工外圆弧时，刀触点实际进给速度为

$$v_T = v_f R/(R+r)$$

即 $v_T < v_f$

而加工内圆弧时

$$v_T = v_f R/(R-r)$$

即 $v_T > v_f$

当刀具半径 r 越是接近工件半径 R 时，刀触点的实际进给速度将变得非常大或非常小，从而可能损伤刀具与工件或降低生产效率。所以应该考虑到刀具半径与工件圆弧半径对工作进给速度的影响。

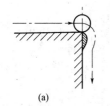 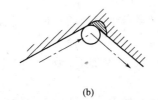 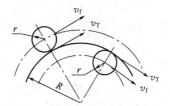

图 2-16　拐角处超程引起的"欠切"与"过切"　　　图 2-17　圆弧切削的进给速度

2.4　数控加工中的数值计算与处理

数控机床是将工艺规划好的加工路径等信息编写成程序，控制刀具与工件间的相对运动而进行加工的。刀具路径规划的原始依据是零件图纸。无论是手工编程还是自动编程，都要按已经确定的加工路线和允许的误差进行刀位点的计算。所谓刀位点即为刀具运动过程中的相关坐标点，包括基点和节点。

一般数控机床只有直线和圆弧插补功能，当刀具路径规划好后，需要知道刀具路径上各直线和圆弧要素的连接点坐标数据，才能进行编程。这些编程所需要的数据在零件图上往往未必都能直接获得。当被加工工件轮廓是非圆曲线，而数控机床又不具备相应的插补功能时，就只能用若干直线或圆弧段对非圆曲线进行拟合，以近似代替实际轮廓曲线，这就需要计算出各拟合段的交点坐标，从而编制出各拟合段程序。

通常数学处理的内容主要包括基点坐标的计算、节点坐标的计算及辅助计算等内容。

2.4.1　基点坐标的计算

所谓基点，就是指构成零件轮廓的各相邻几何要素间的交点或切点，如两直线间的交点、直线与圆弧的交点或切点等。

一般来说，基点坐标数据可根据图纸原始尺寸，利用三角函数、几何、解析几何等即可求出，数据计算精度应与图纸加工精度要求相适应，一般最高精确到机床最小设定单位即可。

图 2-18 所示为一五角星，从设计角度考虑标出了外接圆尺寸，这已完全可以将五角星确定。但从工艺编程角度考虑，则必须求出 1、2、3、4、5 等五角星各边的交点，1、2、3、4、5 等即为基点。图中点 1 坐标可直接获得，即 $X_1 = 0$，$Y_1 = 25$。

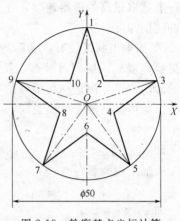

图 2-18　轮廓基点坐标计算

由图 2-18 可见，五角星各顶点关于 Y 轴对称。因此，只要求出第一、四象限各基点的坐标，第二、三象限各基点坐标即可根据对称性获得。分析可知，五角星各顶点与中心连线间夹角为 $360/5 = 72°$，$\overline{O3}$ 与 X 轴的夹角为 $18°$，则

$$X_3 = \overline{O3} \times \cos 18° = 25 \times \cos 18° = 23.776$$

$$Y_3 = \overline{O3} \times \sin 18° = 25 \times \sin 18° = 7.725$$

对于点 2，其 Y 坐标同点 3，即 $Y_2 = 7.725$

而 $X_2 = (Y_1 - Y_2)\tan 18° = (25 - 7.725)\tan 18° = 5.613$

同理可逐个求得其余各点的坐标值。

基点坐标的计算是手工编程中一项非常重要而烦琐的工作，基点坐标计算一旦出错，则据此编制的程序也就不能正确反映加工所希望的刀具路径与精度，从而导致零件报废。人工计算效率低，数据可靠性低，只能处理一些较简单的图形数据。对于一些较复杂图形的数据计算建议采用 CAD 辅助图解法。

如图 2-19 所示，利用 CAD 软件将零件图形在给定坐标系按比例绘制后，选择软件菜单上的坐标查询功能，依次逐个选取各基点并确认后即可得到图中各点的列表坐标数据，并可将其打印或保存。

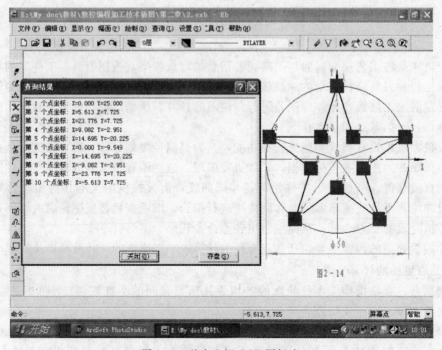

图 2-19　基点坐标 CAD 图解法

采用 CAD 图解法求解基点坐标，工作效率高、数据可靠、校验方便。使用中注意查询数据精度的设定与求解精度要求相适应。目前，CAD 在企业、学校已经相当普及，要将 CAD 作为工作的一个工具，充分发挥使用者所拥有的资源和掌握的知识与工具，将其应用到相关工作中。

2.4.2　节点坐标的计算

所谓节点就是在满足容差要求前提下，用若干插补线段（直线或圆弧）拟合逼近实际轮廓曲线时，相邻两插补线段的交点。容差是指用插补线段逼近实际轮廓曲线时允许存在的误差。节点坐标的计算相对比较复杂，方法也很多，是手工编程的难点。因此，通常对于复杂的曲线、曲面加工，尽可能采用自动编程，以减少误差，提高程序的可靠性，减轻编程人员的工作负担。

节点坐标的计算方法很多，一般可根据轮廓曲线的特性及加工精度要求等选择。若轮廓曲线的曲率变化不大，可采用等步长法计算插补节点；若轮廓曲线曲率变化较大，可采用等误差法计算插补节点；当加工精度要求较高时，可采用逼近程度较高的圆弧逼近插补法计算插补节点。节点的数目主要取决于轮廓曲线特性、逼近线段形状及容差要求等，对于同一曲线，在相同容差要求下，采用圆弧逼近法与直线逼近法相比，可以有效减少节点数目。而容差值越小，节点数则越多。下面介绍几种手工编程较常用的节点坐标计算法。

（1）等间距直线逼近的节点计算

等间距直线逼近的节点计算方法相对比较简单，其特点是使每一逼近线段的某一坐标增量相等，然后根据曲线的表达式求出另一个坐标值，即可得到节点坐标。如在直角坐标系中，可使相邻节点间的 X 或 Y 坐标增量相等；而在极坐标系中，则可使相邻节点间的极角增量相等或径向坐标增量相等。

如图 2-20 所示，从起点开始，每次增加一个坐标增量 Δx，将曲线沿 X 轴划分成若干等间距段。A、B、C、D…的 X 坐标值可依次累加求得，而 Y 坐标可将各点的 X 坐标代入 $y = f(x)$ 即可求出。这样将相邻节点联成直线，用这些直线组成的折线代替实际的轮廓曲线，采用直线插补方式进行编程。由图可见，Δx 取得越大，产生的拟合误差（逼近线与实际曲线间的最大垂直距离）就越大。Δx 的取值与曲线的曲率和允许的拟合误差以及曲线的走势等有关，实际生产中，常由零件加工所要求精度，根据经验选取。允许的拟合误差通常取为工件允差的 $1/10 \sim 1/5$。

等间距法计算简单，但由于 Δx 是定值，当曲线曲率变化较大，曲线走势变化较大时，为了保证加工精度，Δx 取决于最大曲率和曲线最陡斜处，即在该处计算得到的 Δx 最小，从而导致程序段数目过多，计算工作量增加。

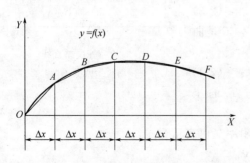

图 2-20　等间距直线逼近节点计算

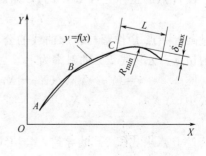

图 2-21　等步长直线逼近节点计算

（2）等步长直线逼近的节点计算

采用等步长直线逼近轮廓曲线时，每段拟合线段的长度都相等，通常也称作等弦长直线逼近，如图 2-21 所示。

由于轮廓曲线各处的曲率不等，因而各拟合段的逼近误差 δ 也不等。为了保证加工精度，必须将拟合的最大误差控制在允许范围内。采用等步长逼近曲线，其最大误差必定在曲率半径最小处。因此，只要求出最小曲率半径 R_{min}，就可以结合容差确定允许的步长 L，再按步长 L 计算各节点坐标。计算步骤如下。

① 求最小曲率半径 R_{min}。曲线 $y=f(x)$ 上任意一点的曲率半径为

$$R=\frac{\sqrt{(1+y'^2)^3}}{y''} \qquad (2\text{-}1)$$

取导数 $dR/dx=0$

$$3y'y''^2-(1-y'^2)y'''=0 \qquad (2\text{-}2)$$

根据 $y=f(x)$ 求得 y'、y''、y'''，并代入式(2-2)求得 x，再将 x 值代入式（2-1）即可求得 R_{min}。

② 确定允许步长 L。由图中几何关系可以得等式

$$(R_{min}-\delta)^2+(L/2)^2=R_{min}^2$$

则

$$L=2\sqrt{R_{min}^2-(R_{min}-\delta)^2}\approx2\sqrt{2\delta R_{min}}$$

③ 计算节点 B 的坐标。以起点 A 为圆心，作半径为 L 的圆，与 $y=f(x)$ 曲线相交于 B 点，联立求解下列方程组

$$(x-X_0)^2+(y-Y_0)^2=L^2$$
$$y=f(x)$$

即可求得 B 点的坐标。式中 X_0、Y_0 为 A 点的坐标值。

按照上述步骤③依次向后做圆求解，即可逐个求出全部节点的坐标。

同样，当曲线各处的曲率相差较大时，采用等步长逼近法将有较多的节点数目，计算工作量大、程序长，但与等间距逼近法相比，排除了曲线走势的影响。等步长逼近法常用在曲线曲率变化不大的情况。

（3）等误差直线逼近的节点计算

用等误差法以直线逼近轮廓曲线时，每一拟合线的拟合误差 δ 相等，如图 2-22 所示。其节点计算过程如下。

以在轮廓曲线的起点 A 为圆心，拟合误差 δ 为半径作一圆，设 A 点的坐标为 $(X_0，Y_0)$，则圆方程为

$$(x-X_0)^2+(y-Y_0)^2=\delta^2 \qquad (2\text{-}3)$$

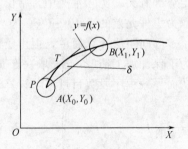

图 2-22　等误差直线逼近节点计算

过圆上一点 P 作圆与轮廓曲线的公切线 PT，T 是曲线上的切点。公切线 PT 的斜率为

$$k=(Y_T-Y_P)/(X_T-X_P) \qquad (2\text{-}4)$$

式中，$(X_P，Y_P)$、$(X_T，Y_T)$ 是点 P 与 T 的坐标值。

若过 P 点求式(2-3)的导数，公切线 PT 的斜率又可表示为

$$k=\frac{dy}{dx}\bigg|_P=-\frac{X_P-X_0}{Y_P-Y_0} \qquad (2\text{-}5)$$

若过 T 点求轮廓曲线 $y=f(x)$ 的导数，公切线 PT 的斜率还可表示为

$$k=\frac{\mathrm{d}y}{\mathrm{d}x}\bigg|_T=-f'(X_T) \tag{2-6}$$

由式(2-3) ～式(2-6) 可得下列联立方程组

$$(Y_T-Y_P)/(X_T-X_P)=-(X_P-X_0)/(Y_P-Y_0)$$

$$(Y_T-Y_P)/(X_T-X_P)=f'(X_T)$$

$$Y_T=f(X_T)$$

$$Y_P=\sqrt{\delta^2-(X_P-X_0)^2+Y_0}$$

解上述方程组可求得切点 P 和 T 的坐标 (X_P,Y_P)、(X_T,Y_T)，将其代入式(2-4)即可求得 k 值。

由于拟合线 AB 平行于 PT，所以可得直线 AB 的方程式为

$$y-Y_0=k(x-X_0) \tag{2-7}$$

将上式与 $y=f(x)$ 联立求解，可以求出 B 点的坐标 (X_1,Y_1)。以 B 点为圆心作圆，按上述过程即可求出后一节点的坐标 (X_2,Y_2)，依此类推，可求出全部节点。

等误差逼近法计算较复杂，但在保证同样精度前提下，可以使得节点数目最少，从而使得程序最短。

以上介绍的是用直线段拟合非圆轮廓曲线，也可以采用圆弧段拟合非圆轮廓曲线。由于圆弧拟合计算烦琐，人工处理具有一定的困难。但采用圆弧段拟合非圆轮廓曲线，在相同拟合精度下，通常可以使节点数目更少，程序更简洁，因此在自动编程中常被采用。

2.4.3　辅助计算

如前所述，编程人员在拿到图纸进行编程时，首先要作必要的工艺分析处理，并在零件图上选择编程原点，建立编程坐标系。理论上讲，编程原点可以任意选取。编程时，在保证加工要求的前提下，总希望选择的原点有利于简化编程加工，尽可能实现直接利用图纸尺寸数据编程，以减少数据计算。

实际生产中，当编程原点选定并据此建立编程坐标系后，为了编程并实现优化加工，往往还需要对图纸上的一些标注尺寸进行适当的转换或计算。通常包括以下内容。

(1) 尺寸换算

如图 2-23 所示零件，经分析后将编程原点定在其右端面与轴线交点处。如果采用绝对坐标编程，则端面 A、B 的 Z 坐标数据需要计算。对于端面 B 由于是未注公差，可以直接采用公称尺寸进行计算。而端面 A 的 Z 向坐标 Z_A，需要应用工艺尺寸链进行解算。根据尺寸链计算公式得

$$15.1=40.05-Z_{Amin} \qquad Z_{Amin}=24.95$$

$$15=40-Z_{Amax} \qquad Z_{Amax}=25$$

(2) 公差转换

零件图的工作表面或配合表面一般都注有公差，公差带位置各不相同。图 2-23 中，有 7 个尺寸注有公差要求，其公差带均为单向偏置。数控加工与传统加工一样存在诸多的误差影响因素，总会产生一定的加工误差。如果按零件图纸公称尺寸进行编程，加工后的零件尺寸将出现两种情况，其一大于公称尺寸，其二小于公称尺寸。从理论上讲，两种情况出现的概率各为 0.5。对于公差带单向偏置的尺寸，如果按公称值进行编程加工，将会意味着 50% 的

不合格可能性，其中一部分已经是废品（如外圆尺寸小于下偏差），而另一部分还可以通过补充加工进行修正（如外圆尺寸大于上偏差）。上述两种情况的出现都将带来不必要的经济损失。

基于上述原因，数控编程时通常需将公差尺寸进行转换，使其公差带成对称偏置，再以此尺寸公称值编程，从而最大限度地减少不合格品的产生，提高数控加工效率和经济效益。

图 2-23 中零件经上述各项换算转换后即形成图 2-24 所示零件，编程时使用该图所注尺寸的公称数据即可。

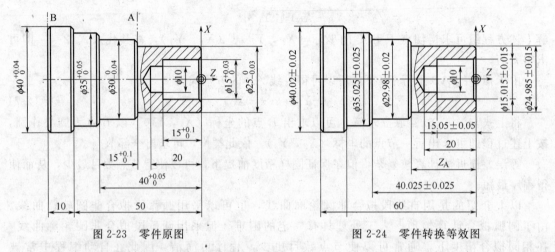

图 2-23　零件原图　　　　　　　　　　　　图 2-24　零件转换等效图

（3）粗加工及辅助程序段路径数据计算

数控加工与传统加工一样，一般不可能一次走刀将零件所有余量切除，通常需要分粗、精加工多次走刀，以逐步切除余量并提高精度，当余量较大时就要增加走刀次数。手工编程时需要得到走刀路线上各步间连接点的坐标信息，因此当按照工艺要求规划好刀具路线后，尚需求出走刀路线上各相关点的坐标信息，包括程序开始的切入路线相关点与程序结束的切出路线相关点的坐标信息。对于粗加工走刀路线上的坐标信息，一般不需要太高的精度，为了方便计算，通常可利用一些已知特征点做一些必要的简化处理。

2.4.4　列表曲线的数学处理

在实际生产中，有些零件的轮廓是由实验或测量的方法获得的形值点，在图纸上以列表的形式给出，故称为列表曲线。列表曲线没有具体的方程式。当给出的列表曲线形值点已经密到一定程度时，即可直接在相邻列表点间用直线或圆弧进行编程。但当列表曲线给出的形值点较少时，为了保证加工精度，必须增加新的节点，为此需要对列表曲线进行处理。通常的处理方法是：根据已知列表点导出插值方程式（一次拟合），再根据插值方程式进行插点密化（二次拟合），然后根据密化后的节点编制拟合线段程序。

列表曲线的拟合方法很多，常用的有三次样条曲线拟合、圆弧样条拟合和双圆弧样条拟合等。它们的数学处理复杂，需要较好的数学功底，在此不作深入的介绍。

目前，遇到较为复杂的列表曲线或非圆曲线加工问题，通常采用 CAD/CAM 自动编程技术。随着测量技术与 CAD/CAM 技术的发展、推广、普及，复杂曲线的编程加工已经变得越来越经济而高效，并将编程人员从大量繁杂的数学计算中解放出来。具备了手工编程的基础，学习 CAD/CAM 解决处理曲线加工问题也就较为容易了。

2.5　数控加工专用技术文件的编制

编写数控加工专用技术文件是数控加工工艺设计的重要内容之一。这些专用技术文件既是数控加工、产品验收的依据，也是需要操作者遵守、执行的规程，有的则是加工程序的具体说明或附加说明。其目的是让操作者更加明确程序的内容、安装与定位方式、各个加工部位所选用的刀具及其他问题。

为加强技术文件管理，数控加工专用技术文件也应该走标准化、规范化的道路。然而目前尚未有统一的国家标准，但在各企业或行业内部已有一定的规范可循。数控加工专用技术文件通常包括数控加工工序卡、数控加工走刀路线图、数控加工程序单、数控加工程序说明卡、数控刀具调整卡片等，现介绍如下。

2.5.1　数控加工工序卡

在工序加工内容不十分复杂的情况下，可以采用数控加工工序卡的形式反映具体的工序内容。数控加工工序卡与普通加工工序卡基本相同，但必须反映出使用的辅具、刀具及切削参数等，并在零件草图中标明编程原点、坐标方向、对刀点及编程的简要说明（如机床或控制器型号、程序号）等。

图 2-25 所示为某设备支架零件图。由图可知，该工件的内外加工轮廓由列表曲线、圆弧及直线构成，形状复杂，普通加工难度大，检测也较困难。所以该零件除底平面的铣削宜

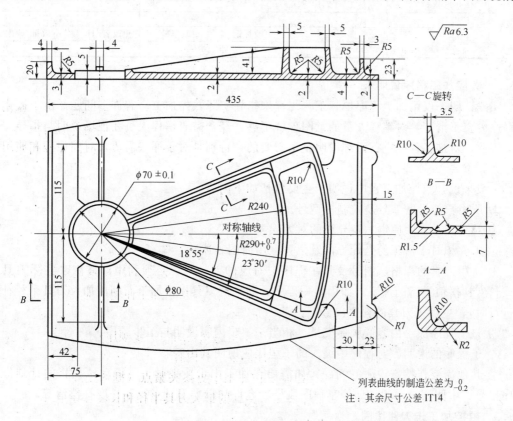

图 2-25　支架零件简图

采用通用铣削加工方法外，其余各部位均可作为数控平面铣削工序的内容。表 2-1 为该零件的精铣轮廓工序卡。

表 2-1　支架零件数控精铣轮廓工序卡

数控加工工序卡	零、组件图号		零、组件名称	版次	文件编号	第　页
	ZG03·01		支架	1	××-××	共××页
			工序号	50	工序名称	精铣轮廓
			加工车间	2	材料牌号	LD5
					设备型号	××××
			编程说明及操作			
			控制机	SINUMERIK7M	切削速度	m/min
			程序介质	纸带	主轴转速	800r/min
			程序标记	ZG03·01-2	进给速度	500～1000mm/min
					原点编码	G57
			编程方式	G90	编程直径	$\phi21～\phi3707.722$
			镜像加工	无	刀补界限	$R_{max}<10.5$
			转心距			
工步号	工序内容	工　装	对刀高度			
		名称	图号			
		过渡真空夹具	ZG311/201			
1	补铣型面轮廓周边圆角 R5	立铣刀	ZG101/107			
2	铣扇形框内外形	成型铣刀	ZG103/018			
3	铣外形及$\phi70$孔	立铣刀	ZG101/106			
			更改标记	更改单号	更改者/日	有效批/架次
工艺员 ×××｜校对 ×××｜审定 ×××			批　　准		×××	

X、Y 轴的交点为编程及对刀重合原点

工艺凸耳及定位孔
机床真空平台
过渡真空夹具

2.5.2　数控加工程序说明卡

实践证明，仅用加工程序单、工艺规程来指导实际数控加工会有许多问题。由于操作者对程序内容不清楚，对编程人员的意图理解不够，经常需要编程人员在现场说明与指导。

因此，对加工程序进行详细说明是很必要的，特别是对于那些需要长时间保存和使用的程序尤其重要。

一般来说，数控加工程序说明卡主要包括如下内容。

① 所用数控设备型号及控制器型号。

② 对刀点（程序原点）及允许的对刀误差。

③ 工件相对于机床的坐标方向及位置（用简图表述）。

④ 所用刀具的规格、图号及其在程序中对应的刀具号，必须利用调整修改实际刀具半径或长度补偿值进行的加工（如用同一程序、同一把刀具作粗加工而利用加大刀具半径补偿值进行时）、更换该刀具的程序段号等。

⑤ 整个程序加工内容的顺序安排（相当于工步内容说明与工步顺序）。

⑥ 子程序的说明。对程序中编入的子程序应说明其内容。

⑦ 其他需要作特殊说明的问题，如需要在加工中更换夹紧点（挪动压板）的计划停车程序段号、中间测量用的计划停车程序段号、允许的最大刀具半径和长度补偿值等。

2.5.3　数控加工走刀路线图

在数控加工中，要注意并防止刀具在运动中与夹具、工件等发生意外的碰撞。此外，对有些被加工零件，由于工艺性问题，必须在加工过程中移动压板以改变夹紧位置，这就需要事先确定在哪个程序段前进行这一操作、原始夹紧点在零件的什么地方、需要更换到什么地方、采用什么样的夹紧元件等，以防到时候手忙脚乱或出现安全问题。这些用程序说明卡和工序说明卡是难以说明或表达清楚的，如用走刀路线图加以附加说明，效果就会更好。

为简化走刀路线图，一般可采取统一约定的符号来表示。不同的机床可以采用不同图例与格式。表 2-2 为图 2-25 所示支架零件轮廓铣削的走刀路线图。

2.5.4　数控加工程序单

数控加工程序是编程员根据工艺分析情况，经数值计算后，按照具体数控机床或数控系统的指令代码编制的。它完整体现了数控加工工艺过程中的各种几何运动与工艺信息等，是实现数控加工所必需的。数控加工程序单则是数控加工程序的具体体现，通常应作出硬拷贝和软拷贝保存，以便于检查、交流或下次加工时调用。

2.5.5　数控加工刀具调整卡

数控加工刀具调整卡主要包括数控刀具卡（简称刀具卡）和数控刀具明细表（简称刀具表）两部分。

数控加工时，对刀具的要求十分严格，一般生产企业当数控机床数量较多时均配备有机外对刀仪，从而可事先调整好刀具直径和长度，减少占机对刀调整时间。

数控刀具卡主要反映刀具编号、刀具结构、尾柄规格、组合件名称代号、刀片型号和材料等，它是组装刀具和调整刀具的依据。数控刀具卡的格式如表 2-3 所示。

数控刀具明细表是调刀人员调整刀具和加工人员输入数据的主要依据。数控刀具明细表格式如表 2-4 所示。

表 2-2　支架零件外形铣削走刀路线图

数控机床走刀路线图		零件图号	ZG03·01	工序号	50	工步号	3	程序编号	ZG03·01-3
机床型号	××××	程序段号	N8401～N8438	加工内容	铣削外形及内孔 ϕ70			共 3 页	第 3 页

	编程	×××	校对	×××	审批	×××

符号	⊙	⊗	◑	•→	▭	⊏	•---	⌁	▱	⊡
含义	抬刀	下刀	编程原点	起始	走刀方向	走刀线相交	爬斜坡	钻孔	行切	轨迹重叠	回切

表 2-3　数控刀具卡

零件图号	JSO 102-4		数控刀具卡片			使用设备	
刀具名称	镗刀					TC-30	
刀具编号	T13003	换刀方式	自动		程序编号		
刀具组成	序号	编号	刀具名称	规格	数量	备注	
	1	7013960	拉钉		1		
	2	390.140-5063050	刀柄		1		
	3	391.35-4063114M	镗刀杆		1		
	4	448S-405628-11	镗刀体		1		
	5	2148C-33-1103	精镗单元	φ50～φ72mm	1		
	6	TRMR110304-21SIP	刀片		1		

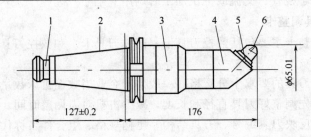

备注						
编制		审核		批准	共　页	第　页

表 2-4　数控刀具明细表

零件图号	零件名称	材料	数控刀具明细表					程序编号	车间	使用设备
JSO 102-4										
刀号	刀位号	刀具名称	刀具图号	刀具			刀补地址		换刀方式	加工部位
				直径/mm		长度/mm				
				设定	补偿	设定	直径	长度	自动/手动	
T13001		镗刀		φ63		137			自动	
T13002		镗刀		φ64.8		137			自动	
T13003		镗刀		φ65.01		176			自动	
T13004		镗刀		φ65×45°		200			自动	
T13005		环沟铣刀		φ50	φ50	200			自动	
T13006		镗刀		φ48		237			自动	
T13007		镗刀		φ49.8		237			自动	
T13008		镗刀		φ50.01		250			自动	
T13009		镗刀		φ50×45°		300			自动	
编制		审核		批准			年　月　日		共　页	第　页

　　数控加工专用技术文件在生产中的作用是指导操作者进行正确加工，同时也对产品质量起保证作用。数控加工专用技术文件的编写应同编写工艺规程和加工程序一样认真对待。

思考与练习

2-1　什么是数控加工工艺？其主要内容是什么？有何特点？

2-2　选择确定零件数控加工内容的原则是什么？

2-3　数控机床夹具设计与选择原则是什么？

2-4　数控加工对刀具的选择原则是什么？

2-5　如何选择数控车削加工换刀点？

2-6　数控加工确定走刀路线的基本原则是什么？

2-7　数控加工选择切削用量时应注意什么？

2-8　数控编程中的数值计算通常包括哪些内容？

2-9　何为基点？何为节点？何为刀位点？

2-10　节点坐标的计算方法有几种？各有何特点？

2-11　试求出图中所示零件轮廓各基点的坐标。

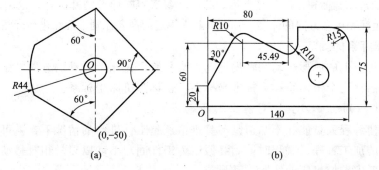

题 2-11 图

2-12　编制数控加工技术文件有何意义？

第 3 章　数控编程基础

3.1　坐标系及运动方向的规定

不同类型的数控机床有不同的运动形式，可以是刀具相对静止工件运动，也可以是工件相对静止刀具运动。为了使编程人员能在不知道上述刀具与工件间相对运动形式的情况下，按零件图编制出加工程序，并能使其在同类数控机床中具有互换性，国际标准化组织及一些工业发达国家先后制定了数控机床坐标和运动命名标准。我国在参考国际标准的基础上，也制定了 JB 3051—82《数控机床坐标和运动方向的命名》标准，其中规定的命名原则下面将进行介绍。

3.1.1　标准坐标系的规定

为了确定机床上的成形运动和辅助运动，必须确定机床上运动的方向和距离。这就需要建立一个坐标系，这个坐标系称为标准坐标系，也称为机床坐标系。

3.1.1.1　基本原则——刀具相对静止工件运动原则

这一原则使编程人员能在不知道是刀具进给还是工件进给的情况下，就可以依据零件图纸，确定机床的加工过程。编程时，始终假定为工件固定不动以刀具相对移动为原则，因此编程人员无需考虑数控机床的实际运动形式。

3.1.1.2　机床坐标系的规定

标准机床坐标系采用右手笛卡儿直角坐标系，如图 3-1 所示。图中，X、Y、Z 表示三个移动坐标，大拇指的方向为 X 轴的正方向，食指的方向为 Y 轴的正方向，中指的方向为 Z 轴的正方向。X、Y、Z 坐标轴与机床的主要导轨平行。

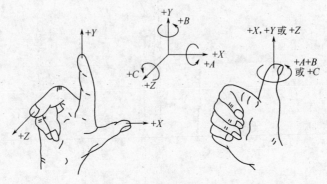

图 3-1　坐标系和运动方向

在上述 X、Y、Z 坐标的基础上，根据右手螺旋法则，可以方便地确定出 A、B、C 三个旋转坐标的方向。

3.1.1.3　运动方向的确定

JB 3051—82 标准规定，机床某一运动部件运动的正方向规定为增大刀具与工件间距离的方向。

（1）Z 坐标运动

Z 坐标运动由传递切削力的主轴决定，与主轴轴线平行的标准坐标轴即为 Z 轴，如图
3-2～图 3-4 所示的车床等。若机床没有主轴（如刨床等），则 Z 轴垂直于工件装夹面，如图
3-5 所示。若机床有多个主轴（数控龙门式铣床），可选择一个垂直于装夹面的主要主轴方
向作为 Z 坐标方向，如图 3-6 所示。

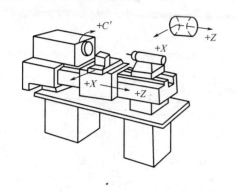

图 3-2　卧式数控车床坐标系

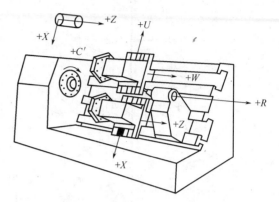

图 3-3　具有可编程尾架的双刀架数控车床坐标系

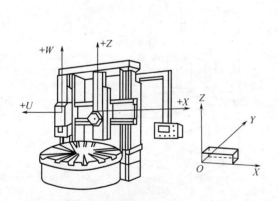

图 3-4　立式数控车床坐标系

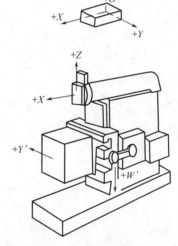

图 3-5　牛头刨床坐标系

Z 坐标的正方向是增加刀具和工件间距离的方向。如在钻镗加工中，钻入或镗入工件的
方向为 Z 轴的负方向。

（2）X 坐标运动

X 坐标运动是水平的，并平行于工件装夹面，通常是刀具或工件定位平面内运动的主
要坐标。

对于没有回转刀具或回转工件的机床（如刨床等），X 坐标平行于主要切削方向，并以
该方向为正方向，如图 3-5 所示。

在工件回转的机床（车床、磨床等）上，X 方向取径向且平行于横向滑座，正方向是
刀具离开工件旋转中心的方向，如图 3-2～图 3-4 所示。

61

在刀具旋转的机床（铣床、镗床、钻床等）上，当 Z 轴水平（卧轴）时，从主要刀具主轴向工件看，X 轴正方向指向右方，如图 3-7 所示。当 Z 轴垂直（立轴）时，从主要刀具主轴向立柱看，X 轴正方向指向右方，如图 3-8 所示。对于桥式龙门数控铣，当从主要刀具主轴向左侧立柱看，X 轴正方向指向右方，如图 3-6 所示。

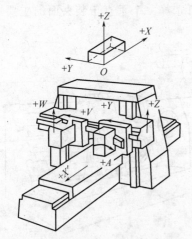

图 3-6　数控龙门式铣床坐标系

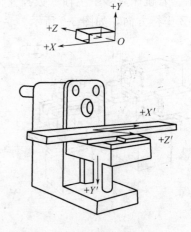

图 3-7　卧式数控铣床坐标系

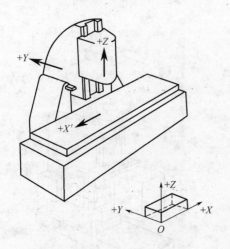

图 3-8　立式数控铣床坐标系

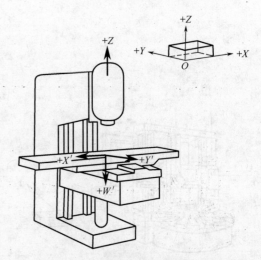

图 3-9　数控立式升降台铣床坐标系

（3）Y 坐标的运动

根据以上 X、Z 坐标的方向，按照右手笛卡儿直角坐标系即可确定 Y 坐标的运动方向。

（4）旋转运动 A、B、C 轴

A、B、C 轴相应地表示其轴线平行于 X、Y、Z 轴的旋转运动，其正方向为在 X、Y、Z 方向上按照右旋螺纹前进的方向，如图 3-1 所示。

（5）坐标原点与附加坐标轴

坐标原点用于确定坐标系的位置。标准坐标系 X、Y、Z 的移动原点位置及旋转运动 A、B、C 的运动原点（0°位置）可以任意选取，但 A、B、C 的原点位置最好选择与 X、Y、Z 坐标平行。

机床坐标系是机床生产后固有的坐标系，有其固定的原点，即机床原点（机械原点），

它是由机床生产厂设定好的，是进行数控加工运动的基准点。

通常将车床标准坐标系原点设在卡盘端面与主轴轴线的交点处；将铣床标准坐标系原点设在 X、Y、Z 三个坐标正方向的极限位置。对于某些类型的数控机床，机床坐标原点不一定要找出物理意义上的具体存在点，而可以理解成机床移动部件所处的一种坐标位置状态。

如果在 X、Y、Z 主要直线运动外，另有第二组平行于它们的坐标运动，就称为附加坐标。它们应分别被指定为 U、V、W 轴；如果还有第三组运动，则分别指定为 P、Q、R 轴，如图 3-3、图 3-4、图 3-6 所示。

如果在第一组旋转运动 A、B、C 之外，还有平行或不平行于 A、B、C 的第二组旋转运动，可指定为 D、E、F 轴。

（6）工件的运动

对于工件运动而不是刀具运动的机床，必须将前面所介绍的运动部分是刀具时所作的各项规定，在理论上作相反的安排。此时，可用带"′"号的坐标轴符号，如 $+X'$、$+Y'$、$+Z'$ 表示工件相对刀具的运动正方向；而用不带"′"号的坐标轴符号，如 $+X$、$+Y$、$+Z$ 表示刀具相对工件的运动正方向。两者所表示的方向恰好相反，如图 3-6、图 3-7、图 3-9 所示。对于编程人员来说，编程时只需考虑不带"′"号的坐标运动方向。

3.1.2　工件坐标系及其设定

机床坐标系是机床能够直接建立和识别的基础坐标系，但实际加工很少在机床坐标系中工作。因为编程人员在编程时，还不可能知道工件在机床坐标系中的确切位置，因而也就无法在机床坐标系中取得编程所需要的相关几何数据信息，当然也就无法进行编程。

为了使得编程人员能够直接根据图纸进行编程，通常可以在工件上选择确定一个与机床坐标系有一定关系的坐标系，这个坐标系即称为编程坐标系或工件坐标系，其原点即为编程原点或工件原点。因此编程人员在编程时，必须根据零件图纸选择一个编程原点，通过编程原点，各轴都与机床坐标轴平行而建立一个工件坐标系。在此工件坐标系中，编程人员可进行必要的数据处理从而获得编程所需的相关几何信息。编程时无需了解机床在工作时的具体运动情况，是工件运动还是刀具运动在不同的坐标轴上可能不同，方向的确定始终假定为工件静止而刀具运动。

工件坐标系原点选择的基本原则是便于编程与加工。编程原点选择应尽可能与图纸上的尺寸标准基准重合，以便于数值计算，使得产生的加工误差最小，同时还要考虑在加工时容易找正，方便测量。

车削零件编程原点 X 向上均取在 Z 轴线上，Z 向位置一般取其左端面或右端面。如果是左右对称的零件，Z 向原点位置可取在其对称面上，以便采用同一个程序对工件进行调头加工。

铣削类零件的编程原点一般选在作为设计基准或工艺基准的端面或孔轴线上。对称件通常将原点选在对称面或对称中心上。Z 向原点习惯于取在工件上平面，以便于检查程序。

工件坐标系只是编程人员在零件图上建立的坐标系，当工件装夹到机床上后，工件坐标系即处于机床坐标系的某个确定位置，但数控机床系统并无其相关位置信息。从理论上讲，机床数控系统只要知道工件坐标系原点在机床坐标系中的位置，即可将工件坐标系与机床坐标系关联起来，从而在机床坐标系中设定出工件坐标系，使得在工件坐标系下所编制的程序在机床上得到正确的执行，在工件预定的位置切去所希望的加工余量，加工出合格的工件。

较典型的工件坐标系设定方法有两种。其一如 SIEMENS 系统常采用的可设定零点偏置（G54、G55）等功能。工件装夹到机床后，工件坐标系原点与机床原点间各坐标的偏置量即已确定，通过测量后将其数值输入到机床可设定零点偏置寄存器中。G54、G55等可存放多个不同的工件零点，加工时在程序中用相应的可设定零点偏置指令G54、G55等直接调用相应偏置寄存器中存储的偏置量，建立起工件坐标系，在之后的程序中出现的坐标信息即为该工件坐标系下的目标位置，如图3-10所示。其二如FANUC系统常采用的工件坐标系设定功能G50或G92，该类指令可通过后续坐标值设定程序启动时刀具出发点在工件坐标系中的位置，从而确定工件坐标系在机床上的位置。

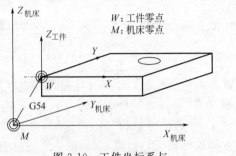

图3-10　工件坐标系与
机床坐标系的关系

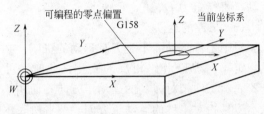

图3-11　当前坐标系

3.1.3　局部坐标系

在实际编程工作中，对于一些重复结构要素或一些局部结构要素进行几何描述时，采用一个固定不变的坐标系往往比较麻烦。为了方便简化编程，可以在程序中考虑重新选择新的坐标系，这可通过坐标转换（平移旋转等）功能来实现。坐标转换后形成的新坐标系即称为局部坐标系或当前坐标系，如图3-11所示。广义地讲，当前坐标系是当前正在工作的坐标系，工件坐标系及机床坐标系也可以是当前坐标系。

3.1.4　坐标轴与联动轴

数控机床要进行位移量控制的部件较多，所以要建立机床坐标系统，以便对各移动部件分别进行控制。对于一台数控机床而言，坐标轴数（坐标数）是指采用了数字控制的运动数。例如，对一台数控车床，如果其X、Z方向采用了数字控制，则称为两轴（两坐标）数控车床；又如一台数控铣床，如果X、Y、Z三个方向的运动都采用数字控制，则称为三轴（三坐标）数控铣床。有些数控机床的运动部件较多，除了X、Y、Z三个移动坐标外，还有A、B、C旋转坐标，并且在同一坐标轴方向上有两个或更多的运动是数字控制的，这就出现了四轴、五轴等数控机床。

数控机床的轴数与联动轴数是两个不同的概念，不要将三轴数控机床与三轴联动数控机床相混淆。对于三轴数控铣床，若只能控制任意两坐标轴实现插补联动加工，则称为"两轴联动"，这种铣床通常称为两轴半数控铣床；若能控制三坐标轴实现插补联动加工，则称为"三轴联动"。

3.2　程序结构与程序段格式

3.2.1　程序段格式

一个数控加工程序由若干程序段组成。程序段是按照一定顺序排列，能使数控机床完成某特定运动的一组指令，如"G0 X30 Z-20 F0.2 S500 M03"。它由若干个程序字组成，程序字通常是由英文字母表示的地址符和地址符后面的数字符号组成，如"Z-20"即为一程序字，其中"Z"为地址符，"-"为符号，"20"为数字。

所谓程序段格式是指程序段的书写规则，分为固定程序段格式和可变程序段格式。可变程序段格式又分为使用地址符的可变程序段格式和使用分隔符的可变程序段格式两种。

(1) 使用地址符的可变程序段格式

这种格式又称为地址格式，它以地址符为首，其后由一串数字组成序号字和各种数据字，若干个字构成程序段并以结束符结束。在这种格式中，如果上一段程序已经写明，而本程序段又不变的那些字仍然有效，可以不再重写。在尺寸字中可只写有效数字，不必每个字都写满固定位数。用这种格式写出的各程序段长度与数据的个数都是可变的，故称为可变程序段格式。如

N10 G0 G54 X20 Y30 Z2

N20 G1 Z-5

(2) 使用分隔符的可变程序段格式

这种格式预先规定了输入时所有可能出现的字的顺序。这个顺序中每个数据字前以一个分隔符 B 为首，根据已出现了几个分隔符，就可按预定顺序知道下面是哪个数据字。这样就可以不再使用地址符，只要按预定顺序把相应的一串数字跟在分隔符后面就可以了。如

BX BY BJ BZ

使用分隔符的可变程序段格式的长度和数据字的个数也是可变的。尺寸字中只写有效数字，重复的字可以略去。但应注意，原来排在那些略去字前的分隔符不能略去。这样，程序中若出现连在一起的两个分隔符，则表明其间略去了一个数据字。

(3) 固定程序段格式

这种格式不使用地址符，也不使用计数用的分隔符，它规定了在输入中所有可能出现的字的顺序，也规定了各个字的位数。对重复的字不能省略。一个字的有效位数少时，要在前面用"0"补足规定的位数。因为程序段中的字数及每个字的位数都是固定的，所以按这种格式书写的程序段长度都是一样的。这种格式也允许用分隔符将字隔开，但此处的分隔符只起将字隔开，使程序段清晰的作用，对程序本身并不起作用。如"10 00 54 25 45 15"。

我国关于程序段格式的标准为 JB 3832—85，目前一般的切削加工类数控机床普遍采用使用地址符的可变程序段格式，它比较灵活、直观、适应性强，能有效缩短程序长度。

3.2.2 程序段组成

通常程序段由若干个程序字组成，程序字又由地址符、符号、数字等组成。其中地址符是由具有特定意义的字母表示；符号为数字前面的正负号（±），+号可以省略。通常一个程序段的基本格式如下

/ N... G... X... Y... Z... I... J... K... F... S... M... T... D... ;

/：跳跃符，通过面板或接口信号控制其有效性，从而控制该程序段在程序中是否执行。

N：程序段号，可用于检索，便于检查交流或指定跳转目标等，一般由地址符 N 后续四位数字组成，即可从 N0000～N9999，可用于主程序或子程序中。段号的数字可以是不连续的，一般可隔 5 或隔 10 排列，如 N1、N10、N20 等，以便调试程序时根据情况在段间补充插入新程序段。值得注意的是数控程序中的段号不同于计算机高级语言中的标号，数控程序中的段号其实只是程序段的名称而已，其数字并不代表执行顺序。数控装置解

释程序将各程序段按输入先后顺序排列存储，执行时严格按存储器内的排序进行，而与段号数据无关。

G：准备功能指令，为机床准备某种运动方式而设定。详见后述。

X、Y、Z、I、J、K 等：几何信息指令，根据零件图纸及工艺确定获得。几何信息指令所用地址符较多，不同系统间可能会有一些差异，如半径可能使用的地址符有 R、CR、U 等。

F：进给指令，用于设定加工进给值，通常用 F 后面的数据直接指定进给值，单位可以为 mm/min（进给速度）或 mm/r（进给量）。也有用代码法指定 F 的，如用 F 后跟两位不同代码对应表示不同的进给值。

S：主轴转速指令，用于设定主轴转速，一般直接指定主轴转速，单位为 r/min。也有类似于 F 用两位代码法指定的。

M：辅助功能指令，用于一些机床开关量的设定操作，如主轴的启停、冷却液的开关、夹具的夹紧松开等。详见后述。

T：刀具指令，用于指定工作刀具，通常后跟两位数字表示所选刀具的编号。也有的后跟四位数字，前两位表示所选刀具的编号，后两位表示刀具的补偿号。刀具编号后一般在数控机床刀架或刀库中对号入座。

D 或 H：刀具补偿号或补偿地址，用以存放刀具长度及半径等刀具补偿量数据。

";"或 LF 等：段结束符，表示程序段的结束。

此外，每个程序段后面还可以加上注释，对程序段相关内容作必要的说明，以便阅读理解。

3.2.3 程序结构

加工同一个零件，不同系统或机床会有不同的程序，即使是相同的系统或机床，不同的编程人员也会编制出不同的程序。尽管如此，编程还是有一定的规则可循的。

首先，程序一般得有个程序名，以便于程序的管理。不同数控系统程序名的命名不尽相同。如 FANUC 系统一般以 O 后跟四位数字组成，如 O0001；SIEMENS 系统则有采用％后跟四位数字组成，如％0001，或采用多位字母数字等组成，如 LX01。

一个完整的程序一般可以分成三部分，即准备程序段、加工程序段和结束程序段。

① 准备程序段　一般位于加工程序段的前面，主要完成一些设置工作，包括工件坐标系的建立、尺寸系统设定、加工工艺参数设定、刀具选择、冷却液选择、刀具的快速引进定位等。

② 加工程序段　一般位于程序的中间，根据具体要加工零件的加工工艺，按刀具切削轨迹逐段编写出程序，实现对工件的加工。是程序的主体部分。

③ 结束程序段　位于加工程序段的后面，包括退刀、取消刀具补偿、关闭冷却液等，并以 M02 或 M30 代码结束程序。

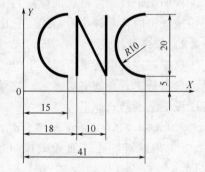

图 3-12　刻字加工

以下是一个加工如图 3-12 所示零件程序的简单例子，工件零点设于工件上平面，字深 1mm。采用 SIEMENS 802S/C 程序格式。

EXP. MPF（程序名）

N10 G54 F100 S2000 M03 T1 ；工艺设定

N20 G0 X15 Y25 Z2	；快速引刀接近工件至左 C 上方起点处离工件上平面 2mm 处
N30 G1 Z-1	；下刀至刻字深度
N40 G3 Y5 CR=10	；逆向刻左 C
N50 G0 Z1	；抬刀至离工件上平面 1mm 处
N60 X18	；平移至 N 左下方离工件上平面 1mm 处
N70 G1 Z-1	；下刀至刻字深度
N80 Y25	；向上刻 N 左竖笔
N90 X28 Y5	；向右下刻 N 斜笔
N100 Y25	；向上刻 N 右竖笔
N110 G0 Z1	；抬刀至离工件上平面 1mm 处
N120 X41	；平移至右 C 上方离工件上平面 1mm 处
N130 G1 Z-1	；下刀至刻字深度
N140 G3 Y5 CR=10	；逆向刻右 C
N150 G0 Z100 M2	；抬刀至离工件上平面 100mm 处，结束程序

3.2.4　主程序与子程序

在实际加工中，常常会遇到多次重复进行一些相同操作的情况，如在不同位置加工几何形状完全相同的结构要素等。这种情况如果每次在不同位置编制相同运动轨迹的程序，不仅增加程序量，而且麻烦又浪费时间。这时，可将加工这些结构要素的程序段编成子程序并存储起来。子程序以外的程序称为主程序。主程序在执行过程中，如果需要执行子程序，只要调用该子程序即可，并可多次重复调用（一般在不同的位置），从而简化编程。

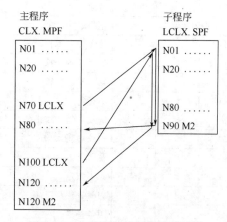

图 3-13　主程序与子程序的关系图

主程序与子程序原则上并没有区别，它们间的关系如图 3-13 所示。

3.3　数控程序指令代码

3.3.1　准备功能

简称 G 功能，是为机床建立某种加工运动方式的指令。如可以设定工件坐标系、进给运动方式等。G 功能指令由地址码 G 后跟两位数字构成，从 G00～G99 共 100 种，表 3-1 为我国参照国际标准制定的 JB 3208—83 标准，其中规定了 G 代码的定义。

G 代码又分为模态代码（又称续效代码）和非模态代码（又称非续效代码）两类。表 3-1 中第二列标有字母的行所对应的 G 代码为模态代码，标有相同字母的 G 代码为一组。模态代码在程序中一经使用后就一直有效（如 a 组中的 G01），直到出现同组中的其他任一 G 代码（如 a 组中的 G02）将其取代后才失效。表中第二列没有字母的行所对应的 G 代码为非模态代码（又称段方式代码），它只在编有该代码的程序段中有效（如 G04）。

表 3-1　准备功能 G 代码

代码	功能保持到被取消或被同样字母表示的程序指令所代替	功能仅在所出现的程序段内有作用	功　能	代码	功能保持到被取消或被同样字母表示的程序指令所代替	功能仅在所出现的程序段内有作用	功　能
(1)	(2)	(3)	(4)	(1)	(2)	(3)	(4)
G00	a		点定位	G50	#(d)	#	刀具偏置 0/－
G01	a		直线插补	G51	#(d)	#	刀具偏置＋/0
G02	a		顺时针方向圆弧插补	G52	#(d)	#	刀具偏置－/0
G03	a		逆时针方向圆弧插补	G53	f		直线偏移,注销
G04		*	暂停	G54	f		直线偏移 X
G05	#	#	不指定	G55	f		直线偏移 Y
G06	a		抛物线插补	G56	f		直线偏移 Z
G07	#	#	不指定	G57	f		直线偏移 XY
G08		*	加速	G58	f		直线偏移 XZ
G09		*	减速	G59	f		直线偏移 YZ
G10～G16	#	#	不指定	G60	h		准确定位 1(精)
G17	c		X/Y 平面选择	G61	h		准确定位 2(中)
G18	c		Z/X 平面选择	G62	h		快速定位(粗)
G19	c		Y/Z 平面选择	G63		*	攻螺纹
G20～G32	#	#	不指定	G64～G67	#	#	不指定
G33	a		螺纹切削、等螺距	G68	#(d)	#	刀具偏置,内角
G34	a		螺纹切削、增螺距	G69	#(d)	#	刀具偏置,外角
G35	a		螺纹切削、减螺距	G70～G79	#	#	不指定
G36～G39	#	#	永不指定	G80	e		固定循环注销
G40	d		刀具补偿/刀具偏置注销	G81～G89	e		固定循环
G41	d		刀具补偿——左	G90	j		绝对尺寸
G42	d		刀具补偿——右	G91	j		增量尺寸
G43	#(d)	#	刀具偏置——正	G92		*	预置寄存
G44	#(d)	#	刀具偏置——负	G93	k		时间倒数,进给率
G45	#(d)	#	刀具偏置＋/＋	G94	k		每分钟进给
G46	#(d)	#	刀具偏置＋/－	G95	k		主轴每转进给
G47	#(d)	#	刀具偏置－/－	G96	I		恒线速度
G48	#(d)	#	刀具偏置－/＋	G97	I		每分钟转数(主轴)
G49	#(d)	#	刀具偏置 0/＋	G98、G99	#	#	不指定

注：1. #号：如选作特殊用途，必须在程序格式说明中说明。

2. 如在直线切削控制中没有刀具补偿，则 G43～G52 可指定作其他用途。

3. 在表中第 (2) 栏括号内的字母 (d)，表示可以被同栏中没有括号的字母 d 所注销或代替，也可被有括号的字母 (d) 所注销或代替。

4. G45～G52 的功能可用于机床上任意两个预定的坐标。

5. 控制机上没有 G53～G59、G63 功能时，可以指定作其他用途。

　　同组的 G 代码在同一程序段中一般不同时出现，视具体系统不同而不同。如果允许同时出现，则后写的代码有效。非同组 G 代码可以在同一程序段中出现。

　　随着技术的不断发展进步，标准规定的 G00～G99 已经不能满足要求，有些数控系统的

G 指令中的数字已经使用三位数。而就标准而言，其中尚有若干不指定与永不指定 G 代码。再加上市场经济中的竞争等因素，导致一些数控系统的 G 指令字相差甚大，标准化程度较低，系统间的程序兼容性较差。因此，编程必须要面向对象（系统或机床）。

3.3.2　辅助功能

简称 M 功能，是用以控制机床辅助动作的指令。M 功能指令由地址码 M 后跟两位数字构成，从 M00～M99 共 100 种，表 3-2 为我国参照国际标准制定的 JB 3208—83 标准，其中规定了 M 代码的定义。

表 3-2　辅助功能 M 代码

代码	功能开始时间		功能保持到被注销或适当程序指令代替	功能仅在所出现的程序段内有作用	功能	代码	功能开始时间		功能保持到被注销或适当程序指令代替	功能仅在所出现的程序段内有作用	功能
	与程序段指令运动同时开始	在程序段指令运动完成后开始					与程序段指令运动同时开始	在程序段指令运动完成后开始			
(1)	(2)	(3)	(4)	(5)	(6)	(1)	(2)	(3)	(4)	(5)	(6)
M00		*		*	程序停止	M37	*		*		进给范围2
M01		*		*	计划停止	M38	*		*		主轴速度范围1
M02		*		*	程序结束	M39	*		*		主轴速度范围2
M03	*		*		主轴顺时针方向	M40～M45	*	*	*	*	如有需要作为齿轮换挡，此外不指定
M04	*		*		主轴逆时针方向						
M05		*	*		主轴停止	M46、M47		*	*		不指定
M06	*	*		*	换刀	M48		*	*		注销 M49
M07	*		*		2 号切削液开	M49	*		*		进给率修正旁路
M08	*		*		1 号切削液开	M50	*		*		3 号切削液开
M09		*	*		切削液关	M51	*		*		4 号切削液开
M10	*	*	*		夹紧	M52～M54	*	*	*	*	不指定
M11	*	*	*		松开	M55	*		*		刀具直线位移,位置1
M12	*	*	*	*	不指定						
M13	*		*		主轴顺时针方向,切削液开	M56	*		*		刀具直线位移,位置2
M14	*		*		主轴逆时针方向,切削液开	M57～M59	*	*	*	*	不指定
M15	*			*	正运动	M60		*	*		更换工作
M16	*			*	负运动	M61	*		*		工件直线位移,位置1
M17、M18	*	*	*	*	不指定						
M19		*	*		主轴定向停止	M62		*	*		工件直线位移,位置2
M20～M29	*	*	*	*	永不指定	M63～M70	*	*	*	*	不指定
M30		*		*	纸带结束	M71	*		*		工件角度位移,位置1
M31	*		*		互锁旁路	M72		*	*		工件角度位移,位置2
M32～M35	*	*	*	*	不指定	M73～M89	*	*	*	*	不指定
M36	*		*		进给范围1	M90～M99	*	*	*	*	永不指定

注：1. * 号：如选作特殊用途，必须在程序说明中说明。

2. M90～M99 可指定为特殊用途。

3.3.3 进给功能

进给功能即 F 功能，用于设定加工进给量或进给运动速度。一般有两种表示方法。

（1）代码法

即 F 后跟两位数字，并不直接表示进给值的大小数据，而是指定机床进给量数列序号。

（2）直接代码法

即 F 后跟的数字直接表示进给值大小，如 F0.3 即表示进给量为 0.3mm/r。这种方法较为直观，是目前的主流表示方法。

进给量 F 为模态代码，一经设定后一直有效，直到被重新设定为止。进给功能受数控系统和伺服驱动系统性能的限制。F 代码指令值如果超过系统设定范围，则以系统设定的最高或最低值为实际进给值。

进给量可以通过选择倍率进行调整，如编程的进给量值为 0.3mm/r，当选择倍率为 100％时，实际运行进给量值为 0.3mm/r；如果首件加工时发现进给量偏大，不必停机，可以直接将倍率修调下降，如选择 80％，则实际运行进给量值为 0.24mm/r。同样对快速进给速度也可以通过倍率进行修调。倍率可以采用倍率旋钮或软定义键进行选择，如图 3-14 所示的进给倍率旋钮可以在 0～150％间实现无级调整。

3.3.4 主轴功能

主轴功能即 S 功能，用来指定主轴速度，通常在 S 后面用 1～4 位数字表示。主轴功能 S 有恒转速（单位 r/min）和恒线速度（单位 m/min）两种指令方式。S 代码只是设定主轴速度的大小，并不使主轴转动，必须通过 M3 或 M4 指令才能启动主轴旋转。

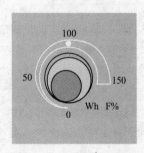

图 3-14　进给量倍率旋钮

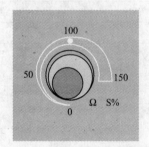

图 3-15　主轴转速倍率旋钮

与进给量调整一样，主轴速度同样可以采用倍率旋钮或软定义键进行调整，如图 3-15 所示的主轴转速倍率旋钮可以在 0～150％间实现无级调整。

3.3.5 刀具功能

刀具功能即 T 功能，在自动换刀的数控机床上，该指令可以实现刀具的自动选择或自动更换，也可以用该指令同时指定刀具补偿号。一般采用 T 后跟二位数字直接表示选择的刀具号，如 T06 表示选择或更换 06 号刀具；也有采用 T 后跟四位数字分别表示选择的刀具号和相应的刀补号，如 T0608 表示选择或更换 06 号刀具，并调用 08 号刀具补偿参数进行补偿。

3.4　数控编程方法

数控机床是实现数控加工的物质装备基础，零件数控加工程序的编制则是实现数控加工的必要前提。统计表明，造成数控加工设备闲置的原因大约有 30% 是由编程不及时所造成，而加工中因故障而停机的原因也有 30% 是因为程序问题而产生。数控程序编制的软费用可以与数控机床硬件费用相提并论。因此，优质、高效的数控编程技术一直与数控机床并行同步发展。

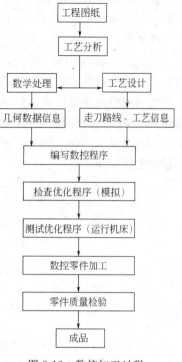

图 3-16　数控加工过程

数控加工过程是指从生产、工艺准备到产出成品或半成品的整个过程，其大致流程如图 3-16 所示。通常在根据工程图纸和工艺计划等确定几何、工艺参数数据时需作必要的数学处理工作。所谓数控编程，即将工艺计划以及相关几何信息和工艺信息等用"数控编程语言"表达描述出来，以便传递给数控系统，经数控系统处理后控制伺服系统执行输出，实现刀具与工件间的相对成形运动及其他相关辅助运动。

值得注意的是，所谓的"数控编程语言"，一部分是由系统中性化（兼容）的格式组成，而另一部分则是由具体系统或机床的专用格式组成。一个数控程序往往是针对某一数控系统或某台数控机床而言的，不能应用于其他与之不同的数控系统或机床。因此，编程通常必须是面向对象的，这里的对象就是指具体的数控系统或数控机床。

数控编程通常分为手工编程与计算机辅助编程两大类。计算机辅助编程又有数控语言自动编程、交互图形自动编程和 CAD/CAM 集成系统编程之分。

3.4.1　手工编程

手工编程从工艺分析、数值计算，到数控程序的校验、试切、修改均由人工完成。对于几何形状不太复杂、加工程序较短、数据处理简单而不易出错的零件，采用手工编程就可实现，而且显得经济及时。目前国内大部分的数控机床编程处于这一层次。

随着新型数控系统的不断推出，系统编程功能的日趋丰富完善，手工编程所能处理的工作已经今非昔比。许多现代数控系统具有宏程序或参数计算、程序跳转分支运行等功能以实现复杂曲线的编程加工。一些固定循环、图形循环及轮廓编程等在系统界面上实现了简单的图形对话编程。各种高级复杂插补功能如螺旋线、渐开线、螺旋渐开线、样条及 NURBS 插补等大大减少了 NC 程序的数据输入量。一些新型数控系统甚至可装入小型智能专家库，编程时可根据机床、刀具、工件材料性能及加工要求等自动选择生成最佳工艺参数。

3.4.2　自动编程

可以说，当前许多新品数控系统在编程功能方面已经有了长足的进步，编程界面也相当友好，但采用手工编程毕竟主要还是由人工去完成，通常只适合点位和平面轮廓。对于形状复杂的零件，人工处理的工作量大，手工编程显得耗时又不可靠，尤其是带有复杂曲线、自由曲面的模具或复杂型腔的加工，常常需要三坐标、四坐标甚至五坐标联动加工，手工编程几乎是无法胜任。据统计，数控加工中采用手工编程的编程时间与机床加工时间之比一般为 30∶1。手工编程效率低，出错率高，在复杂零件编程中，必然被先进的自动编程所代替。

（1）数控语言自动编程

数控语言自动编程方法几乎是与数控机床同步发展起来的，目前有多种不同的版本，基本都是由麻省理工学院（MIT）研发的 APT 语言自动编程系统演变发展而来。数控语言自动编程基本原理如图 3-17 所示，编程人员根据被加工零件图纸要求和工艺过程，运用专用的数控语言（如 APT）编制零件加工源程序，用于描述零件的几何形状、尺寸大小、工艺路线、工艺参数以及刀具相对零件的运动关系等。这样的源程序是由类似日常语言和车间的工艺用语的各种语句组成，它不能直接用来控制数控机床。源程序编写后输入计算机，经过编译系统翻译成目标程序后才能被系统所识别。系统根据目标程序进行刀具运动轨迹计算，生成中性的刀位文件。最后，系统根据具体数控系统所要求的指令和格式进行后置处理，生成相应的数控加工程序。

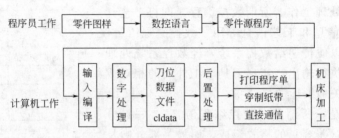

图 3-17　数控语言自动编程原理

在数控语言自动编程过程中，编程人员所要做的工作仅仅是源程序的编写，其余的计算和各种处理工作均由计算机系统自动完成，编程效率和正确性大大提高。

（2）CAD/CAM 系统自动编程

数控语言自动编程存在的主要问题是缺少图形的支持，除了编程过程不直观外，被加工工件轮廓是通过几何定义语句一条条进行描述的，编程工作量大。随着 CAD/CAM 技术的成熟和计算机图形处理能力的提高，可直接利用 CAD 模块生成的几何图形。采用人机交互的实时对话方式，在计算机屏幕上指定被加工部位，输入相应的加工参数，计算机便可自动进行必要的数学处理并编制出数控加工程序，同时在计算机屏幕上动态地显示出刀具的加工轨迹。这种利用 CAD/CAM 系统进行数控加工编程的方法与数控语言自动编程相比，具有效率高、精度高、直观性好、使用简便、便于检查等优点，从而成为当前数控加工自动编程的主要手段。

目前，市场上较为著名或流行的 CAD/CAM 软件系统有 UGⅡ、Pro/E、Catia、Ideas、Cimtron、Mastercam 等。各软件系统都有其自己的特点，不同层次、不同行业、不同地区有不同的选择倾向。

3.4.3　CAD/CAM 系统自动编程基本过程

不同 CAD/CAM 系统其功能指令、用户界面各不相同，编程的具体过程也不尽相同。但从总体上来讲，编程的基本原理及步骤大体上是一致的。归纳起来可分为如图 3-18 所示的几个基本步骤。

（1）几何造型

利用 CAD 模块的图形构造、编辑修改、曲面和实体特征造型等功能，通过人机交互方式建立被加工零件三维几何模型，也可以通过三坐标测量机或扫描仪测量被加工零件形体表面，经计算机整理后送 CAD 造型系统进行三维曲面造型。三维几何模型建立后，以相应的图形数据文件进行存储，供后继的 CAM 模块调用。

（2）加工工艺分析

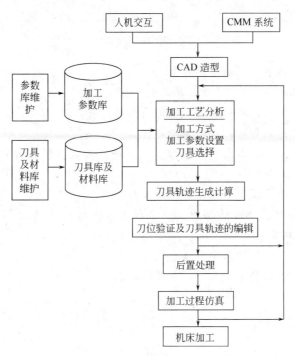

图 3-18　CAD/CAM 系统数控编程原理

　　编程前，必须分析零件的加工部位，确定工件的定位基准与装夹位置，指定建立工件坐标系，选定刀具类型及其规格参数，输入切削加工工艺参数等。目前，该项工作主要仍通过人机交互方式由编程员通过用户界面输入系统。

　　（3）刀具轨迹生成

　　刀具轨迹生成是面向屏幕上的图形交互进行的，用户可根据屏幕提示，用光标选择相应的图形目标确定待加工的零件表面及限制边界；用光标或命令输入切削加工的对刀点；交互选择切入切出方式和走刀方式；软件系统将自动从图形文件中提取所需的零件几何信息，进行分析判断，计算节点数据，自动生成走刀路线，并将其转换为刀具位置数据，存入指定的刀位文件。

　　（4）刀位验证及刀具轨迹的编辑

　　刀位文件生成后，可以在计算机屏幕上进行加工过程仿真，以检查验证走刀路线是否正确合理，有无碰撞干涉或过切等现象，并据此对已生成的刀具轨迹进行编辑、修改、优化处理。

　　（5）后置处理

　　后置处理的目的是形成数控加工程序文件。由于各机床使用的数控系统不同，能够识别的程序指令代码及格式也不尽相同，所以通过后置处理，将刀位文件转换成某具体数控机床可用的数控加工程序。由于具体机床的差异及工艺上的一些特殊要求等原因，后置处理生成的数控加工程序有时还需进行必要的局部人工调整。

　　（6）数控程序的输出

　　通过后置处理生成的数控加工程序可使用打印机打印出数控加工程序单作为硬拷贝保存，也可将其存入磁盘等计算机外存介质上，直接供具有相应驱动器的机床控制系统使用。对于有标准通信接口的机床数控系统，可以直接由计算机将加工程序传送给机床控制系统进行数控加工。

思考与练习

3-1 数控机床坐标系确定原则是什么？

3-2 简述数控机床 X、Y、Z 坐标轴的确定？

3-3 什么是机床原点、工件原点？它们间有什么关系？

3-4 数控机床坐标轴与联动轴的概念是什么？

3-5 什么是程序段？什么是程序段格式？程序段格式有哪几种？现代数控系统一般采用哪种程序段格式？

3-6 什么是子程序？使用子程序有何意义？

3-7 什么叫 G 代码？什么叫 M 代码？各数控系统的 G 代码及 M 代码是否兼容？为什么说编程必须是面向对象的？

3-8 什么是模态代码？什么是非模态代码？

3-9 数控编程方法主要有哪几种，各有何特点？

第 **4** 章　数控车床编程加工

（西门子 802S/C 系统）

4.1　概述

如前所述，数控编程应该是面向对象的。不同的数控系统具有各自的指令系统和语法规范，这将最终体现在用户程序中。因此，数控编程一般必须针对具体数控机床所采用的数控系统而进行，甚至即使采用了相同的数控系统，由于机床具体硬件结构配置等的不同，也会引起编程指令系统的差异，导致不同机床间程序不能互相通用。

目前，社会上流行的数控系统有几十种之多，这些数控系统间均存在上述相互间兼容性的问题，这给学习使用者带来了麻烦。但是，从本质上来看，各种不同的数控系统都是为了服务于实际社会生产，其指令系统的各项功能都是因生产实际的需要而设，只是在具体的工作形式上或代码表达上有所不同而已。因此，学习中应该从本质上去理解各指令功能的意义，而不要留于表面，那么相信应该不会有太大的困难。

当然，实际应用中的各种数控系统所具有的指令系统功能差异较大。有些系统具有较为强大完善的指令系统，并具有较好的开放性，高层次用户可以利用其强大的指令功能优化程序，实现优质高效生产。有些系统其指令系统则较为简洁，开放性较差，用户参与优化选择的余地较小，但学习较为方便。

从学习数控编程的角度出发，较好的方案是选择编程功能相对较强的数控系统作为典型，而不必强调其机电性能优劣。通过对某些具有丰富编程指令功能的典型系统的分析，从本质上了解数控机床可以实现的各项功能，从而做到举一反三、融会贯通。当再遇到一些别的不同系统时，只需阅读相关的随机资料，即可很快掌握并达到熟练应用。

数控编程的目的是加工，数控编程加工是一项实践性很强的技术，要想掌握这项技术，必须进行操作实践。考虑到目前国内各教学培训单位的具体情况，本书将以西门子（SIEMENS）802S/C 系统为典型进行介绍。西门子 802S/C 尽管只是一个步进经济型系统，但其编程指令系统功能较强，有一定的典型意义，目前在国内教学培训层次具有一定的市场占有率。在本章末还将进一步简要介绍西门子 802D 系统作为补充，以进一步扩展功能，增加编程工作思路。

4.2　编程基本原理

4.2.1　坐标系

根据标准坐标系的规定，机床使用右手顺时针直角坐标系，机床中的运动是指刀具和工件间的相对运动。

（1）机床坐标系

数控车床中坐标系如何建立取决于机床的类型，如图 4-1 所示为一最基本配置的典型卧式数控车床。在该机床上 Z 轴通过机床主轴中心线指向尾架，X 轴径向离开工件为正，且可以绕 Z 轴旋转到不同的位置。一般按刀架位置确定 X 轴的指向，按由中心指向刀架设定 X 正方向。机床坐标系原点一般设在卡盘端面上，以便于工件安装后位置的设定。机床开机后无法实现回原点运行，一般通过回参考点实现对原点的校验，从而建立起机床坐标系。所谓参考点，即机床上与原点有确定关系的某个固定点。

（2）工件坐标系

为了便于在编程时对工件的几何要素位置进行描述，编程人员必须在零件图上选择建立一个过渡坐标系，即工件坐标系，也称为编程坐标系，该坐标系的原点即工件原点或编程原点。数控车床加工工件坐标系 Z 轴在工件轴线方向，因此 X 向原点一般就在工件旋转中心上，工件坐标系原点的选择仅为确定 Z 向位置。工件坐标系原点的选择，原则上应尽量使编程简单、尺寸换算少、引起的加工误差小。一般情况下，工件原点应尽可能选在尺寸标注基准或定位基准上；对称零件编程原点应尽可能选在对称面上；没有特殊情况则常选在工件右端面。如图 4-2 所示。

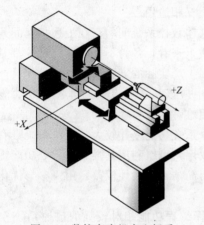

图 4-1　数控车床机床坐标系

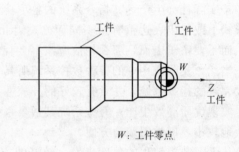

W：工件零点

图 4-2　工件坐标系

（3）工件装夹

加工工件时，工件必须定位夹紧在机床上，保证工件坐标系坐标轴平行于机床坐标系坐标轴，由此在 Z 坐标上产生机床原点与工件原点的坐标偏移量，该值作为可设定零点偏移量输入到给定的数据区，即偏置寄存器（如 G54）中。当 NC 程序运行时，此值可以用一个对应的编程指令（如 G54）进行选择调用，从而确定工件在机床上的装夹位置，如图 4-3 所示。

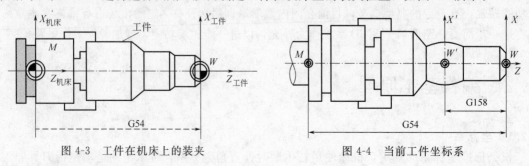

图 4-3　工件在机床上的装夹

图 4-4　当前工件坐标系

（4）当前工件坐标系

在对一些复杂零件进行几何描述时，如其中的某些结构要素如果选择一个新的原点编程比使用原工件原点更方便，则可以利用可编程零点偏置进行坐标转换，重新确定一个新的零点。新的零点以原工件零点为基准进行偏置。使用可编程零点偏置后产生的一个新的实际工件坐标系即为当前工件坐标系，如图 4-4 所示。

4.2.2　程序结构

4.2.2.1　程序名

（1）功能

为了识别、调用程序和便于组织管理，每个程序必须有一个标识符号，即程序名。

（2）命名规则

在编制程序时可以按以下规则确定程序名。

① 开始的两个符号必须是字母。

② 其后的符号可以是字母、数字或下划线。

③ 最多为 8 个字符。

④ 不得使用分隔符。

（3）应用说明

在确定程序名时，尽可能使其与加工对象及其特征相联系，以便通过程序名直接与加工对象对号，便于程序管理。如在满足上述规则前提下，可以用零件图号、零件名称的英文或汉语拼音等命名程序。例如 CLX1（车练习一）。

4.2.2.2　程序内容

NC 程序由若干个程序段组成，现代数控系统一般采用带地址符的可变程序段格式。

每个程序段执行一个加工工步，每个程序段由若干个程序字组成，最后一个程序段包含程序结束符 M02 或 M30。

例：

```
CLX1
N10 G54 F0.2 S500 T1 M03
N20 G0 X0 Z1
N30 G1 Z0
N40 X20
N50 G3 X40 Z-10 CR=10
N60 G1 Z-30
N70 G2 X50 Z-35 CR=5
N80 Z-50
N90 X60 Z-60
N100 G0 X100 Z100
N110 M2
```

4.2.2.3　程序段结构

（1）功能

一个程序段中含有执行一个工步所需的全部数据信息。

程序段由若干个字和程序段结束符"L_F"组成，如图 4-5 所示。在程序输入过程中进行换行时，或按输入键时，可以自动产生程序段结束符。

（2）字顺序

通常一个程序段中包含很多指令，建议按如下顺序进行编写：

N... G... X... Z... F... S... T... D... M... ......

（3）程序段号说明

建议以 5 或 10 为间隔选择程序段号，以便修改插入程序段时赋予不重复的新程序段号。

（4）可被跳跃的程序段

那些不需在每次运行中都执行的程序段可以被跳跃过去，为此需在这样的程序段的段号之前输入斜线符"/"。通过操作机床控制面板或者通过接口控制信号使跳跃功能生效。

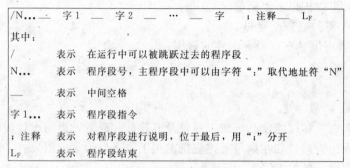

图 4-5　程序段格式

在程序运行过程中，一旦程序段跳跃功能生效，则所有带"/"符的程序段都不予执行，当然这些程序段中的指令也不予考虑。程序从下一个没带斜线符的程序段开始执行。

程序段跳跃功能可应用于成组技术编程等场合，在此情况下，可按成组典型零件或综合零件进行编程。对于成组零件中的非公共结构要素，可在其加工程序段前加上"/"。具体某零件加工时，通过设置程序段跳跃功能的有效性来确定是否进行此类要素的加工。

（5）注释

利用加注释的方法可在程序中对程序段进行必要的说明，以便于操作者理解编程者的意图。注释仅作为对操作者的提示显示在屏幕上，需用";"与程序段隔开。系统并不对其进行解释执行，因此不受编程语法限制，甚至可用中文表达。

4.2.2.4　字结构和地址

（1）功能

程序字是组成程序段的元素，由程序字构成控制器的指令。

（2）结构

程序字由两部分组成，即地址符和数值，如图 4-6 所示。地址符一般为一字母，不同的字母表示不同的含意。数值为一串数字，可以带正、负号和小数点，正号可以省略不写。

（3）扩展地址

一个程序字可以包含两个或两个以上的字母作为地址符，即所谓的扩展地址。扩展地址数值与字母间用符号"＝"隔开，例如 CR＝10

4.2.2.5　字符集

在编程中可以使用以下字符，他们按一定规则进行编译。

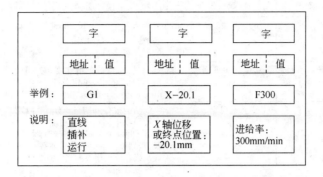

图 4-6 程序字结构

（1）字母

A，B，C，D，E，F，G，H，I，J，K，L，M，N，O，P，Q，R，S，T，U，V，W，X，Y，Z。大写字母与小写字母不予区别。

（2）数字

0，1，2，3，4，5，6，7，8，9。

（3）可打印的特殊字符

（	圆括号开
）	圆括号闭
［	方括号开
］	方括号闭
＜	小于
＞	大于
：	主程序，标志符结束
＝	赋值，相等部分
／	除号，跳跃符
＊	乘号
＋	加号，正号
－	减号，负号
"	引号
_	字母下划线
.	小数点
，	逗号，分隔符
；	注释标志符

（4）不可打印的特殊字符

L_F　　程序段结束符

空格　　字之间的分隔符，空白字

4.2.3 编程指令集

编程指令集包含了系统所有的编程指令，它代表了系统编程功能的强弱。西门子 802S/C 部分指令集见表 4-1。

表 4-1　西门子 802S/C 指令集

地址	含义	赋值	说明	编程
D	刀具补偿号	0～9 数值，不带符号	用于某个刀具 T... 的补偿参数；D0 表示补偿值＝0，一个刀具最多有 9 个 D 号	D...
F	进给率（与 G4 一起可以编程停留时间）	0.001～99999.999	刀具/工件的进给速度，对应 G94 或 G95，单位分别为 mm/min 或 mm/r	F...
G	G 功能（准备功能字）	已事先规定	G 功能按 G 功能组划分，一个程序段中同组的 G 功能只能有一个。G 功能按模态有效（直到被同组中其他功能替代），或者以程序段方式有效 G 功能组	G...
G0	快速移动		1. 运动指令，(插补方式)	G0 X... Z...
G1*	直线插补			G1 X... Z... F...
G2	顺时针圆弧插补			G2 X... Z... I... K... F... ; 圆心和终点 G2 X... Z... CR＝... F... ; 半径和终点 G2 AR... I... K ... F... ; 张角和圆心 G2 AR＝... X... Z... F... ; 张角和终点
G3	逆时针圆弧插补			G3... ;其他同 G2
G5	中间点圆弧插补			G5 X... Z... IX＝... KZ＝... F...
G33	恒螺距的螺纹切削		模态有效	S33 Z... K... SF＝... ; 圆柱螺纹 G33 X... I... SF＝... ; 横向螺纹 G33 Z... X... K... SF＝... ; 锥螺纹，Z 方向位移大于 X 方向位移 G33 Z... X... I... SF＝... ; 锥螺纹，X 方向位移大于 Z 方向位移
G4	暂停时间		2. 特殊运行，程序段方式有效	G4 F... 或 G4 S... ; 自身程序段
G74	回参考点			G74 X... Z... ; 自身程序段
G75	回固定点			G75 X... Z... ; 自身程序段
G158	可编程的偏置		3. 写存储器，程序段方式有效	G158 X... Z... ; 自身程序段
G25	主轴转速下限			G25 S... ; 自身程序段
G26	主轴转速上限			G26 S... ; 自身程序段
G17	（在加工中心孔时要求）		6. 平面选择	
G18*	Z/X 平面			
G40*	刀尖半径补偿方式的取消		7. 刀尖半径补偿，模态有效	
G41	调用刀尖半径补偿，刀具在轮廓左侧移动			
G42	调用刀尖半径补偿，刀具在轮廓右侧移动			
G500*	取消可设定零点偏置		8. 可设定零点偏置，模态有效	
G54	第一可设定零点偏置			

地址	含　义	赋　值	说　明	编　程
G55	第二可设定零点偏置			
G56	第三可设定零点偏置			
G57	第四可设定零点偏置			
G53	按程序段方式取消可设定零点偏置		9. 取消可设定零点偏置，段方式有效	
G60*	准确定位		10. 定位性能，模态有效	
G64	连续路径方式			
G9	准确定位，单程序段有效		11. 程序段方式准停，段方式有效	
G601*	在 G60，G9 方式下精准确定位		12. 准停窗口，模态有效	
G602	在 G60，G9 方式下粗准确定位			
G70	英制尺寸		13. 英制/公制尺寸，模态有效	
G71*	公制尺寸			
G90*	绝对尺寸		14. 绝对尺寸/增量尺寸，模态有效	
G91	增量尺寸			
G94	进给率 F,mm/min		15. 进给/主轴，模态有效	
G95*	进给率 F,mm/r			
G96	恒定切削速度(F,mm/r,S,m/min)			G96 S … LIMS＝ … F…
G97	取消恒定切削速度			
G450*	圆弧过渡		18. 刀尖半径补偿时拐角特性，模态有效	
G451	交点过渡，刀具在工件转角处不切削			
G22	半径尺寸		29. 数据尺寸：半径/直径，模态有效	
G23*	直径尺寸			

带 * 的功能在程序启动时生效(指系统处于供货状态，没有编程新的内容时)。

地址	含　义	赋　值	说　明	编　程
I	插补参数	±0.001～99999.999 螺纹： 0.001～20000.000	X 轴尺寸，在 G2 和 G3 中为圆心坐标；在 G33 中则表示螺距大小	参见 G2、G3 和 G33
K	插补参数	±0.001～99999.999 螺纹： 0.001～20000.000	Z 轴尺寸，在 G2 和 G3 中为圆心坐标；在 G33 中则表示螺距大小	参见 G2、G3 和 G33
L	子程序名及子程序调用	7 位十进制整数，无符号	可以选择 L1～L9999999；子程序调用需要一个独立的程序段 注意：L001 不等于 L1	L… ；自身程序段
M	辅助功能	0～99 整数，无符号	用于进行开关操作，如"打开冷却液"，一个程序段中最多有 5 个 M 功能	M…
M0	程序停止		用 M0 停止程序的执行；按"启动"键加工继续执行	
M1	程序有条件停止		与 M0 一样，但仅在"条件停(M1)有效"功能被软键或接口信号触发后才生效	
M2	程序结束		在程序的最后一段被写入	
M30	主程序结束		在主程序最后一段被写入	
M17	子程序结束		在子程序最后一段被写入	
M3	主轴顺时针旋转			

地址	含义	赋值	说明	编程
M4	主轴逆时针旋转			
M5	主轴停			
M6	更换刀具		在机床数据有效时用 M6 更换刀具,其他情况下直接用 T 指令进行	
M40	自动变换齿轮级			
M41~M45	齿轮级 1 到齿轮级 5			
M70	—		预定,没用	
M…	其他的 M 功能		这些 M 功能没有定义,可由机床生产厂家自由设定	
N	副程序段	0~99999999 整数,无符号	与程序段段号一起标识程序段,N 位于程序段开始	比如:N20
:	主程序段	0~99999999 整数,无符号	指明主程序段,用字符":"取代副程序段的地址符"N"主程序段中必须包含其加工所需的全部指令	比如::20
P	子程序调用次数	1~9999 整数,无符号	在同一程序段中多次调用子程序,比如:N10 L871 P3;调用三次	比如:L…1 P…;自身程序段
R0~R249	计算参数	± 0.0000001～99999999(8 位)或带指数 ± (10⁻³⁰⁰ ～10⁺³⁰⁰)	R0~R99 可以自由使用,R100~R249 作为加工循环中传送参数	
计算功能			除了 +－*/四则运算外还有以下计算功能:	
SIN( )	正弦	单位,(°)		比如:R1=SIN(17.35)
COS( )	余弦	单位,(°)		比如:R2=COS(R3)
TAN( )	正切	单位,(°)		比如:R4=TAN(R5)
SQRT( )	平方根			比如:R6=SQRT(R7)
ABS( )	绝对值			比如:R8=ABS(R9)
TRUNC( )	取整			比如:R10=TRUNC(R11)
RET	子程序结束	0.001~99999.999	代替 M2 使用,保证路径连续运行	RET;自身程序段
S	主轴转速在 G4,G96 中有其他含义	0.001~99999.999	主轴转速单位是 r/min,在 G96 中 S 作为恒切削速度(m/min),G4 中作为暂停时间	S…
T	刀具号	1~32000 整数,无符号	可以用 T 指令直接更换刀具,也可由 M6 进行,这可由机床数据设定	T…
X	坐标轴	±0.001~99999.999	位移信息	X…
AR	圆弧插补张角	0.00001~359.99999	单位是(°),用于在 G2/G3 中确定圆弧大小	参见 G2、G3
CHF	倒角	0.001~99999.999	在两个轮廓之间插入给定长度的倒角	N10 X… Z…CHF=… N20 X… Z…
CR	圆弧插补半径	0.010~99999.999 大于半圆的圆弧带负号"—"	在 G2/G3 中确定圆弧	参见 G2、G3
GOTOB	向上跳转指令	—	与跳转标志符一起,表示跳转到所标志的程序段,跳转方向向程序开始方向	比如:N20 GOTOB MARKE 1

地址	含　义	赋　值	说　明	编　程
GOTOF	向下跳转指令	—	与跳转标志符一起，表示跳转到所标志的程序段，跳转方向向程序结束方向	比如：N20 GOTOF MARKE 2
IF	跳转条件	—	有条件跳转，指符合条件后进行跳转比较符： == 等于，<> 不等于 > 大于，< 小于 >= 大于或等于 <= 小于或等于	比如：N20 IF R1>5 GOTOB MARKE 1
IX	中间点坐标	±0.001～99999.999	X 轴尺寸，用于中间点圆弧插补 G5	参见 G5
KZ	中间点坐标	±0.001～99999.999	Z 轴尺寸，用于中间点圆弧插补 G5	参见 G5
LCYC…	调用标准循环	事先规定的值	用一个独立的程序段调用标准循环，传送参数必须已经赋值 　传送参数	
LCYC82	钻削、沉孔加工		R101：退回平面（绝对） R102：安全距离 R103：参考平面（绝对） R104：最后钻深（绝对） R105：在此钻削深度停留时间	N10 R101=… R102=… N20 LCYC82　； 自身程序段
LCYC83	深孔钻削		R101：退回平面（绝对） R102：安全距离 R103：参考平面（绝对） R104：最后钻深（绝对） R105：在此钻削深度停留时间 R107：钻削进给率 R108：首钻进给率 R109：在起始点和排屑时停留时间 R110：首钻深度（绝对） R111：递减量 R127：加工方式：断屑=0 　　　退刀排屑=1	N10 R101=… R102=… N20 LCYC83　； 自身程序段
LCYC840	带补偿夹头切削螺纹		R101：退回平面（绝对） R102：安全距离 R103：参考平面（绝对） R104：最后钻深（绝对） R106：螺纹导程值 R126：攻丝时主轴旋转方向	N10 R101=… R102=… N20 LCYC840　； 自身程序段
LCYC85	精镗孔、铰孔		R101：退回平面（绝对） R102：安全距离 R103：参考平面（绝对） R104：最后钻深（绝对） R105：在此钻削深度停留时间 R107：钻削进给率 R108：退刀时进给率	N10 R101=… R102=… N20 LCYC85　； 自身程序段

地址	含义	赋值	说明	编程
LCYC93	切槽（凹槽循环）		R100：横向坐标轴起始点 R101：纵向坐标轴起始点 R105：加工类型（1~8） R106：精加工余量 R107：刀具宽度 R108：切入深度 R114：槽宽 R115：槽深 R116：侧角 R117：槽沿倒角 R118：槽底倒角 R119：槽底停留时间	N10 R100＝…R101＝… N20 LCYC93 ； 自身程序段
LCYC94	退刀槽切削（E 型和 F 型）		R100：横向坐标轴起始点 R101：纵向坐标轴起始点 R105：形状 E＝55，形状 F＝56 R107：刀尖位置（1~4）	N10 R100＝…R101＝… N20 LCYC94 ； 自身程序段
LCYC95	坯料切削加工（毛坯切削循环）		R105：加工类型（1~12） R106：精加工余量 R108：切入深度 R109：粗加工切入角 R110：粗加工时的退刀量 R111：粗切进给率 R112：精切进给率	N10 R105＝…R106＝… N20 LCYC95 ； 自身程序段
LCYC97	车螺纹（螺纹切削循环）		R100：螺纹起始点直径 R101：纵向轴螺纹起始点 R102：螺纹终点直径 R103：纵向轴螺纹终点 R104：螺纹导程值 R105：加工类型（1 和 2） R106：精加工余量 R109：空刀导入量 R110：空刀退出量 R111：螺纹深度 R112：起始点偏移 R113：粗切削次数 R114：螺纹头数	N10 R100＝…R101＝… N20 LCYC97 ； 自身程序段
LIMS	G96 中主轴转速上限	0.001~99999.999	车削中使用 G96 功能——恒切削速度时限制主轴转速	参见 G96
RND	倒圆	0.010~99999.999	在两个轮廓之间以给定的半径插入过渡圆弧	N10 X… Z…RND＝… N11 X… Z…
SF	G33 中螺纹加工切入点	0.001~359.999	G33 中螺纹切入角度偏移量	参见 G33
SPOS	主轴定位	0.0000~359.9999	单位是（°），主轴在给定位置停止（主轴必须作相应的设计）	SPOS＝…
STOPRE	停止解码	—	特殊功能，只有在 STOPRE 之前的程序段结束以后才译码下一个程序段	STOPRE ； 自身程序段

4.3　尺寸系统指令

4.3.1　平面选择 G17～G19

（1）功能

在计算刀具长度补偿和刀具半径补偿时必须首先确定一个平面，即确定一个两坐标轴的坐标平面，在此平面中可以进行刀具半径补偿。另外根据不同的刀具类型（钻头、车刀）进行相应的刀具长度补偿。

对于钻头，长度补偿的坐标轴为所选平面的垂直坐标轴；车刀的长度补偿则为所选平面内对应的两坐标轴。

同样，平面选择的不同也影响圆弧插补时圆弧方向的定义：顺圆和逆圆。在圆弧插补平面中按表 4-2 规定横坐标和纵坐标，由此也就确定了是顺时针或逆时针圆弧。或者逆着插补平面的第三轴方向看，顺时针走向的即为顺圆，反之为逆圆。

表 4-2　平面选择及坐标轴

G 功能	平面(横坐标/纵坐标)	垂直坐标轴(在钻削/铣削时的长度补偿轴)
G17	X/Y	Z
G18	Z/X	Y
G19	Y/Z	X

（2）平面定义与选择

G17、G18、G19 定义如图 4-7 与表 4-2 所示。系统默认 G18 平面，即程序启动时 G18 平面自动生效。

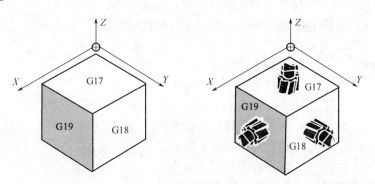

图 4-7　平面定义

（3）编程举例

N10 T... M...　　　　　；默认 G18 即 Z/X 平面

...

N50 G17 Z...　　　　　；选择 G17 即 X/Y 平面，钻头 Z 轴方向刀具长度补偿

4.3.2　绝对/增量位置数据（尺寸）输入制式 G90/G91

（1）功能

G90 和 G91 指令分别对应着绝对位置数据输入制式和增量位置数据输入制式。选择 G90 表示输入的坐标数据是坐标系中目标点的坐标尺寸，即各坐标轴编程值是相对于坐标原

点的。选择 G91 则表示输入的坐标数据是待运行的位移矢量，即各坐标轴编程值是相对于前一位置而言的，如图 4-8 所示。G90/G91 适用于所有坐标轴。

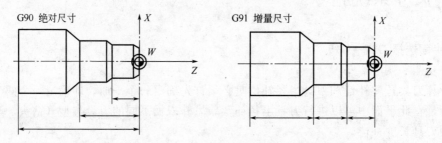

图 4-8　绝对和增量位置数据

（2）编程

G90　　　　　　　　　；绝对位置尺寸输入制式

G91　　　　　　　　　；增量位置尺寸输入制式

（3）绝对位置数据输入制式 G90

在绝对位置数据输入中，输入尺寸取决于当前坐标系的零点位置，而与起始点无关。程序启动时 G90 自动生效，它适用于所有坐标轴，并且一直有效，直到在后面的程序段中由 G91（增量位置数据输入）替代为止（模态有效）。

（4）增量位置数据输入制式 G91

在增量位置数据输入中，输入尺寸表示待运行的轴位移矢量。移动的方向由符号决定。G91 适用于所有坐标轴，并且可以在后面的程序段中由 G90（绝对位置数据输入）替换。

（5）应用说明

选择合适的编程数据输入制式可以简化编程。当图纸尺寸由一个固定基准标注时，则采用 G90 较为方便；当图纸尺寸采用链式标注时，则采用 G91 较为方便；对于一些规则分布的重复结构要素，采用子程序结合 G91 可以大大简化程序。

（6）编程举例

N10 X20 Z90　　　　　；绝对尺寸输入

N20 X75 Z-32　　　　　；仍然是绝对尺寸输入

…

N180 G91 X40 Z20　　　；转换为增量尺寸输入

N190 X-12 Z18　　　　 ；仍然是增量尺寸输入

N200 G90 X20　　　　　；转换为绝对尺寸输入

4.3.3　公制/英制数据（尺寸）输入制式 G71/G70

（1）功能

工件所标注尺寸的尺寸系统可能不同于系统设定的尺寸系统（英制或公制），但这些尺寸可以直接输入到程序中，系统会完成尺寸的转换工作。

（2）编程

G71　　　　　　　　　；公制尺寸输入制式，单位 mm

G70　　　　　　　　　；英制尺寸输入制式，单位 in

（3）编程举例

N10 X10 Z30　　　　　；公制尺寸输入

N20 G70 X40 Z50　　　 ；英制尺寸输入

N30 X40 Z50　　　　　；G70 继续生效

N40 G71 X19 Z18　　　；转为公制尺寸输入

（4）应用说明

系统根据所设定的状态把所有的几何值转换为公制尺寸或英制尺寸，包括刀具补偿值和可设定零点偏置值也同样作为几何尺寸进行转换。尺寸制式基本状态可以通过机床数据设定，通常设定为 G71 公制尺寸。本书中所给出的例子均以基本状态为公制尺寸作为前提条件。

用 G70 或 G71 编程所有与工件直接相关的几何数据。比如在 G0、G1、G2、G3、G33 功能下的位置数据 X，Z；插补参数 I，K（也包括螺距）；圆弧半径 CR；可编程的零点偏置（G158）。

4.3.4　直径/半径数据（尺寸）输入制式 G23/G22

（1）功能

车床上加工的零件通常为旋转体，该类零件在图纸上一般标注出直径数据。为了编程方便，数控车床加工零件时通常把 X 轴（横向坐标轴）的位置数据采用直径数据输入，控制器把所输入的数值设定为直径尺寸。程序中在需要时也可以转换为半径尺寸数据输入，如图 4-9 所示。

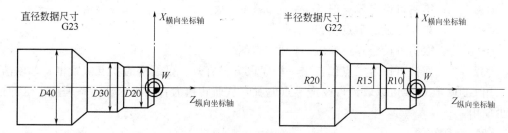

图 4-9　横向坐标直径半径数据（尺寸）

（2）编程

G23　　　　　　　；直径尺寸输入制式

G22　　　　　　　；半径尺寸输入制式

（3）编程举例

N10 X44 Z30　　　；X 轴直径数据输入制式

N20 X48 Z28　　　；X 轴直径数据输入继续有效

N30 Z10

…

N110 G22 X22 Z30　　；X 轴开始转换为半径数据输入制式

N120 X24 Z28　　　；G22 继续生效

N130 Z10

…

（4）应用说明

用 G22 或 G23 指令可以把 X 轴方向的终点坐标设定作为半径数据尺寸或直径数据尺寸处理。但可编程零点偏移"G158 X…"始终作为半径数据尺寸处理。系统基本状态为 G23，即默认为直径数据输入制式。

4.3.5　工件装夹——可设定零点偏置 G54～G57、G500、G53

（1）功能

可设定的零点偏置给出工件零点在机床坐标系中的位置（工件零点以机床零点为基准偏移），如图 4-10 所示。当工件装夹到机床上后求出偏移量，并通过操作面板预置输入到规定的偏置寄存器（如 G54～G57）中。程序可以通过选择相应的 G54～G57 偏置寄存器激活预置值，从而确定工件零点的位置，建立工件坐标系。

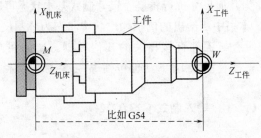

图 4-10　可设定零点偏置

（2）编程

G54　　　；第一可设定零点偏置

G55　　　；第二可设定零点偏置

G56　　　；第三可设定零点偏置

G57　　　；第四可设定零点偏置

G500　　；取消可设定零点偏置——模态有效

G53　　　；取消可设定零点偏置——程序段方式有效，可编程的零点偏置也一起取消。

用 G500 或 G53 可以取消可设定零点偏置，从而转换为直接机床坐标系编程，这种情况较少使用。

（3）编程举例

N10 G54...　　　　；调用可设定零点偏置，建立工件坐标系

N20 X... Z...　　　；在工件坐标系中运行

...

N90 G500 G0 X...　；取消可设定零点偏置，直接在机床坐标系中运行

4.3.6　可编程零点偏置 G158

（1）功能

如果工件上在不同的位置有重复出现的形状或结构，或者选用了一个新的参考点，在这种情况下就可以使用可编程零点偏置，由此产生一个当前工件坐标系，新输入的尺寸均是在该坐标系中的数据尺寸，如图 4-11 所示。

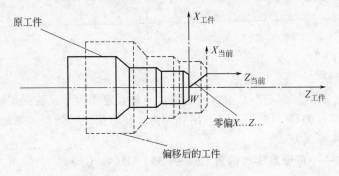

图 4-11　可编程零点偏置

（2）编程

G158 X... Z...

G158 指令要求一个独立的程序段。用 G158 指令可以对所有坐标轴编程零点偏移，后面的 G158 指令取代先前的可编程零点偏移指令。

（3）取消偏移

在程序段中仅输入 G158 指令而后面不跟坐标轴名称时，表示取消当前的可编程零点偏移。

（4）编程举例

N10...

N20 G158 X3 Z5 　　　；可编程零点偏移

N30 L10 　　　　　　　；子程序调用

...

N80 G158 　　　　　　　；取消偏移

...

4.4　坐标运动指令

4.4.1　快速移动 G0

（1）功能

快速移动 G0 作为辅助运动用于快速定位刀具等。执行 G0 时并不能对工件进行加工。可以在两个轴上同时执行快速移动，由此产生一线性轨迹，如图 4-12 所示。

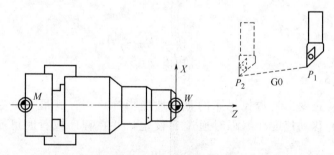

图 4-12　用 G0 进行快速辅助移动

机床数据中规定每个坐标轴快速移动速度的最大值，一个坐标轴运行时就以此速度快速移动。如果快速移动同时在两个轴上执行，则移动速度是两个轴可能的最大速度。

用 G0 快速移动时在地址 F 下编程的进给率无效。G0 一直有效，直到被同组的其他 G 功能指令（G1、G2、G3···）取代为止。

（2）编程

G0 X... Z...

（3）应用说明

快速移动速度是数控机床的重要性能指标之一，其最大值受系统伺服驱动等性能的限制。有时从安全角度出发，将实际机床快速移动速度数据设定成小于最大值是可以的，反之通常是不允许的。快速移动速度在程序中不可以编辑，但在程序执行时可通过倍率开关进行修调。

4.4.2 直线插补运动 G1

（1）功能

刀具以直线从起始点移动到目标位置，以地址 F 下编程的进给速度运行，如图 4-13 所示。G1 一直有效，直到被同组的其他 G 指令（G0、G2、G3…）取代为止。

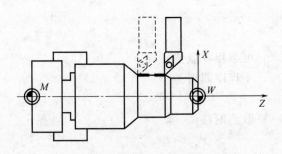

图 4-13 用 G1 进行直线插补加工

（2）编程

G1 X... Z...

（3）编程举例

N10 G54 S500 M3 T1   ；设定工艺数据

N20 G0 X40 Z2   ；刀具快速移动

N20 G1 Z-30 F0.15   ；以进给率 0.15mm/r 线性插补

N30 X45 Z-60

N40 Z-80

N50 G0 X100   ；快速移动退刀

N60 M2   ；程序结束

（4）应用说明

直线插补移动速度也是数控机床的重要性能指标之一，其最大值受数控系统等性能的限制。直线插补移动速度在编程时通过 F 设定，并在程序执行时可通过倍率开关进行修调。

4.4.3 圆弧插补 G2/G3、G5

4.4.3.1 顺圆/逆圆插补 G2/G3

（1）功能

刀具以圆弧轨迹从起始点移动到终点，方向由指令确定：

G2——顺时针方向；

G3——逆时针方向。

G2/G3 方向应逆着插补平面的垂直轴方向进行观察判断，如图 4-14 所示。在地址 F 下编程的进给率决定圆弧插补的速度。G2 和 G3 一直有效，直到被同组中其他 G 功能指令取代为止。

（2）编程

圆弧可以按下述四种不同的方式编程，如图 4-15 所示。

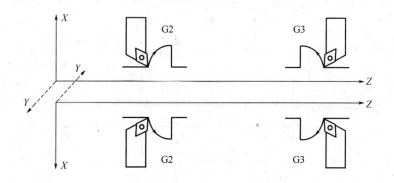

图 4-14　圆弧插补 G2/G3 方向的规定

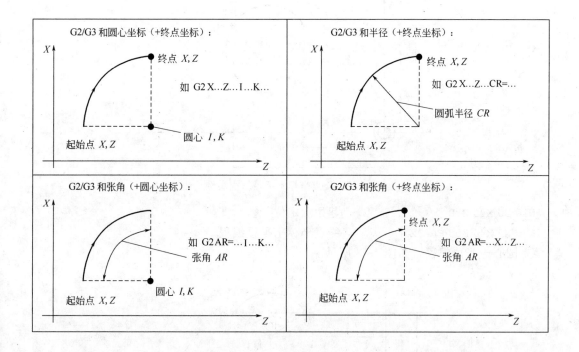

图 4-15　圆弧编程方式

① 终点坐标＋圆心：G2 X… Z… I… K…

② 终点坐标＋半径：G2 X… Z… CR＝…

③ 圆心＋张角：G2 AR＝… I… K…

④ 终点坐标＋张角：AR＝… X… Z…

（3）编程举例

① 终点坐标＋圆心编程，如图 4-16 所示。

N10 G0 X40 Z30　　　　　　；起始点定位

N20 G2 X40 Z50 I-7 K10　　　；终点坐标＋圆心编程

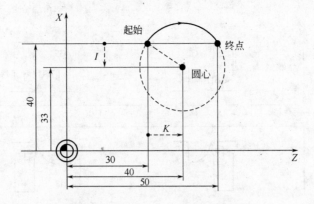

图 4-16　终点坐标＋圆心编程实例

② 终点坐标＋半径编程，如图 4-17 所示。

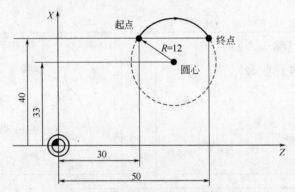

图 4-17　终点坐标＋半径编程实例

N10 G0 X40 Z30　　　　　　　　　；起始点定位
N20 G2 X40 Z50 CR=12　　　　　　；终点坐标＋半径编程

③ 圆心＋张角编程，如图 4-18 所示。

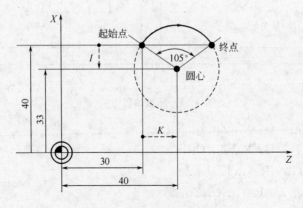

图 4-18　圆心＋张角编程实例

N10 G0 X40 Z30　　　　　　　　；起始点定位
N20 G2 I-7 K10 AR=105　　　　　；圆心＋张角编程

④ 终点坐标＋张角编程，如图 4-19 所示。

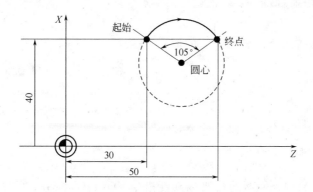

图 4-19　终点坐标＋张角编程实例

```
N10 G0 X40 Z30              ；起始点定位
N20 G2 X40 Z50 AR=105      ；终点坐标＋张角编程
```

（4）圆弧尺寸公差

插补圆弧尺寸必须在一定的公差范围之内。系统比较圆弧起始点和终点处的半径，如果其差值在公差范围之内，则可以精确设定圆心，若超出公差范围则给出一报警。公差值可以通过机床数据设定。

（5）应用说明

由于受刀具轮廓的限制，一把刀具一般不可能一次加工出接近 $180°$ 的圆弧，因此数控车床一般不可能编制一个 $180°$ 以上的圆弧程序段。

4.4.3.2　中间点圆弧插补 G5

（1）功能

如果不知道圆弧的圆心、半径或张角，但已知圆弧轮廓上三个点的坐标，如图 4-20 所示，则可以使用 G5 功能。通过起始点和终点之间的中间点位置确定圆弧的方向。G5 一直有效，直到被同组的其他 G 功能指令（G0、G1、G2…）取代为止。

（2）编程

G5 X... Z... IX= ... KZ= ...

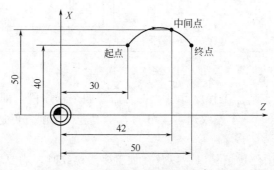

图 4-20　中间点圆弧插补编程实例

（3）编程举例

```
N10 G0 Z30 X40                  ；起始点定位
N20 G5 Z50 X40 KZ=42 IX=50      ；终点坐标＋中间点编程
```

4.4.4 恒螺距螺纹切削 G33

（1）功能

用 G33 功能可以加工下述各种类型的恒螺距螺纹：

① 圆柱螺纹；

② 圆锥螺纹；

③ 外螺纹/内螺纹；

④ 单头螺纹/多头螺纹；

⑤ 多段连续螺纹。

前提条件是主轴上有位移测量系统。

G33 一直有效，直到被同组的其他 G 功能指令（G0、G1、G2、G3…）取代为止。

（2）编程

G33 X… Z… I… K… SF= …

以上为 G33 编程的通式，X、Z 为螺纹终点数据（考虑导出量），I、K 为 X、Z 方向螺纹导程的分量，给出其中大的一个分量即可，因此可分为图 4-21 所示四种情况。

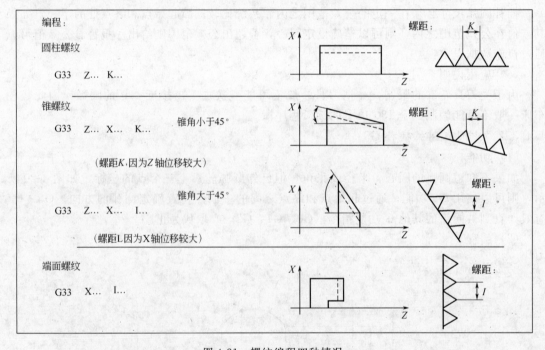

图 4-21　螺纹编程四种情况

采用 G33 编制螺纹车削加工程序，每切一刀需要四个程序段，即：进刀 G0—螺纹切削 G33—退刀 G0—返回 G0。一个螺纹通常要分为若干刀进行切削方可达到加工要求。

（3）起始点偏移 SF=

在加工螺纹中，切削位置偏移以后以及在加工多头螺纹时，均要求圆周方向起始点偏移一位置，如图 4-22 所示。G33 螺纹加工中，可以在地址 SF 下编程圆周方向起始点偏移量（绝对位置）。如果没有编程起始点偏移量，则设定数据中的值有效。编程的 SF 值也始终登记到设定数据中。

（4）右旋螺纹或左旋螺纹

当进行攻丝或套丝时，右旋或左旋螺纹由主轴旋转方向 M3 和 M4 确定。M3 为右旋螺纹，M4 为左旋螺纹。在地址 S 下编程主轴转速。

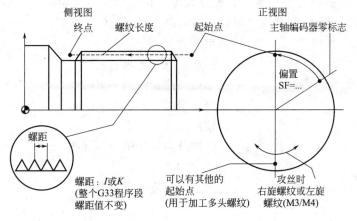

图 4-22　G33 起始点偏移等可编程量

当进行螺纹的车削加工时（包括内、外螺纹），主轴的旋向应该由刀具的安装方向决定，以确保刀具能正常工作为前提。螺纹的旋向由 G33 走刀方向确定，如图 4-23 所示。

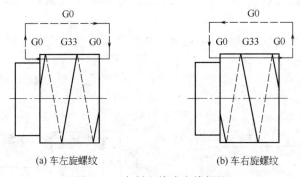

图 4-23　车削左旋或右旋螺纹

（5）车多头螺纹

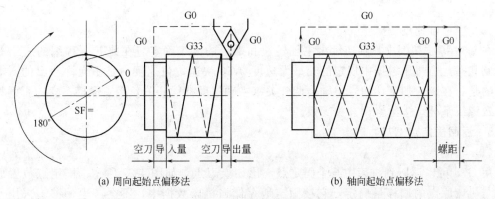

图 4-24　车多头螺纹

多头螺纹的加工可以采用周向起始点偏移法或轴向起始点偏移法，如图 4-24 所示。周向起始点偏移法车多头螺纹时，不同螺旋线在同一起点切入，利用 SF 周向错位 $360°/n$（n 为螺纹头数）的方法分别进行车削。轴向起始点偏移法车多头螺纹时，不同螺旋线在轴向错开一个螺距位置切入，采用相同的 SF（可共用默认值）。

（6）编程举例

车削直径 $\phi52mm$ 圆柱双头螺纹，螺纹长度（包括导入空刀量和导出空刀量）100mm，螺距 2mm/r，右旋螺纹，圆柱已经预制。编程原点设于工件右端面。

N10 G54 S300 M3 T1	；工艺数据设定
N20 G0 X51.6 Z1	；回起始点，主轴右转
N30 G33 Z-100 K4 SF=0	；车第一螺旋线第一刀
N40 G0 X54	；径向退刀
N50 Z0	；轴向返回
...	；继续分多刀车第一螺旋线
N150 X51.6 Z1	
N160 G33 Z-100 K4 SF=180	；车第二螺旋线第一刀
N170 G0 X54	
...	

（7）多段连续螺纹

如果多个螺纹段连续编程，则起始点偏移只在第一个螺纹段中有效，如图 4-25 所示，也只有在这里才使用此参数。多段连续螺纹之间的过渡可以通过 G64 连续路径方式自动实现。

当零件结构不允许有退刀槽时，利用多段连续螺纹变化锥角的方式退刀，从而进行可靠加工，如图 4-26 所示。

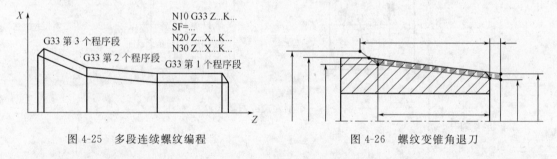

图 4-25　多段连续螺纹编程　　　　　图 4-26　螺纹变锥角退刀

（8）坐标轴速度

在 G33 螺纹切削中，轴速度由主轴转速和螺距的大小确定。在此 F 下程编的进给率保持存储状态。但机床数据中规定的轴最大速度（G0 快速定位速度）是不允许超出的。需要注意的是，在螺纹加工期间，主轴修调开关（主轴速度补偿开关）必须保持不变，否则将可能导致螺纹乱牙。进给修调开关无效。

4.4.5　返回固定点 G75

（1）功能

用 G75 可以返回到机床中某个固定点，比如换刀点，如图 4-27 所示。固定点位置通过设置与机床原点的偏移量确定，它被固定地存储在机床数据中，不会产生偏移。采用 G75 返回固定点时，每个轴的返回速度就是其快速移动速度。

G75 需要一独立程序段，并按程序段方式有效。在 G75 之后的程序段中，原先"插补方式"组中的 G 指令（G0、G1、G2…）将再次生效。

（2）编程

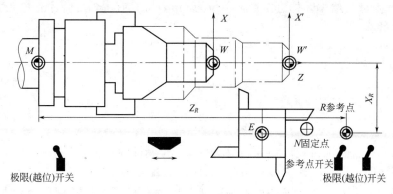

图 4-27 固定点和参考点

N10 G75 X0 Z0

（3）应用说明

程序段中 X 和 Z 下编程的数值不识别。返回固定点一般常用于换刀，但要注意的是，这里的固定点是以机床坐标系为基准设定的，使用时必须明确其实际位置。固定点不能适应不同大小工件状况，这容易引起干涉，使用时应慎重，可代之以"G0 X… Z…"，此时 X、Z 是在相应的工件坐标系中的数据，如图 4-27 所示，可以适应不同长度的工件。

4.4.6 返回参考点 G74

（1）功能

用 G74 指令实现 NC 程序中回参考点功能，每个轴的方向和速度存储在机床数据中。所谓参考点，也是机床上的一固定点，它与机床原点间具有固定的精确关系，如图 4-27 所示，返回参考点也就是校验其位置，从而可以确定机床原点位置，并建立机床坐标系。

G74 要求一独立程序段，并按程序段方式有效。

在 G74 之后的程序段中，原先"插补方式"组中的 G 指令（G0、G1、G2…）将再次生效。

（2）编程

N10 G74 X0 Z0

（3）应用说明

程序段中 X 和 Z 下编程的数值不识别。对于经济型系统（步进系统）机床，由于各种因素的影响，可能会引起步进电机丢步并累积，从而产生较大的误差。此时可在程序中多插入 G74 程序段，以自动返回参考点。校验机床原点位置后，重新以机床原点为基准计量运行坐标位置，消除累积误差。

4.4.7 进给率 F 及其单位设定 G94/G95

（1）功能

进给率 F 是刀具轨迹速度，它是所有移动坐标轴速度的矢量和。坐标轴速度是刀具轨迹速度在坐标轴上的分量。进给率 F 在 G1、G2、G3、G5 插补方式中生效，并且一直有效，直到被一个新的地址 F 取代为止。

（2）编程

F…

（3）进给率 F 的单位

进给率 F 的单位由 G94/G95 确定。G94 表示直线进给率，即进给速度，单位为 mm/

min。G95 表示旋转进给率，即进给量，单位为 mm/r（只有主轴旋转才有意义）。

（4）编程举例

N10 S200 M3 F0. 2　　　　　；进给量 0.2mm/r

...

N20 G94 F200　　　　　　　；进给量 200mm/min

...

N120 G95 F0. 3　　　　　　 ；进给量 0.3mm/r

系统默认 G95。G94 和 G95 更换时要求写入一个新的地址 F。

（5）应用说明

G94 和 G95 的作用会扩展到恒定切削速度 G96 和 G97 功能，它们还会对主轴转速 S 产生影响（参见恒定切削速度功能）。

4.4.8　准确定位/连续路径 G9、G60/G64

（1）功能

针对程序段转换时不同的性能要求，802S 提供一组 G 功能用于进行最佳匹配的选择。比如，有时要求坐标轴快速定位，有时要求按轮廓编程对几个程序段进行连续路径加工。

（2）编程

G60　　　　　；准确定位——模态有效

G9　　　　　 ；准确定位——程序段方式有效

G601　　　　 ；精准确定位

G602　　　　 ；粗准确定位

G64　　　　　；连续路径

（3）准确定位 G60，G9

G60 或 G9 功能生效时，当到达定位精度后，移动轴的进给速度减小到零。如果一个程序段的轴位移结束并开始执行下一个程序段，则可以设定下一个模态有效 G 功能。准确定位按其精度还可分为 G601 和 G602，如图4-28所示。

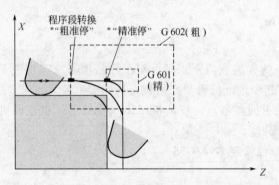

图 4-28　G60/G9 生效时粗准确定位窗口和精准确定位窗口

（4）精准确定位 G601

所有的坐标轴都到达"精准确定位窗口"（机床数据中设定值）后，开始进行程序段转换。G601 可以达到较高的到位精度，具体精度由数据设定。

（5）粗准确定位 G602

所有的坐标轴都到达"粗准确定位窗口"（机床数据中设定值）后，开始进行程序段转换。G602 相对而言到位精度较低，具体精度由数据设定。

在执行多次定位过程时，"准确定位窗口"如何选择将对加工运行总时间产生影响。精准确定位需要较多时间。

（6）编程举例

N10 G60	；准确定位
N20 G0 G602 Z...	；粗准确定位
N30 X... Z...	；G602 继续有效
...	
N50 G1 G601...	；精准确定位
N60 G64 Z...	；转换到连续路径方式
...	
N100 G0 G9 Z...	；准确定位，单程序段有效
N110 ...	；仍为连续路径方式
...	

（7）连续路径 G64

连续路径加工方式的目的就是在一个程序段到下一个程序段转换过程中避免进给停顿，且使其尽可能以相同的轨迹速度（切线过渡）转换到下一个程序段，并以可预见的速度过渡执行下一个程序段的功能。

在有拐角的轨迹过渡时（非切线过渡），有时必须降低进给速度，从而保证程序段转换时不发生大于最大加速度的速度突变。连续路径加工方式在轮廓拐角处会发生微量过切，如图 4-29 所示，其程度与进给速度的大小有关。进给速度越大，过切就越严重。

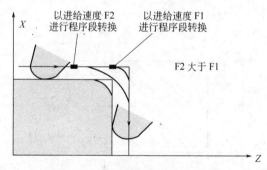

图 4-29　G64 时轮廓拐角的过切情况

（8）编程举例

N10 G64 G1 Z... F...	；连续路径加工
N20 X...	；继续连续路径加工
...	
N180 G60...	；转换到准确定位

（9）应用说明

准确定位通常应用于需保持尖角轮廓的零件加工等，此时还可根据精度要求选择粗准确定位或精准确定位。常规轮廓加工、木材加工、非圆曲线逼近加工、曲面加工等采用连续路径，以便在满足精度要求情况下达到较高的生产率。轮廓精加工切线切入/切出必须考虑结合连续路径，从而避免切入/切出点产生过切。准确定位与连续路径在短行程程序段时的速度性能比较如图 4-30 所示。

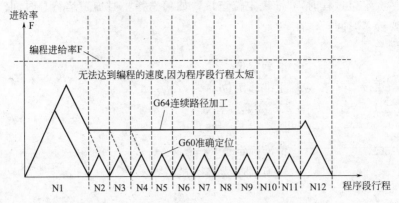

图 4-30 短行程程序段 G60 和 G64 速度性能比较

4.4.9 暂停 G4

（1）功能

通过在两个程序段之间插入一个 G4 程序段，可以使进给加工中断给定的时间，在此之前程编的进给率 F 和主轴转速 S 保持存储状态。

G4 程序段（含地址 F 或 S）只对自身程序段有效。

（2）编程

G4 F...   ；暂停 F 地址下给定的时间（s）

G4 S...   ；暂停主轴转过地址 S 下设定的转数所耗的时间（仍然是进给停）

（3）编程举例

加工如图 4-31 所示槽。

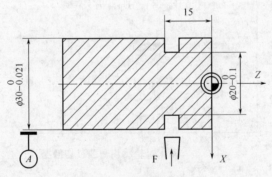

图 4-31 G04 编程割槽

N10 G0 X32 Z-15 F0. 2 S300 M3   ；进给率 F，主轴转数 S

N20 G1 X19. 95   ；割槽至深度

N30 G4 F0. 5   ；槽底进给暂停 0.5s

N40 G1 X32   ；退出

N50 M2

（4）应用说明

"G4 S..." 只有在受控主轴情况下才有效（当转速给定值同样通过 S... 编程时）。

4.4.10 倒角 CHF、倒圆 RND

（1）功能

在一个轮廓拐角处可以插入倒角或倒圆，指令"CHF＝…"或者"RND＝…"与加工拐角的轴运动指令一起写入到程序段中。

（2）编程

CHF=…　　　　　　　；插入倒角，数值=倒角长度

RND=…　　　　　　　；插入倒圆，数值=倒圆半径

（3）倒角 CHF＝

直线轮廓之间、圆弧轮廓之间以及直线轮廓和圆弧轮廓之间切入一直线并倒去棱角，如图 4-32 所示。

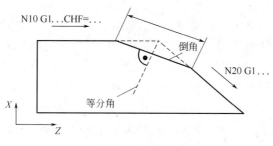

图 4-32　CHF 倒角

（4）倒角编程举例

N10 G1 Z… CHF=5　　　；倒角 5mm

N20 X… Z…

（5）倒圆 RND＝

直线轮廓之间、圆弧轮廓之间以及直线轮廓和圆弧轮廓之间切入一圆弧，圆弧与轮廓间以切线过渡，如图 4-33 所示。

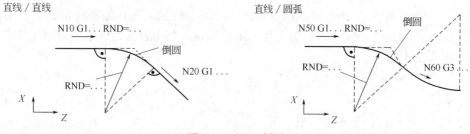

图 4-33　RND 倒圆

（6）倒圆编程举例

N10 G1 Z… RND=8　　　；倒圆，半径 8mm

N20 X… Z…

…

N50 G1 Z… RND=12　　　；倒圆，半径 12mm

N60 G3 X… Z…

（7）应用说明

轮廓的直线和圆弧角可以利用直线 G1 或圆弧 G2、G3 指令直接编程，但需要知道倒角线段与轮廓的交点坐标。但利用 CHF 或 RND 编程只需知道未倒角轮廓的交点坐标，符合图纸尺寸标注习惯。倒角 CHF 功能只能加工等值倒角边，倒圆 RND 功能只能加工相切圆

倒角。当进行"CHF=…"或"RND=…"编程加工时，如果其中一个程序段轮廓长度不够，则在倒圆或倒角时会自动削减编程值。如果几个连续编程的程序段中有不含坐标轴移动指令的程序段，则不可以进行倒角/倒圆编程。

4.5 主轴运动指令

4.5.1 主轴转速 S 及旋转方向

（1）功能

当机床具有受控主轴时，主轴的转速可以编程在地址 S 下，单位为 r/min。旋转方向通过 M 指令规定：M3 为主轴顺时针转，M4 为主轴逆时针转，M5 为主轴停。

（2）说明

如果在程序段中不仅有 M3 或 M4 指令，而且还写有坐标轴运行指令，则 M3 或 M4 指令在坐标轴运行之前生效，即只有在主轴启动之后，坐标轴才开始运行；如果 M5 指令与坐标轴运行指令在同一程序段，则坐标轴运行结束后主轴才停止。

（3）编程举例

N10 G1 X80 Z20 F0.2 S280 M3　；在 X，Z 轴运行之前，主轴以 280r/min 顺时针启动

…

N80 S450…　　　　　　　　；改变转速

…

N180 G0 Z180 M5　　　　　；Z 轴运行后主轴停止

4.5.2 主轴转速极限 G25、G26

（1）功能

通过在程序中写入 G25 或 G26 指令和地址 S 下的转速，可以限制特定情况下主轴转速的极限值范围，如不平衡加工时控制主轴的最高转速以免引起振动或事故。与此同时，原来机床设定的数据被覆盖。

G25 或 G26 指令均要求一独立的程序段。原先编程的转速 S 保持存储状态。

（2）编程

G25 S…　　　　；限制主轴转速下限

G26 S…　　　　；限制主轴转速上限

（3）应用说明

主轴转速的最高极限值在机床数据中设定。通过面板操作可以激活用于其他极限情况的设定参数。在车床中，对于 G96 功能——恒定切削速度，还可以附加编程一个转速最高极限。

（4）编程举例

N10 G54 F… S500 M… T…

N20 G25 S80　　　　；限制主轴转速下限为 80r/min

N30 G26 S1800　　　；限制主轴转速上限为 1800r/min

…

N80 S50　　　　　　；主轴降速最低到下限为 80r/min

…

N180 S800

...

N260 S2500　　　　　　；主轴升速最高到上限为 1800r/min

...

4.5.3　主轴定位 SPOS

（1）功能

在主轴设计成可以进行位置控制运行的前提下，利用功能 SPOS 可以把主轴定位到一个确定的转角位置，然后主轴通过位置控制保持在这一位置，以便进行后续操作。定位运行速度在机床数据中规定。

从主轴旋转状态（顺时针旋转/逆时针旋转）进行定位时，定位运行方向保持不变；从静止状态进行定位时，定位运行按最短位移进行，方向从起始点位置到终点位置。

例外的情况是主轴首次运行，也就是说测量系统还没有进行同步。此种情况下，定位运行方向由机床中数据规定。

主轴定位运行可以与同一程序段中的坐标轴运行同时发生。当两种运行都结束以后，此程序段才结束。

（2）编程

SPOS=...　　　　　　；绝对位置：0°～360°（小于 360°）

（3）编程举例

加工图 4-34 所示键槽。

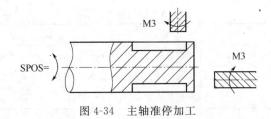

图 4-34　主轴准停加工

N10 G0 X... Z... SPOS=0　　　　　；主轴 0°位置定位与坐标轴运行同时进行。

...　　　　　　　　　　　　　　　；铣 0°位置键槽

N60 SPOS=180　　　　　　　　　　；主轴 180°位置定位

...　　　　　　　　　　　　　　　；铣 180°位置键槽

N120 X100 Z100 M2　　　　　　　　；结束程序

（4）应用说明

主轴定位 SPOS 功能具体应用时应注意实际机床硬件配置情况，这与主轴所采用的控制模式有关。上述例子中，主轴定位后要加工键槽，则必须将主轴锁住，还必须具备动力刀架。当然，这种配置的机床一般不可能采用 802S/C 系统。

4.6　恒线速度切削 G96/G97

（1）功能

在主轴为受控主轴前提下，可以通过 G96 设定恒线速度加工功能。G96 功能生效以后，主轴转速随着当前加工工件直径（横向坐标轴）的变化而变化，从而始终保证刀具切削点处执行的切削线速度 S 为编程设定的常数，即：主轴转速×直径＝常数，如图 4-35 所示。

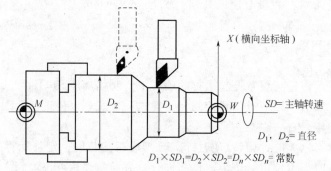

图 4-35　G96 恒线速度切削

从 G96 程序段开始，地址 S 下的数值作为切削线速度处理。G96 为模态有效，直到被同组中其他 G 功能指令（G94、G95、G97）替代为止。

（2）编程

G96 S... LIMS=... F...　　　　　　；设定恒线速度切削

G97　　　　　　　　　　　　　　　　；取消恒线速度切削

G96 段中各字地址含意见表 4-3，此处进给率始终为 G95 旋转进给率，单位为 mm/r。如果在此之前为 G94 有效而非 G95 有效，则必须重新写入一个合适的地址 F 值。

表 4-3　恒线速度切削

指　　令	说　　明
S	切削速度，单位：m/min
LIMS	主轴转速上限，单位：r/min，只在 G96 中生效
F	旋转进给率，单位：mm/r，与 G95 中一样

（3）转速调整

用 G0 进行快速移动时，不进行转速调整。但如果以快速运行回轮廓，并且下一个程序段中含有插补方式指令 G1 或 G2、G3、G5（轮廓程序段），则在用 G0 快速移动的同时已经调整用于下面进行轮廓插补的主轴转速。

（4）转速上限 LIMS＝

根据公式计算转速 $SD=1000S/\pi D$，当工件从大直径加工到小直径时，主轴转速可能提高得非常多。特别是加工端面时，当切到工件中心时，转速将为无穷大，这是绝对不允许的。因而，在此可以通过"LIMS＝..."限定一主轴转速极限值，LIMS 地址下的值只对 G96 功能生效。

编程极限值"LIMS＝..."后，设定数据中的数值被覆盖，但不允许其超出 G26 编程的或机床数据中设定的上限值。

（5）取消恒线速度切削 G97

用 G97 指令取消"恒线速度切削"功能。如果 G97 生效，则地址 S 下的数值又恢复为 r/min。如果没有重新写地址 S，则主轴以原先 G96 功能生效时的转速旋转。G96 功能也可以用 G94 或 G95 指令（同一 G 功能组）取消。在这种情况下，如果没有写入新的地址 S，则主轴按在此之前最后编程的主轴转速 S 旋转。

（6）编程举例

```
N10 G55 S600 M3 T1          ; 工艺数据设定
N20 G96 S120 LIMS=2500 F0.2 ; 恒线速度 120m/min 生效，转速上限 2500r/min
N30 G0 X150                 ; 没有转速变化，因为程序段 N40 执行 G0 功能
N40 X50 Z...                ; 没有转速变化，因为程序段 N50 执行 G0 功能
N50 X40                     ; 回轮廓，按照执行程序段 N60 的要求自动调节新的转速
N60 G1 X32 Z...
...
N180 G97 X... Z...          ; 取消恒线速度切削
N190 S...                   ; 定义新的主轴转速，r/min
```

（7）应用说明

传统的恒转速加工根据刀具和工件材料性能等确定切削速度，然后按最大加工直径计算主轴转速。这样带来的问题是，当刀具加工到小直径处时性能得不到充分发挥，从而影响实际加工生产率。同时，在不同直径处表面质量会有较大的差异。恒线速度加工较好地解决了上述问题，因此当加工零件直径变化较大时，应尽可能选择恒线速度编程加工。

4.7　刀具与刀具补偿

4.7.1　概述

对于每一个具体工件的加工，必须考虑选择相应合适的刀具。在进行编程时，必须对刀具进行编号选择。由于编程时还无法确定具体某一刀具在机床上的实际安装等状态，因此也就无法确定具体某一刀具的相关参数，包括刀具长度（偏置量）或刀尖半径等。

为了简化零件的数控编程加工，使数控程序与刀具的形状尺寸尽可能无直接关系，数控系统一般都具有刀具长度补偿和半径补偿功能。

刀具长度补偿使刀具在长度方向上偏移一个刀具长度进行修正，因此，在数控编程过程中，一般无需考虑刀具长度。这样避免了加工过程中换刀后刀具长度变化或多刀加工时各刀具长度不同而带来的问题。可想而知，假定某把刀具在正常切削工件，当更换一把相对较长的刀具后，在其他情况均不变时，如果没有刀具长度补偿，零件将被多切。

在启动程序加工前，必须进行刀具长度参数（偏置量）的设置，所谓刀具长度也只是相对的，是在刀具装到机床刀架或主轴后的相对伸出量。从理论上讲，在刀架上可设定某一点，即刀架参考点，作为刀具长度的共同度量基准。这一刀架参考点可以固定在刀架的某几个精密基准面确定的交点上，也可随加工情况采用某一把刀具作为基准刀视其长度为零，此时该刀具刀尖即为临时刀架参考点，其余刀具长度与基准刀比较即可获得。图 4-36 中表示出了两把车刀的不同长度。

当没有刀具长度补偿运行程序时，将由刀架参考点跟随编程轨迹运动，由于实际刀尖与刀架参考点不重合，将造成工件过切或欠切，或当刀具长度较大时根本无法加工。有了刀具长度补偿，编程时不必考虑各刀具的具体长度及差异，只要在加工前将刀具长度参数（偏置量）采用机内试切和对刀或机外对刀获取后存入数控系统相应的刀具补偿存储器中，加工时，通过程序中的相关准备功能（如 G43）或由系统自动建立刀具长度补偿，由数控装置自动计算出刀具在长度方向上的位置，即使刀具在其长度方向上各自偏移一个相应的长度，从而使得刀具刀位点（车刀假想刀尖、钻头钻尖等）按编程路线轨迹运动，加工出所希望的零

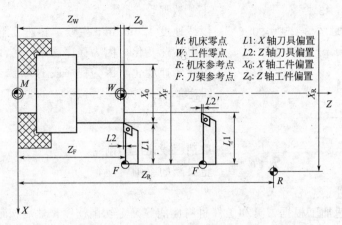

图 4-36　用不同尺寸的刀具加工工件

件。图 4-37 为车刀 X 方向刀具长度补偿建立示意图。

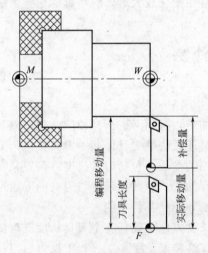

图 4-37　车刀长度补偿

　　此外，当刀具磨损、更换新刀或刀具安装有误差时，也可通过刀具长度补偿功能补偿刀具在长度方向的尺寸变化，不必修改或重新编制新的加工程序再加工。

　　实际切削加工中，为了提高刀尖强度，降低加工表面粗糙度，通常在车刀刀尖处制有一圆弧过渡刃。一般的不重磨刀片刀尖处均呈圆弧过渡，且有一定的半径值。即使是专门刃磨的"尖刀"其实际状态还是有一定的圆弧倒角，不可能绝对是尖角。因此，实际上真正的刀尖是不存在的，我们所说的刀尖只是一"假想刀尖"而已。

　　如上所述，对于车削加工，理论上当没有刀具长度补偿时将由刀架参考点随编程轨迹运动，而当建立起刀具长度补偿后，则由假想刀尖随编程轨迹运行。由于实际车刀具有一定的刀尖圆角半径，当刀具长度补偿建立后，由于是假想刀尖随编程轨迹运行，对非坐标方向的轮廓加工将造成一定的加工误差，半径越大，误差越大。

　　如图 4-38 所示的一把带有刀尖圆弧的外圆车刀，无论是采用机内试切对刀还是机外预调仪对刀，得到的长度偏置量为 $L1$、$L2$，建立刀具长度补偿后将由 $L1$、$L2$ 偏置获得的"假想刀尖"跟随编程路线轨迹运动。当加工与坐标轴平行的圆柱面和端面轮廓时，刀尖圆弧并不影响其尺寸和形状，只是可能在起点与终点处造成欠切，这可采用分别加导入、导出切削段的方法解决。但当加工锥面、圆弧等非坐标方向轮廓时，刀尖圆弧将引起尺寸和形状误差，图中的锥面和圆弧面尺寸均较编程轮廓大，而且圆弧形状也发生了变化。这种误差的大小不仅与轮廓形状、走势有关，而且与刀具刀尖圆弧半径有关。如果零件精度较高，就可能出现超差。

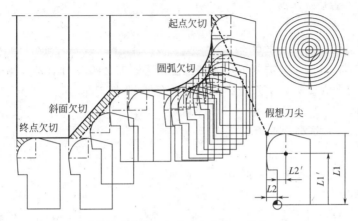

图 4-38　车刀刀尖半径与加工误差

早期的经济型车床数控系统，一般不具备半径补偿功能。当出现上述问题时，精加工采用刀尖半径小的刀具可以减小误差，但这将降低刀具寿命，导致频繁换刀，降低生产率。较好的方法是采用局部补偿计算加工或按刀尖圆弧中心编程加工。

如图 4-39 所示即为按刀尖圆弧中心轨迹编程加工的情况，对图中所示手柄的三段轮廓圆弧分别作等距线即图中虚线，求出其上各基点坐标后按此虚线轨迹编程，但此时使用的刀具补偿长度为刀尖中心长度参数，如图 4-38 中的 $L1'$、$L2'$，当长度补偿建立后，即由刀具中心跟随编程轨迹（图中虚线）运行，实际工件轮廓通过刀尖刃口圆弧包络而成，从而解决了上述误差问题。

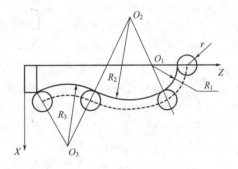

图 4-39　刀具中心轨迹编程

刀尖圆弧中心编程的存在问题是中心轮廓轨迹需要人工处理，轮廓复杂程度的增加将给计算带来困难，尤其在刀具磨损、重磨或更换新刀时，刀尖半径发生变化，刀尖中心轨迹必须重新计算，并对加工程序作相应修改，既烦琐，又不易保证加工精度，生产中缺乏灵活性。

现代数控车床控制系统都具有刀尖半径补偿功能。这类系统在编程时不必计算上述刀尖中心的运动轨迹，而只需要直接按零件轮廓编程，并在加工前输入刀尖半径数据，通过在程序中使用刀尖半径补偿指令，数控装置可自动计算出刀尖中心轨迹，并使刀尖中心按此轨迹运动。也就是说，执行刀尖半径补偿后，刀尖中心将自动在偏离工件轮廓一个半径值的轨迹上运动，从而加工出所要求的工件轮廓。

使用刀具补偿，必须确定刀具补偿量，即刀具长度和半径等参数。通常刀具补偿量在启动程序加工前单独输入到一专门的数据区（补偿存储器）。在程序中只要调用所需的刀具及其补偿号（补偿存储器地址），控制器利用其中存储的刀具参数执行所要求的轨迹补偿，从而加工出所要求的工件。因此，当刀具参数发生变化时，不需要修改零件程序，只需要修改存放在补偿存储器中的数据或选择存放在另一个补偿存储器中的数据即可。

4.7.2 刀具 T

（1）功能

编程 T 指令可以选择刀具。在此，可以用 T 指令直接更换刀具；也可以用 T 指令仅进行刀具的预选，另外再用 M6 指令进行刀具的更换，这必须要在机床数据中确定。一般数控车床常采用 T 指令直接换刀。

（2）编程

T...　　　　；刀具号：1～32000

数控车床上实际刀具一般需要根据刀架情况配号，安装刀具时对号入座。因此，刀具号一般从 1 匹配到刀架刀位数。本系统中最多同时存储 10 把刀具。

（3）编程举例

N10 T1　　　　；选择更换刀具 1

...

N60 T2　　　　；选择更换刀具 2

4.7.3 刀具补偿号 D

（1）功能

用 D 及其相应的序号代表补偿存储器号，即刀具补偿号。刀具补偿号可以赋给一个专门的切削刃。一把刀具可以匹配从 D1～D9 最多 9 个不同补偿号，用以存储不同的补偿数据组（如用于多个切削刃）。如果没有编写 D 指令，则 D1 自动生效。此外，一把刀具还可以使用 D0 刀具补偿号，如果编程 D0，则刀具补偿值无效，即表示取消刀具长度和半径补偿。

系统中最多可以同时使用 30 个刀具补偿号，对应存储 30 个刀具补偿数据组，各刀具可自由分配 30 个刀具补偿号，如图 4-40 所示。

刀具调用后，刀具长度补偿立即自动生效；如果没有编程 D 号，则 D1 值自动生效。

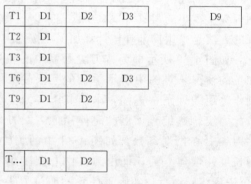

图 4-40　刀具补偿号匹配示意

先编程的坐标长度补偿先执行，对应的坐标轴也先运行。刀具半径补偿必须通过执行 G41/G42 建立。

（2）编程举例

N10 T1　　　　　　　；更换刀具 1，刀具 1 之 D1 值有效

N20 G0 X... Z ...　　；长度补偿生效

...

N80 T6　　　　　　　；更换成刀具 6，刀具 6 之 D1 值有效

...

N160 G0 Z... D2　　　；刀具 6 之 D2 值生效

（3）补偿存储器内容

在补偿存储器中有如下内容。

① 几何尺寸：长度、半径。几何尺寸长度和半径由基本尺寸和磨损尺寸两分量组成。控制器处理这些分量，计算并得到最后尺寸（总和长度、总和半径）。在激活补偿存储器时，这些最终尺寸有效，即补偿是按总和长度及总和半径进行的。此外还需由刀具类型指令和

G17、G18 指令确定如何在坐标轴中计算出这些尺寸值。

② 刀具类型。由刀具类型可以确定需要哪些几何参数以及怎样进行计算。刀具类型分为钻头和车刀两类。它仅以百位数的不同进行区分：类型 $2xy$——钻头，类型 $5xy$——车刀。xy 可以为任意数，用户可以根据自己的需要进行设定。

③ 刀尖位置。在刀具类型为 $5xy$（车刀），并采用刀具半径补偿时，还需给出刀尖位置参数。刀尖位置根据假想刀尖与实际刀尖圆弧中心的相对关系进行判别分类，如图 4-41 所示。

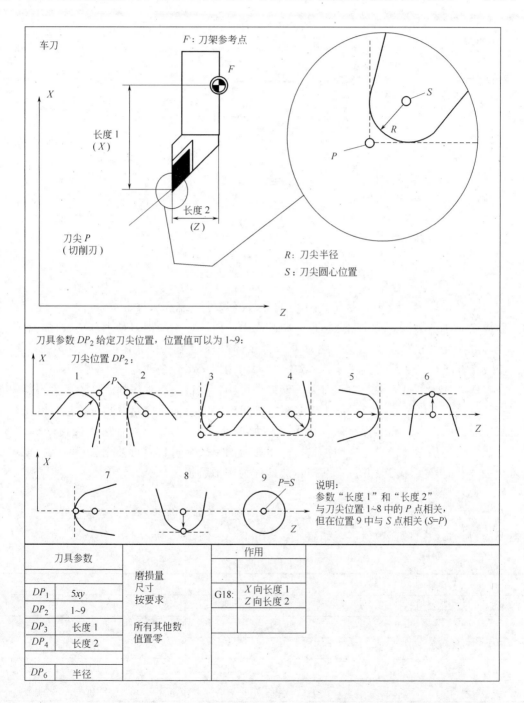

刀具参数		磨损量 尺寸 按要求	作用		
DP_1	$5xy$				
DP_2	1~9		G18:	X 向长度 1 Z 向长度 2	
DP_3	长度 1	所有其他数 值置零			
DP_4	长度 2				
DP_6	半径				

图 4-41　具有刀尖半径补偿的车刀所要求的补偿参数

（4）应用说明

此处刀具类型中的钻头和车刀不同于金属切削刀具中的含意，而只是从补偿的角度出发。凡仅只需要有一个 Z 向长度需要补偿的刀具均为"钻头"，而"车刀"则有 X、Z 两个方向的长度需要补偿，甚至还有刀尖半径需要补偿，如图 4-42 所示。

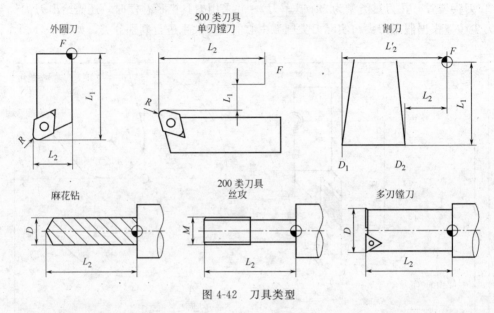

图 4-42　刀具类型

（5）补偿磨损量的应用

控制器对刀具长度或半径是按计算得到的最终尺寸（总和长度、总和半径）进行补偿的，而最终尺寸是由基本尺寸和磨损尺寸相减而得。因此，当一把刀具用过一段时间有一定的磨损后，实际尺寸发生了变化，此时可以直接修改补偿基本尺寸，也可以加入一个磨损量，使最终补偿量与实际刀具尺寸相一致，从而仍能加工出合格的零件。

在零件试加工等过程中，由于对刀等误差的影响，执行一次程序加工结束，不可能一定保证零件就符合图纸要求，有可能出现超差。如果有超差但尚有余量，则可以进行修正。此时可利用原来的刀具和加工程序的一部分（精加工部分），不需要对程序作任何坐标修改，而只需在刀补偿中增加设定一磨损量（等于相应的单边余量）后再补充加工一次，就可将余量切去。此时，实际刀具并没有磨损，故此称为虚拟磨损量。

（6）刀具参数

在"DP..."的位置上填上相应的刀具参数的数值。使用哪些参数，则取决于刀具类型。不需要的刀具参数，填上数值零，如表 4-4 及图 4-43～图 4-45 所示。

表 4-4　刀具参数

刀具类型	DP_1	
刀尖位置	DP_2	
	基本尺寸	磨损尺寸
长度 1：	DP_3	DP_{12}
长度 2：	DP_4	DP_{13}
半径：	DP_6	DP_{15}

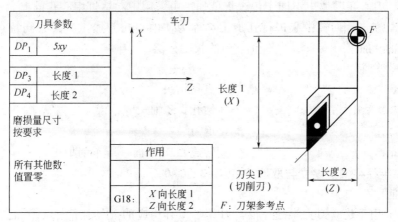

图 4-43 车刀所要求的长度补偿参数

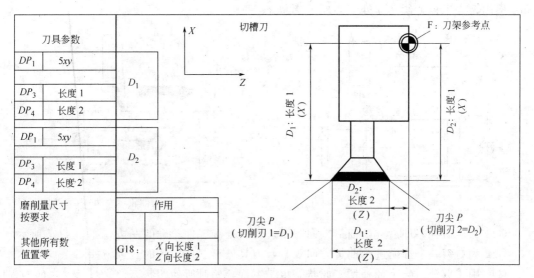

图 4-44 具有两个切削刃的车刀长度补偿参数

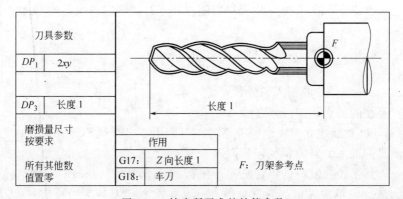

图 4-45 钻头所要求的补偿参数

（7）"中心孔"加工

在进行"中心孔"加工时，必须要将平面选择转换到 G17，钻头的长度补偿方向为 Z 轴方向。当钻削加工结束后用 G18 转换回正常车削平面。

这儿的"中心孔"加工不同于传统机械加工中采用中心钻打中心孔的概念。在此,当采用 $2xy$ 类刀具在工件回转中心进行孔加工都称为"中心孔"加工。其共同特点是刀具必须与回转轴同轴,加工刀具只需要一个 Z 向的长度补偿。

(8)编程举例

N10 T...	;更换钻头
N20 G17 G1 F... Z...	;钻孔,Z 轴长度补偿
N30 G0 Z...	;退刀
N40 G18...	;转成 G18 平面进行车削加工

4.7.4 刀尖半径补偿的建立与取消 G41/G42、G40

(1)功能

G41/G42 用于建立刀尖半径补偿,刀具必须有相应的刀具补偿号 D 才能有效。控制器自动计算出当前刀具运行所产生的、与编程轮廓等距离偏置的刀具中心轨迹,如图 4-46 所示。使用刀尖半径补偿必须处于 G18 有效状态。

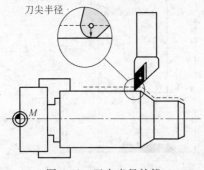

图 4-46 刀尖半径补偿

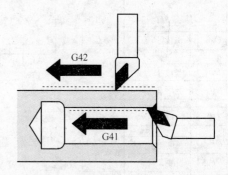

图 4-47 工件轮廓左边/右边补偿

G41 为左刀补,即沿进给前进方向观察,刀具处于工件轮廓的左边,如图 4-47 所示。

G42 为右刀补,即沿进给前进方向观察,刀具处于工件轮廓的右边,如图 4-47 所示。

G40 用于取消刀尖半径补偿,此状态也是编程开始时所处的状态。G40 指令之前的程序段刀具以正常方式结束(结束时补偿矢量垂直于轨速终点处切线)。在运行 G40 程序段之后,刀尖到达编程终点。在选择 G40 程序段编程终点时,注意确保运行不会发生干涉碰撞。

(2)编程

G41 X... Z ...   ;在工件轮廓左边刀补有效

G42 X... Z ...   ;在工件轮廓右边刀补有效

G40 X... Z ...   ;取消刀尖半径补偿

(3)半径补偿的建立、进行与取消

通过 G41/G42 功能建立刀尖半径补偿时,刀尖中心以直线回轮廓,并在轮廓起始点处与轨迹切向垂直偏置一个刀尖半径,如图 4-48 所示。注意正确选择起始点,保证刀具运行不发生碰撞。刀具半径补偿一旦建立便一直有效,即刀尖中心与编程轨迹始终偏置一个刀尖半径量,直到被 G40 取消为止,如图 4-49 所示。G40 取消刀具半径补偿时,刀具在其前一个程序段终点处法向偏置一个刀具半径的位置结束,在 G40 程序段刀具假想刀尖回到编程目标位置。

(4)应用说明

只有在线性插补(G0、G1)时才可以进行 G41/G42 和 G40 的选择,即只有在线性插补

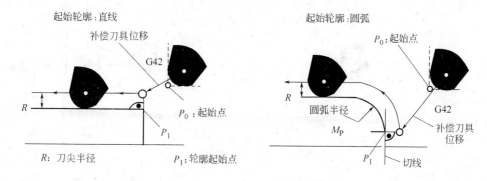

图 4-48　刀尖半径补偿的建立

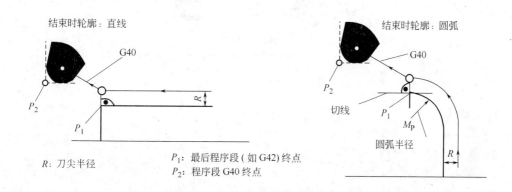

图 4-49　刀尖半径补偿的取消

程序段才能建立和取消刀具半径补偿。上述刀具半径补偿建立和取消程序段必须在补偿平面内编程坐标运行。可以编程两个坐标轴，如果只给出一个坐标轴的数据，则第二个坐标轴自动地以最后编程的尺寸赋值。在通常情况下，在 G41/G42 程序段之后紧接着工件轮廓的第一个程序段。

（5）编程举例

N10 G56 F... S... M... T...

N20 G0 X... Z...　　　　　　　　　　　; P_0——起始点

N30 G1 G42 X... Z...　　　　　　　　　; 工件轮廓右边补偿，P_1（图 4-48）

N40 X... Z...　　　　　　　　　　　　; 补偿进行中

...

N120 X... Z...

N130 G1 G40 X... Z...　　　　　　　　; 取消刀尖半径补偿，P_2（图 4-49）

4.7.5　拐角过渡 G450/G451

（1）功能

在 G41/G42 有效的情况下，一段轮廓到另一段轮廓以不连续的拐角过渡时，可以通过 G450 和 G451 功能调节拐角特性。控制器自动识别内角和外角。对于内角必须要回到轨迹等距线交点。图 4-50 和图 4-51 所示分别为外拐角和内拐角特性示意。

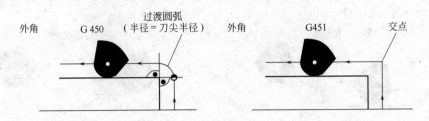

图 4-50　外拐角特性

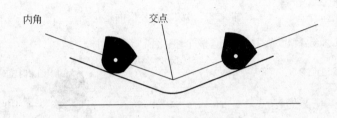

图 4-51　内拐角特性

（2）编程

G450　　　　　；圆弧过渡

G451　　　　　；交点过渡

（3）圆弧过渡 G450

在过渡处刀具中心轨迹为一个圆弧，其起点在前一曲线的终点处法向偏置一个半径，终点与后一曲线在起点处法向偏置一个半径，半径等于刀具半径。圆弧过渡在运行下一个带运行指令的程序段时才有效。

（4）交点过渡 G451

在过渡处刀具回刀具中心轨迹交点——以刀具半径为距离的等距线交点。

（5）应用说明

一般情况下圆弧过渡与交点过渡加工没有原则性区别，只是相对来讲，圆弧过渡时实际切削量相对较大些。但在某些特殊情况下，必须进行优化选择。如图 4-52 所示，当加工轮廓较尖时，最好选择 G450 圆弧过渡进行加工，从而减少尖角过渡的空程损失，节省加工时间。当内角过渡轮廓位移小于刀具半径时，即图中轮廓台阶（B）＜刀尖半径（R）时，选择 G450 将造成过切，此时必须选择 G451 交点过渡方式。

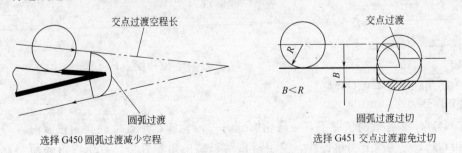

图 4-52　G450/G451 的选择

4.7.6 刀尖半径补偿中的几个特殊情况

（1）变换补偿方向

补偿方向指令 G41 和 G42 可以相互转换，无需在其中再写入 G40 指令。原补偿方向的程序段在其轨迹终点处按补偿矢量的正常状态结束，然后在新的补偿方向开始进行补偿（在起点按正常状态）。

（2）G41、G41 或 G42、G42 重复执行

重复执行相同的补偿方式时可以直接进行新的编程，而无需在其中写入 G40 指令。原补偿的程序段在其轨迹终点处按补偿矢量的正常状态结束，然后开始新的补偿（性能与"变换补偿方向"一样）。

（3）变换刀具补偿号 D

可以在补偿运行过程中变换刀具补偿号 D。刀具补偿号变换后，在新刀具补偿号程序段的起始处，新刀具半径就已经生效，但整个变化需等到程序段结束才能发生。这些修改值由整个程序段连续执行，无论是直线还是圆弧插补都一样。

（4）通过 M2 结束补偿

如果是通过 M2（程序结束）而不是用 G40 指令结束补偿运行，则最后的程序段以补偿矢量正常位置坐标结束，不进行补偿移动，程序以此刀具位结束。

4.7.7 刀尖半径补偿实例

精加工图 4-53 所示零件，机床配置后置刀架。

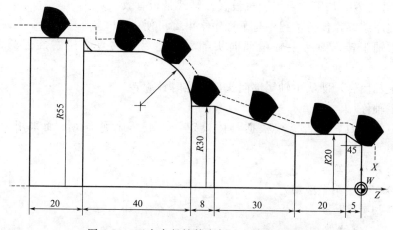

图 4-53 刀尖半径补偿实例——轮廓精加工

```
N10 G54 G451 G22 S500 M4 T1        ；工艺数据设定（后置刀架）
N20 G96 S120 LIMS=3000 F0.15       ；恒线速度设定
N30 G0 X0 Z5                       ；快速引刀接近工件
N40 G1 G42 Z0                      ；切入并建立刀尖半径补偿
N50 X20 CHF=(5 * 1.414)
N60 Z-25
N70 X30 Z-55
N80 Z-63
N90 G3 X50 Z-83 CR=20
N100 G1 Z-103
```

N110 X55

N120 Z-130

N130 G0 G40 X100 Z150   ；切出并取消刀尖半径补偿

N140 M2   ；结束程序

4.8 辅助功能指令

（1）功能

利用辅助功能 M 可以设定一些开关操作，如"打开/关闭冷却液"、"启动/停止主轴"等。除少数 M 功能被数控系统生产厂家固定地设定了某些功能之外，其余部分均可供机床生产厂家自由设定（PLC 程序）。在一个程序段中最多可以有 5 个 M 功能。

（2）编程

M...

（3）常用 M 功能说明

M0——程序停止。暂停程序的执行，按"启动"键程序继续执行。通常用于加工中间有计划的人工干预，如测量、检查、更换压板等，因此也称为计划暂停。

M1——程序有条件停止。与 M0 一样，但仅在"条件停（M1）有效"功能被软键或接口信号触发后才生效。加工中可以随机设置控制其是否有效。

M2——程序结束，包括主程序与子程序结束都可使用。

M3——主轴正转，即从主轴尾部向头部看顺时针旋转（采用右旋刀具的加工旋转方向）。

M4——主轴反转，即从主轴尾部向头部看逆时针旋转。

M5——主轴停。

M6——更换刀具，是否需要根据具体设定，一般车床无需 M6 而采用"T..."直接换刀。

M7——冷却开（第一冷却）。

M8——冷却开（第二冷却）。

M9——冷却关。

M17——子程序结束。

M30——主程序结束。

M41～ M45——主轴齿轮级。

（4）作用与时序

M 功能在坐标轴运行程序段中的作用情况如下。

① 如果 M0、M1、M2 功能位于一个有坐标轴运行指令的程序段中，则只有在坐标轴运行之后这些功能才会生效。

② 对于 M3、M4、M5 功能，则在坐标轴运行之前，信号就传送到内部的接口控制器中，只有当受控主轴按 M3 或 M4 启动后，才开始坐标轴运行。在执行 M5 指令时，并不等待主轴停止，坐标轴已在主轴停止之前开始运动。

③ 其他 M 功能信号与坐标轴运行信号一起输出到内部接口控制器上。

（5）编程举例

N10 G54 S... M7	；工艺设定，开冷却
N20 X... M3	；先运行 M3 启动主轴，后启动坐标轴运行
...	
N60 M0	；暂停，检查刀具
...	
N90 M2	；结束程序

（6）应用说明

通常加工中对于时序要求并不十分严格。但在一些特殊情况下，工艺上可能要求严格遵循规定的操作顺序。此时，如果对各 M 功能的时序并不十分明确的情况下，可以采用分段编制程序的方法回避时序问题。如程序段"G0 X... Y... S... M3"包含了坐标轴移动和主轴转动两个独立的操作。当工艺上对这两个操作顺序没有严格要求时，可以编成一个程序段，但如果工艺要求一定某个操作先执行，在不了解 M 功能时序的情况下，可以将其分成两个程序段，则先编程的程序段先执行。

4.9　参数及函数指令

（1）功能

为了使一个 NC 程序不仅仅适用于特定数值下的一次加工，或者必须要计算出数值，可以使用计算参数。在程序运行时由控制器计算或设定所需要的数值；也可以通过操作面板设定参数数值。如果参数已经赋值，则它们可以在程序中对由变量确定的地址进行赋值。

（2）编程

R0=... ～R249=...

（3）说明

本系统一共 250 个计算参数可供使用，其中 R0～R99 可以自由使用，R100～R249 则为加工循环传递参数。如果没有用到加工循环，这部分计算参数也同样可以自由使用。

（4）赋值

可以在以下数值范围内给计算参数赋值：

$\pm 0.0000001 \sim 99999999$（8 位，带符号和小数点）。

在取整数值时可以去除小数点，正号可以省去。

举例　R0=3. 5678；R1=-37. 3；R2=2；R3=-7；R4=-5678. 1234

用指数表示法可以赋值更大的数值范围，从 $\pm(10^{-300} \sim 10^{+300})$，指数值写在 EX 符号之后。

举例　R0=-0. 1EX-5　　　　；意义：R0=-0. 000001

　　　　R1=1. 874EX8　　　　；意义：R1=187400000

一个程序段中可以有多个赋值语句，也可以用计算表达式赋值。

（5）给其他的地址赋值

通过给其他的 NC 地址分配计算参数或参数表达式，可以增加 NC 程序的通用性。可以用数值、算术表达式或 R 参数对任意 NC 地址赋值，但对地址 N、G 和 L 例外。赋值时，在地址符之后要求写入符号"＝"，赋值语句也可以赋值一负号。在给坐标轴地址赋值时，要求一独立程序段。

（6）参数的计算

参数计算时遵循通常的数学运算法则，即先乘除后加减、括号优先原则。角度计算单位为（°）。

（7）R 参数编程举例

N10 R1=R1+1	；由原来的 R1 加上 1 后得到新的 R1
N20 R1=R2+R3 R4=R5-R6	；参数加、减运算
N30 R7=R8 * R9 R10=R11/R12	；参数乘、除运算
N40 R13=SIN(30)	；$R13 = \sin 30°$
N50 R14=R1 * R2+R3	；R14 等于 R1 乘 R2 后加 R3
N60 R14=R3+ R1 * R2	；R14 等于 R1 乘 R2 后加 R3
N70 R15=SQRT(R1 * R1+ R2 * R2)	；$R15 = \sqrt{R1^2 + R2^2}$

（8）坐标轴赋值编程举例

N10 G1 G91 X=R1 Z=R2

N20 Z=R3

N30 X=-R4

N40 Z=-R5

…

4.10 程序跳转

4.10.1 程序跳转目标——标记符

（1）功能

标记符用于标记程序中所跳转到的目标程序段，用跳转功能可以实现程序分支运行。标记符可以自由选取，但必须由 2～8 个字母或数字组成，其中开始两个符号必须是字母或下划线。跳转目标程序段中标记符后面必须为冒号。标记符位于程序段段首。如果程序段有段号，则标记符紧跟着段号。在一个程序段中，标记符不能含有其他意义。

（2）程序举例

N10 MARKE1: Gl X20 ；MARKEl 为标记符，作为跳转目标程序段的标识

…

MA2: G0 X10 Z20 ；MA2 为标记符，跳转目标程序段没有段号

4.10.2 绝对跳转

（1）功能

NC 程序在运行时，以写入时的顺序执行程序段。程序在运行时可通过插入程序跳转指令改变执行顺序。跳转目标只能是有标记符的程序段。此程序段必须位于该程序之内。绝对跳转指令必须占有一个独立的程序段。

（2）编程

GOTOF label ；向下跳转，即向程序结束方向跳至所选标记处，label 所选标记符

GOTOB label ；向上跳转，即向程序开始方向跳至所选标记处，label 所选标记符

（3）绝对跳转示例

如图 4-54 所示。

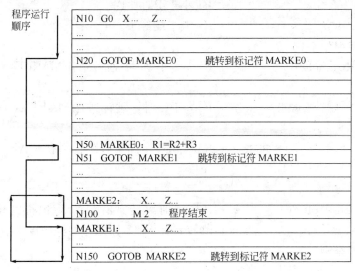

图 4-54　绝对跳转示例

4.10.3　条件跳转

（1）功能

用 IF——条件语句表示有条件跳转。如果满足跳转条件（也就是值不等于零），则进行跳转。跳转目标只能是有标记符的程序段，该程序段必须在此程序之内。有条件跳转指令要求一个独立的程序段。在一个程序段中可以有多个条件跳转指令。使用了条件跳转后有时会使程序得到明显的简化。

（2）编程

IF 条件 GOTOF Label　　　　　；向下跳转

IF 条件 GOTOB Label　　　　　；向上跳转

各字的含意及条件比较运算所采用的符号分别见表 4-5、表 4-6。

表 4-5　条件跳转字说明

指　令	说　　明	指　令	说　　明
GOTOF	向下跳转，即向程序结束方向跳转	IF	跳转条件导入符
GOTOB	向上跳转，即向程序开始方向跳转		
Label	所选标记符	条件	作为条件的计算参数，计算表达式

表 4-6　条件跳转比较运算符

运算符	意　　义	运算符	意　　义
==	等于	<	小于
<>	不等于	>=	大于或等于
>	大于	<=	小于或等于

比较运算的结果有两种，一种为"满足"，另一种为"不满足"。"不满足"时，该运算结果值为零。

（3）比较运算编程举例

R1>1　　　　　　　　　　　　　；R1 大于 1

1<R1　　　　　　　　　　　　　；1 小于 R1

R1<R2+ R3   ; R1 小于 R2 加 R3

R4>=SIN（R5* R5）   ; R4 大于或等于 sin（R5）^{2}

（4）条件跳转编程举例

N10 IF R1 GOTOF MARKE1   ; R1 不等于零时，跳转到有 MARKE1 标记符的程序段

...

N100 IF R1>l GOTOF MARKE2   ; R1 大于 1 时，跳转到有 MARKE2 标记符的程序段

...

N200 IF R45= =R7+l GOTOB MARKE3   ; R45 等于 R7 加 1 时跳转到有 MARKE3 标记符的程序段

...

N300 IF R1==l GOTOB MAl   ; R1＝1 时跳转到有 MA1 标记符的程段，R1＝2 时

     IF R1==2 GOTOF MA2   跳转到有 MA2 标记符的程序段

4.10.4 程序跳转举例

精加工如图 4-55 所示多边形锤头。

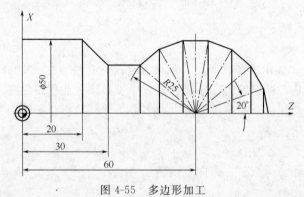

图 4-55 多边形加工

N10 G54 F... S... M... T...

N20 G0 X0 Z90

N30 G1 G42 Z85   ; 切入并建立刀尖半径补偿

N40 R1=25 R2=20 R3=20 R4=60 R5=7   ; 赋初始值

N50 MA1: G1 Z=R1* COS(R2) +R4 X=2* R1* SIN（R2）   ; 坐标轴地址的计算及赋值，并作直线移动

N60 R2=R2+R3 R5=R5-1   ; 角度增加 20°，指针减 1

N70 IF R5>0 GOTOB MA1   ; 条件跳转

N80 G1 Z30

N90 X50 Z20

N100 G0 G40 X80   ; 切出并取消刀尖半径补偿

N110 X150 Z100

N120 M2

在程序段 N40 中给相应的计算参数赋值。在 N50 中进行坐标轴 X 和 Z 的数值计算并进行直线移动加工。在程序段 N60 中，R2 增加 R3 角度，R5 减小数值 1。开始时 R5>0，满足跳转条件，则重新执行 N50，如此循环 7 次后 R5>0 条件不再满足，因此向下运行直至结束程序。

4.11　子程序

（1）功能应用

原则上讲，主程序和子程序之间并没有区别。通常用子程序编写零件上需要重复进行加工的部分，比如某一确定的轮廓形状。子程序位于主程序中适当的地方，在需要时进行调用、运行。子程序的一种形式就是加工循环，加工循环包含一般通用的加工工序，诸如螺纹切削、坯料切削加工等。通过给规定的计算参数赋值就可以实现各种具体的加工。

（2）结构

子程序的结构与主程序的结构一样，只是子程序结束后返回主程序。

（3）子程序程序名

为了方便地识别、调用子程序和便于组织管理，必须给子程序取一个程序名。子程序名可以自由选取，但必须符合以下规定（与主程序中程序名的选取方法一样）。

① 开始的两个符号必须是字母。

② 其后的符号可以是字母、数字或下划线。

③ 最多为 8 个字符。

④ 不得使用分隔符。

另外，在子程序中还可以使用地址字"L…"，其后的值可以有 7 位（只能为整数）。注意地址字 L 之后的每个 0 均有意义，不可省略。如 L128 并非 L0128 或 L00128，他们表示三个不同的子程序。

在确定子程序名时，尽可能使其与加工对象要素及其特征联系起来，以便通过子程序名直接与加工对象对号，便于管理。如在满足上述规则前提下，可以用子程序加工要素名称的英文或汉语拼音等作为子程序名命名要素，并在其前加上 L 以区别于主程序。

（4）子程序结束

子程序结束除了用 M2 指令外，还可以采用 M17 和 RET 指令。RET 指令要求占用一个独立的程序段。用 RET 指令结束子程序后，将返回主程序，且不会中断 G64 连续路径运行方式。而用 M2 指令结束子程序，则会中断 G64 运行方式，并进入停止状态。

（5）子程序调用

在一个程序中（主程序或子程序）可以直接用程序名调用子程序。子程序调用要求占用一个独立的程序段。例如：

N10 L785　　　　　　；调用子程序 L785

N20 LGC　　　　　　 ；调用子程序 LGC

子程序调用结束，返回主程序并继续运行主程序，如图 4-56 所示。

（6）子程序重复调用次数 P…

如果要求多次连续地执行某一子程序，则在编程时必须在所调用的子程序名后地址 P 下写入调用次数，最大次数可以为 9999（P1～P9999）。例如：

N10 LGC P3　　　　 ；调用子程序 LGC，运行 3 次

（7）子程序嵌套

子程序不仅可以供主程序调用，也可以从其他子程序中调用，这个过程称为子程序的嵌套。子程序的嵌套深度可以为三层，也就是四级程序界面（包括一级主程序界面），如图

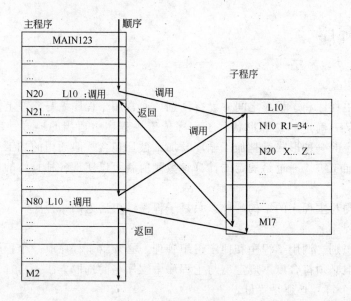

图 4-56　子程序调用

4-57所示。但在使用加工循环进行加工时，要注意加工循环程序也同样属于子程序，因此要占用四级程序界面中的一级。

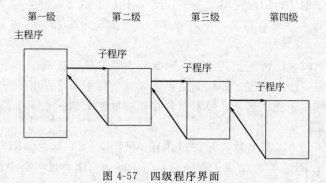

图 4-57　四级程序界面

（8）应用说明

在子程序中可以改变模态有效的 G 功能，比如 G90 到 G91 的变换。在返回调用程序时，请注意检查一下所有模态有效的功能指令，并按照要求进行调整。对于 R 参数也需同样注意，不要无意识地用上级程序界面中所使用的计算参数来修改下级程序界面的计算参数。

4.12　固定循环

4.12.1　循环概况

（1）概念

所谓循环，就是指用于特定加工过程的参数化通用工艺子程序，如用于钻削、坯料切削或螺纹切削等。当用于各种具体加工过程时，只需设定相应的参数即可。

（2）内容

西门子 802S/C 提供如下循环：

LCYC82　　　　钻孔、沉孔加工循环；

LCYC83　　　　深孔钻削循环；

LCYC840　　　带补偿夹头内螺纹切削循环；

LCYC85　　　　铰孔、精镗孔循环；

LCYC93　　　　凹槽切削循环；

LCYC94　　　　退刀槽切削（DIN 标准 E 型和 F 型退刀槽）循环；

LCYC95　　　　毛坯切削（不带根切）循环；

LCYC97　　　　螺纹车削循环。

（3）参数使用

循环中所使用的参数为 R100～R249，调用一个循环前必须已经对该循环的传递参数赋值，不需要的参数置为零。循环结束以后传递参数的值保持不变。

（4）计算参数

使用加工循环时，用户必须事先保留参数 R100～R249，保证这些参数只用于加工循环而不被程序中其他地方所使用。循环使用 R250～R299 作为内部计算参数。

（5）调用/返回条件

在调用循环之前 G23（在循环 LCYC93、94、95、97 中）或者 G17（在循环 LCYC82、83、840、85 中）必须有效，否则给出报警号 17040"坐标轴非法设定"。如果在循环中没有设定进给值、主轴转速和主轴方向的参数，则必须在调用程序中编程这些值。循环结束以后 G0、G90、G40 一直有效。

（6）编程操作

循环程序可以通过键盘面板逐字输入，也可以通过软键找出循环对应的图形界面，并直接在该图形界面上的屏幕格式对应给各循环参数赋值，按"确认"后即可返回到编程界面，并将循环程序加入到当前程序中。

4.12.2 钻镗类循环

4.12.2.1 钻孔、沉孔加工循环 LCYC82

（1）功能

刀具以编程的主轴转速和进给速度钻孔，直至到达给定的最终钻削深度。在到达最终钻削深度时，可以编程一个停留时间。退刀时以快速移动速度进行，如图 4-58 所示。

（2）调用

LCYC82

（3）前提条件

① 必须在调用程序中给定主轴转速和转向以及进给轴进给率。

② 在调用循环之前必须在调用程序中回钻孔位置。

③ 在调用循环之前必须选择带刀具补偿的相应的刀具。

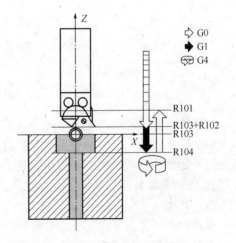

图 4-58　LCYC82 循环工作过程及参数

④ 必须处于 G17 有效状态。

（4）参数

参　数	意义，数值范围	参　数	意义，数值范围
R101	退回平面（绝对平面 G90）	R104	最后钻深（绝对坐标 G90）
R102	安全距离，无符号		
R103	参考平面（绝对平面 G90）	R105	在此钻削深度处的停留时间

（5）参数说明

R101　退回平面确定了循环结束之后钻削刀具的轴向位置。

R102　安全距离只相对参考平面而言。由于有安全距离，起钻平面被提前了一个安全距离量，即执行时从参考平面提前一个安全距离的位置由 G0 过渡为 G1。循环可以自动确定安全距离的方向。

R103　参数 R103 所确定的参考平面就是零件上的钻削起始平面。

R104　此参数用于确定钻削深度，最后钻深以绝对坐标 G90 编程，与循环调用之前的状态 G90 或 G91 无关。

R105　用参数 R105 编程钻削终点处的停留时间（s）。

（6）时序过程

循环开始之前的位置是调用程序中最后所到达的钻削位置。循环按以下时序运行：

① 用 G0 回到相对参考平面提前了一个安全距离量的位置；

② 按照调用程序段中编程的进给率以 G1 进行钻削，直至最终深度；

③ 执行 R105 设定的终点停留时间；

④ 以 G0 退刀，回到退回平面。

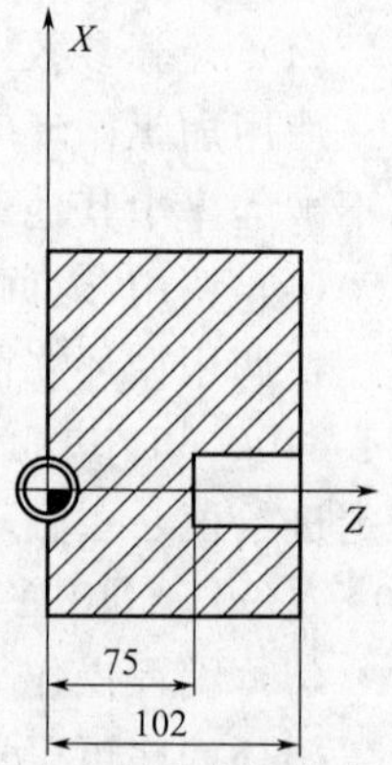

（7）编程举例

使用 LCYC82 循环，在 Z 轴位置钻深度为 27mm 的孔，如图 4-59 所示。孔底停留时间 0.5s，钻孔坐标轴方向安全距离为 2mm。循环结束后刀具处于 X0，Z110。

图 4-59　LCYC82 循环钻孔示例

```
N10 G54 G17 F0. 2 T2 S500 M3        ；工艺数据设定
N20 G0 Z110 X0                       ；回到钻孔位
N30 R101=110 R102=2 R103=102 R104=75 R105=0. 5   ；设定循环参数
N40 LCYC82                           ；调用循环钻孔
N50 M2                               ；程序结束
```

（8）应用说明

LCYC82 循环名称为钻孔、沉孔加工循环，但要注意其广义性。从加工意义上讲，LCYC82 循环提供了一个主轴旋转主运动和一个轴向进给运动。在主轴上安装不同的刀具即可进行不同工艺性质的加工，包括钻孔、扩孔、锪孔、铰孔、镗孔（定尺寸镗刀）等。

4.12.2.2　深孔钻削循环 LCYC83

（1）功能

深孔钻削循环通过多次分步钻削达到最后的钻孔深度，钻深的最大值事先规定。钻削既可以在每步到钻深后，提出钻头到其参考平面外达到排屑目的，也可以每次上提 1mm 以便断屑，如图 4-60 所示。

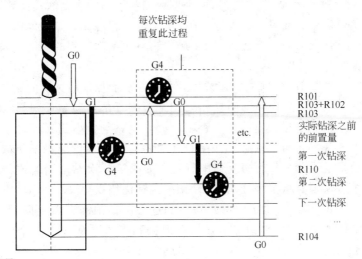

注释：

图中只画出了第一次钻深所留出的、实际钻深之前的前置量距离，但实际上每次钻深之前都留有一个前置量。

图 4-60　LCYC83 循环工作过程及参数

（2）调用

LCYC83

（3）前提条件

① 必须在调用程序中给定主轴转速和转向。

② 在调用循环之前必须已经处于钻削位置。

③ 在调用循环之前必须选取钻头及其刀具补偿值。

④ 必须处于 G17 有效状态。

（4）参数

参　　数	含义，数值范围	参　　数	含义，数值范围
R101	退回平面（绝对平面 G90）	R108	首钻进给率
R102	安全距离，无符号	R109	在起始点和排屑时的停留时间
R103	参考平面（绝对平面 G90）	R110	首钻深度（绝对坐标 G90）
R104	最后钻深（绝对坐标 G90）		
R105	在此钻削深度处的停留时间（断屑）	R111	递减量，无符号
R107	钻削进给率	R127	加工方式：断屑＝0，排屑＝1

（5）参数说明

R101　退回平面确定了循环结束之后钻削刀具的轴向位置。

R102　安全距离只相对参考平面而言。由于有安全距离，起钻平面被提前了一个安全距离量，即执行时从参考平面提前一个安全距离的位置由 G0 过渡为 G1。循环可以自动确定安全距离的方向。

R103　参数 R103 所确定的参考平面就是零件上的钻削起始平面。

R104　此参数用于确定钻削深度，最后钻深以绝对坐标 G90 编程，与循环调用之前的状态 G90 或 G91 无关。

R105　用参数 R105 编程各次钻到设定深度处的停留时间（s）。

R108、R107　进给率参数。通过这两个参数编程了第一次钻深及其后钻削的进给率。

R109　起始点停留时间参数。参数 R109 下可以编程在起始点处停留时间。

R110　第一次钻深参数。参数 R110 下确定第一次钻削行程的深度，采用绝对坐标 G90 数据。

R111　递减量参数 R111 下确定递减量的大小，从而保证后一次的钻削量小于当前的钻削量。用于第二次钻削的量如果大于所编程的递减量，则第二次钻削量应等于第一次钻削量减去递减量。否则，第二次钻削量就等于递减量。当最后的剩余量大于两倍的递减量时，则在此之前的最后钻削量应等于递减量，所剩下的最后剩余量平分为最终两次钻削行程。如果第一次钻削量的值与总的钻削深度量相矛盾，则显示报警号 61107"第一次钻深错误定义"，循环不运行。

R127　加工方式参数。R127＝0，钻头在到达每次钻削深度后上提 1mm 空转，用于断屑。R127＝1，每次钻深后，钻头返回到参考平面之上一个安全距离处，以便排屑。

（6）时序过程

循环开始之前的位置是调用程序中最后所到达的钻削位置。循环按以下时序运行。

① 用 G0 回到相对参考平面提前了一个安全距离量的位置。

② 用 G1 执行第一次钻深，钻深进给率由 R108 确定，执行此深度停留时间（参数 R105）。当编程断屑方式，即 R127＝0 时，用 G1 按调用程序中所编程的进给率从当前钻深上提 1mm，以便断屑。当编程排屑方式，即 R127＝1 时，用 G0 返回到参考平面上一个安全距离量位置，执行起始点停留时间（参数 R109），以便排屑。然后用 G0 返回接近上次钻深，但留出一个前置量（此量的大小由循环内部自动计算所得）。

③ 用 G1 按所编程的进给率执行下一次钻深切削，并重复上述过程，直至到达最终钻削深度。

④ 用 G0 退刀，回到退回平面。

（7）编程举例

使用 LCYC83 循环，在 Z 向加工深度为 145mm 的孔，如图 4-61 所示。采用排屑加工方式，钻孔坐标轴方向安全距离为 2mm。循环结束后刀具处于 X0 Z155。

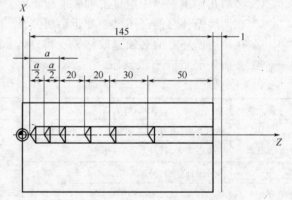

图 4-61　LCYC83 循环钻孔示例

```
N10 G54 G17 F0. 2 S500 M3 T4          ; 工艺数据设定
N20 Z155 X0                          ; 回第一次钻削位置
N30 R101=155 R102=2 R103=150 R104=5
   R105=0 R107=0. 3 R108=0. 2
   R109=0 R110=100 R111=20 R127=1    ; 设定循环参数
N40 LCYC83                           ; 调用循环钻孔
N50 M2
```

（8）应用说明

所谓深孔只是相对而言的。一般将深径比大于 5 以上的孔称为深孔。深孔加工时，由于刀具接触刃较长，摩擦严重且排屑困难，因此相对来讲工作条件较差，容易引起刀具折断。采用深孔加工循环将总深分多次进行钻削，通过中间停留（R127＝0）或退刀（R127＝1）确保断屑和切屑的顺利排出。钻削进给量通过 R108（首钻）和 R107（钻削）分别给定。通常情况下，采用麻花钻钻孔时，由于钻头横刃等因素导致起钻定心不准。如果起钻进给量大，将导致较大的刀具引偏量，并且随着钻孔深度的增加，引偏量将进一步放大，严重者可能最终导致刀具折断。因此，一般将首钻进给量设定得小一些，以确保起钻定心精度。数控加工是自动加工，其工艺工作应考虑得十分周到严密，当达到一定的深径比时，应尽可能考虑采用深孔循环的形式进行加工。

4.12.2.3　带补偿夹头内螺纹切削（攻丝）循环 LCYC840

（1）功能

刀具按照编程的主轴转速和转向加工螺纹，进给率可以通过主轴转速和编程螺纹导程计算出来。该循环可以用于带补偿夹头和主轴实际值编码器的内螺纹切削。循环中可以自动转换旋转方向。循环结束之后执行 M5（主轴停止）。循环工作过程如图 4-62 所示。

（2）调用

LCYC840

（3）前提条件

① 主轴转速可以调节，带位移测量系统，但循环本身不检查主轴是否带实际值编码器。

② 必须在调用程序中规定主轴转速。

③ 在循环调用之前必须在调用程序中回到攻丝位置。

④ 在调用循环之前必须选择相应的带刀具补偿的刀具。

⑤ 必须处于 G17 有效状态。

（4）参数

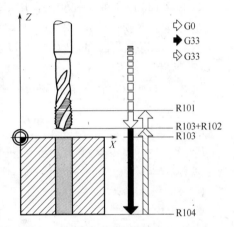

图 4-62　LCYC840 循环工作过程及参数

参　数	含义，数值范围
R101	退回平面(绝对平面 G90)
R102	安全距离，无符号
R103	参考平面(绝对平面 G90)
R104	最后攻深(绝对坐标 G90)
R106	螺纹导程值　数值范围：0.001～20000.000mm
R126	攻丝时主轴旋转方向　数值范围：3(M3)，4(M4)

（5）参数说明

R101　退回平面确定了循环结束之后攻丝加工刀具的轴向位置。

R102　安全距离只相对参考平面而言。由于有安全距离，起始攻丝平面被提前了一个安全距离量，即执行时从参考平面提前一个安全距离的位置由 G0 过渡为 G33。循环可以自动确定安全距离的方向。

R103　　参数 R103 所确定的参考平面就是零件上的攻丝起始平面。

R104　　此参数用于确定最后攻丝深度，最后攻丝深度以绝对坐标 G90 编程，与循环调用之前的状态 G90 或 G91 无关。

R106　　螺纹导程值．

R126　　R126 用于规定攻丝时主轴旋转方向，在循环中攻丝到终点，主轴旋转自动反向。

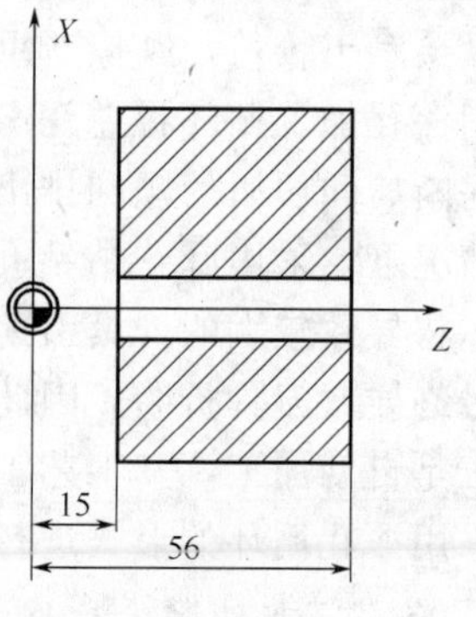

（6）时序过程

循环开始之前的位置是调用程序中最后所到达的攻丝位置。循环按以下时序运行。

① 用 G0 回到相对参考平面提前了一个安全距离量的位置。

② 按 R126 设定的主轴转向，用 G33 进行内螺纹攻丝切削，直至到达最终攻丝深度。

③ 主轴自动换向，用 G33 退刀，回到相对参考平面上方一个安全距离量的位置。

④ 以 G0 退刀，回到参数 R101 设定的退回平面。

图 4-63　LCYC840 循环攻丝示例

（7）编程举例

如图 4-63 所示，在 Z 轴位置攻一螺纹，螺距 1.5mm。

N10 G55 G17 S300 M3 T1　　　　　　　　　　　; 工艺数据设定

N20 X0 Z60　　　　　　　　　　　　　　　　　; 回到钻孔位

N30 R101=60 R102=2 R103=56 R104=10 R106=1.5 R126=3　; 设定循环参数

N40 LCYC840　　　　　　　　　　　　　　　　; 调用循环攻丝

N50 M2　　　　　　　　　　　　　　　　　　; 程序结束

（8）应用说明

攻丝加工的要求是主轴转一转，轴向严格进给一个丝锥实际轴向螺距（多头螺纹为导程）量。但是，实际加工中总是存在各种误差，如机床自身各种因素引起的实际运行螺距误差，丝锥螺距实际制造误差等。当采用丝锥进行攻丝加工时，一旦丝锥切入工件则将按自身实际螺距运行工作，即丝锥转一转，轴向移动一个实际丝锥螺距。由于上述各种误差的存在，将使得机床实际运行螺距与丝锥实际螺距间产生差异，导致丝锥工作时受到附加的轴向拉力或压力的作用，从而影响加工质量，严重时将导致丝锥折断。此外攻丝时丝锥轴线与螺纹底孔轴线间的不同轴还将使丝锥受到附加径向力的作用。因此，攻丝时最好采用补偿夹头。所谓补偿夹头就是浮动夹头，即在径向和轴向具有一定的浮动量，以补偿上述各项误差，使丝锥免受附加载荷的作用。一般数控机床工具系统配套的攻丝夹头就是补偿夹头。

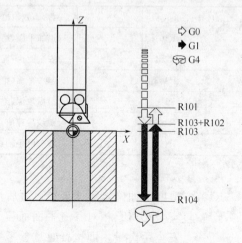

4.12.2.4　精镗孔、铰孔循环 LCYC85

（1）功能

刀具以给定的主轴转速和进给速度加工，直至最终加工深度。当到达最终深度时，可以编程一个停留时间。进刀及退刀运行分别按照相应参

图 4-64　LCYC85 循环工作过程及参数

128

数下编程的进给速度进行。如图 4-64 所示。

（2）调用

LCYC85

（3）前提条件

① 必须在调用程序中给定主轴转速和转向。

② 在调用循环之前必须在调用程序中回到加工位置。

③ 在调用循环之前必须选择带刀具补偿的相应的刀具。

④ 必须处于 G17 有效状态。

（4）参数

参　　数	含义,数值范围	参　　数	含义,数值范围
R101	退回平面（绝对平面 G90）	R105	在最后加工深度处停留时间
R102	安全距离,无符号	R107	加工进给率
R103	参考平面（绝对平面 G90）	R107	加工进给率
R104	最后加工深（绝对坐标 G90）	R108	退刀时进给率

（5）参数说明

R101　退回平面确定了循环结束之后刀具的轴向位置。

R102　安全距离只相对参考平面而言。由于有安全距离，开始加工平面被提前了一个安全距离量，即执行时从参考平面提前一个安全距离的位置由 G0 过渡为 G1。循环可以自动确定安全距离的方向。

R103　参数 R103 所确定的参考平面就是零件上的加工起始平面。

R104　此参数用于确定最后加工深度，最后加工深度以绝对坐标 G90 编程，与循环调用之前的状态 G90 或 G91 无关。

R105　用参数 R105 编程在加工深度终点处的停留时间（s）。

R107　用于确定加工时的进给率。

R108　用于确定退刀时的进给率。

（6）时序过程

循环开始之前的位置是调用程序中最后所到达的加工位置。循环按以下时序运行。

① 用 G0 回到相对参考平面提前了一个安全距离量的位置。

② 用 G1 按 R107 编程的进给率加工，直至到达最终加工深度。

③ 执行最终深度停留时间。

④ 用 G1 以 R108 编程的进给率退刀，直至到达相对参考平面增加了一个安全距离量的位置。

⑤ 以 G0 回到参数 R101 设定的退回平面。

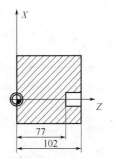

图 4-65　LCYC85
循环镗孔示例

（7）编程举例

如图 4-65 所示，在 Z 轴位置处镗一光孔。

```
N10 G56 G17 F0.2 S500 M3 T1              ；工艺数据设定
N20 G0 Z110 X0                          ；回到钻孔位
N30 R101=110 R102=2 R103=102 R104=77
N40 R105=0.5 R107=0.2 R108=0.3           ；设定循环参数
```

N50 LCYC85   ；调用循环镗孔

N60 M2   ；程序结束

（8）应用说明

在具体操作上，LCYC85 与 LCYC82 相比区别在于退刀操作。LCYC85 采用 G1 工进速度退刀，克服了采用 LCYC82 镗孔以快进速度退刀拉伤已加工孔表面留下螺旋刀痕的问题，使得镗孔表面无刀痕，因此，可以用于精镗孔加工。但是 LCYC85 以工进退刀造成加工时间损失，增加加工成本。通常在数控车床上精镗孔还是采用单刃镗刀进行，这样镗孔到深度后可以先径向退刀，再快速返回，从而既能保证加工孔表面质量，又可实现较高的生产率。

4.12.3　车削类循环

4.12.3.1　切槽循环 LCYC93

（1）功能

槽类特征是圆柱形工件上的典型结构，这类结构尤其是尺寸较大时，工步较多、编程较繁。利用本循环，不管是纵向（Z）还是横向（X）分布的对称结构槽均可以进行加工，包括外部槽和内部槽，如图 4-66 所示。

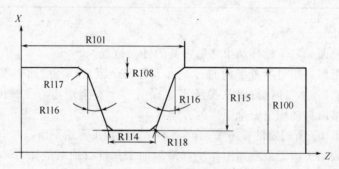

图 4-66　LCYC93 循环工作过程及参数

（2）调用

LCYC93

（3）前提条件

直径编程 G23 指令必须有效。

在调用切槽循环之前必须已经激活用于进行加工的刀具补偿参数。

（4）参数

参　数	含义,数值范围	参　数	含义,数值范围
R100	横向坐标轴(X)起始点	R114	槽宽,无符号
R101	纵向坐标轴(Z)起始点	R115	槽深,无符号
R105	加工类型,数值1~8	R116	侧角,无符号,范围:0~89.999°
R106	精加工余量,无符号	R117	槽沿倒角
R107	刀具宽度,无符号	R118	槽底倒角
R108	切入深度,无符号	R119	槽底停留时间

（5）参数说明

R100　横向坐标轴起始点参数。参数 R100 规定 X 向切槽起始直径。

R101　纵向坐标轴起始点参数。参数 R101 规定 Z 轴方向切槽起始点。

R105　　R105 确定加工方式，数值 1～8 分别表示：

数值	纵向/横向	外部/内部	起始点位置	数值	纵向/横向	外部/内部	起始点位置
1	纵向	外部	左边	5	纵向	外部	右边
2	横向	外部	左边	6	横向	外部	右边
3	纵向	内部	左边	7	纵向	内部	右边
4	横向	内部	左边	8	横向	内部	右边

如果参数值设置不对，则循环中断并产生报警 61002 "加工方式错误编程"。

R106　精加工余量参数。切槽粗加工时参数 R106 设定其精加工余量。

R107　刀具宽度参数。参数 R107 确定刀具宽度，实际所用的刀具宽度必须与此参数相符。如果实际所用刀具宽度大于 R107 的值，则会使实际所加工的切槽大于编程的切槽而导致轮廓损伤，这种损伤是循环所不能监控的。如果编程的刀具宽度大于槽底的切槽宽度，则循环中断并产生报警 61602 "刀具宽度错误定义"。

R108　切入深度参数。通过在 R108 中编程进刀深度可以把切槽加工分成多个切深进给。在每次切深之后刀具后退 1mm，以便断屑。

R114　切槽宽度参数。参数 R114 中编程的切槽宽度是指槽底（不考虑倒角）的宽度值。

R115　切槽深度参数。参数 R115 确定切槽的深度。

R116　参数 R116 确定切槽侧面的斜角，值为 0 时表明加工一个侧面与 X 轴平行的矩形槽。

R117　槽沿倒角参数。R117 确定槽口的倒角边宽度。

R118　槽底倒角参数。R118 确定槽底的倒角边宽度。

如果通过以上 R114～R118 参数下的编程值不能生成合理的切槽轮廓，则程序中断并产生报警 61603 "切槽形状错误定义"。

R119　槽底停留时间参数。R119 下设定合适的槽底停留时间（s），其最小值至少为主轴旋转一转所用时间。

（6）时序过程

循环开始之前所到达的位置可以是任意的，但必须保证每次从该位置出发进行切槽加工时不发生刀具干涉碰撞。循环按以下时序运行。

① 用 G0 回到循环内部计算出的加工起始点。

② 切深进给：在坐标轴平行方向进行粗加工直至槽底，同时留出精加工余量；每次切深之后要空运行，以便断屑。

③ 切宽进给：一次切深完成并退出后，用 G0 进行切宽进给，方向垂直于切深进给，其后将重复切深加工过程。深度方向和宽度方向的进刀量以可能的最大值均匀地进行划分。在有要求的情况下，侧面的粗加工将沿着割槽宽度方向分多次进刀。

④ 用调用循环之前所编程的进给值，分别以割刀左右刀尖从槽两侧边精

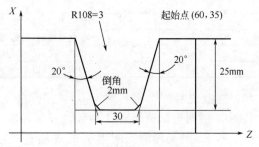

图 4-67　LCYC93 循环割槽示例

加工整个轮廓，直至槽底中心。

（7）编程举例

如图 4-67 所示加工外圆柱面上槽。起始点（60，35），加工深度为 25mm，宽度为 30mm，槽底倒角长度 2mm，精加工余量 0.5mm，割刀宽度 8mm。

N10 G54 F0. 2 S300 M3 T2	；工艺数据设定
N20 G0 Z100 X100	；选择起始位置
N30 R100=70 R101=60 R105=5 R106=0. 5 R107=8 R108=3	
N40 R114=30 R115=25 R116=20 R117=0 R118=2 R119=1	；设定循环参数
N50 LCYC93	；调用循环割槽
N60 G0 Z100 X100	；退刀
N70 M2	；程序结束

4.12.3.2　退刀槽切削循环 LCYC94

（1）功能

退刀槽是阶梯轴类零件上的典型结构。本循环可以按照 DIN509 标准进行形状为 E 和 F 型的退刀槽切削，如图 4-68 所示，但要求成品直径大于 3mm。

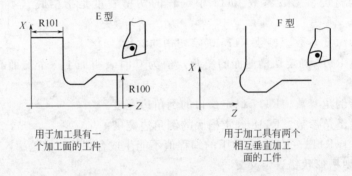

图 4-68　LCYC94 循环工作过程及参数

（2）调用

LCYC94

（3）前提条件

① 直径编程 G23 指令必须有效。

② 在调用循环之前必须选择带刀具补偿的相应的刀具。

（4）参数

参　　数	含义，数值范围
R100	横向坐标轴（X）起始点，无符号
R101	纵向坐标轴（Z）起始点
R105	形状定义：值 55 为形状 E，值 56 为形状 F
R107	刀尖位置：值 1～4 对应于位置 1～4

（5）参数说明

R100　横向坐标轴起始点参数。通过参数 R100 设定凹凸切削时外圆直径。如果根据 R100 编程的值所生成的成品直径小于或等于 3mm，则循环中断并产生报警 61601"成品直径太小"。

R101　纵向坐标轴起始点参数。R101 确定成品在纵向坐标轴方向的尺寸。

R105　形状定义参数。通过参数 R105 确定 DIN509 标准所规定的形状 E 和 F。如果该参数的值不是 55 或 56，则循环会中断并产生报警 61609 "形状错误定义"。

R107　刀尖位置参数。取值 1～4，如图 4-69 所示。R107 确定了刀具的刀尖位置，从而也就确定了凹凸切削加工位置。该参数值必须与循环调用之前所选刀具的刀尖位置相一致。如果该参数有其他值，则显示报警 61608 "编程了错误的刀尖位置" 并中断程序执行。

（6）时序过程

循环开始之前所到达的位置可以是任意的，但须保证每次从该位置出发进行循环加工时不发生刀具干涉碰撞。循环按以下时序运行。

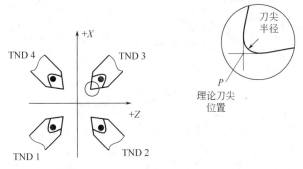

图 4-69　LCYC94 循环刀尖位置 1～4 示意

① 用 G0 回到循环内部计算出的起始点。

② 根据当前的刀尖位置选择刀尖半径补偿，并按循环调用之前所编程的进给率进行退刀槽轮廓加工，直至最后完成。

③ 用 G0 回到起始点，并用 G40 指令取消刀尖半径补偿。

（7）编程举例

N10 G54 F0.2 S300 M3 T1	；工艺数据设定
N20 Z100 X60	；选择起始位置（任意）
N30 R100=30 R101=60 R105=55 R107=3	；设定循环参数
N40 LCYC94	；调用循环切退刀槽
N50 G0 Z100 X60	；退刀
N60 M02	；程序结束

（8）应用说明

退刀槽作为阶梯轴类零件上的典型结构，其形状及尺寸大小已经标准化，当形状（如 DIN509 的 E 或 F）确定后，其尺寸大小由主参数——轴径（R100）派生确定。由于各国标准上的差异，由同样轴径得到的退刀槽派生尺寸可能不同。当然，实际退刀槽并不一定要遵循标准。一般来说，加工出的实际退刀槽与图纸要求稍有差异也无关紧要。但是，对一些小台阶轴结构上的退刀槽，其尺寸只能较标准小，如果对 F 型退刀槽仍然采用 LCYC94 循环即按标准尺寸进行加工，就会出现问题，可能导致加工后端面凹槽根本不存在。因此，应该根据具体结构谨慎使用。此外，LCYC94 循环采用的是轨迹法加工，不同于传统车床上的退刀槽加工方法，要注意刀具的形状与槽形相适应。

4.12.3.3　毛坯切削循环 LCYC95

（1）功能

生产中加工的零件，尤其是单件小批量生产情况下，加工余量往往很大。如采用圆柱棒料加工多台阶轴，这种情况下往往要进行多次粗加工走刀，程序量较大。此外，走刀轨迹确定后，为了编程还需求出轨迹各交点处的坐标，当零件轮廓复杂时，计算工作量大，给编程带来了困难。

LCYC95 循环可以在坐标轴平行方向加工由子程序编程的轮廓，如图 4-70 所示。可以进行纵向和横向加工，也可以进行内外轮廓的加工；可以进行粗加工，也可以进行精加工。在精加工时，循环内部自动激活刀尖半径补偿。

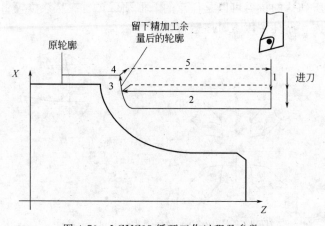

图 4-70　LCYC95 循环工作过程及参数

1—进刀；2—粗切削；3—剩余角切削；4—退刀；5—返回

（2）调用

LCYC95

（3）前提条件

① 直径编程 G23 指令必须有效。

② 在调用循环之前必须选择带刀具补偿的相应的刀具。

③ 程序嵌套中至多可以从第二级程序界面中调用此循环（自身两级嵌套）。

（4）参数

参数	含义,数值范围	参数	含义,数值范围
R105	加工类型　数值 1～12	R110	粗加工时的退刀量
R106	精加工余量,无符号	R111	粗切进给率
R108	切入深度,无符号		
R109	粗加工切入角	R112	精切进给率

（5）参数说明

R105　加工方式用参数 R105 确定，数值 1～12 分别表示：

数值	纵向/横向	外部/内部	粗加工/精加工/综合加工	数值	纵向/横向	外部/内部	粗加工/精加工/综合加工
1	纵向	外部	粗加工	7	纵向	内部	精加工
2	横向	外部	粗加工	8	横向	内部	精加工
3	纵向	内部	粗加工	9	纵向	外部	综合加工
4	横向	内部	粗加工	10	横向	外部	综合加工
5	纵向	外部	精加工	11	纵向	内部	综合加工
6	横向	外部	精加工	12	横向	内部	综合加工

在纵向（Z）加工时，进刀总是在横向（X）坐标轴方向进行；在横向（X）加工时，进刀则在纵向（Z）坐标轴进行。如果该参数编程了其他值，则循环中断并给出报警 61002"加工方式错误编程"。

R106　精加工余量参数。通过参数 R106 可以编程一个精加工余量。如果没有编程精加工余量，则直接进行粗加工至最终轮廓。

R108　切入深度参数。在参数 R108 下设定粗加工最大可能的进刀深度，但当前粗加工中所用的实际进刀深度则由循环自动计算出来。

R109　粗加工切入角。粗加工时的刀尖按照参数 R109 下编程的角度方向进行切入，与加工走刀方向垂直时 R109＝0。

R110　粗加工时退刀量参数。沿坐标轴平行方向的每次粗加工之后均须从轮廓退刀，然后用 G0 返回起始点。在此，由参数 R110 确定退刀量的大小。

R111　粗切进给率参数。设定粗加工时的进给率，当加工方式为精加工该参数无效。

R112　精切进给率参数。设定精加工时的进给率，当加工方式为粗加工该参数无效。

（6）轮廓定义

在一个子程序中编程待加工的工件轮廓，以确定待加工部位的形状和位置，循环必须通过变量"＿CNAME"名下的子程序名调用子程序。轮廓由直线或圆弧组成，并可以插入圆角和倒角，编程的圆弧段最大可以为四分之一圆。轮廓中不允许含"根切"，所谓轮廓"根切"简单地说就是轮廓内凹。若轮廓中包含"根切"，则循环停止运行并发出报警：61605"轮廓定义出错"。轮廓的编程方向必须与精加工时所选择的加工方向相一致。

（7）时序过程

循环开始之前所到达的位置可以是任意的，但须保证每次从该位置出发进行循环加工时不发生刀具碰撞。

① 粗加工时序。

a. 用 G0 在两个坐标轴方向同时回循环加工起始点（内部计算）。

b. 按照参数 R109 下编程的角度进行深度进给。

c. 在坐标轴平行方向用 G1 和参数 R111 下给定的进给率切削到粗加工交点。

d. 用 G1、G2、G3 按参数 R111 设定的进给率，沿着"轮廓＋精加工余量"进行余角切削加工到最后一点。

e. 在每个坐标轴方向按参数 R110 中所编程的退刀量（mm）退刀并用 G0 返回。

f. 重复以上过程，直至加工到最后形状。

② 精加工时序

a. 用 G0 按不同的坐标轴分别回循环加工起始点。

b. 用 G0 在两个坐标轴方向同时回轮廓起始点。

c. 用 G1、G2、G3 按参数 R112 设定的进给率沿着轮廓进行精加工。

d. 用 G0 在两个坐标轴方向回循环加工起始点。

（8）起始点

循环自动地计算出加工起始点。在粗加工时两个坐标轴同时回起始点；在精加工时则按不同的坐标轴分别回起始点，首先运行的是进刀坐标轴；综合加工方式中在最后一次粗加工之后，不再回到内部计算的起始点。

（9）编程举例

如图 4-71 所示零件，采用坯料切削循环；选择"纵向、外部、综合加工"方式，最大进刀深度 5mm，精加工余量 0.5mm。

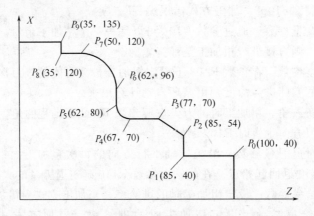

图 4-71　LCYC95 毛坯切削循环示例

N10 G54 F0. 3 S300 M3 T1	; 工艺数据设定
N20 Z100 X150	; 选择起始位置（任意），确保无碰撞地回轮廓起始点
N30 _ CNAME="TESK1"	; 轮廓子程序调用
N40 R105=9 R106=0. 5 R108=5 R109=0　R110=1 R111=0. 3 R112=0. 2	; 设定循环参数
N50 LCYC95	; 调用循环粗精车
N60 G0 Z100 X150	; 退刀
N70 M2	; 程序结束

TESK1

N10 G1 Z100 X40	; 起始点 P_0
N20 Z85	; P_1
N30 X54	; P_2
N40 Z77 X70	; P_3
N50 Z67	; P_4
N60 G2 Z62 X80 CR=5	; P_5
N70 G1 X96	; P_6
N80 G3 Z50 X120 CR=12	; P_7
N90 G1 Z35	; P_8
N100 X135	; P_9
N110 M2	

4.12.3.4　螺纹切削循环 LCYC97

（1）功能

螺纹车削可以采用前面介绍的 G33 功能编程加工。但是，一个螺纹往往要分多次车削才能加工完成，每车一刀需要四个程序段，编程工作非常烦琐。采用 LCYC97 螺纹车削循环可以按纵向或横向加工形状为圆柱体或圆锥体的外螺纹或内螺纹，并且既能加工单头螺纹也能加工多头螺纹。切削进刀深度可自由设定。图 4-72 为其参数示意图。在螺纹加工期间，进给修调开关和主轴修调开关均无效。

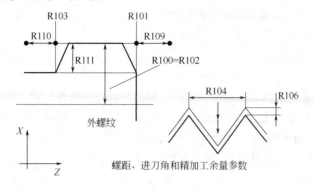

图 4-72   LCYC97 循环工作过程及参数

（2）调用

LCYC97

（3）前提条件

① 直径编程 G23 指令必须有效。

② 在调用循环之前必须选择带刀具补偿的相应的刀具。

（4）参数

参数	含义，数值范围	参数	含义，数值范围
R100	螺纹起始点直径	R109	空刀导入量，无符号
R101	纵向轴螺纹起始点	R110	空刀导出量，无符号
R102	螺纹终点直径	R111	螺纹深度，无符号
R103	纵向轴螺纹终点	R112	起始点偏移，无符号
R104	螺纹导程值，无符号	R113	粗切削次数，无符号
R105	加工类型 数值：1,2。1：外螺纹；2：内螺纹	R114	螺纹头数，无符号
R106	精加工余量，无符号		

（5）参数说明

R100，R101   分别为螺纹起始点直径和螺纹起始点纵向坐标参数，用于确定螺纹在 X 轴和 Z 轴方向上的起始位置。

R102，R103   分别为螺纹终点直径和螺纹终点纵向坐标参数，用于确定螺纹在 X 轴和 Z 轴方向上的终点位置。

R104   螺纹导程值参数。螺纹导程值为坐标轴平行方向的数值，不含符号。

R105   加工方式参数。参数 R105 确定加工外螺纹或者内螺纹。R105＝1 为外螺纹，R105＝2 为内螺纹。若该参数编程了其他数值，则循环中断，并给出报警 61002 "加工方式错误编程"。

R106   精加工余量参数。螺纹深度减去参数 R106 设定的精加工余量后剩下的尺寸划分为几次粗切削进给。

R109，R110   分别为空刀导入量和空刀导出量参数。参数 R109 和 R110 用于循环内部计算空刀导入量和空刀导出量。循环中编程起始点提前一个空刀导入量，编程终点延长一个空刀导出量。

R111   螺纹深度参数。参数 R111 确定螺纹深度，由具体螺纹确定。

R112   起始点偏移参数。在该参数下编程一个角度值，由该角度确定车削件圆周上第一螺纹线的切削切入点位置。参数值范围 0.0001°～359.999°。如果没有说明起始点的偏移量，则第一条螺纹线自动地从 0°位置开始加工。

R113　粗切削次数参数。R113 确定螺纹加工中粗切削次数，循环根据参数 R105 和 R111 自动地计算出每次切削的进刀深度。

R114　螺纹头数参数。

（6）时序过程

循环开始之前所到达的位置可以是任意的，但须保证每次从该位置出发无碰撞地回到所编程的"螺纹起始点＋空刀导入量"处进行循环加工时，不发生刀具碰撞。循环按以下时序运行。

① 用 G0 回第一条螺纹线空刀导入量的起始处。

② 按照参数 R105 确定的加工方式进行粗加工进刀。

③ 根据编程的粗切削次数重复螺纹切削。

④ 用 G33 切削精加工余量。

⑤ 对于其他的螺旋线重复整个过程。

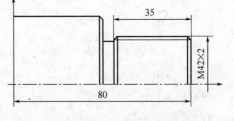

图 4-73　LCYC97 螺纹切削循环示例

（7）编程举例

加工图 4-73 所示双头螺纹 M42×2。

```
N10 G54 F0. 3 S200 M3 T1                        ; 工艺数据设定
N20 G0 Z100 X120                                ; 选择起始位置（任意），确保
                                                  无碰撞地回轮廓起始点

N30 R100=42 R101=80 R102=42 R103=45 R104=4
   R105=1 R106=0. 02 R109=3 R110=3 R111=1. 6
   R112=0 R113=10 R114=2                         ; 设定循环参数
N40 LCYC97                                       ; 调用循环车螺纹
N50 G0 Z100 X60                                  ; 退刀
N60 M2                                           ; 程序结束
```

（8）应用说明

与普通车床车螺纹一样，数控车床车削螺纹通常根据需要分成多次切削才能加工完成。当螺纹螺距较大时，随着切削深度的加大，切削宽度将增大，切削力增大。为了保证螺纹加工质量，每次的径向进刀量应逐步减少。对于三角形螺纹，如果采用中心对称切入法，即每次刀尖对着螺纹槽底切入，则刀具左右刀刃同时等量参与切削，左右刀刃排屑相互挤压干涉，导致切削力增大，加工质量下降。因此，当螺纹质量要求较高或螺距较大时，应考虑通过轴向或周向偏移实行单刃切削，使得切屑可以自由排出，从而降低切削力，提高加工质量。需要注意的是，普通车床车削螺纹由于是人工控制退刀返回等操作，从操作安全等方面考虑，一般采用低速加工。数控车床是自动加工，不存在上述问题，因此建议尽可能采用高速车削螺纹，以提高生产率。此外，计算编程螺纹深度时，应注意考虑刀尖圆弧半径的影响。

4.13　轮廓编程

（1）功能

本系统提供了不同的轮廓元素组合，编程时可以在机通过软键找出相应的图形界面，并

直接在图形界面上的屏幕格式中填入必要的原始数据即可，从而省去繁杂的人工数据计算工作，确保快速、可靠、方便地编制零件程序。

（2）内容

利用轮廓屏幕格式可以编程如下轮廓元素或轮廓段，如图 4-74 所示。

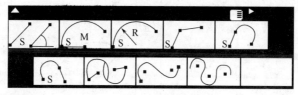

图 4-74 轮廓编程轮廓段形式

直线段，有终点坐标或角度。

圆弧段，有圆心坐标和终点坐标。

圆弧段，有圆心坐标和张角。

圆弧段，有圆心坐标和半径。

直线-直线轮廓段，有终点坐标和角度。

直线-圆弧轮廓段，切线过渡：由角度、半径和终点坐标计算。

直线-圆弧轮廓段，任意过渡：由角度、圆心和终点坐标计算。

圆弧-直线轮廓段，切线过渡：由角度、半径和终点坐标计算。

圆弧-直线轮廓段，任意过渡：由角度、圆心和终点坐标计算。

圆弧-圆弧轮廓段，切线过渡：由圆心、半径和终点坐标计算。

圆弧-圆弧轮廓段，任意过渡：由圆心和终点坐标计算。

圆弧-直线-圆弧轮廓段，切线过渡。

圆弧-圆弧-圆弧轮廓段，切线过渡。

（3）示例 1

直线轮廓段。

利用直线轮廓辅助编程，通过在屏幕格式中填入终点坐标或角度等数据，即可生成直线程序段。

编程时通过软键打开图 4-75 所示界面，在此屏幕格式中填入相应的数据，并可以对"G0/G1"及"G90/G91"进行选择，按"角度"软键可以选择角度方式输入，最后按右下方"确认"软键即返回编程界面并生成相应程序。

（4）示例 2

圆弧-直线轮廓段，切线过渡。

利用圆弧-直线轮廓段轮廓编程，通过在屏幕格式中填入直线终点坐标和角度及圆弧半径即可自动计算出圆弧与直线的切点，从而生成圆弧-直线程序段。

编程时通过软键打开图 4-76 所示界面，在此屏幕格式中填入直线的终点坐标"E(Z,X)"、夹角"A"和圆弧半径"R"及进给量"F"。利用"G90/G91"可以进行尺寸输入制式选择，"G2/G3"可以进行方向转换，"相交点"可以进行切线过渡或其他过渡选择。最后按右下方"确认"软键即返回编程界面并生成相应程序。

（5）示例 3

圆弧-直线-圆弧轮廓段。

利用圆弧-直线-圆弧轮廓段轮廓编程，可以在两个圆弧间插入一条直线，通过在屏幕格式中填入相应的数据，即可自动计算出三个程序段，并保存到零件程序中。

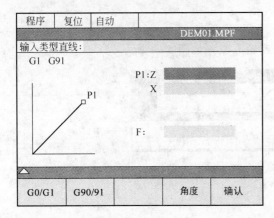

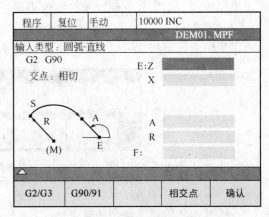

图 4-75　直线轮廓段　　　　　　　　　图 4-76　圆弧-直线轮廓段

编程时通过软键打开图 4-77 所示界面，在此屏幕格式中填入终点坐标"E(Z，X)"、第一圆弧圆心"M1（Z，X）"和半径"R1"、第二圆弧圆心"M2（Z，X）"和半径"R2"及进给量"F"。利用"G90/G91"可以进行尺寸输入制式选择，"G2/G3"可以确定两圆弧轮廓的方向。最后按右下方"确认"软键即返回编程界面并生成相应程序。

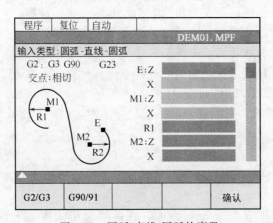

图 4-77　圆弧-直线-圆弧轮廓段

4.14　综合编程例

4.14.1　例 1

加工如图 4-78 所示零件，材料 45 钢，坯料 $\phi 60 \times 102$。

刀具：T1——硬质合金 93°右偏刀。

方案 1（基本编程）

特点：程序通用性强。

CEXP1Z1

```
    N10 G54 S300 M3 M7 T1              ;选择刀具，设定工艺数据
    N20 G96 S50 LIMS=3000 F0.3        ;设定粗车恒线速度
```

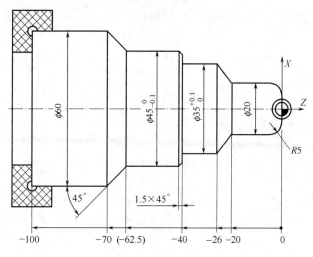

图 4-78　综合编程例 1

N30 G0 X65 Z0. 2	；快速引刀接近工件，准备粗车端面
N40 G1 X-2	；粗车端面，留余量 0.2
N50 G0 X52 Z1	；退刀，准备切外圆
N60 G1 Z-65. 7	；粗切外圆第一刀至 ϕ52
N70 X62	；径向退刀切出
N80 G0 Z1	；轴向返回
N90 X45. 4	；径向进刀
N100 G1 Z-62. 4	；粗切外圆第二刀至 ϕ45.4
N110 X60. 5 Z-70	；45°锥面余料切削
N120 G0 Z1	；轴向返回
N130 X35. 4	；径向进刀
N140 G1 Z-39. 8	；粗切外圆第三刀至 ϕ35.4
N150 X46	；径向退刀切出
N160 G0 Z1	；轴向返回
N170 X28	；径向进刀
N180 G1 Z-22. 9	；粗切外圆第四刀至 ϕ28
N190 X36	；径向退刀切出
N200 G0 Z1	；轴向返回
N210 X20. 4	；径向进刀
N220 G1 Z-19. 9	；粗切外圆第五刀至 ϕ20.4
N230 X35. 5 Z-26	；锥面余料切削
N240 G0 Z1	；轴向返回
N250 X10	；径向进刀
N260 G1 Z0. 2	；轴向进刀
N270 G3 X20. 4 Z-5 CR=5. 2	；粗切 R5 圆弧至 R5.2
N280 G0 Z1	；轴向返回
N290 G96 S80 LIMS=3000 F0. 15	；设定精车恒线速度

```
    N300 G0 X-2                          ; 径向进刀
    N310 G1 Z0                           ; 轴向进刀
    N320 X10                             ; 精车端面
    N330 G3 X20 Z-5 CR=5                 ; 精车 R5
    N340 G1 Z-20                         ; 精车 φ20
    N350 X35. 05 Z-26                    ; 精车锥面
    N360 Z-40                            ; 精车 φ35
    N370 X44. 95 CHF=(1. 5 * 1. 414)     ; 倒角
    N380 Z-62. 5                         ; 精车 φ45
    N390 X60 Z-70                        ; 精车锥面
    N400 G0 X100 Z150 M9                 ; 快速退刀，关冷却
    N410 M2                              ; 程序结束
```

方案 2（循环编程）

　　特点：程序简洁。

```
CEXP1Z2
    N10 G54 S300 M3 M7 T1                ; 选择刀具，设定工艺数据
    N20 G96 S50 LIMS=3000 F0. 3          ; 设定粗车端面恒线速度
    N30 G0 X65 Z0. 2                     ; 快速引刀接近工件，准备粗车端面
    N40 G1 X-2                           ; 粗车端面
    N50 G0 X65 Z2                        ; 退刀
    N60 G96 S80 LIMS=3000 F0. 15         ; 设定精车端面恒线速度
    N70 G0 Z0                            ; 进刀
    N80 G1 X-2                           ; 精车端面
    N90 G0 X65 Z20                       ; 退刀
    N100 G96 S50 LIMS=3000 F0. 3         ; 设定粗车轮廓恒线速度
    N110 _ CNAME="LK1"                   ; 轮廓调用
    N120 R105=1 R106=0. 2 R108=4 R109=0
       R110=2 R111=0. 3 R112=0. 15       ; 循环参数设定
    N130 LCYC95                          ; 调用 LCYC95 循环轮廓粗加工
    N140 G96 S80 LIMS=3000 F0. 15        ; 设定精车轮廓恒线速度
    N150 R105=5                          ; 循环参数调整
    N160 LCYC95                          ; 调用 LCYC95 循环轮廓精加工
    N170 G0 X100 Z150 M9                 ; 快速退刀，关冷却
    N180 M2                              ; 程序结束
LK1
    N10 G1 X10 Z0                        ; 轮廓起点
    N20 G3 X20 Z-5 CR=5                  ; R5 圆弧轮廓
    N30 G1 Z-20                          ; φ20 圆柱轮廓
    N40 X35. 05 Z-26                     ; 圆锥轮廓
    N50 Z-40                             ; φ35 圆柱轮廓
    N60 X44. 95 CHF=(1. 5 * 1. 414)      ; 端面与倒角轮廓
```

N70 Z-62.5　　　　　　　　　　　　; φ45 圆柱轮廓

N80 X60 Z-70　　　　　　　　　　　; 圆锥轮廓

N90 M17　　　　　　　　　　　　　　; 结束

4.14.2　例 2

加工如图 4-79 所示零件，材料 45 钢，坯料 φ60×122。

刀具：T1——硬质合金 93°右偏刀；

　　　T2——宽 3mm 硬质合金割刀，D1——左刀尖。

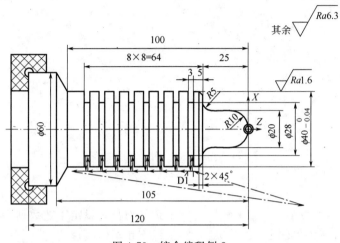

图 4-79　综合编程例 2

方案 1（子程序割槽）

CEXP2Z1

```
    N10 G56 S300 M3 M7 T1                    ; 选择刀具，设定工艺数据
    N20 G96 S50 LIMS=3000 F0.3              ; 设定粗车恒线速度
    N30 G0 X65 Z0                           ; 快速引刀接近工件，准备车端面
    N40 G1 X-2                              ; 车端面
    N50 G0 X65 Z10                          ; 退刀
    N60 _ CNAME="LK2"                       ; 轮廓调用
    N70 R105=1 R106=0.2 R108=4 R109=0
       R110=2 R111=0.3 R112=0.15            ; 毛坯循环参数设定
    N80 LCYC95                              ; 调用 LCYC95 循环轮廓粗加工
    N90 G96 S80 LIMS=3000 F0.15             ; 设定精车恒线速度
    N100 R105=5                             ; 调整循环参数
    N110 LCYC95                             ; 调用 LCYC95 循环轮廓精加工
    N120 G0 X100 Z150                       ; 快速退刀，准备换割刀
    N125 G97                                ; 取消恒线速度
    N130 T2 F0.1 S250                       ; 换 T2 割刀 D1 有效，调整工艺数据
    N140 G0 X42 Z-33                        ; 快速引刀至槽 Z 向左侧
    N150 LCEXP2 P8                          ; 调用子程序 8 次割 8 槽
    N160 G0 X100 Z150 M9                    ; 快速退刀，关冷却
    N170 M2                                 ; 程序结束
```

```
LK2
    N10 G1 X0 Z0
    N20 G3 X20 Z-10 CR=10
    N30 G1 Z-20
    N40 G2 X30 Z-25 CR=5
    N50 G1 X39.98 CHF=2.818
    N60 Z-100
    N70 X60 Z-105
    N80 M17
LCEXP2
    N10 G91 G1 X-14
    N20 G4 S2
    N30 G1 X14
    N40 G0 Z-8
    N50 G90 M17
```

方案 2（跳转割槽）

```
CEXP2Z2
    N10 G56 S300 M3 M7 T1              ；选择刀具，设定工艺数据
    N20 G96 S50 LIMS=3000 F0.3        ；设定粗车恒线速度
    N30 G0 X65 Z0                     ；快速引刀接近工件，准备车端面
    N40 G1 X-2                       ；车端面
    N50 G0 X65 Z10                    ；退刀
    N60 _ CNAME="LK2"                ；轮廓调用
    N70 R105=1 R106=0.2 R108=4 R109=0.
        R110=2 R111=0.3 R112=0.15     ；毛坯循环参数设定
    N80 LCYC95                       ；调用 LCYC95 循环轮廓粗加工
    N90 G96 S80 LIMS=3000 F0.15       ；设定精车恒线速度
    N100 R105=5                      ；调整循环参数
    N110 LCYC95                      ；调用 LCYC95 循环轮廓精加工
    N120 G0 X100 Z150                ；快速退刀，准备换割刀
    N125 G97                         ；取消恒线速度
    N130 T2 F0.1 S250                ；换 T2 割刀 D1 有效，调整工艺数据
    N140 G0 X42 Z-33                 ；快速引刀至槽 Z 向左侧
    N150 R1=1 R2=8                   ；设置参数
    N160 MA1: G91 G1 X-14            ；割槽
    N170 G4 S2                       ；槽底停
    N180 G1 X14                      ；退出
    N190 G0 Z-8                      ；移至下一位置
    N200 R1=R1+1                     ；指针参数加 1
    N210 IF R1< =R2 GOTOB MA1        ；条件跳转
    N220 G0 G90 X100 Z150 M9         ；退刀，关冷却
```

N230 M2　　　　　　　　　　　；结束程序

LK2

N10 G1 X0 Z0

N20 G3 X20 Z-10 CR=10

N30 G1 Z-20

N40 G2 X30 Z-25 CR=5

N50 G1 X39.98 CHF=2.818

N60 Z-100

N70 X60 Z-105

N80 M17

4.14.3　例 3

加工如图 4-80 所示零件，材料 45 钢，坯料 $\phi60\times102$。

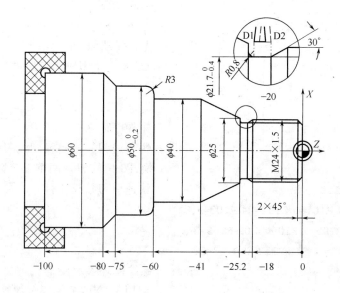

图 4-80　综合编程例 3

刀具：T1——硬质合金 93°右偏刀；

　　　 T2——宽 3mm 硬质合金割刀，D1——左刀尖，D2——右刀尖；

　　　 T3——硬质合金 60°螺纹刀。

CEXP3

N10 G55 S300 M3 M7 T1　　　　　；选择刀具，设定工艺数据

N20 G96 S50 LIMS=3000 F0.3　　；设定粗车端面恒线速度

N30 G0 X65 Z0.2　　　　　　　　；快速引刀接近工件，准备粗车端面

N40 G1 X-2　　　　　　　　　　 ；粗车端面

N50 G0 X65 Z2　　　　　　　　　；退刀

N60 G96 S80 LIMS=3000 F0.15　 ；设定精车端面恒线速度

N70 G0 Z0　　　　　　　　　　　；进刀

N80 G1 X-2　　　　　　　　　　 ；精车端面

N90 G0 X65 Z20　　　　　　　　 ；退刀

```
N100 G96 S50 LIMS=3000 F0. 3        ; 设定粗车轮廓恒线速度
N110 _ CNAME="LK3"                  ; 轮廓调用
N120 R105=1 R106=0. 2 R108=4 R109=0
    R110=2 R111=0. 3 R112=0. 15     ; 毛坯循环参数设定
N130 LCYC95                         ; 调用 LCYC95 循环轮廓粗加工
N140 G96 S80 LIMS=3000 F0. 15       ; 设定精车轮廓恒线速度
N150 R105=5                         ; 循环参数调整
N160 LCYC95                         ; 调用 LCYC95 循环轮廓精加工
N170 G97                            ; 取消恒线速度
N180 G0 X100 Z150                   ; 快速退刀，准备换割刀
N190 T2 F0. 1 S400                  ; 换 T2 割刀 D1 有效，调整工艺数据
N200 G0 X26 Z-24. 4                 ; 快速引刀左刀尖至槽左侧 Z 向圆弧起点
N210 G1 X21. 5                      ; 割至槽深
N220 G2 X23. 1 Z-25. 2 CR=0. 8      ; 车 R0. 8
N230 G1 X26                         ; 光 φ25 端面
N240 G0 Z-20 D2                     ; D2 有效，快速引刀右刀尖至槽右侧 Z 向
                                       30°起点
N250 G1 X21. 5                      ; 割至槽深
N260 X24 Z-18                       ; 车 30°面
N270 G0 X100 Z150                   ; 快速退刀，准备换螺纹刀
N280 T3 S800                        ; 换 T3 螺纹刀，调整工艺数据
N290 G0 X30 Z10                     ; 快速引刀接近工件
N300 R100=24 R101=0 R102=24 R103=-18
    R104=1. 5 R105=1 R106=0. 02 R109=3
    R110=3 R111=0. 975 R112=0 R113=10
    R114=1                          ; 螺纹循环参数设定
N310 LCYC97                         ; 调用 LCYC97 循环车螺纹
N320 G0 X100 Z150 M9                ; 快速退刀，关冷却
N330 M2                             ; 程序结束
LK3
N10 G1 X20 Z0
N20 X23. 8 Z-2
N30 Z-25. 2
N40 X25
N50 X40 Z-41
N60 Z-60
N70 X49. 9 RND=3
N80 Z-75
N90 X60 Z-80
N100 M17
```

4.14.4　例 4

加工如图 4-81 所示零件，材料为硬铝，坯料 $\phi80\times108$。

刀具：T1——硬质合金 93° 右偏刀；

　　　T2——宽 6mm 硬质合金割刀，D1——左刀尖；

　　　T3——$\phi12$ 高速钢钻头；

　　　T4——$\phi19$ 高速钢扩孔钻；

　　　T5——硬质合金镗刀，主偏角 95°。

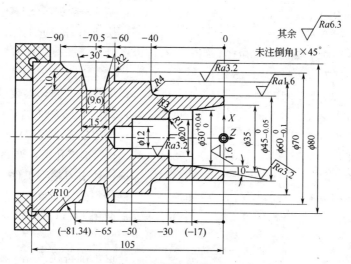

图 4-81　综合编程例 4

```
CEXP4
    N10 G57 S400 M3 T1                          ;选择刀具，设定工艺数据
    N20 G96 S100 LIMS=3000 F0.3                 ;设定粗车端面恒线速度
    N30 G0 X85 Z0.2                             ;快速引刀接近工件，准备粗车端面
    N40 G1 X-2                                  ;粗车端面
    N50 G0 X85 Z2                               ;退刀
    N60 G96 S150 LIMS=3000 F0.15               ;设定精车端面恒线速度
    N70 G0 Z0                                   ;进刀
    N80 G1 X-2                                  ;精车端面
    N90 G0 X85 Z20                              ;退刀
    N100 G96 S100 LIMS=3000 F0.3               ;设定粗车外轮廓恒线速度
    N110 _ CNAME="LK41"                         ;外轮廓调用
    N120 R105=1 R106=0.2 R108=5 R109=0
        R110=2 R111=0.3 R112=0.15              ;毛坯循环参数设定
    N130 LCYC95                                 ;调用 LCYC95 循环外轮廓粗加工
    N140 G96 S150 LIMS=3000 F0.15              ;设定精车轮廓恒线速度
    N150 R105=5                                 ;循环参数调整
    N160 LCYC95                                 ;调用 LCYC95 循环外轮廓精加工
    N170 G97                                    ;取消恒线速度
    N180 G0 X100 Z150                           ;快速退刀，准备换割刀
```

N190 T2 F0. 2 S300   ; 换 T2 割刀，调整工艺数据

N200 G0 X80 Z-80   ; 快速引刀接近工件，准备调用循环

N210 R100=70 R101=-78 R105=1 R106=0. 2

 R107=6 R108=2 R114=9. 6 R115=10

 R116=15 R117=0 R118=0 R119=0. 1   ; 割槽循环参数设定

N220 LCYC93   ; 调用 LCYC93 循环割槽

N230 G0 X100 Z150   ; 快速退刀，准备换钻头

N240 T3 S800   ; 换 T3 钻头，调整工艺数据

N250 G0 G17 X0 Z5   ; 快速引刀接近工件

N260 R101=5 R102=2 R103=0 R104=-65

 R105=0 R107=0. 2 R108=0. 15 R109=0

 R110=-15 R111=3 R127=1   ; 深孔加工循环参数设定

N280 LCYC83   ; 调用 LCYC83 循环钻 ϕ12 孔

N290 G0 Z200   ; 退出准备换刀

N300 T4 S600   ; 换 T4 扩孔钻，调整工艺数据

N310 G0 X0 Z5   ; 快速引刀接近工件

N320 R104=-49. 8   ; 调整循环参数

N330 LCYC83   ; 调用 LCYC83 循环扩孔至 ϕ19 深 49. 8

N340 G18

N350 G0 Z200   ; 退出准备换刀

N360 T5   ; 换 T5 镗刀

N370 G96 S80 LIMS=3000 F0. 2   ; 设定内轮廓粗车恒线速度

N380 G0 X10 Z10

N390 _ CNAME="LK42"   ; 内轮廓调用

N400 R105=3 R106=0. 2 R108=2 R109=0

 R110=2 R111=0. 3 R112=0. 15   ; 毛坯循环参数设定

N410 LCYC95   ; 调用 LCYC95 循环内轮廓粗加工

N420 G96 S120 LIMS=3000 F0. 15   ; 设定内轮廓精车恒线速度

N430 R105=7   ; 调整循环参数

N440 LCYC95   ; 调用 LCYC95 循环内轮廓精加工

N450 G0 X100 Z150

N460 M2

LK41

 N10 G1 X43 Z0

 N20 X44. 975 Z-1

 N30 Z-36

 N40 G2 X52. 975 Z-40 CR=4

 N50 G1 X58

 N60 X59. 95 Z-41

 N70 Z-60

 N80 X70 RND=2

  N90 Z-81.34

  N100 G2 X80 Z-90 CR=10

  N110 M17

LK42

  N10 G1 X35 Z0

  N20 X30.02 Z-17

  N30 Z-27

  N40 G3 X24.02 Z-30 CR=3

  N50 G1 X20 RND=1

  N60 Z-50

  N70 X12

  N80 M17

4.14.5　例 5

  加工如图 4-82 所示零件，材料为硬铝，坯料 ϕ30 长棒。

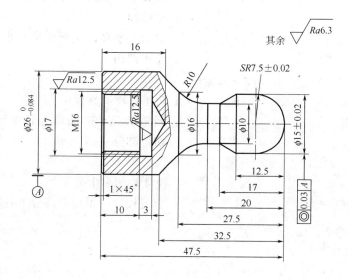

图 4-82　综合编程例 5

  刀具：T1——硬质合金 93°右偏刀；

    T2——硬质合金 93°右偏刀，副偏角＞30°；

    T3——宽 4mm 硬质合金割刀；

    T4——ϕ13 高速钢钻头；

    T5——宽 3mm 内割刀，D1——左刀尖；

    T6——高速钢镗刀；

    T7——60°内螺纹刀。

  加工工艺

  工序 1　夹毛坯，外伸约 60mm，一次装夹下车各外轮廓，以保证图中同轴度要求，如图 4-83(a) 所示，车完割断，左端面留 1mm 余量。程序号 CEXP5GX1。

  工序 2　调头夹 ϕ26 已加工外圆（采用软爪或夹铜皮），加工左端面及内孔各要素，如图 4-83(b) 所示。程序号 CEXP5GX2。

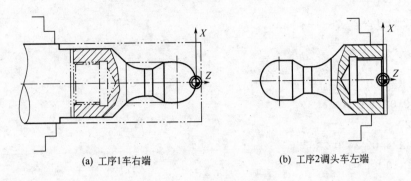

(a) 工序1车右端   (b) 工序2调头车左端

图 4-83　安装加工示意图

CEXP5GX1

N10 G54 S600 M3 T1	；选择刀具，设定工艺数据
N20 G96 S60 LIMS=3000 F0.3	；设定车端面恒线速度
N30 G0 X35 Z0	；快速引刀接近工件，准备车端面
N40 G1 X-2	；车端面
N50 G0 X30 Z10	；退刀，准备调用循环粗车外圆
N60 _ CNAME="LK5"	；轮廓调用
N70 R105=1 R106=0.2 R108=3 R109=0 　R110=2 R111=0.3 R112=0.15	；毛坯循环参数设定
N80 LCYC95	；调用 LCYC95 循环外轮廓粗加工（不含"根切"部分）
N90 G0 X100 Z150	
N100 T2	；换 T2 外圆刀
N110 G0 X16 Z-12.5	；引刀接近"根切"部分准备粗切
N120 G1 X15.4	
N130 X10.4 Z-17	
N140 Z-20	
N150 G2 X16.4 Z-27.5 CR=9.8	
N160 G0 Z2	
N170 G96 S150 LIMS=3000 F0.15	；设定精车恒线速度
N175 G0 X-2	
N180 G1 G42 Z0	；切入，建立刀尖半径补偿准备精车
N190 X0	
N200 G3 X15 Z-7.5 CR=7.5	
N210 G1 Z-12.5	
N220 X10 Z-17	
N230 Z-20	
N240 G2 X16 Z-27.5 CR=10	
N250 G1 X25.96 Z-32.5	
N260 Z-54	

```
    N270 G0 G40 X40                          ;切出，取消刀尖半径补偿
    N280 X100 Z150
    N285 G97                                 ;取消恒线速度
    N290 T3 S500                             ;换 T3 割刀，调整工艺数据
    N300 G0 X28 Z-52. 5
    N310 G1 X-1
    N320 G0 X100 Z150
    N330 M2
LK5
    N10 G1 X0 Z0
    N20 G3 X15 Z-7. 5 CR=7. 5
    N30 G1 Z-12. 5
    N40 X16 Z-27. 5
    N50 X26 Z-32. 5
    N60 Z-54
    N70 X30
    N80 M17
CEXP5GX2
    N10 G55 S1000 M3 T1                      ;选择刀具，设定工艺数据
    N20 G96 S60 LIMS=3000 F0. 3              ;设定粗车端面恒线速度
    N30 G0 X30 Z0. 2                         ;快速引刀接近工件，准备粗车端面
    N40 G1 X-2                               ;粗车端面
    N50 G0 X30 Z1
    N60 Z0
    N70 G96 S100 LIMS=3000 F0. 15            ;设定精车端面恒线速度
    N80 G1 X-2                               ;精车端面
    N90 G0 X22 Z1
    N100 G1 X28 Z-1                          ;倒角
    N110 G0 G97 X100 Z150
    N120 G17 T4 F0. 2 S600                   ;换 T4 钻头，调整工艺数据，准备钻孔
    N130 G0 X0 Z5
    N140 G1 Z-16
    N150 G0 Z200
    N160 G18 T5 F0. 1 S400                   ;换 T5 内割刀，调整工艺数据，准备割内槽
    N170 G0 X12 Z5
    N180 Z-13
    N190 G1 X17
    N200 G0 X12
    N210 Z200
    N220 T6 F0. 1 S500                       ;换 T6 镗刀，调整工艺数据，准备镗螺纹底孔
    N230 G0 X15. 9 Z1
```

N240 G1 Z0

N250 X13. 9 Z-1   ; 倒角

N260 Z-11

N270 G0 X12

N280 Z200

N290 T7 S400   ; 换 T7 螺纹刀，调整工艺数据，准备车内螺纹

N300 G0 X12 Z5

N310 R100=13. 9 R101=0 R102=13. 9

　　R103=-10 R104=2 R105=2 R106=0. 02

　　R109=2 R110=1 R111=1 R112=0

　　R113=10 R114=1

N320 LCYC97

N330 G0 X100 Z150

N340 M2

4. 14. 6 例 6

加工如图 4-84 所示零件，材料为硬铝，坯料 $\phi32\times84$。

刀具：T1——硬质合金 93°右偏刀；

　　　T2——$\phi16$ 高速钢钻头；

　　　T3——宽 4mm 内割刀，D1——左刀尖；

　　　T4——高速钢镗刀；

　　　T5——60°内螺纹刀；

　　　T6——硬质合金 93°右偏刀，副偏角＞15°。

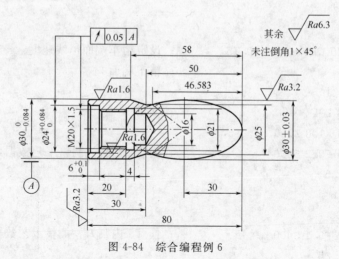

图 4-84　综合编程例 6

加工工艺

工序 1　夹毛坯，车左侧端面、外圆及内孔各要素，以保证螺纹孔与外圆的同轴度，如图 4-85(a) 所示。程序号 CEXP6GX1。

工序 2　调头夹 $\phi30$ 已加工外圆（采用软爪或夹铜皮），车右侧椭圆等要素，如图 4-85(b)所示。程序号 CEXP6GX2。

CEXP6GX1

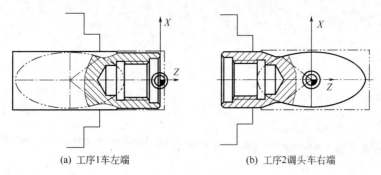

(a) 工序1车左端　　　　　　　　(b) 工序2调头车右端

图 4-85　安装加工示意图

N10 G56 S800 M3 T1　　　　　　　　　　; 选择刀具，设定工艺数据

N20 G96 S60 LIMS=3000 F0.3　　　　　　; 设定粗车恒线速度

N30 G0 X35 Z0.2　　　　　　　　　　　　; 快速引刀接近工件，准备粗车端面

N40 G1 X-2　　　　　　　　　　　　　　 ; 粗车端面

N50 G0 X30.5 Z1　　　　　　　　　　　　; 退刀，准备车外圆

N60 G1 Z-25　　　　　　　　　　　　　　; 粗车外圆

N70 X35

N80 G0 Z1

N90 G96 S100 LIMS=3000 F0.15　　　　　; 设定恒线速度准备精车端面与外圆

N100 G0 X-2

N110 G1 Z0

N120 X29.96 CHF=1.414

N130 Z-25

N140 G0 X100 Z150

N150 G97

N160 G17 T2 F0.2 S600　　　　　　　　　; 换 T2 钻头，调整工艺数据，准备钻孔

N170 G0 X0 Z5

N180 G1 Z-34.6

N190 G0 Z200

N200 G18 T3 F0.1 S400　　　　　　　　　; 换 T3 内割刀，调整工艺数据，准备割内槽

N210 G0 X15 Z5

N220 Z-24

N230 G1 X21

N240 G0 X15

N250 Z200

N260 T4 F0.1 S500　　　　　　　　　　　; 换 T4 镗刀，调整工艺数据，准备镗孔

N270 G0 X18.3 Z1

N280 G1 Z-21

N290 G0 X16

N300 Z1

N310 X21

```
    N320 G1 Z-5.9
    N330 X18
    N340 G0 Z1
    N350 X23.5
    N360 G1 Z-5.9
    N370 X18
    N380 G0 Z1
    N390 X26
    N400 G1 Z0
    N410 X24.042 Z-1
    N420 Z-6.05
    N430 X20.3
    N440 X18.3 Z-7
    N450 G0 Z200
    N460 T5 S300                            ；换 T5 螺纹刀，调整工艺数据，准备车内螺纹
    N470 G0 X12 Z5
    N480 R100=18.3 R101=-6 R102=18.3
      R103=-20 R104=1.5 R105=2
      R106=0.02 R109=2 R110 =1
      R111=0.975 R112=0 R113=10
      R114=1
    N490 LCYC97
    N500 G0 X100 Z150
    N510 M2
CEXP6GX2
    N10 G57 S600 M3 T1                      ；选择刀具，设定工艺数据
    N20 G96 S60 LIMS=3000 F0.3             ；设定恒线速度
    N30 G0 X36 Z30.2                        ；快速引刀接近工件，准备车端面
    N40 G1 X-2                              ；车端面
    N50 G0 X30.5 Z32                        ；退刀，准备粗车外圆
    N60 G1 Z-28                             ；粗车外圆至 φ30.5
    N70 X40 Z40                             ；退刀，准备调用循环粗车外轮廓
    N80 _ CNAME="LK6"
    N90 R105=1 R106=0.2 R108=3 R109=0
          R110=3 R111=0.3 R112=0.15        ；毛坯循环参数设定
    N100 LCYC95                             ；调用 LCYC95 循环外轮廓粗加工
    N110 G0 X100 Z150
    N120 T6                                 ；换 T6 外圆刀
    N130 G0 X32 Z0
    N140 G1 X30.4
    N150 R1=30.2 R2=15.2 R3=91
```

```
    N160 MA2: R4=R1 * COS(R3) R5=R2 * SIN(R3)
    N170 G1 Z=R4 X=2 * R5
    N180 R3=R3+ 1
    N190 IF R4>-16. 583 GOTOB MA2
    N200 G1 Z-20
    N210 X30. 5 Z-28
    N220 G0 X40 Z32
    N230 G96 S100 LIMS=3000 F0. 15
    N240 G0 X0
    N250 G1 Z30
    N260 R1=30 R2=15 R3=1
    N270 MA3: R4=R1 * COS (R3) R5=R2 * SIN (R3)
    N280 G1 Z=R4 X=2 * R5
    N290 R3=R3+1
    N300 IF R4>-16. 583 GOTOB MA3
    N310 G1 Z-20
    N320 X30 Z-28
    N330 G0 X100 Z150
    N340 M2
LK6
    N10 G1 X0 Z30
    N20 R1=30 R2=15 R3=1 R4=90
    N30 MA1: R5=R1 * COS (R3) R6=R2 * SIN (R3)
    N40 G1 Z=R5 X=2 * R6
    N50 R3=R3+1
    N60 IF R3< R4 GOTOB MA1
    N70 G1 X30. 5
    N80 M17
```

注意

　　实际切削加工工艺参数与具体工艺系统（机床-夹具-刀具-工件）有关，工艺系统情况不同，切削加工工艺参数也应随之改变。本书各例中所涉工艺参数仅供参考。此外未作特殊说明机床均按前置刀架考虑。

4.15　系统扩展（西门子 802D 系统）

4.15.1　西门子 802D 指令系统概况

　　西门子 802D 编程指令系统几乎沿袭了西门子 802S/C 的全部功能。其大部分功能指令代码与 802S/C 完全兼容，少数功能指令代码有所区别，但含义完全一致。如 CIP 即为 G5、TRANS 即为 G158 等；8 个固定循环基本与 802S/C 对应，只是循环地址字由 LCYC 改为 CYCLE，编程时参数格式定义略有差异。此外，西门子 802D 较 802S/C 新增了一些功能。

如圆弧切线过渡编程 CT、比例功能 SCALE、工作区域限制 G25/G26 等，这些功能进一步为编程者提供了方便；轨迹跳跃加速 BRISK 功能和轨迹平滑加速 SOFT 功能等为在一定条件下实现优化加工提供了选择的可能。

西门子 802D 车床版指令系统见表 4-7。

表 4-7　西门子 802D 指令系统

地　址	含　义	赋　值	说　明	编　程
D	刀具补偿号	0～9 整数，不带符号	用于某个刀具 T… 的补偿参数；D0 表示补偿值＝0，一个刀具最多有 9 个 D 补偿号	D…
F	进给率	0.001～99999.999	刀具/工件的进给速度，对应 G94 或 G95，单位分别为 mm/min 或 mm/r	F…
F	进给率（与 G4 一起可以编程停留时间）	0.001～99999.999	停留时间,s	G 4F…；单独程序段
G	G 功能（准备功能字）	仅为整数，已事先规定	G 功能按 G 功能组划分，一个程序段中同组的 G 功能只能有一个。G 功能按模态有效（直到被同组中其他功能替代），或者以程序段方式有效 G 功能组：	G… 或者符号名称，比如：CIP
G0	快速移动		1. 运动指令， （插补方式）	G0 X… Z…
G1 *	直线插补			G1 X… Z… F…
G2	顺时针圆弧插补			G2 X… Z… I… K… F… ；圆心和终点 G2 X… Z… CR＝… F… ；半径和终点 G2 AR＝… I… K… F… ；张角和圆心 G2 AR＝… X… Z… F… ；张角和终点
G3	逆时针圆弧插补			G3…；其他同 G2
CIP	中间点圆弧插补			CIP X… Z…I1＝…K1＝…F…
G33	恒螺距的螺纹切削		模态有效	G33Z… K… SF＝… ；圆柱螺纹 G33X… I… SF＝… ；横向螺纹 G33Z… X… K… SF＝… ；锥螺纹，Z 方向位移大于 X 轴方向位移 G33Z… X… I… SF＝… ；锥螺纹，X 方向位移大于 Z 轴方向位移
C331	不带补偿夹头切削内螺纹			N10 SPOS＝ 主轴处于位置调节状态 N20 G331 Z… K… S… ；在 Z 轴方向不带补偿夹具攻丝 ；右旋螺纹或左旋螺纹通过螺距的符号（比如 K＋）确定 　＋：同 M3 　－：同 M4

续表

地　址	含　义	赋　值	说　明	编　程
G332	不带补偿夹头切削内螺纹——退刀			G332 Z... K... ;不带补偿夹具切削螺纹——Z 向退刀 ;螺距符号同 G331
CT	带切线过渡的圆弧插补			N10... N20 CT Z... X... F... ;圆弧，与前一段轮廓为切线过渡
G4	暂停时间		2. 特殊运行,程序段方式有效	G4 F... 或 G4 S... ;自身程序段
G74	回参考点			G74X... Z... ;自身程序段
G75	回固定点			G75X... Z... ;自身程序段
TRANS	可编程偏置		3. 写存储器,程序段方式有效	TRANS X... Z... ;自身程序段
SCALE	可编程比例系数			SCALE X... Z... ;在所给定轴方向的比例系数,自身程序段
ATRANS	附加的可编程偏置			ATRANS X... Z... ;自身程序段
ASCALE	附加的可编程比例系数			ASCALE X... Z... ;在所给定轴方向的比例系数;自身程序段
G25	主轴转速下限或工作区域下限			G25 S... ;自身程序段 G25 X... Z...;自身程序段
G26	主轴转速上限或工作区域上限			G26 S... ;自身程序段 G26 X... Z...;自身程序段
G17	(在加工中心孔时要求)		6. 平面选择	
G18*	Z/X 平面			
G40*	刀尖半径补偿方式的取消		7. 刀尖半径补偿,模态有效	
G41	调用刀尖半径补偿,刀具在轮廓左侧移动			
G42	调用刀尖半径补偿,刀具在轮廓右侧移动			
G500*	取消可设定零点偏置		8. 可设定零点偏置,模态有效	
G54	第一可设定零点偏置			
G55	第二可设定零点偏置			
G56	第三可设定零点偏置			
G57	第四可设定零点偏置			
G58	第五可设定零点偏置			
G59	第六可设定零点偏置			
G53	按程序段方式取消可设定零点偏置		9. 取消可设定零点偏置,段方式有效	
G153	按程序段方式取消可设定零点偏置,包括手轮偏置			
G60*	准确定位		10. 定位性能,模态有效	
G64	连续路径方式			

地 址	含 义	赋 值	说 明	编 程
G9	准确定位,单程序段有效		11. 程序段方式准停,段方式有效	
G601*	在 G60,G9 方式下精准确定位		12. 准停窗口,模态有效	
G602	在 G60,G9 方式下粗准确定位			
G70	英制尺寸		13. 英制/公制尺寸,模态有效	
G71*	公制尺寸			
G700	英制尺寸,也用于进给率 F			
G710	公制尺寸,也用于进给率 F			
G90*	绝对尺寸		14. 绝对尺寸/增量尺寸,模态有效	
G91	增量尺寸			
G94	进给率 F,单位:mm/min		15. 进给/主轴,模态有效	
G95*	主轴进给率 F,单位:mm/r			
G96	恒定切削速度(F 单位:mm/r;s 单位:m/min)			G96 S... LIMS=... F...
G97	取消恒定切削速度			
G450*	圆弧过渡		18. 刀尖半径补偿时拐角特性,模态有效	
G451	交点过渡,刀具在工件转角处不切削			
BRISK*	轨迹跳跃加速		21. 加速度特性,模态有效	
SOFT	轨迹平滑加速			
FFWOF*	预控制关闭		24. 预控制,模态有效	
FFWON	预控制打开			
WALIMON*	工作区域限制生效		28. 工作区域限制,模态有效	适用于所有轴,通过设定数据激活;值通过 G25,G26 设置
WALIMOF	工作区域限制取消			
DIAMOF	半径尺寸输入		29. 尺寸输入,半径/直径,模态有效	
DIAMON*	直径尺寸输入			
G290*	西门子方式		47. 其他 NC 语言	
G291	其他方式		模态有效	

带 * 的功能在程序启动时生效(指系统处于供货状态、没有编程新的内容时)。

地 址	含 义	赋 值	说 明	编 程
H H0～H9999	H 功能	±0.0000001～99999999(8 个十进制数据位)或使用指数形式:±（10^{-300}～10^{+300}）	用于传送到 PLC 的数值,其定义由机床制造厂家确定	H0=... H9999=... 例如:H7=23.456
I	插补参数	±0.001～99999.999 螺纹: 0.001～2000.000	X 轴尺寸,在 G2 和 G3 中为圆心坐标;在 G33 中则表示螺距大小	参见 G2、G3 和 G33
K	插补参数	±0.001～99999.999 螺纹: 0.001～2000.000	Z 轴尺寸,在 G2 和 G3 中为圆心坐标;在 G33 中则表示螺矩大小	参见 G2、G3 和 G33
I1=	圆弧插补的中间点	±0.001～99999.999	属于 X 轴;用 CIP 进行圆弧插补的参数	参见 CIP

续表

地　址	含　义	赋　值	说　明	编　程
K1=	圆弧插补的中间点	±0.001~99999.999	属于 Z 轴；用 CIP 进行圆弧插补的参数	参见 CIP
L	子程序名及子程序调用	7 位十进制整数，无符号	可以选择 L1~L9999999；子程序调用需要一个独立的程序段 注意：L0001 不等于 L1 名称"LL6"用于刀具更换子程序	L… ;自身程序段
M	辅助功能	0~99 整数，无符号	用于进行开关操作，如"打开冷却液"，一个程序段中最多 5 个 M 功能	M…
M0	程序停止		用 M0 停止程序的执行，按"启动"键加工继续执行	
M1	程序有条件停止		与 M0 一样，但仅在出现专门信号后才生效	
M2	程序结束		在程序的最后一段被写入	
M30	—		预定，没用	
M17	—		预定，没用	
M3	主轴顺时针旋转			
M4	主轴逆时针旋转			
M5	主轴停			
M6	更换刀具		在机床数据有效时用 M6 更换刀具，其他情况下直接用 T 指令进行	
M40	自动变换齿轮级			
M41~M45	齿轮级 1~齿轮级 5			
M70,M19	—		预定，没用	
M…	其他的 M 功能		这些 M 功能没有定义，可由机床生产厂家自由设定	
N	副程序段	0~99999999 整数，无符号	与程序段段号一起标识程序段，N 位于程序段开始	比如：N20
:	主程序段	0~99999999 整数，无符号	指明主程序段，用字符":"取代副程序段的地址符"N" 主程序段中必须包含其加工所需的全部指令	比如：20
P	子程序调用次数	1~9999 整数，无符号	在同一程序段中多次调用子程序，比如：N10 L871 P3；调用三次	比如：L781 P… ;自身程序段
R0~R249	计算参数	±0.0000001~99999999（8 位）或带指数 ±（10^{-300}~10^{+300}）		
计算功能			除了＋－＊/四则运算外还有以下计算功能：	
SIN( )	正弦	单位，(°)		比如：R1＝SIN(17.35)
COS( )	余弦	单位，(°)		比如：R2＝COS(R3)
TAN( )	正切	单位，(°)		比如：R4＝TAN(R5)
SQRT( )	平方根			比如：R6＝SQRT(R7)
POT( )	平方值			比如：R12＝POT(R13)

地 址	含 义	赋 值	说 明	编 程
ABS( )	绝对值			比如:R8=ABS(R9)
TRUNC( )	取整			比如:R10=TRUNC(R11)
RET	子程序结束		代替 M2 使用,保证路径连续运行	RET:自身程序段
S	主轴转速	0.001~99999.999	主轴转速单位是 r/min	S…
S	在 G96 的程序段中为切削速度	0.001~99999.999	在 G96 中 S 作为恒切削速度(m/min)	G96 S…
S	在 G4 的程序段中为停留时间	0.001~99999.999	主轴旋转停留时间	G4 S… ;自身程序段
T	刀具号	1~32000 整数,无符号	可以用 T 指令直接更换刀具,也可以由 M6 进行。这可由机床数据设定	T…
X	坐标轴	±0.001~99999.999	位移信息	X…
Z	坐标轴	±0.001~99999.999	位移信息	Z…
AC	绝对坐标	—	对于某个进给轴,其终点或中心点可以按程序段方式输入,可以不同于在 G90/G91 中的定义	N10 G91 X10 Z=AC(920) ;X——增量尺寸 ;Z——绝对尺寸
ACC[轴]	加速度补偿值的百分数	1~200,整数	进给轴或主轴加速度的补偿值,以百分数表示	N10 ACC[X]=80 N20 ACC[S]=50 ;X 轴 80% ;主轴 50%
ACP	绝对坐标,在正方向靠近(用于回转轴和主轴)	—	对于回转轴,带 ACP(…)的终点坐标的尺寸可以不同于 G90/G91;同样也可以用于主轴的定位	N10 A=ACP(45.3) ;在正方向逼近绝对位置 N20 SPOS=ACP(33.1) ;定位主轴
ACN	绝对坐标,在负方向靠近(用于回转轴和主轴)	—	对于回转轴,带 ACP(…)的终点坐标的尺寸可以不同于 G90/G91;同样也可以用于主轴的定位	N10 A=ACN(45.3) ;在负方向逼近绝对位置 N20 SPOS=ACN(33.1) ;定位主轴
ANG	在轮廓中定义直线的角度	±0.0001~359.99999	单位为(°);在 G0 或 G1 中定义直线的一种方法;平面只有一个终点坐标已知,或者在几个程序段表示的轮廓中最后的终点坐标已知	N10 G1 X… Z… N11 X… ANG=… 或者通过几个程序段表示的轮廓; N10 G1 X… Z… N11 ANG=… N12 X… Z… ANG=…
AR	圆弧插补张角	0.00001~359.99999	单位是(°),用于在 G2/G3 中确定圆弧大小	参见 G2、G3
CALL	循环调用	—		N10 CALL CYCLE…(1.78,8,…)
CHF	倒角,一般应用	0.001~99999.999	在两个轮廓之间插入给定长度的倒角	N10 X… Z… CHF= N20 X… Z…
CHR	倒角,轮廓连接	0.001~99999.999	在两个轮廓之间插入给定长度的倒角	N10 X… Z… CHR= N20 X… Z…
CR	圆弧插补半径	0.010~99999.999 大于半圆的圆弧带负号"-"	在 G2/G3 中确定圆弧	参见 G2、G3
CYCLE…	加工循环	仅为给定值	调用加工循环时要求一个独立的程序段;事先给定的参数必须要赋值(参见章节"循环")	

续表

地　址	含　义	赋　值	说　明	编　程
CYCLE82	钻削、沉孔加工			N10 CALL CYCLE82(…) ;自身程序段
CYCLE83	深孔钻削			N10 CALL CYCLE83(…) ;自身程序段
CYCLE840	带补偿夹头切削螺纹			N10 CALL CYCLE840(…) ;自身程序段
CYCLE84	带螺纹插补切削螺纹			N10 CALL CYCLE84(…) ;自身程序段
CYCLE85	镗孔 1			N10 CALL CYCLE85(…) ;自身程序段
CYCLE86	镗孔 2			N10 CALL CYCLE86(…) ;自身程序段
CYCLE88	镗孔 4			N10 CALL CYCLE88(…) ;自身程序段
CYCLE93	凹槽循环			N10 CALL CYCLE93(…) ;自身程序段
CYCLE94	退刀槽循环(E 和 F 型)，精车			N10 CALL CYCLE94(…) ;自身程序段
CYCLE95	毛坯切削循环			N10 CALL CYCLE95(…) ;自身程序段
CYCLE97	螺纹切削循环			N10 CALL CYCLE97(…) ;自身程序段
DC	绝对坐标，直接逼近位置(用于回转轴和主轴)	—	对于回转轴，带 DC(…)的终点坐标的单位可以不同于 G90/G91；同样也可以用于主轴的定位	NC10 A=DC(45.3) ;直接逼近轴 A 位置 NC20 SPOS=DC(33.1) ;主轴定位
GOTOB	向上跳转指令	—	与跳转标志符一起，表示跳转到所标志的程序段，跳转方向向程序开始方向	比如:N20 GOTOB MARKE 1
GOTOF	向下跳转指令	—	与跳转标志符一起，表示跳转到所标志的程序段，跳转方向向程序结束方向	比如:N20 GOTOF MARKE 2
IC	增量坐标	—	对于某个进给轴，其终点或中心点可以按程序段方式输入，可以不同于 G90/G91 中的定义	N10 G90 X10 Z=IC(20) ;Z——增量尺寸 ;X——绝对尺寸
IF	跳转条件	—	有条件跳转，指符合条件后进行跳转比较符: == 等于，<> 不等于 > 大于，< 小于 >= 大于或等于 <= 小于或等于	比如:N20 IF R1>5 GOTOB MARKE 1
LIMS	G96 时主轴转速的上限	0.001～99999.999	在 G96 功能有效后(恒定切削速度)限制主轴速度	参见 G96
MEAS	测量，删除剩余行程	+1 -1	=+1:测量输入端1,上升沿 =-1:测量输入端1,下降沿	N10 MEAS=-1 G1 X…Z…F…
MEAW	测量，不删除剩余行程	+1 -1	=+1:测量输入端1,上升沿 =-1:测量输入端1,下降沿	N10 MEAW=-1 G1 X…Z…F…
$ AA_MM [acis]	在机床坐标系中一轴的测量结果	—	运行中所测量轴的标识符(X,Z……)	N10 R1=$ AA_MM[X]
$ AA_MW [acis]	在工件坐标系中一轴的测量结果	—	运行中所测量轴的标识符(X,Z……)	N10 R2=$ AA_MW[X]

地　址	含　义	赋　值	说　明	编　程
＄AC_MEA[1]	测量订货状态	—	供货状态 0:初始状态,测量头未接通 1:测量头已接通	N10 IF ＄AC_MESA[1]=1 GOTOF… ;测量头接通后程序继续
＄A_…_TIME	运行时间定时器:	0.0～10^{+300}	系统变量:	N10 IF ＄AC_CYCLE_TIME=50.5…
	＄AN_SETUP_TIME	min(只读值)	自控制系统上次启动以后的时间	
	＄AN_POW-ERON_TIME	min(只读值)	自控制系统上次正常启动以后的时间	
	＄AC_OPERAT-ING_TIME	s	NC 程序总的运行时间	
	＄AC_CYCLE_TIME	s	NC 程序运行时间(仅指所选择的程序)	
	＄AC_CUTTING_TIME	s	刀具切削时间	
＄AC_…_PAR-TS	工件计数器:	0～999999999 整数	系统变量:	N10 IF ＄AC_ACTUAL_PARTS =15…
	＄AC_TOTAL_PARTS		实际总数量	
	＄AC_REQUIRED_PARTS		工件设定数量	
	＄AC_ACTUAL_PARTS		当前实际数量	
	＄AC_SPECIAL_PARTS		用户定义的数量	
MSG(　)	信息	最多 68 个字符	文本位于双引号中	MSG("MESSAGE TEXT") ;自身程序段
RND	圆角	0.010～99999.999	在两个轮廓段之间用一定义半径值的圆弧切线过渡	N10 X… Z… RND=… N11 X… Z…
SF	用 G33 时的螺纹起始角	0.001～359.999	单位为(°);在 G33 螺纹起始点偏移所给定的值	参见 G33
SPOS	主轴位置	0.0000～359.9999	单位为(°);主轴停止在设定位置(必须以技术要求为准)	SPOS=…
STOPRE	程序段搜索停止	—	特殊功能;只有当程序段在 STOPRE 之前完成之后,下一个程序段才可以译码	STOPRE ;自身程序段

4.15.2　西门子 802D 与 802S/C 指令系统对比分析

（1）西门子 802D 与 802S/C 指令系统主要相同功能

西门子 802D 与 802S/C 指令系统主要相同功能见表 4-8。

表 4-8　西门子 802D 与 802S/C 指令系统主要相同功能表

指　令	功 能 含 义	指　令	功 能 含 义
G0	快速移动	G17	X/Y 平面选择(在加工中心孔时要求)
G1	直线插补	G18	Z/X 平面选择
G2	顺时针圆弧插补	G25	主轴转速下限
G3	逆时针圆弧插补	G26	主轴转速上限
G4	暂停时间	G40	刀尖半径补偿方式的取消
G33	恒螺距的螺纹切削	G41	调用刀尖半径左补偿

续表

指　令	功　能　含　义	指　令	功　能　含　义
G42	调用刀尖半径右补偿	G450	圆弧过渡
G500	取消可设定零点偏置	G451	等距线的交点，刀具在工件转角处不切削
G53	取消可设定零点偏置，段方式	SIN（…）	正弦
G54	第一可设定零点偏置	COS（…）	余弦
G55	第二可设定零点偏置	TAN（…）	正切
G56	第三可设定零点偏置	SQRT（…）	平方根
G57	第四可设定零点偏置	ABS（…）	绝对值
G60	准确定位	TRUNC（…）	取整
G9	准确定位，单程序段有效	RET	子程序结束
G601	在 G60、G9 方式下精准确定位	CHF	倒角
G602	在 G60、G9 方式下粗准确定位	RND	倒圆
G64	连续路径方式	SPOS	主轴定位
G70	英制尺寸	GOTOB	向上跳转指令
G71	公制尺寸	GOTOF	向下跳转指令
G74	回参考点	IF	跳转条件
G75	回固定点	F	进给率
G90	绝对尺寸	S	主轴转速
G91	增量尺寸	T	刀具号
G94	进给率 F，单位 mm/min	D	刀具补偿号
G95	主轴进给率 F，单位 mm/r	P	子程序调用次数
G96	恒定切削速度	L	子程序名及子程序调用
G97	删除恒定切削速度	M…	辅助功能

（2）西门子 802D 与 802S/C 指令系统相当功能

西门子 802D 与 802S/C 指令系统相当功能见表 4-9。

表 4-9　西门子 802D 与 802S/C 指令系统相当功能对照表

功　能	西门子 802D	西门子 802S/C
	指令与编程	
中间点圆弧插补	CIPX… Z… I1=… K1=…	G5X… Z… IX=… KZ=…
可编程零偏置	TRANS X… Z…	G158X… Z…
直径尺寸输入	DIAMON	G23
半径尺寸输入	DIAMOF	G22
钻孔沉孔循环	CYCLE82(RTP,RFP,SDIS,DP,DPR,DTB)	R101 =… R102 =… R103 =… R104 =…… LCYC82
深孔钻循环	CYCLE83（RTP,RFP,SDIS,DP,DPR,FDEP,FD- PR,DAM,DTB,DTS,FRF,VARI)	R101 =… R102 =… R103 =… R104 =…… LCYC83
补偿攻丝循环	CYCLE840(RTP,RFP,SDIS,DP,DPR,DTB,SDR, SDAC,ENC,MPIT,PIT)	R101 =… R102 =… R103 =… R104 =…… LCYC840
精镗孔、铰孔循环	CYCLE85(RTP,RFP,SDIS,DP,DPR,DTB,FFR, RFF)	R101 =… R102 =… R103 =… R104 =…… LCYC85
凹槽循环	CYCLE93(SPD,DPL,WIDG,DIAG,STA1,ANG1, ANG2,RC01,RC02,RCI1,RCI2,FAL1,FAL2, IDEP,DTB,VARI);柱面、端面和锥面割槽	R100 =… R101 =… R105 =… R106 =…… LCYC93;柱面或端面割槽
退刀槽切削循环	CYCLE94(SPD,SPL,FORM)	R100 =… R101 =… R105 =… R107 =…… LCYC94
毛坯切削循环	CYCLE95（NPP,MID,FALZ,FALX,FAL,FF1, FF2,FF3,VARI,DT,DAM,_VRT) ;能"根切"	_CNAME="…" R105 =… R106 =… R108 =… R109 =…… LCYC95;不能"根切"
螺纹切削循环	CYCLE97（PIT,MPIT,SPL,FPL,DM1,DM2, APP,ROP,TDEP,FAL,IANG,NSP,NRC,NID, VARI,NUMT) ;可偏置单侧切削	R100 =… R101 =… R102 =… R103 =…… LCYC97 ;中心对称双侧切削

（3）西门子 802D 较 802S/C 指令系统主要增加功能

西门子 802D 较 802S/C 指令系统主要增加功能见表 4-10。

表 4-10　西门子 802D 较 802S/C 主要新增功能表

指　令	功　能　含　义	编　程
AC	绝对坐标	G91 X10Z＝AC(20)；X 轴增量坐标，Z 轴绝对坐标
IC	增量坐标	G90 X10Z＝IC(20)；X 轴绝对坐标，Z 轴增量坐标
ATRANS	附加的可编程零点偏置	ATRANS X… Z…
SCALE	可编程比例系数	SCALE X… Z…
ASCALE	附加的可编程比例系数	ASCALE X… Z…
G25	主轴转速或工作区域限制下限设定	G25 X… Z…
G26	主轴转速或工作区域限制上限设定	G26 X… Z…
WALIMON	工作区域限制生效	WALIMON
WALIMOF	工作区域限制取消	WALIMOF
CT	带切线过渡的圆弧插补	CT X… Z…
BRISK	轨迹跳跃加速	BRISK
SOFT	轨迹平滑加速	SOFT
ACC	加速度补偿值的百分数（加速度比例补偿）	ACC[X]＝80；X 轴加速度 80% ACC[S]＝50；主轴加速度 50%
FFWON	预（先导）控制开	FFWON
FFWOF	预（先导）控制关	FFWOF
CYCLE84	带螺纹插补切削螺纹	CYCLE84(RTP,RFP,SDIS,DP,DPR. DTB,SDAC,MPIT,PIT,POSS,SST,SST1)
CYCLE88	带停止镗孔	CYCLE88(RTP,RFP,SDIS,DP,DPR. DTB,SDIR)

4.15.3　西门子 802D 部分指令功能介绍

4.15.3.1　程序名命名规则

为了识别、调用程序和便于组织管理，每个程序必须有一个程序名。在编制程序时可以按以下规则确定程序名。

① 开始的两个符号必须是字母。

② 其后的符号可以是字母、数字或下划线。

③ 最多为 16 个字符。

④ 不得使用分隔符。

由于可以用字母，在确定程序名时，可尽可能将程序名与加工对象及其特征相联系，从而可以通过程序名直接与加工对象对号，便于程序管理。

4.15.3.2　绝对/增量尺寸输入制式 AC/IC

（1）功能

除了采用 G90/G91 设定绝对/增量尺寸输入制式外，还可以用 AC/IC 进行绝对/增量尺寸制式输入。采用 AC/IC 可以在程序段中单独指定某坐标的输入制式，从而实现同一程序段中绝对/增量制式的混合编程。

（2）编程

X=AC (…)　　　　　　　　　;某轴以绝对尺寸输入，段方式有效

X=IC(...)　　　　　　　　　　; 某轴以增量尺寸输入，段方式有效

（3）编程举例

N10 X20 Z0　　　　　　　　　; 绝对尺寸输入制式

N20 X30 Z=IC(-10)　　　　　　; X 仍为绝对尺寸输入制式，Z 轴增量尺寸输入

...

N80 G91 X40 Z-10　　　　　　　; 增量尺寸输入制式

N90 X=AC(5) Z-20　　　　　　　; Z 仍为增量尺寸输入制式，X 轴绝对尺寸输入

4.15.3.3　附加的可编程零点偏置 ATRANS

（1）功能

如果工件上在不同的位置有重复出现的形状或结构，或者选用了一个新的参考点，在这种情况下就可以使用可编程偏置。由此，可产生一个当前工件坐标系，新输入的尺寸均是在该坐标系中的数据尺寸。

附加的可编程偏置与可编程偏置的不同之处在于"附加"。可编程偏置 TRANS 指令将清除所有之前的相对工件坐标系的坐标转换，包括偏置和比例转换。附加的可编程偏置 ATRANS 指令将在之前坐标转换的基础上再附加一次偏置转换。

（2）编程

ATRANSX... Z...

（3）应用说明

ATRANS 指令要求一个独立程序段，实际应用中一般在 X 轴上没有或只有较小的偏移量，如用作预留加工余量。

4.15.3.4　可编程比例系数 SCALE/ASCALE

（1）功能

用 SCALE/ASCALE 可以为各坐标轴编程一个比例系数，使各坐标轴运行数据按此比例系数进行放大或缩小，从而以同一程序加工出不同大小的相似形零件。SCALE/ASCALE 比例缩放将以当前坐标系原点为基点，如图 4-86 所示。

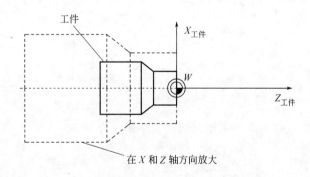

图 4-86　SCALE/ASCALE 可编程比例系数

（2）编程

SCALE X... Z...　　　　; 可编程比例设定，清除所有之前的偏置和比例指令设定

ASCALE X... Z...　　　　; 附加的可编程比例设定，附加于之前的偏置和比例指令之上

　　　　　　　　　　　　　SCALE/ASCALE 指令要求一个独立的程序段。

（3）取消比例

在程序段中仅输入 SCALE 指令而后面不跟坐标轴名称时，可以清除所有当前的偏置和比例设定。

（4）编程举例

N10 G54 F... S... M3 T1

N20 L10　　　　　　　　；调用子程序按编程轮廓尺寸加工

N30 SCALE X2 Z2　　　　；设定 X、Z 方向比例系数为 2

N40 L10　　　　　　　　；调用子程序 X、Z 方向轮廓放大 2 倍加工

...

（5）应用说明

在对圆弧进行比例缩放加工时，编程的两个坐标轴比例系数必须一致。如果在 SCALE/ASCALE 指令有效时编程 ATRANS 指令，则 ATRANS 指令中编程的偏移量也同样被比例缩放。

4.15.3.5　可编程工作区域限制 G25/G26 WALIMON/WALIMOF

（1）功能

采用 G25/G26 功能可以在整个机床工作区间内定义各坐标轴的特定工作区域，从而确定机床在一定条件下的实际允许工作范围，如图 4-87 所示。一旦工作区域限制范围设定有效，则机床只能在该设定范围内工作。当有刀具长度补偿时，刀尖必须在此规定区域内；当没有刀具长度补偿时，则刀架参考点必须在此工作区域内。WALIMON/WALIMOF 可以使能/取消 G25/G26，即可以设定 G25/G26 是否有效。

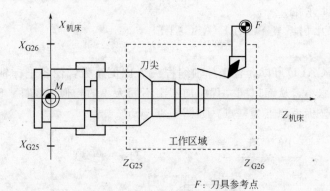

F：刀具参考点

图 4-87　可编程工作区域限制

（2）编程

G25 X... Z...　　　　　　；工作区域限制下限设定

G26 X... Z...　　　　　　；工作区域限制上限设定

WALIMON　　　　　　　　；工作区域限制生效

WALIMOF　　　　　　　　；工作区域限制取消

（3）编程举例

N10 G54 F... S... M... T1

N20 G25 X0 Z40　　　　　；工作区域限制下限设定，机床坐标系坐标

N30 G26 X80 Z160　　　　；工作区域限制上限设定，机床坐标系坐标

N40 G0 X30 Z150

N50 WALIMON　　　　　　　；工作区域限制生效

```
...                          ; 仅在限制工作区域内运行
N100 WALIMOF                  ; 工作区域限制取消
```

（4）应用说明

可编程工作区域限制通常用于在某些特定情况下限制机床的实际运行范围，防止在工作范围外的障碍物造成意外干涉，从而起到安全保护的作用。因此，它通常称为软限位，也称为软保护。可编程工作区域限制是以机床坐标系为参照系而设定的，因此只有在坐标轴回过参考点，即建立起机床坐标系后才能有效。除了通过 G25/G26 在程序中编程设定工作区域外，还可以通过系统操作面板在设定数据中输入数据进行设定。

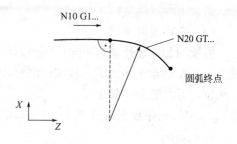

4.15.3.6　切线过渡圆弧插补 CT

（1）功能

零件图上有这样的轮廓要素组合：直线与圆弧相切，但图纸上只标出直线的两端点与圆弧的终点。采用 CT 切线过渡圆弧插补编程，可以根据上述已知条件在当前平面中生成一段圆弧，其圆弧半径和圆心坐标由前一直线与圆弧终点的几何关系得出，如图 4-88 所示。

图 4-88　CT 切线过渡圆弧插补

（2）编程

```
N10 G1 X... Z...           ; 直线，XZ 为直线终点坐标
N20 CT X... Z...           ; 与直线相切的圆弧，XZ 为圆弧终点坐标
```

4.15.3.7　加速度性能设定 BRISK/SOFT

（1）功能

BRISK/SOFT 可以对系统设定不同的加速性能，从而使机床根据实际需要按不同的加速度规律运行，如图 4-89 所示。

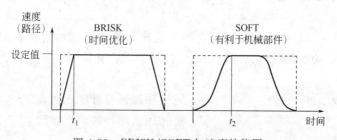

图 4-89　BRISK/SOFT 加速度性能图

BRISK 可以设定机床坐标轴按最大加速度轨迹启动运行（即刚性加速），直至达到编程所设定的进给率。BRISK 可以提供时间最优化的加工过程，可以在最短时间内达到设定的进给速度，但在加速过程中可能会出现冲击振动。

SOFT 可以设定机床坐标轴按上升的加速度轨迹启动运行（即软加速），直至达到编程所设定的进给率。SOFT 避免了加速度的突变，可以减少冲击振动，从而达到更高的运行轨迹精度。

（2）编程

```
BRISK                      ; 设定刚性加速性能
SOFT                       ; 设定软加速性能
```

（3）编程举例

N10 G54 F... S... M... T...

N20 BRISK G0 X... Z...　　　；设定刚性加速性能

...　　　　　　　　　　　　；粗加工

N80 SOFT G0 X... Z...　　　；设定软加速性能

...　　　　　　　　　　　　；精加工

N150 M2

（4）应用说明

系统的加速度性能对机床的实际运行情况有很大的影响。刚性加速时间短，但相对冲击较大，通常适合于粗加工。软加速相对冲击较小，可以实现机床的平稳运行，有利于保证加工精度，通常适合于精加工。

4.15.3.8　先导控制功能开关 FFWON/FFWOF

（1）功能

通过先导控制功能，可以把轨迹运行时与速度相关的随动误差减少为零，从而提高运行轨迹精度，达到令人满意的加工效果。

（2）编程

FFWON　　　　　；先导控制功能开

FFWOF　　　　　；先导控制功能关

（3）编程举例

N10 FFWON　　　　；先导控制功能开

N20 G1 X... Z...　　　；精密重要部位加工

...

N90 FFWOF　　　　；先导控制功能关

4.15.3.9　加速度比例补偿 ACC

（1）功能

在有些情况下，对某些加工程序段，如果机床数据中设定的进给轴或主轴加速度不理想，可以利用 ACC 功能编程对其进行加速度比例补偿。补偿可以在 $0\sim200\%$ 范围进行。

（2）编程

ACC[轴名 X 或 Z]=百分值　　　；进给轴加速度补偿比例设定

ACC[S]=百分值　　　　　　　　；主轴加速度补偿比例设定

（3）编程举例

N10 ACC[X]=80　　　　；X 轴为 80% 的加速度值

N20 ACC[S]=50　　　　；主轴为 50% 的加速度值

...

N80 ACC[X]=100　　　；取消 X 轴加速度补偿

N90 ACC[S]=100　　　；取消主轴加速度补偿

（4）应用说明

加速度比例补偿在自动方式和 MDA 方式下有效，对 JOG 手动方式和回参考点方式无效。ACC[...]=100 可以取消加速度补偿，用复位方式和程序结束同样可以取消补偿。当编程补偿比例值大于 100 时，驱动必须具有相应的驱动能力，否则将报警，一般情况下慎重使用。

4.15.3.10　第 3 轴和第 4 轴

（1）功能

对于四轴扩展的系统，如果机床结构配置上具有相应的第 3 轴和第 4 轴，如第 2 刀架的 U 轴和主轴回转 C 轴，则第 3 轴、第 4 轴可以与原 X 和 Z 轴一起运行。如果第 3 轴、第 4 轴与原 X、Z 轴在同一程序段中，并含有 G1 或 G2/G3 指令，则第 3 轴、第 4 轴不具有一个独立的进给率 F，而是取决于 X、Z 轴的进给率，即与 X、Z 轴一起开始和结束。如果第 3 轴、第 4 轴用 G1 指令编程在一个独立程序段中，则以 F 设定的有效进给率运行。如果是回转轴，进给率单位：G94 为 (°)/min，G95 为 (°)/r。第 3 轴、第 4 轴同样可以通过可设定零点偏置及可编程零点偏置等进行坐标转换。

（2）编程举例

```
N10 G0 X30 Z-10 C＝45        ; 快速移动所有轴
N20 G1 X20
N30 G1 Z-30 C120 F0.2       ; 执行 G1，Z 轴执行 F，C 轴与 Z 轴同时开始和结束
N40 G0 X30
N50 C=DC(0)                 ; C 轴按最短路径回 0°
```

（3）回转轴中的特殊指令 DC、ACP、ACN

```
DC(…)                      ; 绝对数据输入，按最短路径回目标位置
ACP(…)                     ; 绝对数据输入，按正方向逼近目标位置
ACN(…)                     ; 绝对数据输入，按负方向逼近目标位置
```

4.15.3.11　固定循环

西门子 802D 固定循环，其结构思路与西门子 802S/C 基本相同。读者在具备了第 3 章已学固定循环知识并掌握一定工艺知识的基础上，再注意使用在机编程，利用系统屏幕格式对应输入参数直接导出程序即可掌握，在此不再赘述。

思考与练习

4-1　程序段号是否是必需的？程序段号与程序执行顺序有无必然联系？为什么程序段号一般不连续？

4-2　程序段前加上"/"有何作用？举例说明其应用意义？

4-3　编程圆弧时其插补方向 G2/G3 如何判定？

4-4　车螺纹时，左旋螺纹或右旋螺纹由主轴的旋向决定吗？攻丝时情况如何？

4-5　在数控车床上如何车削多头螺纹？

4-6　经济型机床编程返回参考点有何意义？

4-7　刀具长度补偿是按刀具基本长度尺寸进行补偿还是按综合长度进行补偿？刀具磨损量的意义是什么？如何应用？

4-8　车床刀具半径补偿有何意义？如何建立刀具半径补偿？在圆弧程序段能建立刀具半径补偿吗？

4-9　在 G41/G42 有效的情况下，拐角过渡有哪两种形式？如何合理进行选择？

4-10　辅助功能 M0 与 M1 的作用是什么？他们有何区别？试举例说明其应用？

4-11　R 参数的功能意义是什么？

4-12　子程序与主程序有何区别？何种情况下使用子程序？使用子程序有何意义？

4-13　什么是固定循环？使用固定循环有何意义？

4-14 拟订如图所示零件的加工工艺方案，选择刀具并编制加工程序。

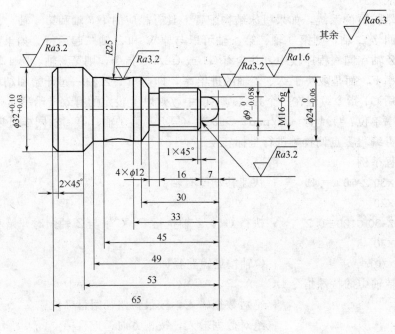

题 4-14 图

4-15 拟订如图所示零件的加工工艺方案，选择刀具并编制加工程序。

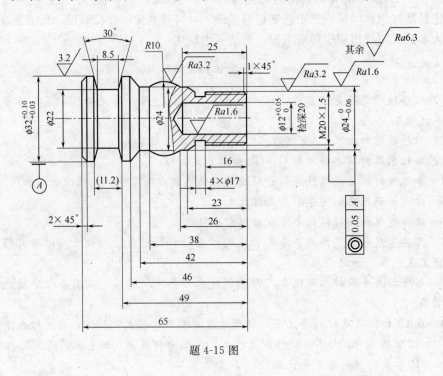

题 4-15 图

4-16 拟订如图所示零件的加工工艺方案，选择刀具并编制加工程序。

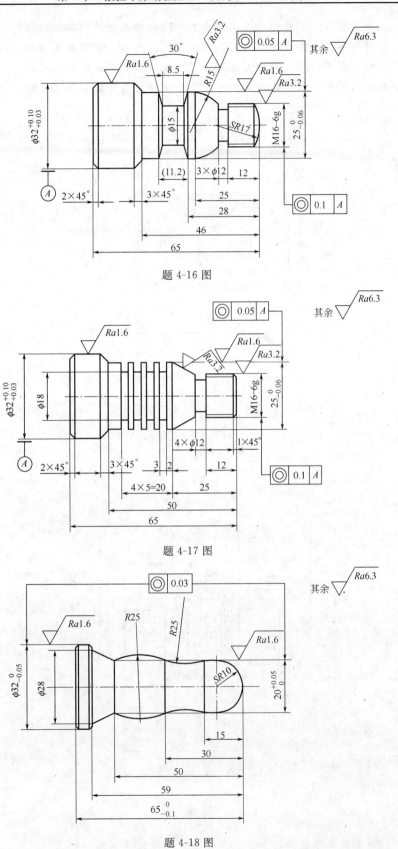

题 4-16 图

题 4-17 图

题 4-18 图

4-17 拟订如图所示零件的加工工艺方案，选择刀具并编制加工程序。
4-18 拟订如图所示零件的加工工艺方案，选择刀具并编制加工程序。
4-19 拟订如图所示零件的加工工艺方案，选择刀具并编制加工程序。
4-20 拟订如图所示零件的加工工艺方案，选择刀具并编制加工程序。

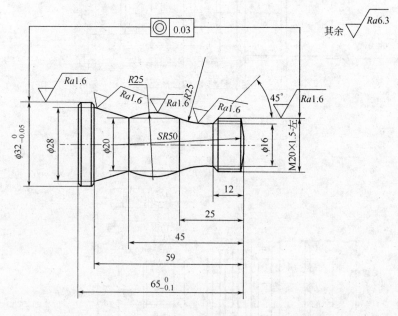

题 4-19 图

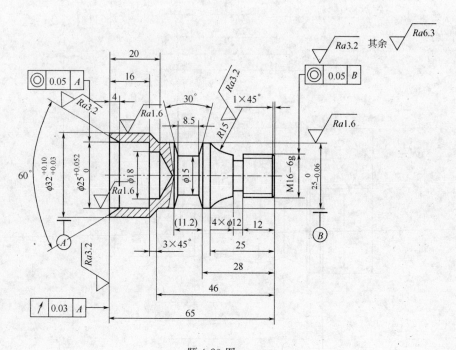

题 4-20 图

4-21 拟订如图所示零件的加工工艺方案，选择刀具并编制加工程序。

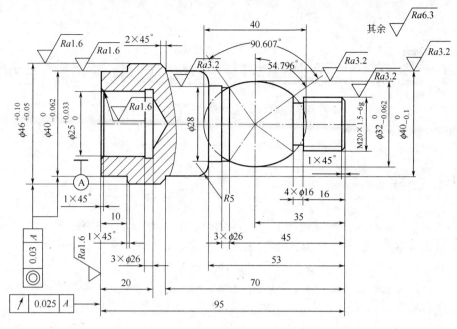

题 4-21 图

第 5 章 数控铣床与加工中心编程加工
（西门子 802S/C 系统）

5.1 概述

普通机床一般根据所能完成的工艺内容分为铣床、镗床、钻床等，分别用于完成铣削、镗削、钻削等加工工艺任务。从本质上来讲，各类机床所能完成的加工工艺内容是由机床布局及主轴结构等所决定。一般钻床的主轴结构主要考虑承受轴向力，因此只能用于进行钻孔加工，不能用来进行铣削或镗孔。而铣床主轴结构上能同时承受轴向力和径向力的作用，因此可以进行铣削、钻削、镗削等不同工艺内容的加工。铣床的工艺能力实际上覆盖了钻床和镗床。之所以一般不采用普通铣床进行钻孔或镗孔加工，是因为采用普通铣床进行钻孔或镗孔加工时人工操作很不方便。

数控机床是自动化加工机床，可以通过程序控制机床的运行。即使是一些加工前的设定调整操作，也可通过操作面板上各类相应的按钮、开关方便地进行。数控铣床主轴从结构上讲，可以实现铣、钻、镗等各类不同工艺内容的加工，因此行业内几乎以数控铣床涵盖了数控钻床和数控镗床。机械加工中，较少有单一的应用于钻削或镗削的数控钻床或数控镗床。

加工中心一般意义上讲，就是在数控铣床的基础上配置刀库而形成的数控机床，从而可以实现自动换刀，使其工艺能力范围得以扩展。从编程角度来讲，首先必须是面向对象的，即必须针对具体的数控系统。在其他配置相同的情况下，配置相同数控系统的数控铣床与加工中心，编程均需采用所配数控系统的指令系统并遵循其语法规范，区别主要在于换刀。加工中心编程刀具指令后可以实现自动换刀，而数控铣床则需由人工进行换刀。从加工角度出发，正因为加工中心具有自动换刀功能，相对而言可以实现工序集中，实现加工较为复杂的工件。作为学习编程，应该将上述内容作为一个整体考虑。本章按加工中心规范进行编写。

数控铣削类机床与数控车床的编程功能指令有很多是相同或相似的，考虑到不同工种单项学习的需要，本章仍然按自有体系编排，介绍西门子 802S/C 系统编程。如果读者已经学习过第三章的内容，学习本章就较为容易了。

5.2 编程基本原理

5.2.1 坐标系

根据标准坐标系的规定，机床使用右手顺时针直角坐标系，机床中的运动是指刀具和工件间的相对运动。

（1）机床坐标系

数控铣床类机床中，坐标系如何建立取决于机床的类型。如图 5-1 所示为一立式数控铣

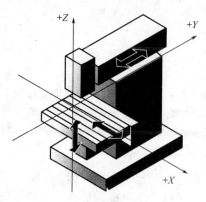

图 5-1　数控铣床机床坐标系

床坐标系。坐标系原点即为机床零点，也是所有坐标轴的坐标基准。机床零点可通过在各坐标轴移动范围内设置的参考点来确定。参考点与机床零点可以重合，也可以不重合，这一般由机床生产厂家设定。

（2）工件坐标系

为了便于在编程时对工件的几何要素位置进行描述，编程人员必须在零件图上选择建立一个过渡坐标系，即工件坐标系，也称为编程坐标系。该坐标系的原点即工件原点或编程原点。数控铣床加工工件坐标系可以由编程人员自由选择，原则上应尽量使编程简单、尺寸换算少、引起的加工误差小等。一般情况下，尺寸集中标注或坐标标注的零件，编程原点应尽可能选在尺寸标注基准上；对称或同心零件编程原点应尽可能选在对称中心线或圆心上；Z 向原点位置一般置于工件上平面。如图 5-2 所示。

（3）工件装夹

加工工件时，工件必须定位并夹紧在机床上，保证工件坐标系坐标轴平行于机床坐标系坐标轴，由此在每个坐标轴上产生机床原点与工件原点的坐标偏移量。该值作为可设定零点偏移量输入到给定的数据区，即偏置寄存器（如 G54）中。当 NC 程序运行时，此值可以用一个对应的编程指令（如 G54）进行选择调用，从而确定工件在机床上的装夹位置，如图 5-3 所示。

（4）当前工件坐标系

在对一些复杂零件进行几何描述时，如其中的某些结构要素如果选择一个新的原点编程比使用原工件原点更方便，则可以利用可编程零点偏置进行坐标转换，重新确定一个新的零点。新的零点以原工件零点为基准进行偏置。使用可编程零点偏置后形成的一个新的实际工件坐标系即为当前工件坐标系，如图 5-4 所示。工件坐标系也可通过旋转进行转换形成新的当前工件坐标系。

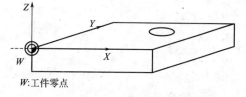

W:工件零点

图 5-2　工件坐标系

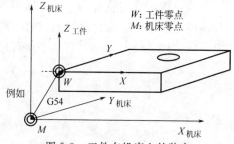

W: 工件零点
M: 机床零点

图 5-3　工件在机床上的装夹

5.2.2　程序结构

5.2.2.1　程序名

（1）功能

为了识别、调用程序和便于组织管理，每个程序必须有一个标识符号，即程序名。

（2）命名规则

在编制程序时可以按以下规则确定程序名。

① 开始的两个符号必须是字母。

② 其后的符号可以是字母、数字或下

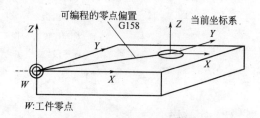

W:工件零点

图 5-4　当前工件坐标系

划线。

③ 最多为 8 个字符。

④ 不得使用分隔符。

（3）应用说明

在确定程序名时，尽可能使其与加工对象及其特征相联系，以便通过程序名直接与加工对象对号，便于程序管理。如在满足上述规则前提下，可以用零件图号、零件名称的英文或汉语拼音等命名程序，例如 XLX1（铣削练习一）。

5.2.2.2　程序内容

NC 程序由若干个程序段组成，现代数控系统一般采用带地址符的可变程序段格式。

每个程序段一般执行一个加工步骤，每个程序段由若干个程序字组成，最后一个程序段包含程序结束符 M02 或 M30。

例：

XLX1

N10 G54 F0.2 S500 T1 M03

N20 G0 X0 Y0 Z2

N30 G1 Z-1

N40 X50

N50 G2 X70 Y20 CR=20

N60 G1 X50 Y45

N70 G1 Y0

N80 X0

N90 Z100

N100 M2

5.2.2.3　程序段结构

（1）功能

一个程序段中含有执行一个工步所需的全部数据信息。

程序段由若干个字和程序段结束符"L$_F$"组成，如图 5-5 所示。在程序输入过程中进行换行时，或按输入键时，可以自动产生程序段结束符。

/N...　字 1 　字 2 　…　字　;注释　L$_F$		
其中：		
/	表示	在运行中可以被跳跃过去的程序段
N...	表示	程序段号，主程序段中可以由字符";"取代地址符"N"
—	表示	中间空格
字 1...	表示	程序段指令
;注释	表示	对程序段进行说明，位于最后，用";"分开
L$_F$	表示	程序段结束

图 5-5　程序段格式

（2）字顺序

通常一个程序段中包含很多指令，建议按如下顺序进行编写：

N… G… X… Y… Z… F… S… T… D… M… ……

（3）程序段号说明

建议以 5 或 10 为间隔选择程序段号，以便修改插入程序段时赋予不重复的新程序段号。

（4）可被跳跃的程序段

那些不需在每次运行中都执行的程序段可以被跳跃过去，为此需在这样的程序段的段号之前输入斜线符"/"。通过操作机床控制面板或者通过接口控制信号使跳跃功能生效。

在程序运行过程中，一旦程序段跳跃功能生效，则所有带"/"符的程序段都不予执行，当然这些程序段中的指令也不予考虑。程序从下一个没带斜线符的程序段开始执行。

程序段跳跃功能可应用于成组技术编程等场合，在此情况下，可按成组典型零件或综合零件进行编程。对于成组零件中的非公共结构要素，可在其加工程序段前加上"/"。具体某零件加工时，通过设置程序段跳跃功能的有效性来确定是否进行此类要素的加工。

（5）注释

利用加注释的方法可在程序中对程序段进行必要的说明，以便于操作者理解编程者的意图。注释仅作为对操作者的提示显示在屏幕上，需用";"与程序段隔开，系统并不对其进行解释执行，因此不受编程语法限制，甚至可用中文表达。

5.2.2.4　字结构和地址

（1）功能

程序字是组成程序段的元素，由程序字构成控制器的指令。

（2）结构

程序字由两部分组成，即地址符和数值，如图 5-6 所示。地址符一般为一字母，不同的字母表示不同的含意。数值为一串数字，可以带正、负号和小数点，正号可以省略不写。

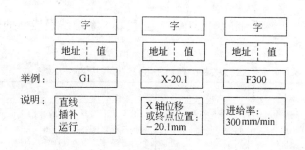

图 5-6　程序字结构

（3）扩展地址

一个程序字可以包含两个或两个以上的字母作为地址符，即所谓的扩展地址，扩展地址数值与字母间用符号"="隔开，例如 CR＝10。

5.2.2.5　字符集

在编程中可以使用以下字符，他们按一定规则进行编译。

（1）字母

A，B，C，D，E，F，G，H，I，J，K，L，M，N，O，P，Q，R，S，T，U，V，W，X，Y，Z。大写字母与小写字母不予区别。

（2）数字

0，1，2，3，4，5，6，7，8，9。

（3）可打印的特殊字符

（	圆括号开
）	圆括号闭
[	方括号开
]	方括号闭
<	小于
>	大于
：	主程序，标志符结束
=	赋值，相等部分
/	除号，跳跃符
*	乘号
+	加号，正号
—	减号，负号
"	引号
_	字母下划线
.	小数点
，	逗号，分隔符
；	注释标志符

（4）不可打印的特殊字符

| L_F | 程序段结束符 |
| 空格 | 字之间的分隔符，空白字 |

5.2.3　编程指令集

编程指令集包含了系统全部的编程指令，它代表了系统编程能力的强弱。西门子 802S/C 指令集见表 5-1。

表 5-1　西门子 802S/C 指令集

地　址	含　义	赋　值	说　明	编　程
D	刀具刀补号	0～9 整数，不带符号	用于某个刀具 T… 的补偿参数；D0 表示补偿值＝0，一个刀具最多有 9 个 D 号	D…
F	进给率（与 G4 一起可以编程停留时间）	0.001～99999.99	刀具/工件的进给速度，对应 G94 或 G95，单位分别为 mm/min 或 mm/r	F…
G	G 功能（准备功能字）	已事先规定	G 功能按 G 功能组划分，一个程序段中同组的 G 功能只能有一个。G 功能按模态有效（直到被同组中其他功能替代），或者以程序段方式有效 G 功能组：	G…

续表

地　址	含　义	赋　值	说　明	编　程
G0	快速移动		1. 运动指令， （插补方式）	G0 X… Y… Z…
G1 *	直线插补			G1 X… Y… Z… F…
G2	顺时针圆弧插补			G2 X… Y… I… K… ;圆心和终点 G2 X… Y… CR=… F… ;半径和终点 G2 AR=… I… J… F… ;张角和圆心 G2 AR=… X… Y… F… ;张角和终点
G3	逆时针圆弧插补			G3…;其他同 G2
G5	中间点圆弧插补			G5　X… Y… IX=… JY=… F…
G33	恒螺距的螺纹切削		模态有效	S… M… ;主轴转速,方向 G33Z… K… ;在 Z 轴方向上带 补偿夹头攻丝
C331	不带补偿夹头切削内螺纹			N10 SPOS=… ;主轴处于位置调节状态 N20 G331 Z… K… S… ;在 Z 轴方向不带补偿夹头 攻丝 ;右旋螺纹或左旋螺纹通过螺 距的符号(比如 K+)确定 　+;同 M3; 　−;同 M4
G332	不带补偿夹头切削内螺纹—退刀			G332 Z… K… ;不带补偿夹具切削螺纹——Z 向退刀 ;螺距符号同 G331
G4	暂停时间		2. 特殊运行,程序段方式 有效	G4 F… 或 G4 S… ;自身程序段
G63	带补偿夹头切削内螺纹			G63 Z…F…S…M… ;自身程序段
G74	回参考点			G74 X… Y… Z… ;自身程序段
G75	回固定点			G75 X… Y… Z… ;自身程序段
G158	可编程的偏置		3. 写存储器,程序段方式 有效	G158 X… Y… Z… ;自身程序段
G258	可编程的旋转			G258 RPL=… ;在 G17～G19 平面中旋转, 自身程序段
G259	附加可编程旋转			G259 RPL=… ;在 G17～G19 平面中附加旋 转,自身程序段
G25	主轴转速下限			G25 S… ;自身程序段
G26	主轴转速上限			G26 S… ;自身程序段
G17 *	X/Y 平面		6. 平面选择,模态有效	G17…;所在平面的垂直轴 为刀具长度补偿轴
G18	Z/X 平面			
G19	Y/Z 平面			

地　址	含　义	赋　值	说　明	编　程
G40 *	刀尖半径补偿方式的取消		7. 刀尖半径补偿,模态有效	
G41	调用刀尖半径补偿,刀具在轮廓左侧移动			
G42	调用刀尖半径补偿,刀具在轮廓右侧移动			
G500	取消可设定零点偏置		8. 可设定零点偏置,模态有效	
G54	第一可设定零点偏置			
G55	第二可设定零点偏置			
G56	第三可设定零点偏置			
G57	第四可设定零点偏置			
G53	按程序段方式取消可设定零点偏置		9. 取消可设定零点偏置,段方式有效	
G60 *	准确定位		10. 定位性能,模态有效	
G64	连续路径方式			
G9	准确定位,单程序段有效		11. 程序段方式准停,段方式有效	
G601 *	在 G60,G9 方式下精准确定位		12. 准停窗口,模态有效	参见章节 5.4.11"准停连续路径方式"
G602	在 G60,G9 方式下准确定位			
G70	英制尺寸		13. 英制/公制尺寸,模态有效	
G71 *	公制尺寸			
G90 *	绝对尺寸		14. 绝对尺寸/增量尺寸,模态有效	
G91	增量尺寸			
G94 *	进给率 F,mm/min		15. 进给/主轴,模态有效	
G95	进给率 F,mm/r			
G901	在圆弧段进给补偿"开"		16. 进给补偿,模态有效	参见章节 5.4.10"进给 F"
G900	在圆弧段进给补偿"关"			
G450	圆弧过渡		18. 刀尖半径补偿时拐角特性,模态有效	
G451	交点过渡			
带 * 的功能在程序启动时生效(如果没有编程新的内容,指用于"铣削"时的系统变量)。				
I	插补参数	±0.001～99999.999 螺纹: 0.001～20000.000	X 轴尺寸,在 G2 和 G3 中为圆心坐标;在 G33、G331、G332 中则表示螺距大小	参见 G2、G3、G33、G331 和 G332
J	插补参数	±0.001～99999.999 螺纹: 0.001～20000.000	Y 轴尺寸,在 G2 和 G3 中为圆心坐标;在 G33、G331、G332 中则表示螺距大小	参见 G2、G3、G33、G331 和 G332
K	插补参数	±0.001～99999.999 螺纹: 0.001～20000.000	Z 轴尺寸,在 G2 和 G3 中为圆心坐标;在 G33、G331、G332 中则表示螺距大小	参见 G2、G3、G33、G331 和 G332
L	子程序名及子程序调用	7 位十进制整数,无符号	可以选择 L1～L9999999;子程序调用需要一个独立的程序段。注意:L0001 不等于 L1	L…;自身程序段
M	辅助功能	0～99 整数,无符号	用于进行开关操作,如"打开冷却液",一个程序段中最多有 5 个 M 功能	M…

续表

地　址	含　义	赋　值	说　明	编　程
M0	程序停止		用 M0 停止程序的执行；按"启动"键加工继续执行	
M1	程序有条件停止		与 M0 一样，但仅在"条件停(M1)有效"功能被软键或接口信号触发后才生效	
M2	程序结束		在程序的最后一段被写入	
M30	主程序结束		在主程序的最后一段被写入	
M17	子程序结束		在子程序的最后一段被写入	
M3	主轴顺时针旋转			
M4	主轴逆时针旋转			
M5	主轴停			
M6	更换刀具		在机床数据有效时用 M6 更换刀具，其他情况下直接用 T 指令进行换刀	
M40	自动变换齿轮级			
M41～M45	齿轮级 1 到齿轮级 5			
M70	—		预定，没用	
M...	其他的 M 功能		这些 M 功能没有定义，可由机床生产厂家自由设定	
N	副程序段	0～99999999 整数，无符号	与程序段段号一起标识程序段，N 位于程序段开始	比如：N20
:	主程序段	0～99999999 整数，无符号	指明主程序段，用字符":"取代副程序段的地址符"N"。主程序段中必须包含其加工所需的全部指令	比如：:20
P	子程序调用次数	1～9999 整数，无符号	在同一程序段中多次调用子程序，比如：N10 L871 P3；调用三次	比如：L781 P...；自身程序段
R0～R249	计算参数	± 0.0000001～99999999(8 位)或带指数 ±(10⁻³⁰⁰～10⁺³⁰⁰)	R0～R99 可以自由使用，R100～R249 作为加工循环中传送参数	
计算功能			除了 ＋－＊/四则运算外还有以下计算功能	
SIN()	正弦	单位,(°)		比如：R1＝SIN(17.35)
COS()	余弦	单位,(°)		比如：R2＝COS(R3)
TAN()	正切	单位,(°)		比如：R4＝TAN(R5)
SQRT()	平方根			比如：R6＝SQRT(R7)
ABS()	绝对值			比如：R8＝ABS(R9)
TRUNC( )	取整			比如：R10＝TRUNC(R11)
RET	子程序结束		代替 M2 使用，保证路径连续运行	RET；自身程序段
S	主轴转速，在 G4 中表示暂停时间	0.001～99999.999	主轴转速单位，r/min，在 G4 中作为暂停时间	S...
T	刀具号	1～32000 整数，无符号	可以用 T 指令直接更换刀具，也可由 M6 进行。这可由机床数据设定	T...
X	坐标轴	±0.001～99999.999	位移信息	X...

地　址	含　义	赋　值	说　明	编　程
Y	坐标轴	±0.001～99999.999	位移信息	Y…
Z	坐标轴	±0.001～99999.999	位移信息	Z…
AR	圆弧插补张角	0.00001～359.99999	单位是(°)，用于在 G2/G3 中确定圆弧大小	参见 G2、G3
CHF	倒角	0.001～99999.999	在两个轮廓之间插入给定长度的倒角	N10 X… Y… CHF=… N11 X… Y…
CR	圆弧插补半径	0.001～99999.999 大于半圆的圆弧带负号"—"	在 G2/G3 中确定圆弧	参见 G2、G3
GOTOB	向上跳转指令	—	与跳转标志符一起，表示跳转到所标志的程序段，跳转方向向程序开始方向	比如：N20 GOTOB MARKE 1
GOTOF	向下跳转指令	—	与跳转标志符一起，表示跳转到所标志的程序段，跳转方向向程序结束方向	比如：N20 GOTOF MARKE 2
IF	跳转条件	—	有条件跳转，指符合条件后进行跳转，比较符： == 等于，<> 不等于 > 大于，< 小于 >= 大于或等于 <= 小于或等于	比如：N20 IF R1>5 GOTOB MARKE 1
IX	中间点坐标	±0.001～99999.999	X 轴尺寸，用于中间点圆弧插补 G5	参见 G5
JY	中间点坐标	±0.001～99999.999	Y 轴尺寸，用于中间点圆弧插补 G5	参见 G5
KZ	中间点坐标	±0.001～99999.999	Z 轴尺寸，用于中间点圆弧插补 G5	参见 G5
LCYC…	调用标准循环	事先规定的值	用一个独立的程序段调用标准循环，传送参数必须已经赋值 传送参数：	
LCYC82	钻削，沉孔循环		R101：退回平面(绝对) R102：安全距离 R103：参考平面(绝对) R104：最后钻深(绝对) R105：在此钻削深度停留时间	N10 R101=… R102=… N20 LCYC82 ;自身程序段
LCYC83	深孔钻削循环		R101：退回平面(绝对) R102：安全距离 R103：参考平面(绝对) R104：最后钻深(绝对) R105：在此钻削深度停留时间 R107：钻削进给率 R108：首钻进给率 R109：在起始点和排屑时停留时间 R110：首钻深度(绝对) R111：递减量 R127：加工方式：断屑=0 　　　　退刀排屑=1	N10 R101=… R102=…… N20 LCYC83 ;自身程序段

地　址	含　义	赋　值	说　明	编　程
LCYC840	带补偿夹头切削内螺纹循环		R101：退回平面（绝对） R102：安全距离 R103：参考平面（绝对） R104：最后钻深（绝对） R106：螺纹导程值 R126：攻丝时主轴旋转方向	N10 R101＝…R102＝… N20 LCYC840 ；自身程序段
LCYC84	不带补偿夹头切削内螺纹循环		R101：退回平面（绝对） R102：安全距离 R103：参考平面（绝对） R104：最后钻深（绝对） R105：在螺纹终点处的停留时间 R106：螺纹导程值 R112：攻丝速度 R113：退刀速度	N10 R101＝…R102＝… N20 LCYC84 ；自身程序段
LCYC85	精镗孔、铰孔循环		R101：退回平面（绝对） R102：安全距离 R103：参考平面（绝对） R104：最后钻深（绝对） R105：在此钻削深度处的停留时间 R107：钻削进给率 R108：退刀时进给率	N10 R101＝…R102＝… N20 LCYC85 ；自身程序段
LCYC60	线性分布孔循环		R115：钻孔或攻丝循环号值： 82,83,84,840,85（相应于 LCYC…） R116：横坐标参考点 R117：纵坐标参考点 R118：第一孔到参考点的距离 R119：孔数 R120：平面中孔排列直线的角度 R121：孔间距离	N10 R115＝… R116＝… N20 LCYC60 ；自身程序段
LCYC61	圆周分布孔循环		R115：钻孔或攻丝循环号值： 82,83,84,840,85（相应于 LCYC…） R116：圆弧圆心横坐标（绝对） R117：圆弧圆心纵坐标（绝对） R118：圆弧半径 R119：孔数 R120：起始角（−180＜R120＜180） R121：角增量	N10 R115＝… R116＝… N20 LCYC61 ；自身程序段

地　址	含　义	赋　值	说　　明	编　程
LCYC75	铣凹槽和键槽		R101：退回平面（绝对） R102：安全距离 R103：参考平面（绝对） R104：凹槽深度（绝对） R116：凹槽中心横坐标 R117：凹槽中心纵坐标 R118：凹槽长度 R119：凹槽宽度 R120：拐角半径 R121：最大进刀深度 R122：深度进刀进给率 R123：表面加工的进给率 R124：侧面加工的精加工余量 R125：深度加工的精加工余量 R126：铣削方向值： 　　2用于G2 　　3用于G3 R127：铣削类型值： 　　1用于粗加工 　　2用于精加工	N10 R101＝… R102＝… N20 LCYC75 ；自身程序段
RND	倒圆	0.010～999.999	在两个轮廓之间以给定的半径插入过渡圆弧	N10 X…Y…RND＝… N11 X…Y…
RPL	G258 和 G259 时的旋转角	＋/－0.00001～ 359.9999	单位，(°)，表示在当前平面 G17～G19 中可编程旋转的角度	参见 G258、G259
SF	G33 中螺纹加工切入点	0.001～359.999	G33 中螺纹切入角度偏移量	
SPOS	主轴定位	0.0000～359.9999	单位，(°)，主轴在给定位置停止（主轴必须作相应的设计）	SPOS＝…
STOPRE	停止解码	—	特殊功能，只有在 STOPRE 之前的程序段结束以后才译码下一个程序段	STOPRE ；自身程序段

5.3　尺寸系统指令

5.3.1　平面选择 G17～G19

（1）功能

在计算刀具长度补偿和刀具半径补偿时，必须首先确定一个平面，即确定一个两坐标轴的坐标平面，在此平面中可以进行刀具半径补偿。长度补偿的坐标轴则为所选平面的垂直坐标轴。

平面选择的不同还会影响圆弧插补时圆弧方向的定义：顺时针圆弧插补和逆时针圆弧插补。在圆弧插补平面中按表 5-2 规定横坐标和纵坐标，由此也就确定了是顺时针圆弧或逆时针圆弧。或者逆着插补平面的第三轴方向看，顺时针走向的即为顺圆，反之为逆圆。也可以在非当前平面 G17～G19 的平面中运行圆弧插补。

（2）平面定义与选择

G17、G18、G19 定义如图 5-7 与表 5-2 所示。系统默认 G17 平面，即程序启动时 G17

平面自动生效。

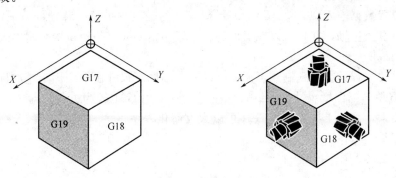

图 5-7　平面定义

（3）编程举例

N10T…M…　　　　；默认 G17 平面，即 X/Y 平面，Z 轴方向刀具长度补偿

…

N50 G18 Y…　　　；选择 G18，即 Z/X 平面，Y 轴方向刀具长度补偿

表 5-2　平面选择及坐标轴

G 功能	平面（横坐标/纵坐标）	垂直坐标轴（在钻削/铣削时的长度补偿轴）
G17	X/Y	Z
G18	Z/X	Y
G19	Y/Z	X

5.3.2　绝对/增量位置数据（尺寸）输入制式 G90/G91

（1）功能

G90 和 G91 指令分别对应着绝对位置数据输入制式和增量位置数据输入制式。选择 G90 表示输入的坐标数据是坐标系中目标点的坐标尺寸，即各坐标轴编程值是相对于坐标原点的。选择 G91 则表示输入的坐标数据是待运行的位移矢量，即各坐标轴编程值是相对于前一位置而言的。如图 5-8 所示。G90/G91 适用于所有坐标轴。

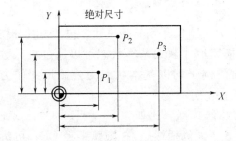
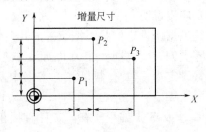

图 5-8　绝对和增量位置数据

（2）编程

G90　　　　　　；绝对位置尺寸输入制式

G91　　　　　　；增量位置尺寸输入制式

（3）绝对位置数据输入制式 G90

在绝对位置数据输入中，输入尺寸取决于当前坐标系的零点位置，而与起始点无关。程序启动时 G90 自动生效，它适用于所有坐标轴，并且一直有效，直到在后面的程序段中由 G91（增量位置数据输入）替代为止（模态有效）。

（4）增量位置数据输入制式 G91

在增量位置数据输入中，输入尺寸表示待运行的轴位移矢量。移动的方向由符号决定。G91 适用于所有坐标轴，并且可以在后面的程序段中由 G90（绝对位置数据输入）替换。

（5）应用说明

选择合适的编程数据输入制式可以简化编程。当图纸尺寸由一个固定基准标注时，则采用 G90 较为方便；当图纸尺寸采用链式标注时，则采用 G91 较为方便；对于一些规则分布的重复结构要素，采用子程序结合 G91 可以大大简化程序。

（6）编程举例

```
N10 X20 Y20 Z0          ；绝对尺寸输入
N20 X50                 ；仍然是绝对尺寸输入
...
N180 G91 X20            ；转换为增量尺寸输入
N190 X30 Y20            ；仍然是增量尺寸输入
N200 G90 Z100           ；转换为绝对尺寸输入
```

5.3.3 公制/英制数据（尺寸）输入制式 G71/G70

（1）功能

工件所标注尺寸的尺寸系统可能不同于系统设定的尺寸系统（英制或公制），但这些尺寸可以直接输入到程序中，系统会完成尺寸的转换工作。

（2）编程

```
G71          ；公制尺寸输入制式，单位 mm
G70          ；英制尺寸输入制式，单位 in
```

（3）编程举例

```
N10 X10 Y30           ；公制尺寸输入
N20 G70 X40 Y50       ；英制尺寸输入
N30 X40 Y50           ；G70 继续生效
N40 G71 X19 Y18       ；又转为公制尺寸输入
```

（4）应用说明

系统根据所设定的状态把所有的几何值转换为公制尺寸或英制尺寸，包括刀具补偿值和可设定零点偏置值也同样作为几何尺寸进行转换。尺寸制式基本状态可以通过机床数据设定，通常设定为 G71 公制尺寸。本书中所给出的例子均以基本状态为公制尺寸作为前提条件。

用 G70 或 G71 编程所有与工件直接相关的几何数据。比如在 G0，G1，G2，G3，G33 功能下的位置数据 X，Y，Z；插补参数 I，J，K（也包括螺距）；圆弧半径 CR；可编程的零点偏置（G158）。

5.3.4 工件装夹——可设定零点偏置 G54～G57、G500、G53

（1）功能

可设定的零点偏置给出工件零点在机床坐标系中的位置（工件零点以机床零点为基准偏移）。如图 5-9 所示。当工件装夹到机床上后求出偏移量，并通过操作面板预置输入到规定的偏置寄存器（G54～G57）中。程序可以通过选择相应的 G54...G57 偏置寄存器激活预置值，从而确定工件零点的位置，建立工件坐标系。

（2）编程

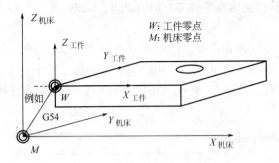

图 5-9　可设定的零点偏置

G54　　　 ；第一可设定零点偏置

G55　　　 ；第二可设定零点偏置

G56　　　 ；第三可设定零点偏置

G57　　　 ；第四可设定零点偏置

G500　　 ；取消可设定零点偏置——模态有效

G53　　　 ；取消可设定零点偏置——程序段方式有效，可编程的零点偏置也一起取消。

G54、G55、G56、G57 可以自由选择用于设置工件坐标系在机床坐标系中的位置，系统最多可以同时设置四个工件原点，如图 5-10 所示。用 G500 或 G53 可以取消可设定零点偏置，从而转换为直接机床坐标系编程，这种情况较少使用。

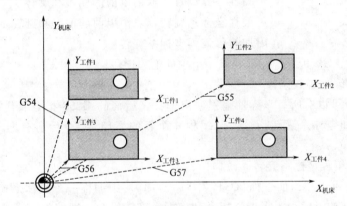

图 5-10　多件装夹时同时设置多个工件零点

（3）编程举例

加工如图 5-10 所示工件。

N10 G54…　　　　　 ；调用第一可设定零点偏置

N20 L10　　　　　　 ；调用 L10 子程序，加工工件 1

N30 G55…　　　　　 ；调用第二可设定零点偏置

N40 L10　　　　　　 ；调用 L10 子程序，加工工件 2

N50 G56…　　　　　 ；调用第三可设定零点偏置

N60 L10　　　　　　 ；调用 L10 子程序，加工工件 3

N70 G57…　　　　　 ；调用第四可设定零点偏置

N80 L10　　　　　　 ；调用 L10 子程序，加工工件 4

…

5.3.5 可编程零点偏置和坐标系旋转 G158、G258、G259

（1）功能

如果工件上在不同的位置有重复出现的形状或结构，或者选用了一个新的参考点，在这种情况下就可以使用可编程零点偏置，由此产生一个当前工件坐标系，新输入的尺寸均是在该坐标系中的数据尺寸，如图 5-11 所示。可以在所有坐标轴上进行零点偏移。此外，还可以在当前的坐标平面 G17、G18 或 G19 中进行坐标系旋转。

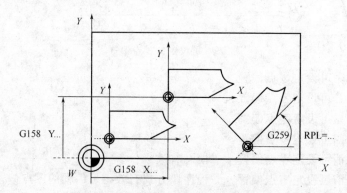

图 5-11　可编程零点偏置和坐标系旋转

（2）编程

G158 X... Y... Z...	；可编程零点偏置，取消以前的偏置和旋转
G258 RPL= ...	；可编程坐标系旋转，取消以前的偏置和旋转
G259 RPL= ...	；附加的可编程坐标系旋转

G158、G258、G259 指令各自要求一个独立的程序段。

（3）G158 可编程零点偏置

用 G158 指令可以对所有坐标轴编程零点偏移，后面的 G258 指令取代所有先前的可编程零点偏移指令和坐标系旋转指令，即编程一个新的 G158 指令后所有旧的 G158、G258、G259 指令均被清除。

（4）G258 可编程坐标系旋转

用 G258 指令可以在当前平面（G17、G18、G19）中编程一个坐标系旋转。新的 G258 指令取代所有以前的可编程零点偏移指令和坐标系旋转指令，即编程一个新的 G258 指令后所有旧的 G158、G258、G259 指令均被清除。

（5）G259 附加的可编程坐标系旋转

用 G259 指令可以在当前平面（G17、G18、G19）中编程一个坐标系旋转。如果已经有一个 G158、G258 或 G259 指令生效，则在 G259 指令下编程的旋转附加到当前编程的偏置或坐标系旋转上。旋转角度单位为度，规定正方向如图 5-12 所示。

（6）取消坐标偏移和旋转

在程序段 G158 指令后无坐标系字，或者在 G258 指令下不写 RPL＝...字，表示取消当前的可编程零点偏移和坐标系旋转设定。

（7）编程举例

加工如图 5-13 所示工件上两相同零件结构要素。

N10 G54... F... S... M... T... 　　；工艺数据设定

N20 G158 X20 Y10 　　　　　　　　；可编程零点偏移

```
N30 L10                   ;子程序调用
N40 G158 X30 Y26          ;可编程零点偏移
N50 G259 RPL=45           ;附加坐标旋转 45°
N60 L10                   ;子程序调用
N70 G158                  ;取消偏移和旋转
...
```

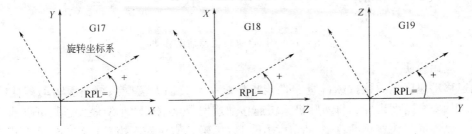

图 5-12　在不同坐标平面中旋转角正方向的规定

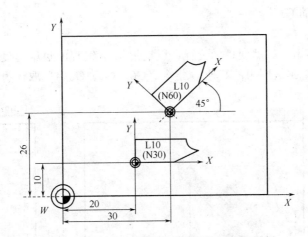

图 5-13　可编程零点偏置和坐标旋转编程举例

5.4　坐标运动指令

5.4.1　快速线性移动 G0

（1）功能

快速移动 G0 作为辅助运动用于快速定位刀具等。执行 G0 时并不能对工件进行加工。可以在三个轴上同时执行快速移动，由此产生一线性轨迹。如图 5-14 所示。

机床数据中规定每个坐标轴快速移动速度的最大值，一个坐标轴运行时就以此速度快速移动。如果快速移动同时在多个轴上执行，则移动速度是多个轴可能的最大速度。

用 G0 快速移动时在地址 F 下编程的进给率无效。G0 一直有效，直到被同组的其他 G 功能指令（G1、G2、G3…）取代为止。

（2）编程

G0 X... Y... Z...

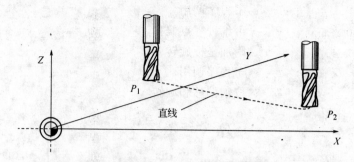

图 5-14　用 G0 进行快速辅助移动

（3）应用说明

快速移动速度是数控机床的重要性能指标之一，其最大值受系统伺服驱动等性能的限制。有时从安全角度出发，将实际机床快速移动速度数据设定成小于最大值是可以的，反之通常是不允许的。快速移动速度在程序中不可以编辑，但在程序执行时可通过倍率开关进行修调。

5.4.2　直线插补运动 G1

（1）功能

刀具以直线从起始点移动到目标位置，以地址 F 下编程的进给速度运行，如图 5-15 所示。G1 一直有效，直到被同组的其他 G 指令（G0、G2、G3…）取代为止。

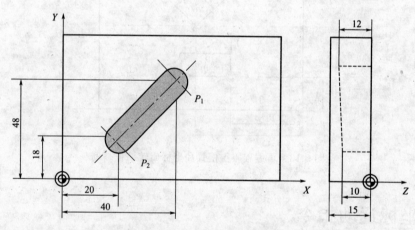

图 5-15　用 G1 进行直线插补加工

（2）编程

G1 X… Y… Z…

（3）编程举例

N10 G56 F… S… M… T…	；工艺数据设定
N20 G0 X20 Y18 Z1	；快速引刀至 P_2 上方 1mm 处
N30 G1 Z-10	；Z 向下刀至槽深
N40 X40 Y48 Z-12	；斜向铣槽至 P_1
N50 G0 Z100	；快速抬刀
M2	；程序结束

（4）应用说明

直线插补移动速度也是数控机床的重要性能指标之一，其最大值受数控系统等性能的限制。直线插补移动速度在编程时通过 F 设定，并在程序执行时可通过倍率开关进行修调。

5.4.3　圆弧插补 G2/G3、G5

5.4.3.1　顺圆/逆圆插补 G2/G3

（1）功能

刀具以圆弧轨迹从起始点移动到终点，方向由指令确定：

G2——顺时针方向；

G3——逆时针方向。

G2/G3 方向应逆着插补平面的垂直轴方向进行观察判断，图 5-16 所示表示出了三个平面圆弧插补的方向。在地址 F 下编程的进给率决定圆弧插补的速度。G2 和 G3 一直有效，直到被同组中其他 G 功能指令（G0、G1、G2···）取代为止。

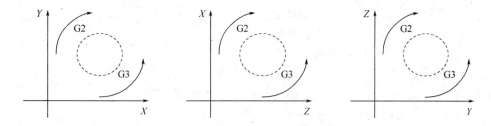

图 5-16　圆弧插补 G2/G3 方向的规定

（2）编程

圆弧可以按下述四种不同的方式编程，如图 5-17 所示。

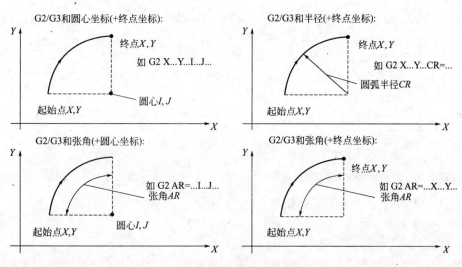

图 5-17　圆弧编程方式

① 终点坐标＋圆心：G2 X... Y... I... J...

② 终点坐标＋半径：G2 X... Y... CR=...

③ 圆心＋张角：G2 I... J... AR=...

④ 终点坐标＋张角：G2 X... Y... AR=...

（3）编程举例

① 终点坐标＋圆心编程，如图 5-18 所示。

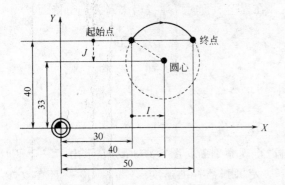

图 5-18　终点坐标＋圆心编程举例　　　　图 5-19　终点坐标＋半径编程举例

N10 G0 X30 Y40　　　　　　　；起始点定位

N20 G2 X50 Y40 I10 J-7　　　；终点坐标＋圆心编程

② 终点坐标＋半径编程，如图 5-19 所示。

N10 G0 X30 Y40　　　　　　　；起始点定位

N20 G2 X50 Y40 CR=12　　　　；终点坐标＋半径编程

③ 圆心＋张角编程，如图 5-20 所示。

N10 G0 X30 Y40　　　　　　　；起始点定位

N20 G2 I10 J-7 AR=105　　　；圆心＋张角编程

④ 终点坐标＋张角编程，如图 5-21 所示。

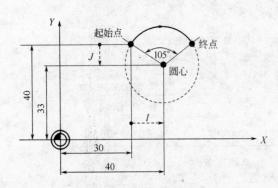

图 5-20　圆心＋张角编程举例　　　　图 5-21　终点坐标＋张角编程举例

N10 G0 X30 Y40　　　　　　　；起始点定位

N20 G2 X50 Y40 AR=105　　　；终点坐标＋张角编程

（4）圆弧尺寸公差

插补圆弧尺寸必须在一定的公差范围之内。系统比较圆弧起始点和终点处的半径，如果其差值在公差范围之内，则可以精确设定圆心，若超出公差范围则给出报警。公差值可以通过机床数据设定。

（5）应用说明

需要注意的是，铣削加工工艺上可以在一个程序段编程加工 0～360°范围任意角度圆弧。当采用上述四种编程方式的第二种，即"终点坐标＋半径"方式编程时将会产生两义性问题，如图 5-22 所示。相同的起点、终点和半径可以对应有两种不同的圆弧，即圆心角大于 180°圆弧（大半圆或优弧）和圆心角小于 180°圆弧（小半圆或劣弧）。编程加工时，必须对这两种圆弧进行选择区分。当给半径赋以"＋"值时表示选择小半圆，相反当给半径赋以"－"值时表示选择大半圆。此外，当进行整圆编程加工时，必须采用圆心编程。因为从几何意义上来看，只有选择圆心才能确定圆弧的唯一性，否则将产生多义性而无法确定圆弧。

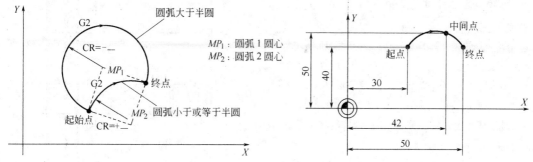

图 5-22　半径编程方式 CR 值符号区分大/小半圆　　　图 5-23　中间点圆弧插补编程举例

5.4.3.2　中间点圆弧插补 G5

（1）功能

如果不知道圆弧的圆心、半径或张角，但已知圆弧轮廓上三个点的坐标，如图 5-23 所示，则可以使用 G5 功能。通过起始点和终点之间的中间点位置确定圆弧的方向。G5 一直有效，直到被同组的其他 G 功能指令（G0、G1、G2…）取代为止。

（2）编程

G5 X… Y… IX=… JY=…

（3）编程举例

N10 G0 X30 Y40　　　　　　　　　　　；起始点定位

N20 G5 X50 Y40 IX=42 JY=50　　　　　；终点坐标＋中间点编程

（4）应用说明

中间点圆弧插补同样不能编制一个整圆，因为整圆的起点与终点重合，不符合三点定圆的原则，无法确定一个唯一圆。

5.4.4　恒螺距螺纹切削 G33、G63、G331/G332

5.4.4.1　恒螺距螺纹切削 G33

（1）功能

用 G33 功能可以加工恒螺距螺纹。在使用特定的刀具（如丝锥）时，可以进行带补偿夹头的攻丝。所谓补偿夹头就是浮动夹头，可以承受一定范围内所出现的丝锥与机床实际运行的螺距偏差，避免丝锥刚性装夹受到附加载荷的作用。攻丝深度根据方向通过 X，Y，Z 中的一个轴给定，螺纹导程通过地址 I、J、或 K 规定。G33 一直有效，直到被该 G 功能组中其他的指令（G0、G1、G2、G3…）取代为止。采用 G33 功能时主轴上必须有位移测量系统。

（2）编程

G33 Z… K…

（3）右旋螺纹或左旋螺纹

在铣镗类机床上，螺纹加工一般为攻丝，此时的右旋螺纹和左旋螺纹由主轴旋转方向 M3 和 M4 确定。M3——右旋螺纹，M4——左旋螺纹。后续的 LCYC 840 标准循环提供了一个完整的带补偿夹头的攻丝循环，该循环即选择了 G33 功能。

（4）编程举例

攻制如图 5-24 所示公制单头螺纹，螺距为 0.8mm/r，孔已经预制。

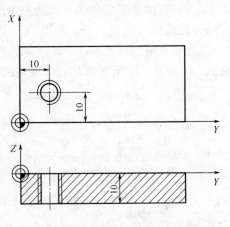

N10 G54 S600 M3 T1   ; 工艺数据设定

N20 G0 X10 Y10 Z5   ; 快速引刀至螺纹底孔
           上方 5mm 处

N30 G33 Z-15 K0.8   ; 主轴正转攻螺纹至终
          点-15mm

N40 Z5 K0.8 M4   ; 主轴换向反转退刀

N50 G0 X... Y... Z...

N60 M2

图 5-24　G33 攻丝举例

（5）坐标轴速度

在 G33 加工螺纹时，坐标轴速度由主轴转速和螺纹导程确定，其值为 S×K（mm/min），该值不允许超过机床数据中规定的最大轴速度（G0 快速移动速度）。编程设定的进给率 F 不起作用，处于存储状态。需要注意的是，采用 G33 加工螺纹时，主轴速度补偿开关（主轴速度修调开关）需保持不变，否则将可能导致螺纹乱牙。进给速度修调开关在此时无效。

5.4.4.2　恒螺距螺纹切削（带补偿夹头）G63

（1）功能

用 G63 功能同样可以加工恒螺距螺纹。在使用特定刀具（如丝锥）进行攻丝时必须使用补偿夹头（浮动夹头），以承受一定范围内所出现的丝锥与机床实际运行的螺距偏差，避免丝锥刚性装夹受到附加载荷的作用。攻丝深度根据方向通过 X，Y，Z 中的一个轴给定，导程则通过进给率间接编程。编程进给率按 F（mm/min）＝S（r/min）×K（mm/r）给出。G63 以段方式有效，G63 结束后，原来的插补方式（G0、G1、G2、G3…）恢复有效。

（2）编程

G63 Z... F...

（3）右旋螺纹或左旋螺纹

当采用 G63 进行攻丝时，右旋和左旋螺纹由主轴旋转方向 M3 和 M4 确定，M3——右旋螺纹，M4——左旋螺纹。

（4）编程举例

攻制如图 5-24 所示公制单头螺纹，螺距为 0.8mm/r，孔已经预制。

N10 G54 S600 M3 T1   ; 工艺数据设定

N20 G0 X10 Y10 Z5   ; 快速引刀至螺纹底孔上方 5mm 处

N30 G63 Z-15 F480   ; 主轴正转攻螺纹至终点-15mm

N40 G63 Z5 M4   ; 主轴换向反转退刀

N50 G0 X... Y... Z...

N60 M2

5.4.4.3　恒螺距螺纹插补 G331/G332

（1）功能

如果主轴和坐标轴的动态性能许可，可以用 G331/G332 进行不带补偿夹头的螺纹切削。如果在这种情况下还是使用了补偿夹头，则由补偿夹头接受的位移差会减少，从而可以进行高速主轴攻丝。

（2）编程

SPOS=…　　　　　　　　；设置主轴位置控制模式

G331 Z… K…　　　　　；加工螺纹

G332 Z … K…　　　　　；主轴自动反向退刀

在使用 G331/G332 攻丝前，必须编程 SPOS＝…使主轴处于位置控制运行状态，如此方可保证较高的螺纹运行精度。

（3）右旋螺纹或左旋螺纹

采用 G331/G332 进行攻丝时，右旋和左旋螺纹由导程的符号确定，导程符号为正时即为右旋螺纹（同 M3），导程符号为负时则为左旋螺纹（同 M4）。后续的 LCYC 84 标准循环提供了一个完整的带螺纹插补的攻丝循环，该循环即选择了 G331/G332 功能。

（4）编程举例

攻制如图 5-24 所示公制单头螺纹，螺距为 0.8mm/r，孔已经预制。

N10 G54 S300 M3 T1　　　　；工艺数据设定

N20 G0 X10 Y10 Z5　　　　　；快速引刀至螺纹底孔上方 5mm 处

N25 SPOS=0

N30 G331 Z-15 K0.8 S300　　；主轴正转攻螺纹至终点－15mm

N40 G332 Z5 K0.8 S600　　　；主轴换向反转退刀

N50 G0 X… Y… Z…

N60 M2

（5）坐标轴速度

在采用 G331/G332 编程加工螺纹时，坐标轴速度由主轴转速和螺纹导程确定，其值为 S×K（mm/min），该值不允许超过机床数据中规定的最大轴速度（G0 快速移动速度）。编程设定的进给率 F 不起作用，处于存储状态。需要注意的是，采用 G331/G332 加工螺纹时主轴速度补偿开关（主轴速度修调开关）需保持不变，否则将可能导致螺纹乱牙。进给速度修调开关在此时无效。

5.4.5　返回固定点 G75

（1）功能

用 G75 可以返回到机床中某个固定点，比如换刀点。固定点位置通过设置与机床原点的偏移量确定，它被固定地存储在机床数据中，不会产生偏移。采用 G75 返回固定点时，每个轴的返回速度就是其快速移动速度。

G75 需要一独立程序段，并按程序段方式有效。

在 G75 之后的程序段中，原先"插补方式"组中的 G 指令（G0、G1、G2…）将再次生效。

（2）编程

G75 X0 Y0 Z0

（3）应用说明

程序段中 X、Y 和 Z 下编程的数值不识别。返回固定点一般常用于换刀，但要注意的是，这儿的固定点是以机床坐标系为基准设定的，使用时必须明确其实际位置。固定点不能适应不同大小工件状况，这容易引起干涉，使用时应慎重，可代之以"G0 X… Y… Z…"，此时 X、Y、Z 是在相应的工件坐标系中的数据，可以适应不同长度的工件。

5.4.6　返回参考点 G74

（1）功能

用 G74 指令实现 NC 程序中回参考点功能，每个轴的方向和速度存储在机床数据中。所谓参考点，也是机床上的一固定点，它与机床原点间具有固定的精确关系，返回参考点也就是校验其位置，从而可以确定机床原点位置，并建立机床坐标系。

G74 要求一独立程序段，并按程序段方式有效。

在 G74 之后的程序段中，原先"插补方式"组中的 G 指令（G0、G1、G2…）将再次生效。

（2）编程

N10 G74 X0 Y0 Z0

（3）应用说明

程序段中 X、Y 和 Z 下编程的数值不识别。对于经济型系统（步进系统）机床，由于各种因素的影响，可能会引起步进电机丢步并累积，从而产生较大的误差。此时可在程序中多插入 G74 程序段，以自动返回参考点。校验机床原点位置后，重新以机床原点为基准计量运行坐标位置，消除累积误差。

5.4.7　进给率 F 及其单位设定 G94/G95

（1）功能

进给率 F 是刀具轨迹速度，它是所有移动坐标轴速度的矢量和。坐标轴速度是刀具轨迹速度在坐标轴上的分量。进给率 F 在 G1、G2、G3、G5 插补方式中生效，并且一直有效，直到被一个新的地址 F 取代为止。

（2）编程

F…

（3）进给率 F 的单位

进给率 F 的单位由 G94/G95 确定。G94 表示直线进给率，即进给速度，单位为 mm/min。G95 表示旋转进给率，即进给量，单位为 mm/r（只有主轴旋转才有意义）。

（4）编程举例

N10 S200 M3 F200　　　　　　　　；进给量 200mm/min

…

N110 G95 F0.2　　　　　　　　　　；进给量 0.2mm/r

…

N120 G94 F300　　　　　　　　　　；进给量 300mm/min

系统默认 G94。G94 和 G95 更换时要求写入一个新的地址 F。

5.4.8　准确定位/连续路径 G9、G60/G64

（1）功能

针对程序段转换时不同的性能要求，802S 提供一组 G 功能用于进行最佳匹配的选择。比如，有时要求坐标轴快速定位，有时要求按轮廓编程对几个程序段进行连续路径加工。

（2）编程

G60	；准确定位——模态有效
G9	；准确定位——程序段方式有效
G601	；精准确定位
G602	；粗准确定位
G64	；连续路径

（3）准确定位 G60，G9

G60 或 G9 功能生效时，当到达定位精度时，移动轴的进给速度减小到零。如果一个程

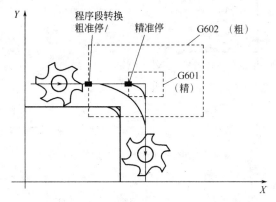

图 5-25　G60/G9 生效时粗准确定位窗口和精准确定位窗口

序段的轴位移结束并开始执行下一个程序段，则可以设定下一个模态有效 G 功能。准确定位按其精度还可分为 G601 和 G602，如图5-25所示。

（4）精准确定位 G601

所有的坐标轴都到达"精准确定位窗口"（机床数据中设定值）后，开始进行程序段转换。G601 可以达到较高的到位精度，具体精度由机床数据设定。

（5）粗准确定位 G602

所有的坐标轴都到达"粗准确定位窗口"（机床数据中设定值）后，开始进行程序段转换。G602 相对而言到位精度较低，具体精度由机床数据设定。

在执行多次定位过程时，"准确定位窗口"如何选择将对加工运行总时间产生影响。精准确定位需要较多时间。

（6）编程举例

N10 G60	；准确定位
N20 G0 G602 Z…	；粗准确定位
N30 X… Z…	；G602 继续有效
…	
N50 G1 G601…	；精准确定位
N60 G64 Z…	；转换到连续路径方式
…	
N100 G0 G9 Z…	；准确定位，单程序段有效
N110…	；仍为连续路径方式
…	

（7）连续路径 G64

连续路径加工方式的目的就是从一个程序段到下一个程序段转换过程中避免进给停顿，

且使其尽可能以相同的轨迹速度（切线过渡）转换到下一个程序段，并以可预见的速度过渡执行下一个程序段的功能。

在有拐角的轨迹过渡时（非切线过渡），有时必须降低进给速度，从而保证程序段转换时不发生大于最大加速度的速度突变。连续路径加工方式在轮廓拐角处会发生微量过切，如图 5-26 所示，其程度与进给速度的大小有关。进给速度越大，过切越严重。

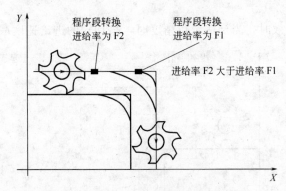

图 5-26　G64 加工时轮廓拐角的过切情况

（8）编程举例

N10 G64 Gl Z... F...　　　　　　　；连续路径加工

N20 X...　　　　　　　　　　　　；继续连续路径加工

...

N180 G60...　　　　　　　　　　；转换到准确定位

（9）应用说明

准确定位通常应用于精密孔系加工、尖角零件加工等，此时还可根据精度要求选择粗准确定位或精准确定位。常规轮廓加工、木材加工、非圆曲线逼近加工、曲面加工等采用连续路径，以便在满足精度要求情况下达到较高的生产率。轮廓精加工切线切入/切出必须考虑结合连续路径，从而避免切入/切出点产生过切。准确定位与连续路径在短行程程序段时的速度性能比较如图 5-27 所示。

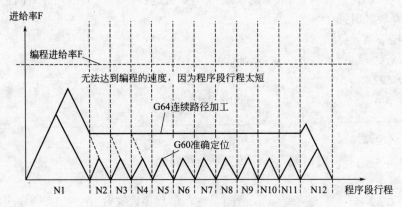

图 5-27　短行程程序段 G60 和 G64 速度性能比较

5.4.9　暂停 G4

（1）功能

通过在两个程序段之间插入一个 G4 程序段，可以使进给加工中断给定的时间，在此之前编程的进给率 F 和主轴转速 S 保持存储状态。

G4 程序段（含地址 F 或 S）只对自身程序段有效。

（2）编程

G4 F...　　　　　　　　；暂停 F 地址下给定的时间（s）

G4 S...　　　　　　　　；暂停主轴转过地址 S 下设定的转数所耗的时间（仍然是进给停）

（3）编程举例

加工如图 5-28 所示沉孔。

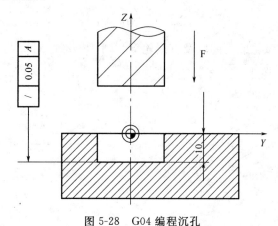

图 5-28　G04 编程沉孔

N10 G54 F60 S300 M3 T1　　　　　　　　；工艺数据设定

N20 G0 X0 Y0 Z2　　　　　　　　　　　；快速引刀至孔上方 2mm 处

N30 G1 Z-10　　　　　　　　　　　　　；沉孔至深度

N40 G4 S1　　　　　　　　　　　　　　；孔底进给暂停

N50 G0 Z10　　　　　　　　　　　　　；刀具快退

N60 M2

（4）应用说明

"G4 S..."只有在受控主轴情况下才有效（当转速给定值同样通过 S...编程时）。

5.4.10　倒角 CHF，倒圆 RND

（1）功能

在一个轮廓拐角处可以插入倒角或倒圆，指令"CHF＝..."或者"RND＝..."与加工拐角的轴运动指令一起写入到程序段中。

（2）编程

CHF＝...　　　　　；插入倒角，数值＝倒角长度

RND＝...　　　　　；插入倒圆，数值＝倒圆半径

（3）倒角 CHF＝...

直线轮廓之间、圆弧轮廓之间以及直线轮廓和圆弧轮廓之间切入一直线并倒去棱角，如图 5-29 所示。

（4）倒角编程举例

N10 G1 X... CHF=5　　　　　；倒角 5mm（边长）

N20 X... Y...

（5）倒圆 RND＝...

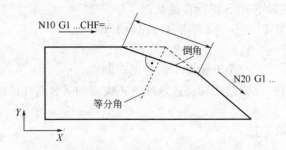

图 5-29　CHF 倒角

直线轮廓之间、圆弧轮廓之间以及直线轮廓和圆弧轮廓之间切入一圆弧，圆弧与轮廓间以切线过渡，如图 5-30 所示。

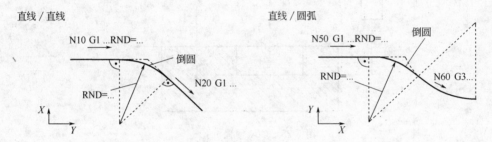

图 5-30　RND 倒圆

（6）倒圆编程举例

N10 G1 X... RND=8　　　　；倒圆，半径 8mm

N20 X... Y...

...

N50 G1 X... RND=12　　　；倒圆，半径 12mm

N60 G3 X... Y...

（7）应用说明

轮廓的直线和圆弧倒角可以利用直线 G1 或圆弧 G2、G3 指令直接编程，但需要知道倒角线段与轮廓的交点坐标。但利用 CHF 或 RND 编程只需知道未倒角轮廓的交点坐标，符合图纸尺寸标注习惯。倒角 CHF 功能只能加工等值倒角边，倒圆 RND 功能只能加工相切圆倒角。当进行"CHF＝…"或"RND＝…"编程加工时，如果其中一个程序段轮廓长度不够，则在倒圆或倒角时会自动削减编程值。如果几个连续编程的程序段中有不含坐标轴移动指令的程序段，则不可以进行倒角/倒圆编程。

5.5　主轴运动指令

5.5.1　主轴转速 S 及旋转方向

（1）功能

当机床具有受控主轴时，主轴的转速可以编程在地址 S 下，单位为 r/min。旋转方向通过 M 指令规定：M3 为主轴顺时针转，M4 为主轴逆时针转，M5 为主轴停。

（2）说明

如果在程序段中不仅有 M3 或 M4 指令，而且还写有坐标轴运行指令，则 M3 或 M4 指令在坐标轴运行之前生效，即只有在主轴启动之后，坐标轴才开始运行；如果 M5 指令与坐标轴运行指令在同一程序段，则坐标轴运行结束后主轴才停止。

（3）编程举例

N10 G1 X80 Z20 F50 S280 M3 　　；在 X，Z 轴运行之前，主轴以 280r/min 顺时针启动

…

N80 S450…　　　　　　　　　　；改变转速

…

N180 G0 Z180 M5　　　　　　　；Z 轴运行后主轴停止

5.5.2　主轴转速极限 G25、G26

（1）功能

通过在程序中写入 G25 或 G26 指令和地址 S 下的转速，可以限制特定情况下主轴转速的极限值范围。对于某些刀具，如单刃镗刀，当其具有较大的偏心量时，控制主轴的最高转速以免引起振动或事故。与此同时，原来机床设定数据中的数据被覆盖。

G25 或 G26 指令均要求一独立的程序段。原先编程的转速 S 保持存储状态。

（2）编程

G25 S…　　　　　　；限制主轴转速下限

G26 S…　　　　　　；限制主轴转速上限

（3）应用说明

主轴转速的最高极限值在机床数据中设定。通过面板操作可以激活用于其他极限情况的设定参数。

（4）编程举例

N10 G54 F… S500 M… T…

N20 G25 S80　　　　　　　　　　；限制主轴转速下限为 80r/min

N30 G26 S1800　　　　　　　　　；限制主轴转速上限为 1800r/min

…

N80 S50　　　　　　　　　　　　；主轴降速最低到下限为 80r/min

…

N180 S800

…

N260 S2500　　　　　　　　　　；主轴升速最高到上限为 1800r/min

…

5.5.3　主轴定位 SPOS

（1）功能

在主轴设计成可以进行位置控制运行的前提下，利用功能 SPOS 可以把主轴定位到一个确定的转角位置，然后主轴通过位置控制保持在这一位置，以便进行后续操作。定位运行速度在机床数据中规定。

从主轴旋转状态（顺时针旋转/逆时针旋转）进行定位时，定位运行方向保持不变；从静止状态进行定位时，定位运行按最短位移进行，方向从起始点位置到终点位置。

例外的情况是主轴首次运行，也就是说测量系统还没有进行同步。此种情况下，定位运

行方向由机床中数据规定。

主轴定位运行可以与同一程序段中的坐标轴运行同时发生。当两种运行都结束以后，此程序段才结束。

（2）编程

SPOS=...　　　　　　　　；绝对位置：0~360°（小于360°）

（3）编程举例

加工如图 5-31 所示孔。

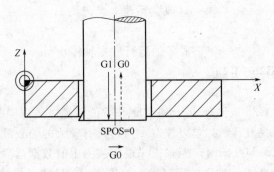

图 5-31　主轴准停返回

N10 G0 X... Y... Z...　　　　　　；镗孔前定位

N20 G1 Z...　　　　　　　　　　　；镗孔

N30 SPOS=0　　　　　　　　　　　；主轴 0°位置定位

N40 G1 G91 X0.5　　　　　　　　　；刀尖让刀运动

N50 G0 G90 Z...　　　　　　　　　；快速退刀

N60 M2　　　　　　　　　　　　　；结束程序

（4）应用说明

由上可见，利用主轴定位功能可以采用单刃镗刀进行精镗孔加工。当镗孔到深度终点后，通过"SPOS=..."将主轴停留在周向某确定方位。此时刀尖的位置也已确定，通过编程一个刀尖径向退刀程序段使刀尖脱离已镗孔表面，再以 G0 快速将镗刀轴向退出。如此镗孔，既解决了常规镗孔退刀在孔壁留下直线刀痕（主轴停退刀）或螺旋刀痕（主轴不停退刀）的问题，又可以实现高生产率（避免工退浪费时间）。当然，使用 SPOS 功能进行加工必须注意机床硬件是否配套。

5.6　刀具与刀具补偿指令

5.6.1　概述

对于每一个具体工件的加工，必须考虑选择相应合适的刀具。在进行编程时，必须对刀具进行编号选择。由于编程时还无法确定具体某一刀具在机床上的实际安装等状态，因此也就无法确定具体某一刀具的相关参数，包括刀具长度（偏置量）或刀具半径等。

为了简化零件的数控编程加工，使数控程序与刀具的形状尺寸尽可能无直接关系，数控系统一般都具有刀具长度补偿和半径补偿功能。

刀具长度补偿使刀具在长度方向上偏移一个刀具长度进行修正，因此，在数控编程过程中，一般无需考虑刀具长度。这样避免了加工过程中换刀后刀具长度变化或多刀加工时各刀具长度不同而带来的问题。可想而知，假定某把刀具在正常切削工件，当更换一把相对较长的刀具后，在其他情况均不变时，如果没有刀具长度补偿，零件将被多切。

在启动程序加工前，必须进行刀具长度参数（偏置量）的设置，所谓刀具长度也只是相对的，是在刀具装到机床主轴后的相对伸出量。从理论上讲，在机床主轴上可设定某一点，即刀具参考点，作为刀具长度的共同度量基准。这一刀具参考点可以固定在主轴端面与轴线的交点处，也可随加工情况采用某一把刀具作为基准刀视其长度为零，此时该刀具端部中心即为临时刀具参考点，其余刀具长度与基准刀比较即可获得。如图 5-32 所示为以主轴端面与轴线的交点为刀具参考点时刀具的长度。

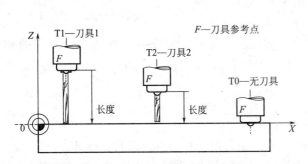

图 5-32　不同刀具长度及其对工件的加工

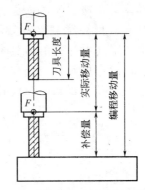

图 5-33　钻、铣类刀具长度补偿

当没有刀具长度补偿时，将由刀具参考点跟随编程轨迹运动。由于刀具刀位点与刀具参考点不重合，导致在刀具长度方向加工尺寸不正确，甚至根本无法加工。有了刀具长度补偿，编程时不必考虑各刀具的具体长度及差异，只要在加工前将刀具长度参数采用机内试切和对刀或机外对刀获取后存入数控系统相应的刀具补偿存储器中，加工时，通过程序中的相关准备功能（如 G43）或由系统自动建立刀具长度补偿，由数控装置自动计算出刀具在长度方向上的位置，即使刀具在其长度方向上偏移一个相应的长度，从而使得刀具刀位点（钻头钻尖或铣刀端面中心等）按编程路线轨迹运动，加工出所希望的零件。如图 5-33 为钻、铣类刀具长度补偿建立示意图。

此外，当刀具磨损、更换新刀或刀具安装有误差时，也可通过刀具长度补偿功能补偿刀具在长度方向的尺寸变化，不必修改或重新编制新的加工程序再加工。

当以刀具圆周刃进行工件轮廓加工时，由于铣刀总有半径，而且从刀具刚性考虑在选择刀具时应尽可能采用较大的铣刀，这样在正常执行程序时，由于刀位点（刀具中心）随编程的工件轮廓运动，工件轮廓将被多切去一个刀具半径，如图 5-34 虚线所示。

为了避免上述情况发生，从理论上讲，可以对刀具中心走刀轨迹进行规划，根据实际刀具半径情况，求出与加工轮廓偏置一个刀具半径值的等距线轨迹，如图 5-34 点画线所示，并据此等距点画线进行编程即可加工出预期的零件。

上述等距线轨迹的人工求解工作非常麻烦，不仅效率低下，而且容易出错。此外当实际刀具半径产生变化时，相应的等距线轨迹也发生变化，程序也得跟着改变，因此很难适应实际工作的要求。

现代数控铣床控制系统都具有刀具半径补偿功能。这类系统在编程时不必计算上述刀具中心的等距线运动轨迹，而只需要直接按零件加工轮廓编程，并在加工前输入刀具半径数据，通过在程序中使用刀具半径补偿指令，数控装置可自动计算出刀具中心轨迹，并使刀具中心按此轨迹运动。也就是说，执行刀具半径补偿后，刀具中心将自动在偏离工件轮廓一个半径值的轨迹上运动，从而加工出所要求的工件轮廓。

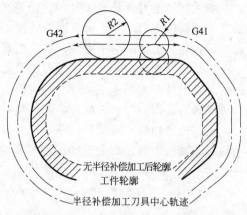

图 5-34　不同直径尺寸刀具加工工件

使用刀具补偿，必须确定刀具补偿量，即刀具长度和半径等参数。通常刀具补偿量在启动程序加工前单独输入到一专门的数据区（补偿存储器）。在程序中只要调用所需的刀具及其补偿号（补偿存储器地址），控制器利用其中存储的刀具参数执行所要求的轨迹补偿，从而加工出所要求的工件。因此，当刀具参数发生变化时，不需要修改零件程序，只需要修改存放在补偿存储器中的数据或选择存放在另一个补偿存储器中的数据即可。

5.6.2　刀具 T

（1）功能

编程 T 指令可以选择刀具。在此，可以用 T 指令直接更换刀具；也可以用 T 指令仅进行刀具的预选，另外再用 M6 指令进行刀具的更换。这由机床用户根据换刀装置结构情况，在机床数据中确定。

（2）编程

T…　　　　　　　　　　；刀具号：1～32000

加工中心可以按上述方式编程实现自动换刀。实际刀具一般需要根据刀库情况配号，安装刀具时对号入座，因此实际机床刀具号一般只有从 1 匹配到刀库刀位数。对于圆盘式刀库无机械手直接换刀的加工中心，一般采用 T 指令直接换刀；而对于一些采用机械手换刀的加工中心，可以采用 T 指令在加工进行时提前预选刀具，当需要换刀时，再编入 M6 指令，从而缩短辅助时间、提高工作效率。

对于数控铣床，编写 T 指令仅只进行刀具数据的选择转换，机床并不能进行刀具自动交换。操作上可将主轴退出并停止，再通过 M0 将程序暂停后手工操作进行换刀。换刀结束后重新按面板启动键即可。本系统中最多同时存储 15 把刀具。

（3）编程举例

不用 M6 更换刀具：

N10 T1　　　　　　　　　；选择更换刀具 1

…

N60 T2　　　　　　　　　；选择更换刀具 2

5.6.3　刀具补偿号 D

（1）功能

用 D 及其相应的序号代表补偿存储器号，即刀具补偿号。刀具补偿号可以赋给一个专门的切削刃。一把刀具可以匹配从 D1～D9 最多 9 个不同补偿号，用以存储不同的补偿数据组。如果没有编写 D 指令，则 D1 自动生效。此外，一把刀具还可以使用 D0 刀具补偿号，如果编程 D0，则刀具补偿值无效，即表示取消刀具长度和半径补偿。

系统中最多可以同时使用 30 个刀具补偿号，对应存储 30 个刀具补偿数据组，各刀具可自由分配 30 个刀具补偿号，如图 5-35 所示。

刀具调用后，刀具长度补偿立即自动生效；如果没有编程 D 号，则 D1 值自动生效。先编程的坐标长度补偿先执行，对应的坐标轴也先运行。刀具半径补偿必须通过执行 G41/G42 建立。

T1	D1	D2	D3		D9
T2	D1				
T3	D1				
T6	D1	D2	D3		
T9	D1	D2			
T…	D1	D2			

图 5-35　刀具补偿号匹配示意

（2）编程举例

N10 T1　　　　　　　　　　　　；更换刀具 1，刀具 1 之 D1 值有效

N20 G0 X… Y… Z…　　　　　　；长度补偿生效

…

N80 T6　　　　　　　　　　　　；更换成刀具 6，刀具 6 之 D1 值有效

…

N160 G0 Z… D2　　　　　　　　；刀具 6 之 D2 值生效

（3）补偿存储器内容

在补偿存储器中有如下内容。

① 几何尺寸：长度、半径。几何尺寸长度和半径由基本尺寸和磨损尺寸两分量组成。控制器处理这些分量，计算并得到最后尺寸（总和长度、总和半径）。在激活补偿存储器时，这些最终尺寸有效，即补偿是按总和长度及总和半径进行的。此外还需由刀具类型和 G17、G18、G19 指令确定如何在坐标轴中计算出这些尺寸值。

② 刀具类型。由刀具类型可以确定需要哪些几何参数以及怎样进行计算。刀具类型分为钻头和铣刀两类。它仅以百位数的不同进行区分：类型 $2xy$——钻头，类型 $1xy$——铣刀，xy 可以为任意数，用户可以根据自己的需要进行设定。

（4）应用说明

此处刀具类型中的钻头和铣刀不同于金属切削刀具中的含意，而只是从补偿的角度出发。凡仅只有一个轴向长度需要补偿的刀具均为"钻头"，如麻花钻、扩孔钻、锪钻、铰刀、丝锥、镗刀等。而"铣刀"则除了一个轴向长度需要补偿外，还有一个半径参数需要补偿，如图 5-36 所示。

刀具类型 100　　　　　　　　　　　　刀具类型 200

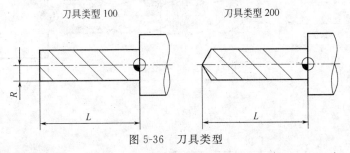

图 5-36　刀具类型

（5）补偿磨损量的应用

控制器对刀具长度或半径是按计算得到的最终尺寸（总和长度、总和半径）进行补偿的，而最终尺寸是由基本尺寸和磨损尺寸相减而得。因此，当一把刀具用过一段时间有一定的磨损后，实际尺寸发生了变化，此时可以直接修改补偿基本尺寸，也可以加入一个磨损量，使最终补偿量与实际刀具尺寸相一致，从而仍能加工出合格的零件。

　　在零件试加工等过程中，由于对刀等误差的影响，执行一次程序加工结束，不可能一定保证零件就符合图纸要求，有可能出现超差。如果有超差但尚有余量则可以进行修正。此时可利用原来的刀具和加工程序的一部分（精加工部分），不需要对程序作任何坐标修改，而只需在刀具补偿中增加设定一磨损量（等于相应的余量）后再补充加工一次。此时的最终实际补偿量较原来减少了一个设定磨损量，实际补偿偏移量相应减少，从而可将余量切去。由于实际刀具并没有磨损，故此称为虚拟磨损量。

　　（6）刀具参数

　　在"DP..."的位置上填上相应的刀具参数的数值。使用哪些参数，则取决于刀具类型。不需要的刀具参数填上数值零。如图 5-37、图 5-38 及表 5-3、表 5-4 所示。

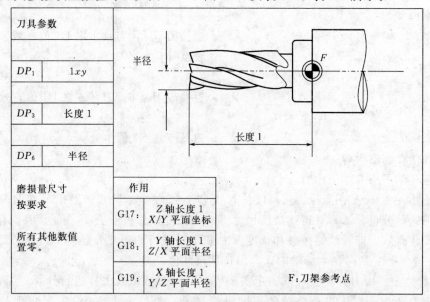

图 5-37　铣刀补偿参数图示

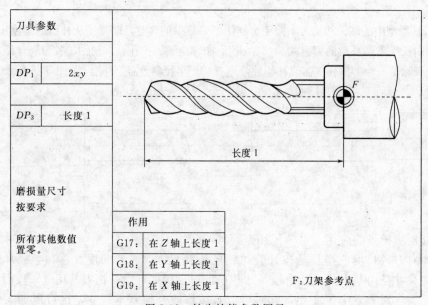

图 5-38　钻头补偿参数图示

<table>
<tr><td colspan="3" align="center">表 5-3　铣刀参数</td></tr>
</table>

刀具类型	$DP_1 = 100$（铣刀）	
	基本尺寸	磨损尺寸
长度 1	DP_3	DP_{12}
半径	DP_6	DP_{15}

<table>
<tr><td colspan="3" align="center">表 5-4　钻头参数</td></tr>
</table>

刀具类型	$DP_1 = 200$（钻头）	
	基本尺寸	磨损尺寸
长度 1	DP_3	DP_{12}

5.6.4　刀具半径补偿的建立与取消 G41/G42，G40

（1）功能

G41/G42 用于建立刀具半径补偿，刀具必须有相应的刀具补偿号 D 才能有效。控制器自动计算出当前刀具运行所产生的、与编程轮廓等距离偏置的刀具中心轨迹，系统在所选择的平面 G17～G19 中以刀具半径补偿的方式进行加工。如图 5-39 所示。

G41 为左刀补，即沿进给前进方向观察，刀具处于工件轮廓的左边，如图 5-40 所示。

G42 为右刀补，即沿进给前进方向观察，刀具处于工件轮廓的右边，如图 5-40 所示。

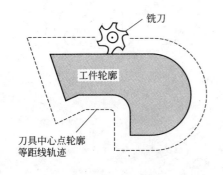

图 5-39　刀具半径补偿

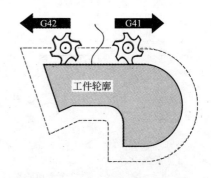

图 5-40　工件轮廓左边/右边补偿

G40 用于取消刀具半径补偿，此状态也是编程开始时所处的状态。G40 指令之前的程序段刀具以正常方式结束（结束时补偿矢量垂直于轨迹终点处切线）。在运行 G40 程序段之后，刀尖中心到达编程终点。在选择 G40 程序段编程终点时，注意确保运行不会发生干涉碰撞。

（2）编程

```
G41 X... Y...      ；在工件轮廓左边刀补有效
G42 X... Y...      ；在工件轮廓右边刀补有效
G40 X... Y...      ；取消刀具半径补偿
```

（3）半径补偿的建立、进行与取消

通过 G41/G42 功能建立刀具半径补偿时，刀具中心以直线回轮廓，并在轮廓起始点处与轨迹切向垂直偏置一个刀具半径，如图 5-41 所示。注意正确选择起始点，保证刀具运行不发生碰撞。刀具半径补偿一旦建立便一直有效，即刀具中心与编程轨迹始终偏置一个刀具半径量，直到被 G40 取消为止，如图 5-42 所示。G40 取消刀具半径补偿时，刀具在其前一个程序段终点处法向偏置一个刀具半径的位置结束，在 G40 程序段刀具中心回到编程目标位置。

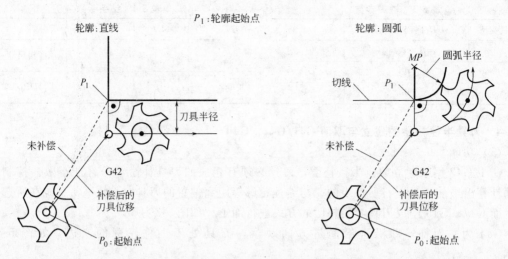

图 5-41 刀具半径补偿的建立

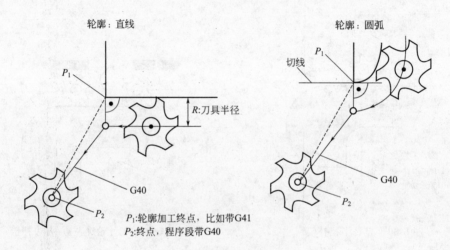

P_1:轮廓加工终点，比如带G41
P_2:终点，程序段带G40

图 5-42 刀具半径补偿的取消

（4）应用说明

只有在线性插补（G0，G1）时才可以进行 G41/G42 和 G40 的选择，即只有在线性插补程序段才能建立和取消刀具半径补偿。上述刀具半径补偿建立和取消程序段必须在补偿平面内编程坐标运行。可以编程两个坐标轴，如果只给出一个坐标轴的数据，则第二个坐标轴自动地以最后编程的尺寸赋值。在通常情况下，在 G41/G42 程序段之后紧接着工件轮廓的第一个程序段。

（5）编程举例

N10 G56 F... S... M... T...

N20 G0 X... Y...   ；P_0——起始点

N30 G1 G42 X... Y...   ；工件轮廓右边补偿，$X... Y...$ 为 P_1 坐标（图 5-41）

N40 X... Y...   ；补偿进行中

...

N120 X... Y...

N130 G1 G40 X... Y...　　　　　　；取消刀具半径补偿，X... Y...为 P_2 坐标（图 5-42）

5.6.5　拐角过渡 G450/G451

（1）功能

在 G41/G42 有效的情况下，一段轮廓到另一段轮廓以不连续的拐角过渡时，可以通过 G450 和 G451 功能调节拐角特性。控制器自动识别内角和外角。对于内角必须要回到轨迹等距线交点。图 5-43 和图 5-44 所示分别为外拐角和内拐角特性示意。

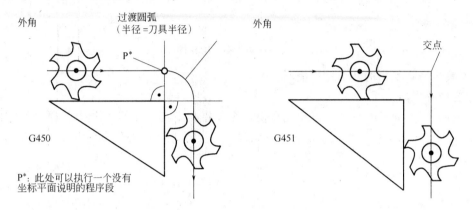

图 5-43　外拐角特性

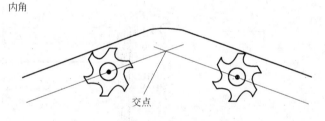

图 5-44　内拐角特性

（2）编程

G450　　　　　；圆弧过渡

G451　　　　　；交点过渡

（3）圆弧过渡 G450

在过渡处刀具中心轨迹为一个圆弧，其起点在前一曲线的终点处法向偏置一个半径，终点与后一曲线在起点处法向偏置一个半径，半径等于刀具半径。圆弧过渡在运行下一个带运行指令的程序段时才有效。

（4）交点过渡 G451

在过渡处刀具回刀具中心轨迹交点——以刀具半径为距离的等距线交点。

（5）应用说明

一般情况下圆弧过渡与交点过渡加工没有原则性区别，只是相对来讲，圆弧过渡时实际切削量相对较大些。但在某些特殊情况下，必须进行优化选择。如图 5-45 所示，当加工轮廓较尖时，最好选择 G450 圆弧过渡进行加工，从而减少尖角过渡的空程损失，节省加工时间。当内角过渡轮廓位移小于刀具半径时，即图中轮廓台阶（B）<刀尖半径（R）时，选择 G450 将造成过切，此时必须选择 G451 交点过渡方式。

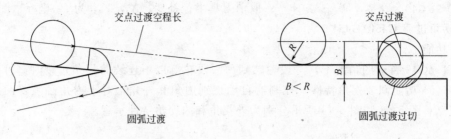

选择 G450 圆弧过渡减少空程   选择 G451 交点过渡避免过切

图 5-45   G450/G451 的选择

5.6.6 刀具半径补偿中的几个特殊情况

（1）变换补偿方向

补偿方向指令 G41 和 G42 可以相互转换，无需在其中再写入 G40 指令。原补偿方向的程序段在其轨迹终点处按补偿矢量的正常状态结束，然后在新的补偿方向开始进行补偿（在起点按正常状态）。如图 5-46 所示。

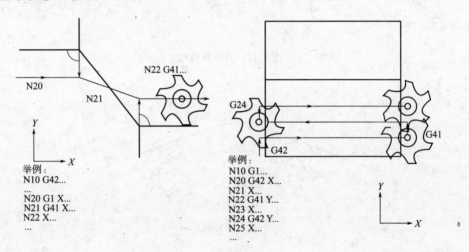

图 5-46   变换补偿方向

（2）G41、G41 或 G42、G42 重复执行

重复执行相同的补偿方式时可以直接进行新的编程，而无需在其中写入 G40 指令。原补偿的程序段在其轨迹终点处按补偿矢量的正常状态结束，然后开始新的补偿（性能与"变换补偿方向"一样）。

（3）变换刀具补偿号 D

可以在补偿运行过程中变换刀具补偿号 D。刀具补偿号变换后，在新刀具补偿号程序段的起始处，新刀具半径就已经生效，但整个变化需等到程序段结束才能发生。这些修改值由整个程序段连续执行，无论是直线还是圆弧插补都一样。

（4）通过 M2 结束补偿

如果是通过 M2（程序结束）而不是用 G40 指令结束补偿运行，则最后的程序段以补偿矢量正常位置坐标结束，不进行补偿移动，程序以此刀具位结束。

5.6.7 圆弧进给补偿 G900/G901

（1）功能

　　工艺上提出的加工进给率是针对加工切削点处的，即如图 5-47 所示中刀具与工件轮廓切点处的相对运行速率。由图可见，在使用刀具半径补偿的情况下，加工直线轮廓时切点处与刀具中心具有相同的进给率，但加工圆弧轮廓时，切点处与刀具中心的进给速率则不同。为了使得切点处执行编程的进给率，必须修正铣刀中心的进给率。

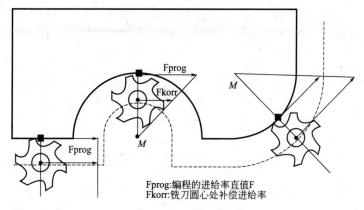

Fprog:编程的进给率直值F
Fkorr:铣刀圆心处补偿进给率

图 5-47　进给率补偿 G901

由几何关系可见

外圆加工：$Fkorr = Fprog(r_{轮廓} + r_{刀具})/r_{轮廓}$

内圆加工：$Fkorr = Fprog(r_{轮廓} - r_{刀具})/r_{轮廓}$

　　进给率补偿就是通过设定，由数控系统根据编程数据自动区别内外圆，并按上述公式进行修正，使得实际切削点执行编程的进给率，从而无需编程人员考虑轮廓变化对实际加工进给率的影响。

（2）编程

G900　　　；进给率补偿关闭，编程进给率对铣刀中心有效

G901　　　；进给率补偿打开，编程进给率对实际切削点有效

（3）编程举例

N10 G56 F... S... M... T...

N20 G0 X... Y... Z...

N30 G1 G42 X... Y...　　　　　　　　；刀具半径补偿建立

N40 G901　　　　　　　　　　　　　；进给率补偿打开

N50 G2 X... Y... CR= ...　　　　　　；轮廓切点处执行编程 F 值

N60 G3 X... Y... CR= ...　　　　　　；轮廓切点处执行编程 F 值

...

N100 G900　　　　　　　　　　　　；进给率补偿关闭

...

5.6.8　刀具半径补偿实例

　　精加工如图 5-48 所示零件轮廓，Z 向工件零点在工件上平面，铣深为 5。

N10 G54 G450 F... S...M3 T...　　　　；工艺数据设定

N20 G0 X5 Y55 Z-5　　　　　　　　　；快速引刀至工件轮廓外围，Z 向至切深

N30 G1 G41 X30 Y60　　　　　　　　；直线切入，建立刀具半径补偿

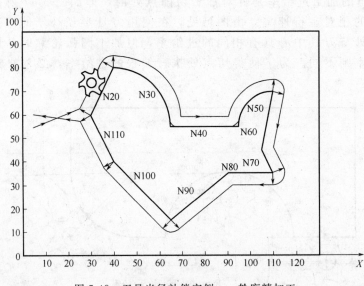

图 5-48　刀具半径补偿实例——轮廓精加工

```
N40 X40 Y80
N50 G2 X65 Y55 I0 J-25
N60 G1 X95
N70 G2 X110 Y70 I15 J0
N80 G1 X105 Y45
N90 X110 Y35
N100 X90
N110 X65 Y15
N120 X40 Y40
N130 X30 Y60
N140 G0 G40 X5 Y60          ；直线切出，取消刀具半径补偿
N150 G0 Z100 M2             ；快速退刀后结束程序
```

5.7　辅助功能指令

（1）功能

利用辅助功能 M 可以设定一些开关量操作，如"打开/关闭冷却液"、"启动/停止主轴"等。除少数 M 功能被数控系统生产厂家固定地设定为某些功能之外，其余部分均可供机床生产厂家自由设定（PLC 程序）。在一个程序段中最多可以有 5 个 M 功能。

（2）编程

M…

（3）常用 M 功能说明

M0——程序停止。暂停程序的执行，重新按"启动"键程序继续执行。通常用于加工中间有计划的人工干预，如测量、检查、更换压板等，因此也称为计划暂停。

M1——程序有条件停止。与 M0 一样，但仅在"条件停（M1）有效"功能被软键或接口信号触发后才生效。加工中可以随机设置控制其是否有效。

M2——程序结束，包括主程序与子程序结束都可使用。

M3——主轴正转，即从主轴尾部向头部看顺时针旋转（采用右旋刀具的加工旋转方向）。

M4——主轴反转，即从主轴尾部向头部看逆时针旋转。

M5——主轴停。

M6——更换刀具，是否需要根据具体设定，一般采用机械手换刀使用。

M7——冷却开（第一冷却）

M8——冷却开（第二冷却）

M9——冷却关

M17——子程序结束

M30——主程序结束

M41～M45——主轴齿轮级

（4）作用与时序

M 功能在坐标轴运行程序段中的作用情况如下。

① 如果 M0、M1、M2 功能位于一个有坐标轴运行指令的程序段中，则只有在坐标轴运行之后这些功能才会生效。

② 对于 M3、M4、M5 功能，则在坐标轴运行之前，信号就传送到内部的接口控制器中，只有当受控主轴按 M3 或 M4 启动后，才开始坐标轴运行。在执行 M5 指令时，并不等待主轴停止，坐标轴已在主轴停止之前开始运动。

③ 其他 M 功能信号与坐标轴运行信号一起输出到内部接口控制器上。

（5）编程举例

```
N10 G54 S... M7        ; 工艺设定，开冷却
N20 X... M3            ; 先运行 M3 启动主轴，后启动坐标运行
...
N60 M0                ; 暂停，测量
...
N90 M2                ; 结束程序
```

（6）应用说明

通常加工中对于时序要求并不十分严格。但在一些特殊情况下，工艺上可能要求严格遵循规定的操作顺序。此时，如果对各 M 功能的时序并不十分明确的情况下，可以采用分段编制程序的方法回避时序问题。如程序段 G0 X... Y...S...M3 包含了坐标轴移动和主轴转动两个独立的操作。当工艺上对这两个操作顺序没有严格要求时，可以编成一个程序段，但如果工艺要求一定某个操作先执行，在不了解 M 功能时序的情况下，可以将其分成两个程序段，则先编程的程序段先执行。

5.8 参数及函数指令

（1）功能

为了使一个 NC 程序不仅仅适用于特定数值下的一次加工，或者必须要计算出数值，可以使用计算参数。在程序运行时由控制器计算或设定所需要的数值；也可以通过操作面板设定参数数值。如果参数已经赋值，则它们可以在程序中对由变量确定的地址进行赋值。

（2）编程

R0＝...∼R249...

（3）说明

本系统一共 250 个计算参数可供使用，其中 R0∼R99 可以自由使用，R100∼R249 则为加工循环传递参数。如果没有用到加工循环，这部分计算参数也同样可以自由使用。

（4）赋值

可以在以下数值范围内给计算参数赋值：

±0.0000001∼99999999（8 位，带符号和小数点）。

在取整数值时可以去除小数点，正号可以省去。

举例　R0＝3.5678；R1＝−37.3；R2＝2；R3＝−7；R4＝−5678.1234

用指数表示法可以赋值更大的数值范围，从 $\pm(10^{-300}\sim10^{+300})$，指数值写在 EX 符号之后。

举例　R0＝−0.1EX−5　　；意义：R0＝−0.000001
　　　　R1＝1.874EX8　　；意义：R1＝187400000

一个程序段中可以有多个赋值语句，也可以用计算表达式赋值。

（5）给其他的地址赋值

通过给其他的 NC 地址分配计算参数或参数表达式，可以增加 NC 程序的通用性。可以用数值、算术表达式或 R 参数对任意 NC 地址赋值，但对地址 N、G 和 L 例外。赋值时，在地址符之后要求写入符号"＝"，赋值语句也可以赋值一负号。在给坐标轴地址赋值时，要求一独立程序段。

（6）参数的计算

参数计算时遵循通常的数学运算法则，即先乘除后加减、括号优先原则。角度计量单位为度（°）。

（7）R 参数编程举例

N10 R1=R1+1　　　　　　　　　　　　；由原来的 R1 加上 1 后得到新的 R1

N20 R1=R2+R3 R4=R5−R6　　　　　　；参数加、减运算

N30 R7=R8 * R9 R10=R11/R12　　　　；参数乘、除运算

N40 R13=SIN(30)　　　　　　　　　　；R13＝sin30°

N50 R14=R1 * R2+R3　　　　　　　　；R14 等于 R1 乘 R2 后加 R3

N60 R14=R3+R1 * R2　　　　　　　　；同上

N70 R15=SQRT （R1 * R1+R2 * R2）　　；$R15=\sqrt{R_1^2+R_2^2}$

（8）坐标轴赋值编程举例

N10 G1 G91 X=R1 Y=R2

N20 Y=R3

N30 X=−R4

N40 Y=−R5

...

5.9 程序跳转

5.9.1 程序跳转目标——标记符

（1）功能

标记符用于标记程序中所跳转到的目标程序段，用跳转功能可以实现程序分支运行。标记符可以自由选取，但必须由 2～8 个字母或数字组成，其中开始两个符号必须是字母或下划线。跳转目标程序段中标记符后面必须为冒号。标记符位于程序段段首。如果程序段有段号，则标记符紧跟着段号。在一个程序段中，标记符不能含有其他意义。

（2）程序举例

N10 MARKE1：Gl X20   ；MARKEl 为标记符，作为跳转目标程序段的标识

…

MA2：G0 X10 Y20   ；MA2 为标记符，跳转目标程序段没有段号

…

5.9.2 绝对跳转

（1）功能

NC 程序在运行时，以写入时的顺序执行程序段。程序在运行时可通过插入程序跳转指令改变执行顺序。跳转目标只能是有标记符的程序段。此程序段必须位于该程序之内。绝对跳转指令必须占有一个独立的程序段。

（2）编程

GOTOF label   ；向下跳转，即向程序结束方向跳至所选标记处，label 所选标记符
GOTOB label   ；向上跳转，即向程序开始方向跳至所选标记处，label 所选标记符

（3）绝对跳转示例

如图 5-49 所示。

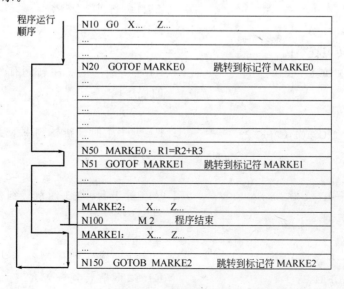

图 5-49   绝对跳转示例

5.9.3 条件跳转

（1）功能

用 IF——条件语句表示有条件跳转。如果满足跳转条件（也就是值不等于零），则进行跳转。跳转目标只能是有标记符的程序段，该程序段必须在此程序之内。有条件跳转指令要求一个独立的程序段。在一个程序段中可以有多个条件跳转指令。使用了条件跳转后通常会使程序得到明显的简化。

（2）编程

| IF 条件 GOTOF Label | ；向下跳转 |
| IF 条件 GOTOB Label | ；向上跳转 |

各字的含意及条件比较运算所采用的符号分别见表 5-5 及表 5-6。

表 5-5 条件跳转字说明

指 令	说 明	指 令	说 明
GOTOF	向下跳转，即向程序结束方向跳转	IF	跳转条件导入符
GOTOB	向上跳转，即向程序开始方向跳转	条件	作为条件的计算参数，计算表达式
Label	所选标记符		

表 5-6 条件跳转比较运算符

运 算 符	意 义	运 算 符	意 义
==	等于	<	小于
<>	不等于	>=	大于或等于
>	大于	<=	小于或等于

比较运算的结果有两种，一种为"满足"，另一种为"不满足"。"不满足"时，该运算结果值为零。

（3）比较运算编程举例

R1>1	；R1 大于 1
1<R1	；1 小于 R1
R1<R2+R3	；R1 小于 R2 加 R3
R4>=SIN（R5*R5）	；R4 大于或等于 SIN（R5）^{2}

（4）条件跳转编程举例

N10 IF R1 GOTOF MARKE1 　　　　；R1 不等于零时，跳转到有 MARKE1 标记符的程序段

...

N100 IF R1>1 GOTOF MARKE2 　　　；R1 大于 1 时，跳转到有 MARKE2 标记符的程序段

...

N200 IF R45==R7+1GOTOB MARKE3 　；R45 等于 R7 加 1 时跳转到有 MARKE3 标记符的程序段

...

N300 IF R1==1 GOTOB MA1 IF 　　　；R1＝1 时跳转到有 MA1 标记符的程序段，
　　R1==2 GOTOF MA2 　　　　　　　R1＝2 时跳转到有 MA2 标记符的程序段

...

5.9.4　程序跳转举例

加工如图 5-50 所示五边形槽，槽深 1mm，Z 向零点设于工件上平面。

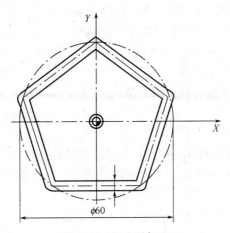

图 5-50　五边形加工

N10 G54 F… S… M… T…	；工艺数据设定
N20 G0 X30 Y0 Z1	；快速接近工件
N30 R1=30 R2=18 R3=72 R4=5	；赋初始值，设置指针
N40 G0 X=R1*COS(R2) Y=R1*SIN(R2)	；移至第一象限边起点
N50 G1 Z-1	；下刀至深度
N60 MA1：R2=R2+R3 R4=R4-1	；角度计算，指针减 1
N70 G1 X=R1*COS(R2) Y=R1*SIN(R2)	；坐标轴地址的计算赋值并直线移动
N80 IF R4>=0 GOTOB MA1	；条件调转
N90 G0 Z100	；退刀
N100 M2	；结束程序

在程序段 N30 中给相应的计算参数赋值。在 N40 和 N70 中进行坐标轴 X 和 Y 的数值计算并进行赋值直线移动。在程序段 N60 中，R2 增加 R3 角度，R4 减小数值 1。开始时 R4>=0，满足跳转条件，则重新执行 N60，如此循环 5 次后 R4>=0 条件不再满足，因此向下运行 N90 及 N100 结束程序。

5.10　子程序

（1）功能应用

原则上讲，主程序和子程序之间并没有区别。通常用子程序编写零件上需要重复进行的加工的部分，比如某一确定的轮廓形状，如图 5-51 所示。子程序位于主程序中适当的地方，在需要时进行调用、运行。子程序的一种形式就是加工循环，加工循环包含一般通用的加工工序，诸如螺纹切削、坯料切削加工等。通过给规定的计算参数赋值就可以实现各种具体的加工。

（2）结构

子程序的结构与主程序的结构一样，只是子程序结束后返回主程序。

（3）子程序程序名

为了方便地识别、调用子程序和便于组织管理，必须给子程序取一个程序名。子程序名可以自由选取，但必须符合以下规定（与主程序中程序名的选取方法一样）。

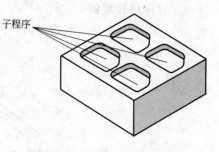

图 5-51 子程序加工对象

① 开始的两个符号必须是字母。

② 其后的符号可以是字母、数字或下划线。

③ 最多为 8 个字符。

④ 不得使用分隔符。

另外，在子程序中还可以使用地址字"L…"，其后的值可以有 7 位（只能为整数）。注意地址字 L 之后的每个 0 均有意义，不可省略。如 L128 并非 L0128 或 L00128，他们表示三个不同的子程序。

在确定子程序名时，尽可能使其与加工对象要素及其特征联系起来，以便通过子程序名直接与加工对象对号，便于管理。如在满足上述规则前提下，可以用子程序加工要素名称的英文或汉语拼音等作为子程序名命名要素，并在其前加上 L 以区别于主程序。

（4）子程序结束

子程序结束除了用 M2 指令外，还可以采用 M17 和 RET 指令。RET 指令要求占用一个独立的程序段。用 RET 指令结束子程序后，将返回主程序，且不会中断 G64 连续路径运行方式。而用 M2 指令结束子程序，则会中断 G64 运行方式，并进入停止状态。

（5）子程序调用

在一个程序中（主程序或子程序）可以直接用程序名调用子程序。子程序调用要求占用一个独立的程序段。例如：

N10 L785　　　　　；调用子程序 L785

N20 LGC　　　　　；调用子程序 LGC

子程序调用结束，返回主程序并继续运行主程序，如图 5-52 所示。

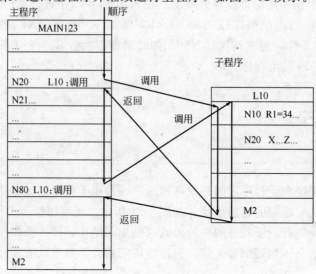

图 5-52 子程序调用

（6）子程序重复调用次数 P

如果要求多次连续地执行某一子程序，则在编程时必须在所调用的子程序名后地址 P 下写入调用次数，最大次数可以为 9999（P1～P9999）。例如：

N10 LGC P3　　　　　　；调用子程序 LGC，运行 3 次

（7）子程序嵌套

子程序不仅可以供主程序调用，也可以从其他子程序中调用，这个过程称为子程序的嵌套。子程序的嵌套深度可以为三层，也就是四级程序界面（包括一级主程序界面），如图 5-53 所示。但在使用加工循环进行加工时，要注意加工循环程序也同样属于子程序，因此要占用四级程序界面中的一级。

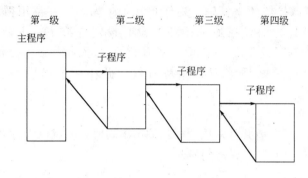

图 5-53　四级程序界面

（8）应用说明

在子程序中可以改变模态有效的 G 功能，比如 G90 到 G91 的变换。在返回调用程序时，请注意检查一下所有模态有效的功能指令，并按照要求进行调整。对于 R 参数也需同样注意，不要无意识地用上级程序界面中所使用的计算参数来修改下级程序界面的计算参数。

5.11　固定循环

5.11.1　循环概况

（1）概念

所谓循环，就是指用于特定加工过程的参数化通用工艺子程序，如用于钻削、凹槽切削或螺纹切削等。当用于各种具体加工过程时，只需设定相应的参数即可。

（2）内容

西门子 802S/C 共有如下循环：

LCYC82　　　　　　　钻孔、沉孔加工循环；

LCYC83　　　　　　　深孔钻削循环；

LCYC840　　　　　　带补偿夹头内螺纹切削循环；

LCYC84　　　　　　　不带补偿夹头内螺纹切削循环；

LCYC85　　　　　　　精镗孔、铰孔循环；

LCYC60　　　　　　　线性分布孔加工循环；

LCYC61　　　　　圆周分布孔加工循环；

LCYC75　　　　　铣凹槽循环（矩形槽、圆形槽、腰形槽）；

（3）参数使用

循环中所使用的参数为 R100～R249，调用一个循环前必须已经对该循环的传递参数赋值，不需要的参数置为零。循环结束以后传递参数的值保持不变。

（4）计算参数

使用加工循环时，用户必须事先保留参数 R100～R249，保证这些参数只用于加工循环而不被程序中其他地方所使用。循环使用 R250～R299 作为内部计算参数。

（5）调用/返回条件

编程循环时不考虑具体的坐标轴。对于单孔加工循环，在调用循环之前，必须在调用程序中回孔加工位置。如果在加工循环中没有设定进给率、主轴转速和方向参数，则必须在调用程序中编程这些值。在调用循环之前，平面中必须已经有一个具有补偿的刀具生效，在循环结束之后该刀具保持有效。循环结束以后 G0、G90、G40 恢复生效。

（6）循环重新编译

当参数组在调用循环之前并且紧挨着循环调用语句时，才可以进行循环的重新编译。这些参数不可以被 NC 指令或者注释语句隔开。

（7）平面定义

循环首先必须选择平面 G17、G18 或 G19，激活编程的坐标转换（零点偏置，旋转）从而定义目前加工的实际坐标系。循环钻削轴始终为系统选择平面的第三坐标轴。

（8）编程操作

循环程序可以通过键盘面板逐字输入，也可以通过软键找出循环对应的图形界面，并直接在该图形界面上对应给各循环参数赋值，按"确认"后即可返回到编程界面，并将循环程序加入到当前程序中。

5.11.2　钻镗类循环

5.11.2.1　钻孔、沉孔加工循环 LCYC82

（1）功能

刀具以编程的主轴转速和进给速度钻孔，直至到达给定的最终钻削深度。在到达最终钻削深度时，可以编程一个停留时间。退刀以快速移动速度进行，如图 5-54 所示。

（2）调用

LCYC82

（3）前提条件

① 必须在调用程序中给定主轴转速和转向以及进给轴进给率。

② 在调用循环之前必须在调用程序中回钻孔位置。

③ 在调用循环之前必须选择带刀具补偿的相应的刀具。

（4）参数

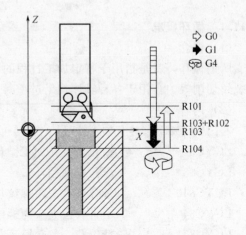

图 5-54　LCYC82 循环工作过程及参数

参　　数	意义,数值范围	参　　数	意义,数值范围
R101	退回平面(绝对平面 G90)	R104	最后钻深(绝对坐标 G90)
R102	安全距离,无符号	R105	在钻削深度处的停留时间
R103	参考平面(绝对平面 G90)		

（5）参数说明

R101　退回平面确定了循环结束之后钻削刀具的轴向位置。

R102　安全距离只相对参考平面而言。由于有安全距离，起钻平面被提前了一个安全距离量，即执行时从参考平面提前一个安全距离的位置由 G0 过渡为 G1。循环可以自动确定安全距离的方向。

R103　参数 R103 所确定的参考平面就是零件上的钻削起始平面。

R104　此参数用于确定钻削深度，最后钻深以绝对坐标 G90 编程，与循环调用之前的状态 G90 或 G91 无关。

R105　用参数 R105 编程钻削终点处的停留时间（s）。

（6）时序过程

循环开始之前的位置是调用程序中最后所到达的钻削位置。循环按以下时序运行。

① 用 G0 回到相对参考平面提前了一个安全距离量的位置。

② 按照调用程序段中编程的进给率以 G1 进行钻削，直至最终深度。

③ 执行 R105 设定的终点停留时间。

④ 以 G0 退刀，回到退回平面。

（7）编程举例

使用 LCYC82 循环，在 X/Y 平面加工深度为 27mm 的孔，如图 5-55 所示。

N10 G54 F100 T1 S500 M3　　　　　　　　　　　　；工艺数据设定

N20 G0 X24 Y15 Z110　　　　　　　　　　　　　　；回到钻孔位

N30 R101=110 R102=2 R103=102 R104=75 R105=0.5　；设定循环参数

N40 LCYC82　　　　　　　　　　　　　　　　　　；调用循环钻孔

N50 M2　　　　　　　　　　　　　　　　　　　　；程序结束

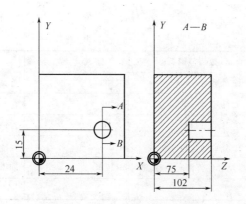

图 5-55　LCYC82 循环钻孔示例

（8）应用说明

LCYC82 循环名称为钻孔、沉孔加工循环，但要注意其广义性。从加工意义上讲，LCYC82 循环提供了一个主轴旋转主运动和一个轴向进给运动。在主轴上安装不同的刀具即可进行不同工艺性质的加工，包括钻孔、扩孔、锪孔、铰孔、镗孔等。由于工艺系统在切削力作用下将产生变形，采用 LCYC82 镗孔时由于返回执行 G0 功能，将在已加工孔表面留下螺旋刀痕，因此一般不适合用于精镗孔。

5.11.2.2 深孔钻削循环 LCYC83

（1）功能

深孔钻削循环，通过多次分步钻削达到最后的钻深，钻深的最大值事先规定。钻削既可以在每步到钻深后，提出钻头到其参考平面外达到排屑目的，也可以每次上提 1mm 以便断屑，如图 5-56 所示。

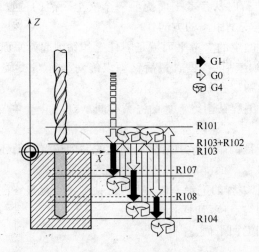

图 5-56　LCYC83 循环工作过程及参数

（2）调用

LCYC83

（3）前提条件

① 必须在调用程序中给定主轴转速和转向。

② 在调用循环之前必须已经处于钻削位置。

③ 在调用循环之前必须选取钻头及其刀具补偿值。

（4）参数

参　　数	含义,数值范围	参　　数	含义,数值范围
R101	退回平面(绝对平面 G90)	R108	首钻进给率
R102	安全距离,无符号	R109	在起始点和排屑时的停留时间
R103	参考平面(绝对平面 G90)	R110	首钻深度(绝对坐标 G90)
R104	最后钻深(绝对坐标 G90)	R111	递减量,无符号
R105	在此钻削深度处的停留时间(断屑)	R127	加工方式:断屑＝0,排屑＝1
R107	钻削进给率		

（5）参数说明

R101　　　　　退回平面确定了循环结束之后钻削刀具的轴向位置。

R102　　　　　安全距离只相对参考平面而言。由于有安全距离，起钻平面被提前了一个安全距离量，即执行时从参考平面提前一个安全距离的位置由 G0 过渡为 G1。循环可以自动确定安全距离的方向。

R103　　　　参数 R103 所确定的参考平面就是零件上的钻削起始平面。

R104　　　　此参数用于确定最后钻削深度，最后钻深以绝对坐标 G90 编程，与循环调用之前的状态 G90 或 G91 无关。

R105　　　　用参数 R105 编程各次钻到设定深度处的停留时间（s）。

R108、R107　进给率参数。通过这两个参数编程了第一次钻深及其后钻削的进给率。

R109　　　　起始点停留时间参数。参数 R109 之下可以编程在起始点处停留时间。

R110　　　　第一次钻深参数。参数 R110 下确定第一次钻削行程的深度，采用绝对坐标 G90 数据。

R111　　　　递减量参数 R111 下确定递减量的大小，从而保证后一次的钻削量小于当前的钻削量。用于第二次钻削的量如果大于所编程的递减量，则第二次钻削量应等于第一次钻削量减去递减量。否则，第二次钻削量就等于递减量。当最后的剩余量大于两倍的递减量时，则在此之前的最后钻削量应等于递减量，所剩下的最后剩余量平分为最终两次钻削行程。如果第一次钻削量的值与总的钻削深度量相矛盾，则显示报警号 61107 "第一次钻深错误定义"，循环不运行。

R127　　　　加工方式参数。R127＝0，钻头在到达每次钻削深度后上提 1mm 空转，用于断屑。R127＝1，每次钻深后，钻头返回到参考平面之上一个安全距离处，以便排屑。

（6）时序过程

循环开始之前的位置是调用程序中最后所到达的钻削位置。循环按以下时序运行。

① 用 G0 回到相对参考平面提前了一个安全距离量的位置。

② 用 G1 执行第一次钻深，钻深进给率由 R108 确定，执行此深度停留时间（参数 R105）。当编程断屑方式，即 R127＝0 时，用 G1 按调用程序中所编程的进给率从当前钻深上提 1mm，以便断屑。当编程排屑方式，即 R127＝1 时，用 G0 返回到参考平面上一个安全距离量位置，执行起始点停留时间（参数 R109），以便排屑。然后用 G0 返回接近上次钻深，但留出一个前置量（此量的大小由循环内部自动计算所得）。

③ 用 G1 按所编程的进给率执行下一次钻深切削，并重复上述过程，直至到达最终钻削深度。

④ 用 G0 退刀，回到退回平面。

（7）编程举例

使用 LCYC 83 循环，在 X/Y 平面 X0Y0 位置加工一 ϕ10 深度为 145mm 的孔，如图5-57 所示。采用排屑加工方式，钻孔坐标轴方向安全距离为 2mm。循环结束后刀具处于 X0Y0Z155。

```
N10 G54 F100 S500 M3 T4               ;工艺数据设定
N20 X0 Y0 Z155                        ;回第一次钻削位置
N30 R101=155 R102=2 R103=150 R104=5
   R105=0 R107=150 R108=100
   R109=0 R110=100 R111=20 R127=1     ;设定循环参数
N40 LCYC83                            ;调用循环钻孔
N50 M2
```

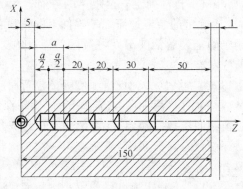

图 5-57　LCYC83 循环钻孔示例

（8）应用说明

所谓深孔只是相对而言的。一般将深径比大于 5 以上的孔称为深孔。深孔加工时，由于刀具接触刃较长，摩擦严重且排屑困难，因此相对来讲工作条件较差，容易引起刀具折断。采用深孔加工循环将总深分多次进行钻削，通过中间停留（R127＝0）或退刀（R127＝1）确保断屑和切屑的顺利排出。钻削进给量通过 R108（首钻）和 R107（钻削）分别给定。通常情况下，采用麻花钻钻孔时，由于钻头横刃等因素导致起钻定心不准。如果起钻进给量大，将导致较大的刀具引偏量，并且随着钻孔深度的增加，引偏量将进一步放大，严重者可能最终导致刀具折断。因此，一般将首钻进给量设定得小一些，以确保起钻定心精度。数控加工是自动加工，其工艺工作应考虑得十分周到严密，当达到一定的深径比时，应尽可能考虑采用深孔循环的形式进行加工。此外尽可能在卧式机床上加工深孔以便于排屑。

5.11.2.3　带补偿夹头内螺纹切削（攻丝）循环 LCYC840

（1）功能

刀具按照编程的主轴转速和方向加工螺纹，进给率可以通过主轴转速和编程螺纹导程计算出来。该循环可以用于带补偿夹头和主轴实际值编码器的内螺纹切削。循环中可以自动转换旋转方向。循环结束之后执行 M5（主轴停止）。循环工作过程如图 5-58 所示。

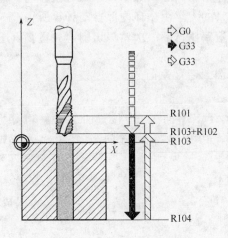

图 5-58　LCYC840 循环工作过程及参数

（2）调用

LCYC840

（3）前提条件

① 主轴转速可以调节，带位移测量系统，但循环本身不检查主轴是否带实际值编码器。

② 必须在调用程序中规定主轴转速。

③ 在循环调用之前必须在调用程序中回到攻丝位置。

④ 在调用循环之前必须选择相应的带刀具补偿的刀具。

（4）参数

参数	含义，数值范围	参数	含义，数值范围
R101	退回平面（绝对平面 G90）	R104	最后攻深（绝对坐标 G90）
R102	安全距离，无符号	R106	螺纹导程值　数值范围：0.001～20000.000mm
R103	参考平面（绝对平面 G90）	R126	攻丝时主轴旋转方向　数值范围：3(M3),4(M4)

（5）参数说明

R101　退回平面确定了循环结束之后攻丝加工刀具的轴向位置。

R102　安全距离只相对参考平面而言。由于有安全距离，起始攻丝平面被提前了一个安全距离量，即执行时从参考平面提前一个安全距离的位置由 G0 过渡为 G33。循环可以自动确定安全距离的方向。

R103　参数 R103 所确定的参考平面就是零件上的攻丝起始平面。

R104　此参数用于确定最后攻丝深度，最后攻丝深度以绝对坐标 G90 编程，与循环调用之前的状态 G90 或 G91 无关。

R106　螺纹导程值。

R126　R126 用于规定攻丝时主轴旋转方向，在循环中攻丝到终点，主轴旋转自动反向。

（6）时序过程

循环开始之前的位置是调用程序中最后所到达的攻丝位置。循环按以下时序运行。

① 用 G0 回到相对参考平面提前了一个安全距离量的位置。

② 按 R126 设定的主轴转向，用 G33 进行内螺纹攻丝切削，直至到达最终攻丝深度。

③ 主轴自动换向，用 G33 退刀，回到相对参考平面上方一个安全距离量的位置。

④ 以 G0 退刀，回到参数 R101 设定的退回平面。

（7）编程举例

如图 5-59 所示，在 X/Y 平面上 X35Y35 位置处攻一右旋螺纹，螺距 1.5mm。

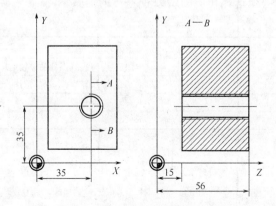

图 5-59　LCYC840 循环攻丝示例

```
N10 G54 S300 M3 T1                                    ; 工艺数据设定
N20 X35 Y35 Z60                                       ; 回到攻丝位置
N30 R101=60 R102=2 R103=56 R104=10 R106=1.5 R126=3    ; 设定循环参数
N40 LCYC840                                           ; 调用循环攻丝
N50 M2                                                ; 程序结束
```

5.11.2.4 不带补偿夹头内螺纹切削（攻丝）循环 LCYC84

(1) 功能

刀具按照编程的主轴转速和方向进行攻丝，直至给定的螺纹深度。与 LCYC840 相比，此循环运行更快和更精确。攻丝轴的进给率可以从主轴转速计算出来。循环中可以自动转换旋转方向，退刀时可以以另一个主轴转速进行。循环工作过程如图 5-60 所示。

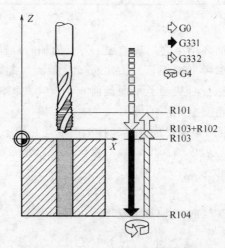

图 5-60　LCYC84 循环工作过程及参数

(2) 调用

LCYC84

(3) 前提条件

① 主轴必须是位置控制主轴（带实际值编码器）时才可以应用此循环。循环本身不检查主轴是否带实际值编码器。

② 在循环调用之前必须在调用程序中回到攻丝位置。

③ 在调用循环之前必须选择相应的带刀具补偿的刀具。

(4) 参数

参数	含义，数值范围	参数	含义，数值范围
R101	退回平面(绝对平面 G90)	R105	在螺纹终点处的停留时间
R102	安全距离，无符号	R106	螺纹导程值，数值范围：±0.001~20000.000mm
R103	参考平面(绝对平面 G90)	R112	攻丝转速
R104	最后攻深(绝对坐标 G90)	R113	退刀转速

(5) 参数说明

R101　退回平面确定了循环结束之后攻丝加工刀具的轴向位置。

R102　安全距离只相对参考平面而言，由于有安全距离，起始攻丝平面被提前了一个安全距离量，即执行时从参考平面提前一个安全距离的位置由 G0 过渡为 G331。

循环可以自动确定安全距离的方向。

R103　参数 R103 所确定的参考平面就是零件上的攻丝起始平面。

R104　此参数用于确定攻丝深度，最后攻深以绝对坐标 G90 编程，与循环调用之前的状态 G90 或 G91 无关。

R105　用参数 R105 编程深度终点处的停留时间（s）。

R106　螺纹导程值，其值的正负号确定加工螺纹时主轴的旋转方向。正号表示正转攻丝，用于加工右旋螺纹，负号表示反转攻丝，用于加工左旋螺纹。

R112　攻丝时主轴转速。

R113　退出时主轴转速，如果设为零，则以 R112 下编程的主轴转速退刀。

（6）时序过程

循环开始之前的位置是调用程序中最后所到达的攻丝位置。循环按以下时序运行。

① 用 G0 回到相对参考平面提前了一个安全距离量的位置。

② 在零度处主轴停止，主轴转换为坐标轴运行，即位置控制模式。

③ 用 G331 和 R112 下编程的转速加工螺纹，旋转方向由螺距（R106）的符号确定。

④ 在螺纹最终深度处执行 R105 编程的停留时间。

⑤ 用 G332 指令和 R113 下编程的转速退刀至参考平面上一个安全距离处。

⑥ 以 G0 退回到退回平面，取消主轴坐标轴运行。

（7）编程举例

如图 5-61 所示，在位置 X30Y35 处攻一左旋螺纹，螺距 1.5mm。

```
N10 G54 S300 M3 T1                          ；工艺数据设定
N20 X30 Y35 Z40                             ；回到攻丝位置
N30 R101=40 R102=2 R103=36 R104=2 R105=1    ；设定循环参数
    R106=-1.5 R112=100 R113=500
N40 LCYC84                                  ；调用循环攻丝
N50 M2                                      ；程序结束
```

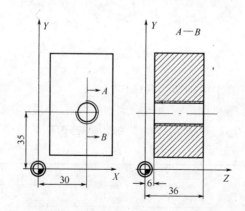

图 5-61　LCYC84 循环攻丝示例

（8）应用说明

LCYC84 与 LCYC840 相比，由于攻丝执行了 G331/G332 功能，且终点可以编程停留时间，从而减少主轴直接换向带来的冲击，因此可以实现较高精度的螺纹攻丝加工。但是，实际加工中总是存在各种误差，如机床自身各种因素引起的实际运行螺距误差、丝锥螺距实际制造误差等。而采用丝锥进行攻丝加工时，一旦丝锥切入工件则将按自身实际螺距运行工作，即丝锥转一转，轴向移动一个实际丝锥螺距。由于上述各种误差的存在，将使得机床实际运行螺距与丝锥实际螺距间产生差异，导致丝锥工作时受到附加的轴向拉力或压力的作用，从而影响加工质量，严重时将导致丝锥折断。此外攻丝时丝锥轴线与螺纹底孔轴线间的不同轴还将使丝锥受到附加径向力的作用。因此，攻丝时最好采用补偿夹头。所谓补偿夹头就是浮动夹头，即在径向和轴向具有一定的浮动量，以补偿上述各项误差，使丝锥免受附加载荷的作用。一般数控机床工具系统配套的攻丝夹头就是补偿夹头。

5.11.2.5 精镗孔、铰孔循环 LCYC85

（1）功能

刀具以给定的主轴转速和进给速度加工，直至最终加工深度。当到达最终深度时，可以编程一个停留时间。进刀及退刀运行分别按照相应参数下编程的进给速度进行。如图 5-62 所示。

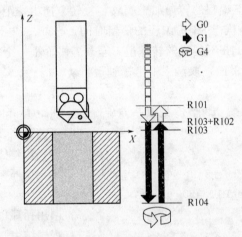

图 5-62 LCYC85 循环工作过程及参数

（2）调用

LCYC85

（3）前提条件

① 必须在调用程序中给定主轴转速和转向。

② 在调用循环之前必须在调用程序中回到加工位置。

③ 在调用循环之前必须选择带刀具补偿的相应的刀具。

（4）参数

参　数	含义,数值范围	参　数	含义,数值范围
R101	退回平面(绝对平面 G90)	R105	在最后加工深度处的停留时间
R102	安全距离,无符号	R107	钻削进给率
R103	参考平面(绝对平面 G90)	R108	退刀时进给率
R104	最后加工深(绝对坐标 G90)		

（5）参数说明

R101　退回平面确定了循环结束之后刀具的轴向位置。

R102　安全距离只相对参考平面而言。由于有安全距离，开始加工平面被提前了一个安全距离量，即执行时从参考平面提前一个安全距离的位置由 G0 过渡为 G1。循环可以自动确定安全距离的方向。

R103　参数 R103 所确定的参考平面就是零件上的加工起始平面。

R104　此参数用于确定最后加工深度，最后加工深度以绝对坐标 G90 编程，与循环调用之前的状态 G90 或 G91 无关。

R105　用参数 R105 编程在加工深度终点处的停留时间（s）。

R107　用于确定加工时的进给率。

R108　用于确定退刀时的进给率。

（6）时序过程

循环开始之前的位置是调用程序中最后所到达的加工位置。循环按以下时序运行。

① 用 G0 回到相对参考平面提前了一个安全距离量的位置。

② 用 G1 按 R107 编程的进给率加工，直至到达最终加工深度。

③ 执行最终深度停留时间。

④ 用 G1 以 R108 编程的进给率退刀，直至到达相对参考平面增加了一个安全距离量的位置。

⑤ 以 G0 回到参数 R101 设定的退回平面。

（7）编程举例

如图 5-63 所示，在位置 X70Y50 处镗一光孔。

```
N10 G56 F200 S500 M3 T1                ；工艺数据设定
N20 G0 X70 Y50 Z110                    ；回到镗孔位置
N30 R101=110 R102=2 R103=102 R104=77
N40 R105=1 R107=100 R108=200           ；设定循环参数
N50 LCYC85                             ；调用循环镗孔
N60 M2                                 ；程序结束
```

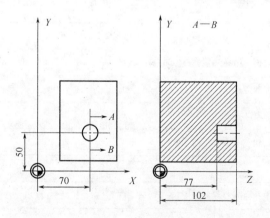

图 5-63　LCYC85 循环镗孔示例

（8）应用说明

在具体操作上，LCYC85 与 LCYC82 相比区别在于退刀操作。LCYC85 采用 G1 工进速度退刀，克服了采用 LCYC82 镗孔以快进速度退刀的存在问题，使得镗孔表面无刀痕，因此，可以用于精镗孔加工。但是 LCYC85 以工进退刀造成加工时间损失，增加加工成本。

如果精镗孔表面不允许留有刀痕，建议采用图 5-31 所示的"SPOS＝…"的主轴准停退刀方式进行加工，从而既能保证加工孔表面质量，又可实现较高的生产率。

5.11.2.6 线性分布孔加工循环 LCYC60

（1）功能

LCYC60 循环可以加工按线性等间距排列的一组孔，如图 5-64 所示，加工孔可以是光孔或螺纹孔。各孔位置通过参数确定。具体加工何种类型的孔也通过参数确定，并调用前面介绍的相应循环。

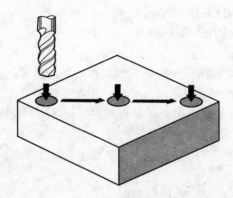

图 5-64　LCYC60 线性分布孔循环示意

（2）调用

LCYC60

（3）前提条件

① 在调用程序中必须根据选择的相应单孔循环（钻孔循环和切内螺纹循环等）的要求编程主轴转速和转向，以及钻孔轴的进给率。

② 在调用循环之前必须对所选择的单孔循环（钻削循环和切内螺纹等）设定参数。

③ 在调用循环之前必须选择相应的带刀具补偿的刀具。

（4）参数

参　　数	含义,数值范围
R115	钻孔或攻丝循环号值:82(LCYC82),83(LCYC83),84(LCYC84),840(LCYC840),85(LCYC85)
R116	横坐标参考点
R117	纵坐标参考点
R118	第一孔到参考点的距离
R119	孔数
R120	平面中孔排列直线的角度(对于水平轴)
R121	孔间距离

（5）参数说明

R115　　　　选择待加工的光孔或螺纹孔所需调用的钻、镗孔循环号或攻丝循环号。

R116、R117　在孔排列直线上确定一个点作为参考点，用来确定线性排列孔的位置。

R118	第一个孔到参考点间的距离。当参考点与第一孔重合时，该值为零。
R119	孔的个数。
R120	孔排列直线与横坐标之间的角度。
R121	两个孔之间的距离。

如图 5-65 所示，在上述参数具体赋值后，系统即可据此确定各孔的具体坐标，从而对各孔进行定位，再据 R115 调用相应的循环进行具体各孔的加工。

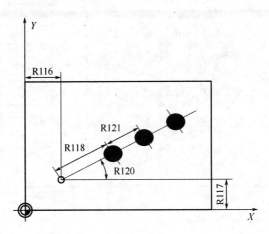

图 5-65　LCYC60 循环参数与孔的定位

（6）时序过程

LCYC60 循环可以从任意位置调用出发，但需保证从该位置出发可以无碰撞地回到第一个孔的位置。循环执行时，首先回到第一个孔的位置，并按照 R115 参数所确定的循环加工孔，然后快速回到其他的孔位，按照所设定的参数顺序进行加工。

（7）编程举例

加工图 5-66 所示 X/Y 平面上 5 行 5 列孔，孔间距为 10mm，螺距 1mm。先使用循环 LCYC83 钻孔，然后以 LCYC84 攻丝。

```
N10 G54 S500 M3 T1                              ；工艺数据设定
N20 G0 X20 Y20 Z10                              ；回出发位置（任意）
N30 R1=0                                        ；初始化行数计数器
R101=5 R102=2 R103=0 R104=-45 R105=0 R107=200
R108=100 R109=0 R110=-15 R111=5 R127=1          ；设定 LCYC83 循环参数
R115=83 R116=20 R117=10 R118=10
R119=5 R120=0 R121=10                           ；设定 LCYC60 循环参数
N40 MA1:LCYC60                                  ；调用 LCYC60 循环钻孔
N50 R1=R1+1 R117=R117+10                        ；计数器加1，确定新参考点
N60 IF R1＜5 GOTOB MA1                          ；当满足条件时返回 MA1 处
N70 T2 S100 M3                                  ；换刀并调整切削参数
N80 R104=-18 R105=1 R106=1 R112=100
R113=500 R115=84                               ；设定 LCYC84 循环部分参数，其
                                                他不变
```

N90 MA2:LCYC60   ；调用 LCYC60 循环攻丝

N100 R1=R1-1 R117=R117-10   ；计数器减 1，确定新参考点

N110 IF R1＞0 GOTOB MA2   ；当满足条件时返回 MA2 处

N120 G0 Z150   ；退刀

N130 M2   ；程序结束

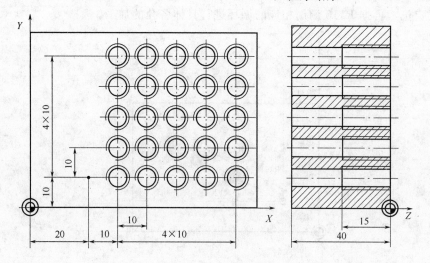

图 5-66　LCYC60 循环加工示例

5.11.2.7　圆周分布孔加工循环 LCYC61

（1）功能

LCYC61 循环可以加工按圆周等间角分布的一组孔，如图 5-67 所示，加工孔可以是光孔或螺纹孔。各孔位置通过参数确定。具体加工何种类型的孔也通过参数确定，并调用前面介绍的相应循环。

（2）调用

LCYC61

（3）前提条件

① 在调用程序中必须根据选择的相应单孔循环（钻孔循环和切内螺纹循环）的要求编程主轴转速和转向，以及钻孔轴的进给率。

② 在调用循环之前必须对所选择的单孔循环（钻削循环和切内螺纹等）设定参数。

③ 在调用循环之前必须选择相应的带刀具补偿的刀具。

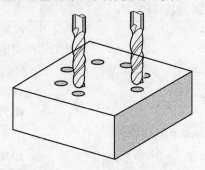

图 5-67　LCYC61 圆周分布孔循环示意

（4）参数

参　数	含义，数值范围
R115	钻孔或攻丝循环号值：82(LCYC82)，83(LCYC83)，84(LCYC84)，840(LCYC840)，85(LCYC85)
R116	分布圆弧中心横坐标（绝对坐标 G90）
R117	分布圆弧中心纵坐标（绝对坐标 G90）
R118	分布圆弧半径
R119	孔数
R120	起始角，数值范围：−180＜R120＜180
R121	角增量

（5）参数说明

R115　　　　　选择待加工的光孔或螺纹孔所需调用的钻、镗孔循环号或攻丝循环号。

R116、R117　圆弧分布孔分布中心坐标。

R118　　　　　圆弧分布孔分布中弧半径。

R119　　　　　孔的个数。

R120　　　　　第一孔到分布中心连线与横坐标之间的夹角。

R121　　　　　两个孔之间的夹角。如果给定 R121＝0，循环将这些孔按整个圆周均匀分布处理，从而可以根据孔数计算出孔间夹角。

如图 5-68 所示，在上述参数具体赋值后，系统即可据此确定各孔的具体坐标，从而对各孔进行定位，再据 R115 调用相应的循环进行具体各孔的加工。

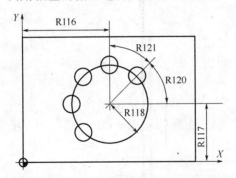

图 5-68　LCYC61 循环参数与孔的定位

（6）时序过程

LCYC61 循环可以从任意位置调用出发，但需保证从该位置出发可以无碰撞地回到第一个孔的位置。循环执行时首先回到第一个孔的位置，并按照 R115 参数所确定的循环加工孔，然后快速回到其他的孔位，按照所设定的参数顺序进行加工。

（7）编程举例

加工图 5-69 所示四个孔，先使用循环 LCYC82 钻孔，然后以 LCYC84 攻丝，螺距 1mm。

```
N10 G54 F100 S500 M3 T1                              ；工艺数据设定
N20 G0 X20 Y20 Z5                                    ；回出发位置（任意）
N30 R101=5 R102=2 R103=0 R104=-18 R105=0             ；设定 LCYC82 循环参数
R115=82 R116=40 R117=30 R118=25
    R119=4 R120=45 R121=0                            ；设定 LCYC61 循环参数
```

N40 LCYC61   ; 调用 LCYC61 循环钻孔

N50 T2 S100 M3   ; 换刀并调整切削参数

N100 R104=-14 R105=1 R106=1 R112=100 ; 设定 LCYC84 循环部分参数,

  R113=500 R115=84   ; 其他不变

N110 LCYC61   ; 调用 LCYC61 循环攻丝

N120 G0 Z150   ; 退刀

N130 M2   ; 程序结束

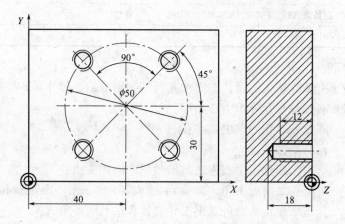

图 5-69 LCYC61 循环加工示例

5.11.3　铣槽加工循环

（1）功能

利用此循环，通过设定相应的参数可以铣削一个与坐标轴平行的矩形槽或者腰形槽，或者一个圆形凹槽，如图 5-70 所示。通过参数可以确定槽的形状与大小。当参数设定凹槽长度＝凹槽宽度＝两倍的圆角半径，可以铣削一个直径为凹槽长度或凹槽宽度的圆形凹槽。如果凹槽宽度等同于两倍的圆角半径，则可以铣削一个腰形槽。加工时总是在第 3 轴方向从槽中心处开始进刀。循环加工分为粗加工和精加工。工作过程如图 5-71 所示。

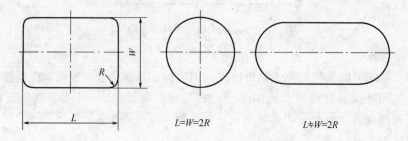

图 5-70　LCYC75 循环加工槽型

（2）调用

LCYC75

（3）前提条件

① 调用程序中必须规定主轴的转速和转向。

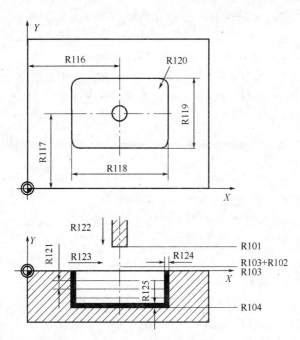

图 5-71　LCYC75 循环工作过程及参数

② 调用循环之前必须选择相应的带刀具补偿的刀具。

（4）参数

参　数	含义, 数值范围	参　数	含义, 数值范围
R101	退回平面（绝对平面 G90）	R120	凹槽拐角半径
R102	安全距离, 无符号	R121	最大进刀深度
R103	参考平面（绝对平面 G90）	R122	深度进刀进给率
R104	凹槽深度（绝对坐标 G90）	R123	表面加工的进给率
R116	凹槽中心横坐标	R124	侧面加工的精加工余量
R117	凹槽中心纵坐标	R125	深度加工的精加工余量
R118	凹槽长度	R126	铣削方向:（G2 或 G3）数值范围:2(G2),3(G3)
R119	凹槽宽度	R127	铣削类型:1 用于粗加工;2 用于精加工

（5）参数说明

R101　　　　退回平面确定了循环结束之后铣刀的轴向位置。

R102　　　　安全距离只相对参考平面而言。由于有安全距离, 加工平面被提前了一个安全距离量, 即执行时从参考平面提前一个安全距离的位置由 G0 过渡为 G1 轴向下刀。循环可以自动确定安全距离的方向。

R103　　　　参数 R103 所确定的参考平面就是零件上的轴向下刀加工起始点。

R104　　　　此参数用于确定铣削深度, 最后铣深以绝对坐标 G90 编程, 与循环调用之前的状态 G90 或 G91 无关。

R116、R117　用参数 R116 和 R117 分别确定凹槽中心点的横坐标和纵坐标。

R118、R119　用参数 R118、R119 和 R120 分别确定凹槽的长度和宽度及拐角半径。如

R120　　　　果铣刀半径大于编程的圆角半径 R120, 则所加工的凹槽圆角半径等于铣

刀半径。如果铣刀半径超过凹槽长度或宽度的一半，则循环中断，并发出报警"铣刀半径太大"。如果铣削一个圆形槽（R118＝R119＝2R120），则拐角半径（R120）的值就是圆形槽的半径。

R121　　　　用此参数确定最大的进刀深度。循环运行时以同样的尺寸进刀。利用参数 R121 和 R104 循环自动计算出一个进刀量，其大小介于半个到一个最大进刀深度之间，如果 R121＝0 则直接以凹槽深度一次进刀。进刀从相对参考平面提前了一个安全距离的位置开始计算，因此实际第一次切深要小一个安全距离量。

R122　　　　轴向进刀时的进给率。

R123　　　　凹槽平面上粗加工和精加工的进给率。

R124　　　　参数 R124 下编程粗加工时留出的轮廓精加工余量。

R125　　　　参数 R125 下编程粗加工时留出的深度精加工余量。

R126　　　　用此参数规定凹槽平面内的铣削加工方向，值 2 为顺时针铣削，值 3 为逆时针铣削。

R127　　　　用此参数确定加工方式。1 用于粗加工，按照给定的参数分层切削加工凹槽，并按参数规定留精加工余量（精加工余量可以为零）。2 用于精加工，进行精加工的前提条件是：凹槽的粗加工过程已经结束，接下去对精加工余量进行加工。在此要求留出的精加工余量小于刀具直径。

（6）时序过程

本循环出发点可以是任意位置，但需保证从该位置出发可以无碰撞地回到退回平面上凹槽中心点。

（7）粗加工时序

粗加工时用 G0 回到退回平面的凹槽中心处，然后再同样以 G0 回到参考平面提前一个安全距离的位置。接下来凹槽的加工分为以下几个步骤。

① 以 R122 确定的进给率和调用循环之前的主轴转速在凹槽中心点处下刀一个铣削深度量。

② 按照 R123 确定的进给率和 R126 确定的加工方向在轮廓方向进行铣削，直至最后按 R124 留下轮廓精加工余量，刀具返回凹槽中心处。

③ 重复以上过程直至按 R125 留下深度精加工余量，刀具返回凹槽中心处。

④ 刀具回到退回平面凹槽中心，粗加工循环过程结束。

（8）精加工时序

当槽深较大时，如果根据工艺要求由 R121 确定深度仍然要分多次进刀加工，则只有最后一次进刀才从槽中心按 R122 规定的进给率下刀，然后按 R123 规定的进给率和 R126 规定的方向铣削，直至最终将周边轮廓加工完后沿圆弧段切线切出，并返回退回平面中心处。前面各次均在各自深度处从轮廓某边中心处以圆弧段切线切入，并按 R123 规定的进给率和 R126 规定的方向铣削一周回到切入点并以圆弧段切线切出。

通过对参数 R124 和 R125 选择"仅加工轮廓"或"同时加工轮廓和深度"。

仅加工轮廓：R124＞0，R125＝0。

同时加工轮廓和深度：R124＞0，R125＞0

$$R124＝0，R125＝0$$
$$R124＝0，R125＞0$$

（9）应用说明

LCYC75 铣槽循环以凹槽中心为中心向外进行绕圈铣削。对于一些长宽比较大而圆角半径相对较小的凹槽，刀具轨迹在长度方向的刀间距较宽度方向要小得多，从而使得在长度方向走刀加工时，工艺系统的潜力没有得到充分的发挥，实际加工效率较低。在这种情况下，可以将长槽沿长度方向分解成几个近似方槽，采用 LCYC75 进行加工，以提高加工效率。

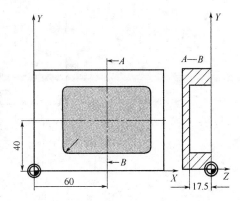

图 5-72　LCYC75 循环加工例 1

（10）编程举例

【例 1】　加工如图 5-72 所示长方槽，槽长 60mm，宽 40mm，圆角半径 8mm，深度 17.5mm。先使用循环 LCYC82 在槽中心预钻底孔，再以 LCYC75 采用 $\phi14$ 立铣刀进行粗铣加工，四周和深度各留余量 0.5mm，最大进刀深度 4mm，最后以 LCYC75 一次到深度进行精铣加工。

```
N10 G54 F100 S600 M3 T1                        ；工艺数据设定
N20 G0 X60 Y40 Z5                              ；回到钻孔位置
N30 R101=5 R102=2 R103=0 R104=-17.4 R105=0     ；设定钻削循环参数
N40 LCYC82                                     ；调用钻削循环
N50 T2 S500 M3                                 ；换刀并调整切削参数
N60 R104=-17.5 R116=60 R117=40 R118=60         ；铣槽粗加工参数设定 R101～
    R119=40 R120=8 R121=4 R122=80 R123=150       R103 同 LCYC82
    R124=0.5 R125=0.5 R126=2 R127=1
N70 LCYC75                                     ；调用循环粗加工
N80 T3 S800 M3                                 ；换刀，调整切削参数
N90 R121=0 R123=100 R127=2                     ；铣槽精加工参数设定，其他参数
                                                 不变
N100 LCYC75                                    ；调用循环精加工
N110 G0 Z150                                   ；退刀
N120 M2                                        ；程序结束
```

【例 2】　加工如图 5-73 所示圆槽，直径为 50mm，深度 20mm，中心坐标 X50Y50。使用 $\phi16$ 键槽铣刀，因此不需要预钻孔。粗铣直接到尺寸，不留精加工余量。

```
N10 G55 F100 S400 M3 T1                        ；工艺数据设定
N20 G0 X30 Y20 Z10                             ；回起始位置（任意）
N30 R101=5 R102=2 R103=0 R104=-20 R116=50 R117=50  ；循环参数设定
    R118=50 R119=50 R120=25 R121=4 R122=50 R123=100
    R124=0 R125=0 R126=2 R127=1
N40 LCYC75                                     ；调用粗加工循环加工
```

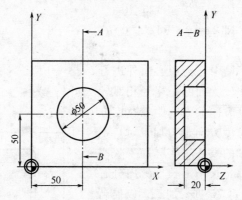

图 5-73　LCYC75 循环加工例 2

| N50 G0 Z150 | ；退刀 |
| N60 M2 | ；程序结束 |

【例 3】　加工如图 5-74 所示四个腰槽互成 90°分布，槽长为 30mm，宽 15mm，深 23mm。使用 φ10 键槽铣刀粗铣直接到尺寸，不留精加工余量。

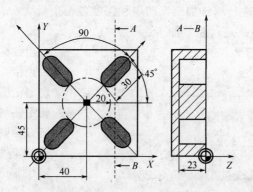

图 5-74　LCYC75 循环加工例 3

N10 G56 F100 S600 M3 T1	；工艺数据设定
N20 X20 Y30 Z5	；回起始位置（任意）
N30 R101=5 R102=2 R103=0 R104=−23 R116=35 R117=0	；循环参数设定
R118=30 R119=15 R120=7. 5 R121=4 R122=100	
R123=150 R124=0 R125=0 R126=2 R127=1	
N40 G158 X40 Y45	；坐标偏置
N50 G259 RPL=45	；坐标附加旋转 45°
N60 LCYC75	；调用循环，铣削第一个槽
N70 G259 RPL=90	；坐标附加旋转 90°
N80 LCYC75	；调用循环，铣削第二个槽
N90 G259 RPL=90	；坐标附加旋转 90°
N100 LCYC75	；调用循环，铣削第三个槽
N110 G259 RPL=90	；坐标附加旋转 90°
N120 LCYC75	；调用循环，铣削第四个槽
N130 G158	；取消坐标偏置与旋转

N140 G0 Z150   ；退刀
N150 M2   ；程序结束

5.12 轮廓编程

（1）功能

本系统提供了不同的轮廓元素组合，编程时可以在机通过软键找出相应的图形界面，并直接在图形界面上的屏幕格式中填入必要的原始数据即可，从而省去繁杂的数据人工计算工作，确保快速、可靠、方便地编制零件程序。

（2）内容

利用轮廓屏幕格式可以编程如下轮廓元素或轮廓段，如图 5-75 所示。

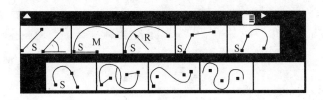

图 5-75 轮廓编程轮廓段形式

直线段，有终点坐标或角度。

圆弧段，有圆心坐标和终点坐标。

圆弧段，有圆心坐标和张角。

圆弧段，有圆心坐标和半径。

直线-直线轮廓段，有终点坐标和角度。

直线-圆弧轮廓段，切线过渡：由角度、半径和终点坐标计算。

直线-圆弧轮廓段，任意过渡：由角度、圆心和终点坐标计算。

圆弧-直线轮廓段，切线过渡：由角度、半径和终点坐标计算。

圆弧-直线轮廓段，任意过渡：由角度、圆心和终点坐标计算。

圆弧-圆弧轮廓段，切线过渡：由圆心、半径和终点坐标计算。

圆弧-圆弧轮廓段，任意过渡：由圆心和终点坐标计算。

圆弧-直线-圆弧轮廓段，切线过渡。

圆弧-圆弧-圆弧轮廓段，切线过渡。

（3）示例 1

直线-直线轮廓段。

利用直线-直线轮廓段轮廓编程，通过在屏幕格式中填入终点坐标和角度即可自动计算出两直线的交点，从而生成两直线程序段。

编程时通过软键打开图 5-76 所示界面，在此屏幕格式中填入第二直线的终点坐标"E(X,Y)"及两直线的夹角"A1"和"A2"及进给量"F"。利用"G17/G18/G19"可以进行平面选择，"G90/G91"可以进行尺寸输入制式选择，最后按右下方"确认"软键即返回编程界面并生成相应程序。

（4）示例 2

直线-圆弧轮廓段，切线过渡。

利用直线-圆弧轮廓段轮廓编程，通过在屏幕格式中填入终点坐标和角度及半径即可自动计算出直线与圆弧的切点，从而生成直线圆弧程序段。

编程时通过软键打开图 5-77 所示界面，在此屏幕格式中填入圆弧的终点坐标"E(X,Y)"和半径"R"、直线的夹角"A"及进给量"F"。利用"G17/G18/G19"可以进行平面选择，"G90/G91"可以进行尺寸输入制式选择，"G2/G3"可以进行方向转换，"相交点"可以进行切线过渡或其他过渡选择。最后按右下方"确认"软键即返回编程界面并生成相应程序。

（5）示例 3

圆弧-圆弧轮廓段，切线过渡。

利用圆弧-圆弧轮廓段轮廓编程，通过在屏幕格式中填入终点坐标和圆心及半径即可自动计算出圆弧与圆弧的切点，从而生成两圆弧程序段。

编程时通过软键打开图 5-78 所示界面，在此屏幕格式中填入第一圆弧的圆心坐标"M1(X,Y)"和第二圆弧的终点坐标"E(X,Y)"和半径"R2"及进给量"F"。利用"G17/G18/G19"可以进行平面选择，"G90/G91"可以进行尺寸输入制式选择，"G2/G3"可以进行方向转换，"相交点"可以进行切线过渡或其他过渡选择。最后按右下方"确认"软键即返回编程界面并生成相应程序。

5.13 综合编程例

5.13.1 例 1

加工如图 5-79 所示马氏盘零件，坯料 $100 \times 100 \times 20$ 硬铝。

如图 5-79 所示建立工件坐标系，各基点坐标通过几何计算或图解法求得图中表格所列。

（1）加工方案

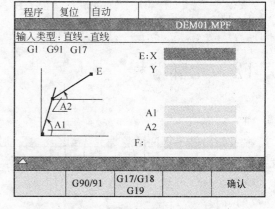

图 5-76 直线-直线组合轮廓编程

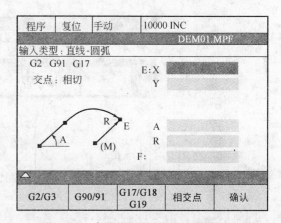

图 5-77 直线-圆弧切线组合轮廓编程

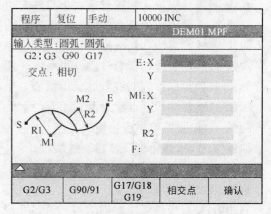

图 5-78 圆弧-圆弧切线组合轮廓编程

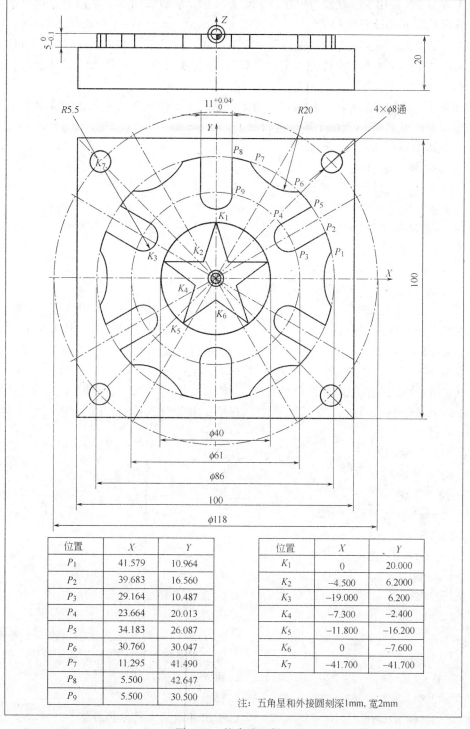

位置	X	Y
P_1	41.579	10.964
P_2	39.683	16.560
P_3	29.164	10.487
P_4	23.664	20.013
P_5	34.183	26.087
P_6	30.760	30.047
P_7	11.295	41.490
P_8	5.500	42.647
P_9	5.500	30.500

位置	X	Y
K_1	0	20.000
K_2	−4.500	6.2000
K_3	−19.000	6.200
K_4	−7.300	−2.400
K_5	−11.800	−16.200
K_6	0	−7.600
K_7	−41.700	−41.700

注：五角星和外接圆刻深1mm，宽2mm

图 5-79　综合编程例 1

① 五角星及 $\phi40$ 外接圆采用 $\phi2$ 粗柄铣刀加工，注意整圆必须采用圆心编程。

② 马氏盘外形。

加工方案 1　采用 $\phi30$ 立铣刀粗铣 $\phi86$ 至 $\phi87$，然后采用 $\phi10$ 立铣刀绕一周铣周边轮廓。

加工方案 2　采用 ϕ30 立铣刀粗精铣 ϕ86 至尺寸，然后采用 ϕ10 立铣刀分别以子程序通过坐标旋转铣削 6 个锁弧槽和销槽。

加工方案 3　采用 ϕ30 立铣刀粗精铣 ϕ86 至尺寸，然后采用 ϕ10 立铣刀以 LCYC75 循环铣 6 个销槽，采用 ϕ39 和 ϕ40 镗刀（主偏角 90°，主切削刃宽＞4）以 LCYC61 循环粗精加工 6 锁弧槽。

③ 4-ϕ8 孔采用 ϕ8 钻头，可自编基本功能程序或子程序逐孔加工，也可采用 LCYC82 循环逐孔加工，还可采用 LCYC61 循环进行加工。

（2）刀具

T1——ϕ2 粗柄铣刀；

T2——ϕ30 立铣刀；

T3——ϕ10 键槽铣刀；

T4——ϕ8 钻头；

T5——ϕ39 镗刀；

T6——ϕ40 镗刀。

（3）方案 1 程序（基本编程）

XEXP1N1

```
N10 G54 F300 S5000 M3 M7 T1        ；选择 T1，设定工艺数据以铣五星及外接圆
N20 G0 X0 Y20 Z2                   ；快速引刀接近工件 K₁ 点上方以下刀
N30 G1 Z-1                         ；下刀至深度
N40 G2 X0 Y20 I0 J-20              ；铣外接圆
N50 G1 X-4.5 Y6.2                  ；K₂，开始铣五星
N60 X-19                           ；K₃
N70 X-7.3 Y-2.4                    ；K₄
N80 X-11.8 Y-16.2                  ；K₅
N90 X0 Y-7.6                       ；K₆
N100 X11.8 Y-16.2
N110 X7.3 Y-2.4
N120 X19 Y6.2
N130 X4.5
N140 X0 Y20                        ；铣五星结束
N150 G0 Z100                       ；退刀
N160 T2 F150 S300 M3               ；换刀具 T2，调整工艺数据以铣 φ86 外圆
N170 G0 X70 Y0 Z-4.95             ；快速引刀接近切入点并至铣削深度
N180 G1 G42 X43.5 Y0              ；切入并建立刀具半径补偿
N190 G3 X43.5 Y0 I-43.5 J0        ；粗铣 φ86 外圆至 φ87
N200 G1 G40 X70 Y0                ；切出并取消刀具半径补偿
N210 G0 Z100                       ；退刀
N220 T3 F200 S1000 M3              ；换刀具 T3，调整工艺数据以铣马氏盘轮廓
N230 G0 X60 Y0 Z-4.95            ；快速引刀接近切入点并至铣削深度
N240 G1 G42 X43 Y0               ；切入并建立刀具半径补偿
N250 G3 X39.683 Y16.56 CR=43      ；P₂
```

N260 G1 X29. 164 Y10. 487　　　　　　　　; P_3

N270 G2 X23. 664 Y20. 013 CR=5. 5　　　; P_4

N280 G1 X34. 183 Y26. 087　　　　　　　; P_5

N290 G3 X30. 76 Y30. 047 CR=43　　　　; P_6

N300 G2 X11. 295 Y41. 49 CR=20　　　　; P_7

N310 G3 X5. 5 Y42. 647 CR=43　　　　　; P_8

N320 G1 Y30. 5　　　　　　　　　　　　　; P_9

N330 G2 X-5. 5 Y30. 5 CR=5. 5

...　　　　　　　　　　　　　　　　　　; 铣第二、三、四象限对称轮廓

N590 G3 X41. 579 Y-10. 964 CR=43

N600 G2 X41. 579 Y10. 964 CR=20　　　; P_1 轮廓铣削结束

N610 G1 G40 X60 Y0　　　　　　　　　　; 切出并取消刀具半径补偿

N620 G0 Z100　　　　　　　　　　　　　; 退刀

N630 T4 F200 S800 M3　　　　　　　　　; 换刀具 T4，调整工艺数据钻 4-ϕ8 孔

N640 G0 X41. 7 Y41. 7 Z2　　　　　　　; 快速引刀接近第一孔上方

N650 G1 Z-25　　　　　　　　　　　　　; 钻第一孔

N660 G0 Z2　　　　　　　　　　　　　　; 退刀

N670 X-41. 7　　　　　　　　　　　　　; 快速移至第二孔

N680 G1 Z-25

N690 G0 Z2

N700 Y-41. 7

N710 G1 Z-25

N720 G0 Z2

N730 X41. 7

N740 G1 Z-25　　　　　　　　　　　　　; 钻第四孔

N750 G0 Z100 M9　　　　　　　　　　　; 退刀远离工件以便下工件，关冷却

N760 M2　　　　　　　　　　　　　　　　; 程序结束

（4）方案 2 程序（子程序编程）

XEXP1N2

N10 G54 F300 S5000 M3 M7 T1　　　　　; 选择 T1，设定工艺数据以铣五
　　　　　　　　　　　　　　　　　　　　　星及外接圆

N20 G0 X0 Y20 Z2　　　　　　　　　　　; 快速引刀接近工件 K_1 点上方以
　　　　　　　　　　　　　　　　　　　　　下刀

N30 G1 Z-1　　　　　　　　　　　　　　; 下刀至深度

N40 G2 X0 Y20 I0 J-20　　　　　　　　; 铣外接圆

N50 G1 X-4. 5 Y6. 2　　　　　　　　　　; K_2，开始铣五星

N60 X-19　　　　　　　　　　　　　　　; K_3

N70 X-7. 3 Y-2. 4　　　　　　　　　　　; K_4

N80 X-11. 8 Y-16. 2　　　　　　　　　　; K_5

N90 X0 Y-7. 6　　　　　　　　　　　　　; K_6

N100 X11. 8 Y-16. 2

```
N110 X7. 3 Y-2. 4
N120 X19 Y6. 2
N130 X4. 5
N140 X0 Y20                          ; 铣五星结束
N150 G0 Z100                         ; 退刀
N160 T2 F150 S300 M3                 ; 换刀具 T2, 调整工艺数据以铣
                                       φ86 外圆
N170 G0 X70 Y0 Z-4. 95               ; 快速引刀接近切入点并至铣削
                                       深度
N180 G1 G42 X43. 5 Y0               ; 切入并建立刀具半径补偿
N190 G3 X43. 5 Y0 I-43. 5 J0        ; 粗铣圆至 φ87
N200 G1 X43                         ; 径向进刀准备精铣
N210 G3 X43 Y0 I-43 J0             ; 精铣圆至 φ86
N220 G1 G40 X70 Y0                 ; 切出并取消刀具半径补偿
N230 G0 Z100                        ; 退刀
N240 T3 F200 S1000 M3               ; 换刀具 T3, 调整工艺数据以铣
                                       马氏盘轮廓
N250 G0 X60 Y0 Z-4. 95             ; 快速引刀接近切入点并至铣削
                                       深度
N260 LSHC                           ; 调用子程序 LSHC 铣第一个锁
                                       弧槽
N270 G258 RPL=60                    ; 坐标系旋转至 60°位置
N280 LSHC                           ; 调用子程序 LSHC 铣第二个锁
                                       弧槽
N290 G258 RPL=120                   ; 坐标系旋转至 120°位置
N300 LSHC                           ; 调用子程序 LSHC 铣第三个锁
                                       弧槽
N310 G258 RPL=180                   ; 坐标系旋转至 180°位置
N320 LSHC                           ; 调用子程序 LSHC 铣第四个锁
                                       弧槽
N330 G258 RPL=240                   ; 坐标系旋转至 240°位置
N340 LSHC                           ; 调用子程序 LSHC 铣第五个锁
                                       弧槽
N350 G258 RPL=300                   ; 坐标系旋转至 300°位置
N360 LSHC                           ; 调用子程序 LSHC 铣第六个锁
                                       弧槽
N370 G258 RPL=30                    ; 坐标系旋转至 30°位置
N380 LXC                            ; 调用子程序 LXC 铣第一个销槽
N390 G258 RPL=90                    ; 坐标系旋转至 90°位置
N400 LXC                            ; 调用子程序 LXC 铣第二个销槽
N410 G258 RPL=150                   ; 坐标系旋转至 150°位置
```

N420 LXC	；调用子程序 LXC 铣第三个销槽
N430 G258 RPL=210	；坐标系旋转至 210°位置
N440 LXC	；调用子程序 LXC 铣第四个销槽
N450 G258 RPL=270	；坐标系旋转至 270°位置
N460 LXC	；调用子程序 LXC 铣第五个销槽
N470 G258 RPL=330	；坐标系旋转至 330°位置
N480 LXC	；调用子程序 LXC 铣第六个销槽
N490 G258	；取消坐标系旋转
N500 G0 Z100	；退刀
N510 T4 F200 S800 M3	；换刀具 T4，设定工艺数据钻4× ϕ8 孔
N520 R101=5 R102=1 R103=0 R104=-25 R105=0	；设定钻孔循环参数
N530 G0 X41.7 Y41.7 Z5	；运行至第一孔位置
N540 LCYC82	；调用 LCYC82 循环钻第一孔
N550 G0 X-41.7	；运行至第二孔位置
N560 LCYC82	；调用 LCYC82 循环钻第二孔
N570 G0 Y-41.7	；运行至第三孔位置
N580 LCYC82	；调用 LCYC82 循环钻第三孔
N590 G0 X41.7	；运行至第四孔位置
N600 LCYC82	；调用 LCYC82 循环钻第四孔
N610 G0 Z100 M9	；退刀，关冷却
N620 M2	；程序结束
LSHC	
N10 G0 X60 Y0	；进入起点
N20 G1 G42 X41.579 Y-10.964	；锁弧槽切入，建立刀具半径补偿
N30 G2 X41.579 Y10.964 CR=20	；铣 R20 弧槽
N40 G1 G40 X60 Y0	；切出，取消刀具半径补偿
N50 M17	；子程序结束
LXC	
N10 G0 X60 Y0	；进入起点
N20 G1 G42 X42.647 Y-5.5	；销槽切入，建立刀具半径补偿
N30 X30.5	
N40 G2 Y5.5 CR=5.5	
N50 G1 X42.647	
N60 G40 X60 Y0	；切出，取消刀具半径补偿
N70 M17	；子程序结束

（5）方案 3 程序（循环编程）

XEXP1N3	
N10 G54 F300 S5000 M3 M7 T1	；选择 T1，设定工艺数据以铣五星及外接圆
N20 G0 X0 Y20 Z2	；快速引刀接近工件 K_1 点上方以下刀

N30 G1 Z-1	；下刀至深度	
N40 G2 X0 Y20 I0 J-20	；铣外接圆	
N50 G1 X-4. 5 Y6. 2	；K_2，开始铣五星	
N60 X-19	；K_3	
N70 X-7. 3 Y-2. 4	；K_4	
N80 X-11. 8 Y-16. 2	；K_5	
N90 X0 Y-7. 6	；K_6	
N100 X11. 8 Y-16. 2		
N110 X7. 3 Y-2. 4		
N120 X19 Y6. 2		
N130 X4. 5		
N140 X0 Y20	；铣五星结束	
N150 G0 Z100	；退刀	
N160 T2 F150 S300 M3	；换刀具 T2，调整工艺数据以铣 ϕ86 外圆	
N170 G0 X70 Y0 Z-4. 95	；快速引刀接近切入点并至铣削深度	
N180 G1 G42 X43. 5 Y0	；切入并建立刀具半径补偿	
N190 G3 X43. 5 Y0 I-43. 5 J0	；粗铣圆至 ϕ87	
N200 G1 X43	；径向切入准备精铣	
N210 G3 X43 Y0 I-43 J0	；精铣圆至 ϕ86	
N220 G1 G40 X70 Y0	；切出并取消刀具半径补偿	
N230 G0 Z100	；退刀	
N240 T3 F200 S1000 M3	；换刀具 T3，调整工艺数据以铣马氏盘销槽	
N250 G0 X40 Y0 Z5		
N260 R101=5 R102=1 R103=0 R104=-4. 95		
R116=36. 75 R117=0 R118=23. 5 R119=11		
R120=5. 5 R121=3 R122=150 R123=200		
R124=0. 2 R125=0. 2 R126=2 R127=1	；设定铣槽循环参数	
N270 G258 RPL=30	；坐标系旋转至 30°位置	
N280 LCYC75	；调用 LCYC75 粗铣第一个销槽	
N290 G258 RPL=90	；坐标系旋转至 90°位置	
N300 LCYC75	；调用 LCYC75 粗铣第二个销槽	
N310 G258 RPL=150	；坐标系旋转至 150°位置	
N320 LCYC75	；调用 LCYC75 粗铣第三个销槽	
N330 G258 RPL=210	；坐标系旋转至 210°位置	
N340 LCYC75	；调用 LCYC75 粗铣第四个销槽	
N350 G258 RPL=270	；坐标系旋转至 270°位置	
N360 LCYC75	；调用 LCYC75 粗铣第五个销槽	
N370 G258 RPL=330	；坐标系旋转至 330°位置	
N380 LCYC75	；调用 LCYC75 粗铣第六个销槽	
N385 S1500		
N390 R121=0 R127=2	；设定精铣槽循环参数，其他参数不变	

N400 G258 RPL=30	；坐标系旋转至 30°位置
N410 LCYC75	；调用 LCYC75 精铣第一个销槽
N420 G258 RPL=90	；坐标系旋转至 90°位置
N430 LCYC75	；调用 LCYC75 精铣第二个销槽
N440 G258 RPL=150	；坐标系旋转至 150°位置
N450 LCYC75	；调用 LCYC75 精铣第三个销槽
N460 G258 RPL=210	；坐标系旋转至 210°位置
N470 LCYC75	；调用 LCYC75 精铣第四个销槽
N480 G258 RPL=270	；坐标系旋转至 270°位置
N490 LCYC75	；调用 LCYC75 精铣第五个销槽
N500 G258 RPL=330	；坐标系旋转至 330°位置
N510 LCYC75	；调用 LCYC75 精铣第六个销槽
N520 G0 Z100	；退刀
N530 T5 F120 S500 M3	；换刀具 T5，调整工艺数据以粗镗马氏盘锁弧槽
N540 R101=5 R102=1 R103=0 　R104=-4.95 R105=0.5	；设定 LCYC82 循环参数
R115 =82 R116=0 R117=0 R118=59 　R119=6 R120=0 R121=0	；设定 LCYC61 循环参数
N550 LCYC61	；调用 LCYC61 循环粗镗六锁弧槽
N560 G0 Z100	；退刀
N570 T6 F200 S1000 M3	；换刀具 T6，调整工艺数据以精镗马氏盘锁弧槽
N580 LCYC61	；调用 LCYC61 循环精镗六锁弧槽
N590 G0 Z100	；退刀
N600 T4 F200 S800 M3	；换刀具 T4，调整工艺数据以钻 4×φ8 孔
N610 G0 X0 Y0 Z10	；快速引刀接近工件
N620 R101=5 R102=1 R103=0 　R104=-25 R105=0	；设定 LCYC82 循环参数
R115 =82 R116=0 R117=0 　R118=59 R119=4 R120=45 R121=0	；设定 LCYC61 循环参数
N630 LCYC61	；调用 LCYC61 循环钻 4×φ8 孔
N640 G0 Z100 M9	
N650 M2	

（6）说明

以上三种编程加工方案中，方案 1 马氏盘轮廓采用最基本的指令编程连续加工，程序通用性强，但容量较大，并且必须计算出所有基点的坐标，计算工作量大。方案 2 马氏盘轮廓按组成要素类型分组进行加工，即按 φ86 铣圆、锁弧槽子程序旋转调用、销槽子程序旋转调用各六次分别加工，程序相对简洁，基点坐标计算工作量减少。方案 3 马氏盘轮廓组成要素同样采用按类分组加工，锁弧槽和 4×φ8 孔采用 LCYC61 循环编程加工，销槽采用 LCYC75 循环编程加工，从而免去了基点坐标的计算，且锁弧槽采用镗削工艺，圆度精度高，加工质量好。

5.13.2 例2

精加工如图 5-80 所示椭圆轮廓，精加工余量 0.5，工件材料 45 钢调质。工件以中间孔装夹。刀具：φ16 硬质合金立铣刀。

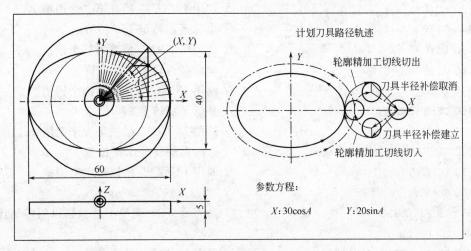

图 5-80 综合编程例2

（1）程序

```
XEXP2
    N10 G55 G64 F250 S1500 M3 M7 T1              ；选择 T1，设定工艺数据
    N20 G0 X60 Y0                                ；快速引刀接近工件
    N30 Z-6                                      ；下刀
    N40 G1 G42 X45 Y-15                          ；附加直线程序段建立刀具半径补偿
    N50 G2 X30 Y0 CR=15                          ；圆弧切线切入
    N60 R1=30 R2=20 R3=1 R4=360
    N70 MA1: R5=R1 * COS(R3) R6=R2 * SIN(R3)
    N80 G1 X=R5 Y=R6
    N90 R3=R3+1
    N100 IF R3<=R4 GOTOB MA1
    N110 G2 X45 Y15 CR=15                        ；圆弧切线切出
    N120 G0 G40 X60 Y0                           ；附加直线程序段取消刀具半径补偿
    N130 Z100 M9
    N140 M2
```

（2）说明

轮廓精加工时，为了确保加工轮廓表面质量，避免在切入切出点产生如图 5-81 所示的"过切"或"欠切"缺陷，必须考虑安排"切线切入"和"切线切出"程序段，并结合连续路径 G64 功能，从而实现轮廓的"软接近"与"软退出"，使得进给速度矢量平缓连续过渡，尽可能地实现轮廓均匀连续加工。图 5-81(a)、(c) 中所示采用准确定位方式进行加工时，由于工艺系统刚性问题，在正常走刀切削时，由于受切削力的作用将产生弹性变形而让刀。当加工到程序段过渡处时，由于准确定位进给停顿，此时的切削用量为零，切削力下降甚至消失，弹性变形造成的让刀恢复造成过渡处产生"过切"现象。而图 (b) 所示的连续路径

自由切入方式由于终点前的提前加减速将导致过渡处的"欠切"，而图（d）所示采用连续路径切向切入则避免了上述缺陷的产生。

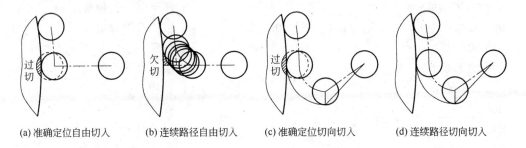

(a) 准确定位自由切入　　(b) 连续路径自由切入　　(c) 准确定位切向切入　　(d) 连续路径切向切入

图 5-81　轮廓精加工的"软接近"、"软退出"

5.13.3　例 3

加工如图 5-82 所示零件上 $18×\phi5$ 孔系，工件材料 45 钢，采用高速钢钻头。

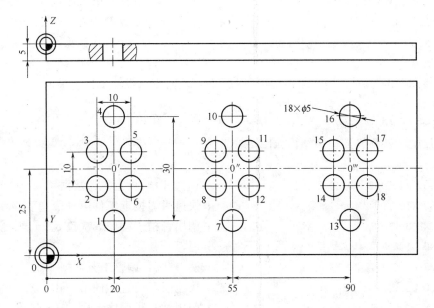

图 5-82　综合编程例 3

```
XEXP3
    N10 G56 F200 S1000 M3 M7 T1            ;选择 T1，设定工艺数据
    N20 G0 X0 Y0 Z10                       ;快速引刀接近工件
    N30 G158 X20 Y25                       ;坐标偏置至 0′
    N40 LXEXP3KX                           ;调用子程序加工 1～6 号孔
    N50 G158 X55 Y25                       ;坐标偏置至 0″
    N60 LXEXP3KX                           ;调用子程序加工 7～12 号孔
    N70 G158 X90 Y25                       ;坐标偏置至 0‴
    N80 LXEXP3KX                           ;调用子程序加工 13～18 号孔
    N90 G0 Z100 M9                         ;快速退刀，关冷却
    N100 G158                              ;取消可编程零点偏置
```

```
    N110 M2                                      ；结束程序
LXEXP3KX
    N10 G0 X0 Y-15                               ；移至第一孔位置
    N20 R101=5 R102=2 R103=0 R104=-8 R105=0      ；循环参数设定
    N30 LCYC82                                   ；钻第一孔
    N40 G0 X-5 Y-5                               ；移至第二孔位置
    N50 LCYC82                                   ；钻第二孔
    N60 G0 X-5 Y5                                ；移至第三孔位置
    N70 LCYC82                                   ；钻第三孔
    N80 G0 X0 Y15                                ；移至第四孔位置
    N90 LCYC82                                   ；钻第四孔
    N100 G0 X5 Y5                                ；移至第五孔位置
    N110 LCYC82                                  ；钻第五孔
    N120 G0 X5 Y-5                               ；移至第六孔位置
    N130 LCYC82                                  ；钻第六孔
    N140 M17                                     ；子程序结束
```

5.13.4　例4

加工如图 5-83 所示 45 钢零件，坯料厚度 20，Z 向零点设于工件上平面。

刀具：T1——ϕ6 硬质合金键槽铣刀；

　　　T2——ϕ6 高速钢钻头。

计划加工刀具路线及程序结构如图 5-83 所示。

```
XEXP4
    N10 G57 F400 S2500 M3 M7 T1          ；选择 T1，设定工艺数据
    N20 G0 X10 Y10 Z2                    ；快速引刀接近工件第一槽左下方
    N30 LXEXP4C P8                       ；调用铣槽子程序 8 次铣 8×6 槽，深 5
    N40 G0 Z100                          ；退刀
    N50 T2 F200 S1000 M3                 ；换刀 T2，调整工艺数据
    N60 G0 X10 Y32.5 Z2                  ；快速引刀接近工件第一孔上方
    N70 LXEXP4K P8                       ；调用钻孔子程序 8 次钻 8×$\phi$6 孔，深 10
    N80 G0 Z100 M9
    N90 M2
LXEXP4C
    N10 G91 G1 Z-4.5                     ；设定相对坐标制式，下刀至槽深一半处
    N20 X10                              ；开始铣第一层
    N30 Y45
    N40 X-10
    N50 Z-2.5                            ；下刀至最后深度处
    N60 X10
    N70 Y-45
    N80 X-10
    N90 G0 Z7                            ；退刀回高度原位
```

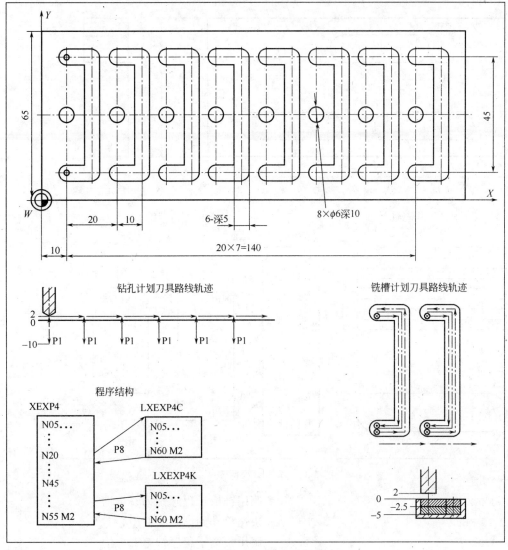

图 5-83　综合编程例 4

N100 G0 X20	；移一槽距至下一槽位置
N110 G90 M17	；恢复绝对坐标制式，结束子程序
LXEXP4K	
N10 G91 G1 Z-12	；设定相对坐标制式，钻孔至深度
N20 G0 Z12	；退刀至原位
N30 X20	；移一孔距至下一孔位置
N40 G90 M17	；恢复绝对坐标制式，结束子程序

5.13.5　例 5

加工如图 5-84 所示零件上 3 槽，工件材料硬铝合金，采用 φ8 高速钢键槽铣刀。计划加工刀具路线及程序结构如图 5-84 所示。

XEXP5

N10 G54 F300 S1500 M3 T1	；选择 T1，设定工艺数据
N20 G0 X15 Y10 Z2	；快速引刀接近工件第一槽左中心

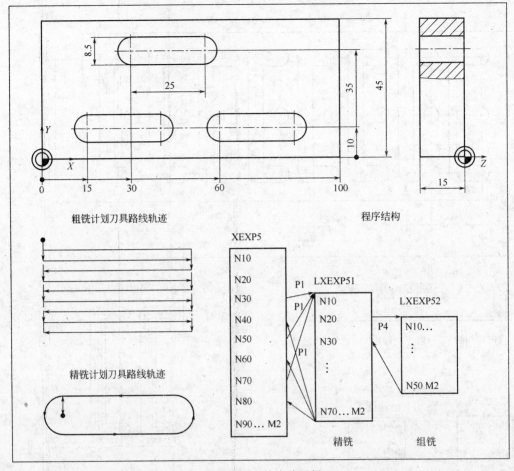

图 5-84　综合编程例 5

```
    N30 LXEXP51                ；调用铣槽子程序铣第一个槽
    N40 G0 X60                 ；快速移动到第二槽左中心
    N50 LXEXP51                ；调用铣槽子程序铣第二个槽
    N60 G0 X30 Y35             ；快速移动到第三槽左中心
    N70 LXEXP51                ；调用铣槽子程序铣第三个槽
    N80 G0 Z100
    N90 M2
LXEXP51
    N10 G1 Z0 F150
    N20 LXEXP52 P4
    N30 G1 G41 Y4. 25
    N40 G3 Y-8. 5 I0 J-4. 25
    N50 X25
    N60 G3 Y8. 5 I0 J4. 25
    N70 G1 X-25
    N80 G40 Y-4. 25
    N90 G0 G90 Z2
```

```
    N100 M17
LXEXP52
    N10 G91 G1 Z-2 F150
    N20 X25 F300
    N30 Z-2 F150
    N40 X-25 F300
    N50 M17
```

5.13.6　例 6

加工如图 5-85 所示硬铝合金零件，坯料尺寸 95×95×15。

刀具：T1——φ16 硬质合金立铣刀（粗铣，刀补输入半径 8.3）；

　　　T2——φ16 硬质合金立铣刀（精铣，刀补输入半径 8）；

　　　T3——φ8 高速钢钻头。

```
XEXP6
    N10 G54 F200 S1000 M3 T1              ;选择 T1，设定工艺数据
    N20 G0 X-60 Y60 Z-3.95               ;快速引刀接近工件左上角并至深度
    N30 G1 G41 X-46 Y46                  ;切入，建立刀具半径补偿，开始外轮
                                          廓粗加工

    N40 X-10 Y39.975
    N50 G3 X10 CR=10
    N60 G1 X29.975
    N70 G2 X39.975 Y29.975 CR=10
    N80 G1 Y9.682
    N90 G3 Y-9.682 CR=-10
    N100 G1 Y-29.975
    N110 G2 X29.975 Y-39.975 CR=10
    N120 G1 X9.682
    N140 G3 X-9.682 CR=-10
    N150 G1 X-29.975
    N160 G2 X-39.975 Y-29.975 CR=10
    N170 G1 Y-10
    N180 G3 Y10 CR=10
    N190 G1 X-46 Y46
    N200 G0 G40 X-60 Y60                 ;切出，取消刀具半径补偿
    N210 G0 Z5
    N220 G258 RPL=135                    ;坐标系旋转 135°，准备粗铣长槽
    N230 R101=5 R102=2 R103=0 R104=-3.95 ;设定铣长槽循环参数
        R116=0 R117=0 R118=60.025 R119=32.025
        R120=10 R121=2 R122=100 R123=200
        R124=0 R125=0 R126=2 R127=1
    N240 LCYC75                          ;粗铣长槽
    N245 G258                            ;取消坐标系旋转
```

```
N250 R103=-4 R104=-7. 95 R118=30. 016      ；设定铣圆槽循环参数，其余同N230
    R119=30. 016 R120=15. 008                 设定
N260 LCYC75                                ；粗铣圆槽
N265 G0 Z100                               ；退刀
N270 T2 F300 S1500 M3                      ；换精铣刀 T2，调整工艺数据
N280 G0 X-60 Y60 Z-3. 95                   ；快速引刀接近工件左上角并至深度
N290 G1 G41 X-46 Y46                       ；切入，建立刀具半径补偿，开始外轮
                                             廓精加工

N300 X-10 Y39. 975
N310 G3 X10 CR=10
N320 G1 X29. 975
N330 G2 X39. 975 Y29. 975 CR=10
N340 G1 Y9. 682
N350 G3 Y-9. 682 CR=-10
N360 G1 Y-29. 975
N370 G2 X29. 975 Y-39. 975 CR=10
N380 G1 X9. 682
N390 G3 X-9. 682 CR=-10
N400 G1 X-29. 975
N410 G2 X-39. 975 Y-29. 975 CR=10
N420 G1 Y-10
N430 G3 Y10 CR=10
N440 G1 X-46 Y46
N450 G0 G40 X-60 Y60                       ；切出，取消刀具半径补偿
N460 G0 Z5
N470 G258 RPL=135
N480 R103=0 R104=-3. 95 R118=60. 025       ；调整循环参数准备精铣长槽
    R119=32. 025 R120=10 R121=0 R127=2
N490 LCYC75                                ；精铣长槽
N495 G258                                  ；取消坐标系旋转
N500 R103=-4 R104=-7. 95 R118=30. 016      ；调整循环参数准备精铣圆槽
    R119=30. 016 R120=15. 008 R121=0 R127=2
N510 LCYC75                                ；精铣圆槽
N515 G0 Z100                               ；退刀
N520 T3 F150 S800 M3                       ；换钻头 T3，调整工艺数据
N530 G0 X0 Y0 Z10
N540 R101=5 R102=2 R103=0 R104=-20
    R105=0 R115=82 R116=0 R117=0 R118=42. 42
    R119=4 R120=45 R121=0
N550 LCYC61                                ；钻 4×φ8 通孔
N560 G0 Z100
```

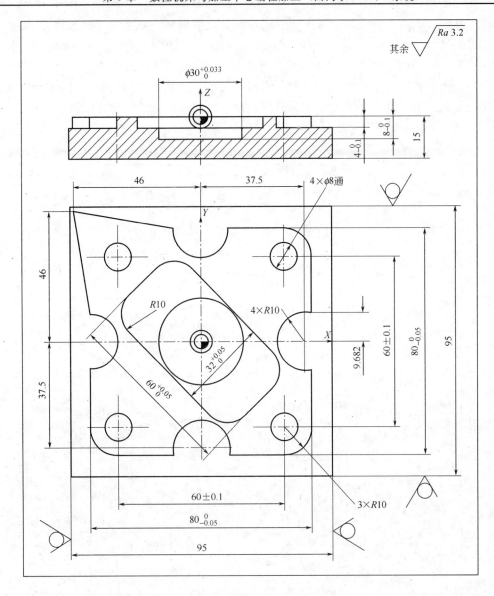

图 5-85　综合编程例 6

N570 M2

注意

　　实际切削加工工艺参数与具体工艺系统（机床—夹具—刀具—工件）有关，工艺系统情况不同，切削加工工艺参数也应随之改变。本书各例中所涉工艺参数仅供参考。

5.14　系统扩展（西门子 802D 系统）

5.14.1　西门子 802D 指令系统概况

　　西门子 802D 编程指令系统几乎沿袭了西门子 802S/C 的全部功能。其大部分功能指令代码与 802S/C 完全兼容。少数功能指令代码有所区别，但含义完全一致。如 CIP 即为 G5、

TRANS 即为 G158 等；802S/C 中 8 个固定循环都有对应循环，只是循环地址字不同而已，编程时参数格式定义也略有差异。此外，西门子 802D 较 802S/C 新增了一些功能。如圆弧切线过渡编程 CT、比例功能 SCALE、镜像功能 MIRROR、工作区域限制 G25/G26 等，固定循环功能也大有扩展。这些功能进一步为编程者提供了方便；轨迹跳跃加速 BRISK 功能和轨迹平滑加速 SOFT 功能等为在一定条件下实现优化加工提供了选择的可能。

西门子 802D 铣床版指令系统见表 5-7。

表 5-7　西门子 802D 铣床版指令系统

地　址	含　义	赋　值	说　明	编　程
D	刀具补偿号	0～9 整数，不带符号	用于某个刀具 T... 的补偿参数；D0 表示补偿值＝0，一个刀具最多有 9 个 D 补偿号	D...
F	进给率	0.001～99999.999	刀具/工件的进给速度，对应 G94 或 G95，单位分别为 mm/min 或 mm/r	F...
F	进给率（与 G4 一起可以编程停留时间）	0.001～99999.999	停留时间，s	G4F...；单独程序段
G	G 功能（准备功能字）	仅为整数，已事先规定	G 功能按 G 功能组划分，一个程序段中同组的 G 功能只能有一个。G 功能按模态有效（直到被同组中其他功能替代），或者以程序段方式有效。G 功能组：	G...　或者符号名称，比如：CIP
G0	快速移动		1. 运动指令，	G0 X... Y... Z... ；直角坐标系　在极坐标系中：　G0 AP=... RP=...　或者：　G0 AP=... RP=... Z... ；例如用 G17
G1 *	直线插补		（插补方式）	G1 X... Y... Z... F...　在极坐标系中：　G1 AP=... RP=... F...　或者：　G1 AP=... RP=... Z... F... ；例如用 G17
G2	顺时针圆弧插补（考虑第 3 轴和 TURN=... 也可以螺旋插补，参见 TURN）			G2 X... Y... I... J... F...　；圆心和终点　G2 X... Y... CR=... F...　；半径和终点　G2 AR=... I... J... F...　；张角和圆心　G2 AR=... X... Y... F...　张角和终点　在极坐标系中：　G2 AP=... RP=... F...　或者：　G2 AP=... RP=... Z... F... ；例如用 G17
G3	逆时针圆弧插补（考虑第 3 轴和 TURN=... 也可以螺旋插补，参见 TURN）			G3...；其他同 G2
CIP	中间点圆弧插补			CIP X... Y... Z... I1=... K1=... F...
G33	恒螺距的螺纹切削		模态有效	S... M... ；主轴速度，方向　G33Z... K... ；带有补偿夹头的锥螺纹切削，比如在 Z 轴方向

续表

地　址	含　义	赋　值	说　明	编　程
C331	螺纹插补			N10 SPOS= 主轴处于位置调节状态 N20 G331 Z… K… S… ；在 Z 轴方向不带补偿夹头攻丝 ；右旋螺纹或左旋螺纹通过螺距的符号（比如 K+）确定 　+：同 M3 　−：同 M4
G332	螺纹插补——退刀			G332 Z… K… S… ；不带补偿夹具切削螺纹——Z 向退刀 ；螺距符号同 G331
CT	带切线过渡的圆弧插补			N10… N20 CT X… Y… F…；圆弧，与前一段轮廓为切线过渡
G4	暂停时间		2. 特殊运行，程序段方式有效	G4 F… 或 G4 S… ；自身程序段
G63	带补偿夹头攻丝			G63 Z… F… S… M…
G74	回参考点			G74 X1=0 Y1=0 Z1=0；自身程序段（机床轴名称）
G75	回固定点			G75 X1=0 Y1=0 Z1=0；自身程序段（机床轴名称）
TRANS	可编程偏置		3. 写存储器，程序段方式有效	TRANS X… Y… Z…；自身程序段
ROT	可编程旋转			ROT RPL=…；在当前的平面中旋转（G17～G19）
SCALE	可编程比例系数			SCALE X… Y… Z…；在所给定轴方向的比例系数，自身程序段
MIRROR	可编程镜像功能			MIRROR X0；改变方向的坐标轴，自身程序段
ATRANS	附加的可编程偏置			ATRANS X… Y… Z…；自身程序段
AROT	附加的可编程旋转			AROT RPT=…；在当前的平面中附加旋转（G17～G19），自身程序段
ASCALE	附加的可编程比例系数			ASCALE X… Y… Z…；在所给定轴方向的比例系数，自身程序段
AMIRROR	附加的可编程镜像功能			AMIRROR X0；改变方向的坐标轴，自身程序段
G25	主轴转速下限或工作区域下限			G25 S…；自身程序段 G25 X… Y… Z…；自身程序段
G26	主轴转速上限或工作区域上限			G26 S…；自身程序段 G26 X… Y… Z…；自身程序段
G110	极点尺寸，相对于上次编程的设定位置			G110 X… Y…；极点尺寸，直角坐标，比如带 G17 G110 RP=… AP=… 极点尺寸，极坐标，自身程序段

地　址	含　义	赋　值	说　明	编　程
G111	极点尺寸，相对于当前工件坐标系的零点		3. 写存储器，程序段方式有效	G111 X… Y…；极点尺寸，直角坐标，比如带 G17 G111 RP=… AP=…极点尺寸，极坐标，自身程序段
G112	极点尺寸，相对于上次有效的极点			G112 X… Y…；极点尺寸，直角坐标，比如带 G17 G112 RP=… AP=…；极点尺寸，极坐标，自身程序段
G17*	X/Y 平面		6. 平面选择，模态有效	G17…；该平面上的垂直轴为刀具长度补偿轴
G18	Z/X 平面			
G19	Y/Z 平面			
G40*	刀具半径补偿方式的取消		7. 刀具半径补偿，模态有效	
G41	调用刀具半径补偿，刀具在轮廓左侧移动			
G42	调用刀具半径补偿，刀具在轮廓右侧移动			
G500*	取消可设定零点偏置		8. 可设定零点偏置，模态有效	
G54	第一可设定零点偏置			
G55	第二可设定零点偏置			
G56	第三可设定零点偏置			
G57	第四可设定零点偏置			
G58	第五可设定零点偏置			
G59	第六可设定零点偏置			
G53	按程序段方式取消可设定零点偏置		9. 取消可设定零点偏置，段方式有效	
G153	按程序段方式取消可设定零点偏置，包括基本框架			
G60*	准确定位		10. 定位性能，模态有效	
G64	连续路径方式			
G9	准确定位，单程序段有效		11. 程序段方式准停，段方式有效	
G601*	在 G60、G9 方式下精准确定位		12. 准停窗口，模态有效	参见章节 5.4.8 "准停/连续路径方式"
G602	在 G60、G9 方式下粗准确定位			
G70	英制尺寸		13. 英制/公制尺寸，模态有效	
G71*	公制尺寸			
G700	英制尺寸，也用于进给率 F			
G710	公制尺寸，也用于进给率 F			
G90*	绝对尺寸		14. 绝对尺寸/增量尺寸，模态有效	
G91	增量尺寸			
G94	进给率 F，mm/min		15. 进给率单位，模态有效	
G95*	进给率 F，mm/r			
CFC*	圆弧加工时打开进给率修调		16. 进给率修调，模态有效	参见章节 5.4.7 "进给率 F"
CFTCP	关闭进给率修调			

续表

地　址	含　义	赋　值	说　明	编　程
G450*	圆弧过渡		18. 刀具半径补偿时拐角	
G451	交点过渡		特性，模态有效	
BRISK*	轨迹跳跃加速		21. 加速度特性，模态	
SOFT	轨迹平滑加速		有效	
FFWOF*	预控关闭		24. 预控，模态有效	
FFWON	预控打开			
WALIMON*	工作区域限制生效		28. 工作区域限制，模态	适用于所有轴，通过设定数据
WALIMOF	工作区域限制取消		有效	激活；值通过 G25，G26 设置
G290*	西门子方式		47. 其他 NC 语言	
G291	其他方式		模态有效	
带 * 的功能在程序启动时生效（如果没有另外编程则为铣床版本）。				
H H0=～H9999	H 功能	±0.0000001 ～ 9999.9999（8 个十进制数据位）或使用指数形式：±（10^{-300} ～10^{+300}）	用于传送到 PLC 的数值，其定义由机床制造厂家确定	H0=... H9999=... 比如：H7=23.456
I	插补参数	±0.001～99999.999 螺纹：0.001～2000.000	X 轴尺寸，在 G2 和 G3 中为圆心坐标；在 G33、G331、G332 中则表示螺距大小	参见 G2、G3、G33、G331 和 G332
J	插补参数	±0.001～99999.999 螺纹：0.001～2000.000	Y 轴尺寸，在 G2 和 G3 中为圆心坐标；在 G33、G331、G332 中则表示螺距大小	同上
K	插补参数	±0.001～99999.999 螺纹：0.001～2000.000	Z 轴尺寸，在 G2 和 G3 中为圆心坐标；在 G33、G331、G332 中则表示螺距大小	同上
I1=	圆弧插补的中间点	±0.001～99999.999	属于 X 轴；用 CIP 进行圆弧插补的参数	参见 CIP
J1=	圆弧插补的中间点	±0.001～99999.999	属于 Y 轴；用 CIP 进行圆弧插补的参数	参见 CIP
K1=	圆弧插补的中间点	±0.001～99999.999	属于 Z 轴；用 CIP 进行圆弧插补的参数	参见 CIP
L	子程序名及子程序调用	7 位十进制整数，无符号	可以选择 L1～L9999999；子程序调用需要一个独立的程序段　注意：L0001 不等于 L1	L...；自身程序段
M	辅助功能	0～99 整数，无符号	用于进行开关操作，如"打开冷却液"，一个程序段中最多有 5 个 M 功能	M...
M0	程序停止		用 M0 停止程序的执行；按"启动"键加工继续执行	
M1	程序有条件停止		与 M0 一样，但仅在出现专门信号后才生效	
M2	程序结束		在程序的最后一段被写入	
M30	—		预定，没用	
M17	—		预定，没用	
M3	主轴顺时针旋转			
M4	主轴逆时针旋转			

地　址	含　义	赋　值	说　明	编　程
M5	主轴停			
M6	更换刀具		在机床数据有效时用 M6 更换刀具，其他情况下直接用 T 指令进行换刀	
M40	自动变换齿轮级			
M41～M45	齿轮级 1 到齿轮级 5			
M70，M19	—		预定，没用	
M…	其他的 M 功能		这些 M 功能没有定义，可由机床生产厂家自由设定	
N	副程序段	0～99999999 整数，无符号	与程序段段号一起标识程序段，N 位于程序段开始	比如：N20
:	主程序段	0～99999999 整数，无符号	指明主程序段，用字符":"取代副程序段的地址符"N" 主程序段中必须包含其加工所需的全部指令	比如：:20
P	子程序调用次数	1～9999 整数，无符号	在同一程序段中多次调用子程序，比如：N10 L871 P3；调用三次	比如：L… P…；自身程序段
R0～R299	计算参数	±0.0000001 ～ 99999999（8 位）或带指数 ±（10^{-300}～10^{+300}）		
计算功能			除了 ＋－＊/四则运算外还有以下计算功能：	
SIN ()	正弦	单位，(°)		比如： R1＝SIN (17.35)
COS ()	余弦	单位，(°)		比如：R2＝COS (R3)
TAN ()	正切	单位，(°)		比如：R4＝TAN (R5)
SQRT ()	平方根			比如：R6＝SQRT (R7)
POT ()	平方值			比如：R12＝POT (R13)
ABS ()	绝对值			比如：R8＝ABS (R9)
TRUNC ( )	取整			比如： R10＝TRUNC (R11)
RET	子程序结束		代替 M2 使用，保证路径连续运行	RET；自身程序段
S	主轴转速	0.001～99999.999	主轴转速单位是 r/min	S…
S	在 G4 的程序段中为停留时间	0.001～99999.999	主轴旋转停留时间	G4 S… ；自身程序段
T	刀具号	1～32000 整数，无符号	可以用 T 指令直接更换刀具，也可由 M6 进行。这可由机床数据设定	T…
X	坐标轴	±0.001～99999.999	位移信息	X…
Y	坐标轴	±0.001～99999.999	位移信息	Y…
Z	坐标轴	±0.001～99999.999	位移信息	Z…
AC	绝对坐标	—	对于某个进给轴，其终点或中心点可以按程序段方式输入，可以不同于在 G90/G91 中的定义	N10 G91 X10 Z＝AC (920)；X——增量尺寸；Z——绝对尺寸

续表

地　址	含　义	赋　值	说　明	编　程
ACC［轴］	加速度补偿值的百分数	1～200 整数	进给轴或主轴加速度的补偿值，以百分数表示	N10 ACC［X］=80 N20 ACC［S］=50 ；X 轴 80% ；主轴 50%
ACP	绝对坐标，在正方向靠近（用于回转轴和主轴）	—	对于回转轴，带 ACP（…）的终点坐标的尺寸可以不同于 G90/G91；同样也可以用于主轴的定位	N10 A=ACP（45.3） ；在正方向逼近绝对位置 N20 SPOS=ACP（33.1） ；定位主轴
ACN	绝对坐标，在负方向靠近（用于回转轴和主轴）	—	对于回转轴，带 ACN（…）的终点坐标的尺寸可以不同于 G90/G91；同样也可以用于主轴的定位	N10 A=ACN（45.3） ；在负方向逼近绝对位置 N20 SPOS=ACN（33.1） ；定位主轴
ANG	在轮廓中定义直线的角度	±0.0001～359.99999	单位为度；在 G0 或 G1 中定义直线的一种方法；平面中只有一个终点坐标已知，或者在几个程序段表示的轮廓中最后的终点坐标已知	
AP	极坐标	0～±359.99999	单位为（°）；以极坐标移动；极点定义； 此外：RP 极坐标半径	参见 G0、G2、G3、G110、G111、G112
AR	圆弧插补张角	0.00001～359.99999	单位为（°），用于在 G2/G3 中确定圆弧大小	参见 G2、G3
CALL	循环调用	—		N10 CALL CYCLE… （1.78，8，…）
CHF	倒角，一般应用	0.001～99999.999	在两个轮廓之间插入给定长度的倒角	N10 X… Y…CHF= N11 X… Y…
CHR	倒角，轮廓连接	0.001～99999.999	在两个轮廓之间插入给定边长的倒角	N10 X… Y…CHR= N11 X… Y…
CR	圆弧插补半径	0.010～99999.999 大于半圆的圆弧带负号"一"	在 G2/G3 中确定圆弧	参见 G2、G3
CYCLE…	加工循环	仅为给定值	调用加工循环要求一个独立的程序段；事先给定的参数必须要赋值（参见章节"循环"）	
CYCLE82	钻削、沉孔加工			N10 CALL CYCLE82（…） ；自身程序段
CYCLE83	深孔钻削			N10 CALL CYCLE83（…） ；自身程序段
CYCLE840	带补偿夹头切削螺纹			N10 CALL CYCLE840（…） ；自身程序段
CYCLE84	带螺纹插补切削螺纹			N10 CALL CYCLE84（…） ；自身程序段
CYCLE85	镗孔 1			N10 CALL CYCLE85（…） ；自身程序段
CYCLE86	镗孔 2			N10 CALL CYCLE86（…） ；自身程序段
CYCLE88	镗孔 4			N10 CALL CYCLE88（…） ；自身程序段

地址	含义	赋值	说明	编程
HOLES1	钻削直线排列的孔			N10 CALL HOLES1（...） ；自身程序段
HOLES2	钻削圆弧排列的孔			N10 CALL HOLES2（...） ；自身程序段
SLOT1	铣圆周分布直槽循环			N10 CALL SLOT1（...） ；自身程序段
SLOT2	铣圆周分布弧槽循环			N10 CALL SLOT1（...） ；自身程序段
POCKET3	矩形槽			N10 CALL POCKET3（...） ；自身程序段
POCKET4	圆形槽			N10 CALL POCKET4（...） ；自身程序段
CYCLE71	端面铣			N10 CALL CYCLE71（...） ；自身程序段
CYCLE72	轮廓铣			N10 CALL CYCLE72（...） ；自身程序段
CYCLE971	校验刀具测量头，刀具测量：铣刀长度、半径			N10 CALL CYCLE971（...） ；自身程序段
CYCLE976	在孔中或表面校验刀具测量头			N10 CALL CYCLE976（...） ；自身程序段
CYCLE977	与轴平行测量钻孔、轴、槽、拐角、内直角、外直角			N10 CALL CYCLE977（...） ；自身程序段
CYCLE978	在平面内或垂直方向单点测量			N10 CALL CYCLE978（...） ；自身程序段
DC	绝对坐标，直接逼近位置（用于回转轴和主轴）	—	对于回转轴，带 DC（...）的终点坐标可以不同于 G90/G91；同样也可以用于主轴的定位	NC10 A＝DC（45.3） ；直接逼近轴 A 位置 NC20 SPOS＝DC（33.1） ；主轴定位
GOTOB	向上跳转指令	—	与跳转标志符一起，表示跳转到所标志的程序段，跳转方向向程序开始的方向	比如：N20 GOTOB MARKE 1
GOTOF	向下跳转指令	—	与跳转标志符一起，表示跳转到所标志的程序段，跳转方向向程序结束的方向	比如：N20 GOTOF MARKE 2
IC	增量坐标	—	对于某个进给轴，其终点或中心点可以按程序段方式输入，可以不同于在 G90/G91 中的定义	N10 G90 X10 Z＝IC（20） ；Z——增量尺寸 ；X——绝对尺寸
IF	跳转条件	—	有条件跳转，指符合条件后进行跳转，比较符： ＝＝ 等于，＜＞ 不等于 ＞ 大于，＜ 小于 ＞＝ 大于或等于 ＜＝ 小于或等于	比如：N20 IF R1＞5 GOTOB MARKE 1
MEAS	测量，删除剩余行程	＋1 －1	＝＋1：测量输入端1，上升沿 ＝－1：测量输入端1，下降沿	N10 MEAS＝－1 G1 X... Y... Z... F...

续表

地　址	含　义	赋　值	说　明	编　程
MEAW	测量，不删除剩余行程	+1 −1	=+1：测量输入端 1，上升沿 =−1：测量输入端 1，下降沿	N10 MEAW=−1 G1 X… Y… Z… F…
$ AA＿MM [acis]	在机床坐标系中一轴的测量结果	—	运行中所测量轴的标识符（X，Y，Z，…）	N10 R1=$ A A＿MM [X]
$ AA＿MW [acis]	在工件坐标系中一轴的测量结果	—	运行中所测量轴的标识符（X，Y，Z，…）	N10 R2=$ A A＿MW [X]
$ A_…_ TIME	运行时间定时器；	$0.0 \sim 10^{+300}$	系统变量：	N10 IF $ AC＿CYCLE＿TIME =50.5…
	$ AN＿SETUP＿TIME	min（只读值）	自控制系统上次启动以后的时间	
	$ AN＿POW-ERON＿TIME	min（只读值）	自控制系统上次正常启动以后的时间	
	$ AC＿OPER-ATING＿TIME	s	NC 程序总的运行时间	
	$ AC＿CYCLE＿TIME	s	NC 程序运行时间（仅指所选择的程序）	
	$ AC＿CUT-TING＿TIME	s	刀具切削时间	
$ AC_…_ _PARTS	工件计数器：	0～999999999 整数	系统变量：	N10 IF $ AC＿ACTUAL＿PARTS =15…
	$ AC＿TOTAL＿PARTS		实际总数量	
	$ AC＿RE-QUIRED＿PARTS		工件设定数量	
	$ AC＿ACTU-AL＿PARTS		当前实际数量	
	$ AC＿SPECIAL＿PARTS		用户定义的数量	
$ AC＿MEA [1]	测量订货状态	—	供货状态 0：初始状态，测量头未接通 1：测量头已接通	N10 IF $ AC＿MEAS [1] =1 GOTOF… ；测量头接通后程序继续
MCALL	模态子程序调用	—	当后面的程序段带轨迹运行时，则在有 MCALL 指令的程序段自动调用子程序。该调用一直有效，直至下一个 MCALL。应用举例：孔钻削	N10 MCALL CYCLE82 (…)；自身程序段，钻孔循环 N20 HOLES1 (…)；线性孔 N30 MCALL；自身程序段，模态调用结束
MSG（　）	信息	最多 65 个字符	文本位于双引号中	MSG（"MESSAGE TEXT"）；自身程序段
RND	圆角	0.010～99999.999	在两个轮廓段之间用一定义半径值的圆弧切线过渡	N10 X… Y… RND=… N11 X… Y…
RP	极坐标半径	0.001～99999.999	极坐标运行；极点定义；此外：AP 极坐标角度	参见 G0、G1、G2、G3、G110、G111、G112
RPL	ROT 和 AROT 的旋转角	±0.00001～359.9999	角度为（°）：在当前平面中 G17～G19 可编程的旋转角	参见 ROT、AROT
SF	用 G33 时的螺纹起始角	0.001～359.999	单位为（°）；在 G33 时螺纹起始点偏移所给定的值	参见 G33
SPOS	主轴位置	0.0000～359.9999	单位为（°）；主轴停止在设定位置（必须以技术要求为准）	SPOS=…

地 址	含 义	赋 值	说 明	编 程
STOPRE	程序段搜索停止	—	特殊功能：只有当程序段在 STOPRE 之前完成之后，下一个程序段才可以译码	STOPRE ；自身程序段
TURN	螺旋插补中附加的圆循环数量	0～999	在平面 G17 到 G19 中使用圆弧插补 G2/G3，同时在其垂直方向有进刀运动	N10 G0 G17 X20 Y5 Z3 N20 G1 Z-5 F50 N30 G3 X20 Y5 Z-20 I0 J7.5 TURN=2；共有 2 个整圆

5.14.2 西门子 802D 与 802S/C 指令系统对比分析

（1）西门子 802D 与 802S/C 指令系统主要相同功能

西门子 802D 与 802S/C 指令系统主要相同功能见表 5-8。

表 5-8 西门子 802D 与 802S/C 指令系统主要相同功能表

指 令	功 能 含 义	指 令	功 能 含 义
G0	快速移动	G90	绝对尺寸
G1	直线插补	G91	增量尺寸
G2	顺时针圆弧插补	G94	进给率 F,mm/min
G3	逆时针圆弧插补	G95	进给率 F,mm/r
G4	暂停时间	G96	恒定切削速度
G33	恒螺距螺纹切削	G97	删除恒定切削速度
G17	X/Y 平面选择	G450	圆弧过渡
G18	Z/X 平面选择	G451	交点过渡
G19	Y/Z 平面选择	SIN（…）	正弦
G25 S	主轴转速下限	COS（…）	余弦
G26 S	主轴转速上限	TAN（…）	正切
G40	刀具半径补偿方式取消	SQRT（…）	平方根
G41	刀具半径左补偿	ABS（…）	绝对值
G42	刀具半径右补偿	TRUNC（…）	取整
G500	取消可设定零点偏置	RET	子程序结束
G53	取消可设定零点偏置，段方式	CHF	倒角
G54	第一可设定零点偏置	RND	倒圆
G55	第二可设定零点偏置	SPOS	主轴定位
G56	第三可设定零点偏置	GOTOB	向上跳转
G57	第四可设定零点偏置	GOTOF	向下跳转
G60	准确定位	IF	跳转条件
G9	准确定位，单程序段有效	F	进给率
G601	在 G60、G9 方式下精准确定位	S	主轴转速
G602	在 G60、G9 方式下粗准确定位	T	刀具号
G64	连续路径方式	D	刀具补偿号
G70	英制尺寸	P	子程序调用次数
G71	公制尺寸	L	子程序名及子程序调用
G74	回参考点	M…	辅助功能
G75	回固定点		

（2）西门子 802D 与 802S/C 指令系统相当功能

西门子 802D 与 802S/C 指令系统相当功能见表 5-9。

表 5-9　西门子 802D 与 802S/C 指令系统相当功能对照表

西门子 802D		西门子 802S/C
功能	指令与编程	
中间点圆弧插补	CIP X... Y... I1=... J1=...	G5 X... Y... IX=... JY=...F...
可编程零偏置	TRANS X... Y... Z...	G158 X... Y... Z...
可编程旋转	ROT RPL=...	G258 RPL=...
附加的可编程旋转	AROT RPL=...	G259 RPL=...
圆弧进给补偿打开	CFTCP	G900
圆弧进给补偿关闭	CFC	G901
钻孔沉孔循环	CYCLE82（RTP, RFP, SDIS, DP, DPR, DTB)	R101=... R102=... R103=... R104=... ······ LCYC82
深孔钻循环	CYCLE83（RTP, RFP, SDIS, DP, DPR, FDEP,FDPR, DAM, DTB, DTS, FRF, VA-RI)	R101=... R102=... R103=... R104=... ······ LCYC83
带补偿夹具切削螺纹	CYCLE840（RTP, RFP, SDIS, DP, DPR, DTB,SDR,SDAC,ENC,MPIT,PIT)	R101=... R102=... R103=... R104=... ······ LCYC840
带螺纹插补切削螺纹	CYCLE84（RTP, RFP, SDIS, DP, DPR, DTB , SDAC, MPIT, PIT, POSS, SST, SST1)	R101=... R102=... R103=... R104=... ······ LCYC84
精镗孔、铰孔循环	CYCLE85（RTP, RFP, SDIS, DP, DPR, DTB,FFR,RFF)	R101=... R102=... R103=... R104=... ······ LCYC85
线性分布孔循环	HOLES1（SPCA, SPCO, STA1, FDIS, DBH,NUM)	R115=... R116=... R117=... R118=... ······ LCYC60
圆周分布孔循环	HOLES2(CPA,CPO,RAD,STA1,INDA, NUM)	R115=... R116=... R117=... R118=... ······ LCYC61
切单槽循环	POCKET3(RTP,RFP,SDIS,DP,LENG, WID, CRAD, PA, PO, STA, MID, FAL, FALD, FFP1, FFD, CDIR, VARI, MIDA, AP1,AP2,AD,RAD1,DP1)；矩形槽　POCKET3(RTP,RFP,SDIS,DP,PRAD, PA, PO, MID, FAL, FALD, FFP1, FFD, CDIR,VARI,MIDA,AP1,AP2,AD,RAD1, DP1)；圆形槽	R101=... R102=... R103=... R104=... ······ LCYC75

（3）西门子 802D 较 802S/C 指令系统主要增加功能

西门子 802D 较 802S/C 指令系统主要增加功能见表 5-10。

表 5-10　西门子 802D 较 802S/C 指令系统主要新增功能表

指　令	功　能　含　义	编　程
AC	绝对坐标	G91 X10 Y=AC(20)；X 轴增量坐标，Y 轴绝对坐标
IC	增量坐标	G90 X10 Y=IC(20)；X 轴绝对坐标，Y 轴增量坐标
G0	快速移动极坐标编程	G0 AP=... RP=... Z...
G1	直线插补极坐标编程	G1 AP=... RP=... Z...
G2	顺时针圆弧插补极坐标编程	G2 AP=... RP=... Z...
G3	逆时针圆弧插补极坐标编程	G3 AP=... RP=... Z...

指 令	功 能 含 义	编 程
G110		G110 X... Y... G110 RP=... AP=... 相对于当前位置设定新极点
G111	极点定义	G111 X... Y... G111 RP=... AP=... 相对于当前坐标零点位置设定新极点
G112		G112 X... Y... G112 RP=... AP=... 相对于当前极点位置设定新极点
ATRANS	附加的可编程偏置	ATRANS X... Y... Z...
SCALE	可编程比例系数	SCALE X... Y... Z...
ASCALE	附加的可编程比例系数	ASCALE X... Y... Z...
MIRROR	可编程镜像	MIRROR X0 Y0 Z0
AMIRROR	附加的可编程镜像	AMIRROR X0 Y0 Z0
G25	工作区域限制下限设定	G25 X... Y... Z...
G26	工作区域限制上限设定	G26 X... Y... Z...
WALIMON	工作区域限制生效	WALIMON
WALIMOF	工作区域限制取消	WALIMOF
CT	切线过渡圆弧插补	CT X... Y...
G2/G3,TURN	螺旋插补	G2/G3 X... Y... I... J... TURN=... G2/G3 X... Y... CR=... TURN=... G2/G3 AR=... I... J... TURN=... G2/G3 AR=... X... Y... TURN=... G2/G3 AP=... RP=... TURN=...
BRISK	轨迹跳跃加速	BRISK
SOFT	轨迹平滑加速	SOFT
ACC	加速度比例补偿	ACC[X]=80 ；X轴加速度 80% ACC[S]=50 ；主轴加速度 50%
FFWON	预(先导)控制开	FFWON
FFWOF	预(先导)控制关	FFWOF
CYCLE86	镗孔带让刀返回	CYCLE86（RTP，RFP，SDIS，DP，DPR.DTB，SDIR，RPA，RPO，RPAP，POSS)
CYCLE88	带停止镗孔	CYCLE88(RTP,RFP,SDIS,DP,DPR.DTB,SDIR)
SLOT1	圆周分布直槽铣循环	SLOT1(RTP,RFP,SDIS,DP,DPR,NUM,LENG,WID,CPA,CPO,RAD,STA1,INDA,FFD,FFP1,MID,CDIR,FAL,VARI,MIDF,FFP2,SSF)
SLOT2	圆周分布弧槽铣循环	SLOT2(RTP,RFP,SDIS,DP,DPR,NUM,AFSL,WID,CPA,CPO,RAD,STA1,INDA,FFD,FFP1,MID,CDIR,FAL,VARI,MIDF,FFP2,SSF)
CYCLE71	端面铣循环	CYCLE71(_RTP,_RFP,_SDIS,_DP,_PA,_PO,_LENG,_WID,_STA,_MID,_MIDA,_FDP,_FALD,_FFP1,_VARI,_FDP1)
CYCLE72	轮廓铣循环	CYCLE72(_KNAME,RTP,_RFP,_SDIS,_DP,_MID,_FAL,_FALD,_FFP1,_FFD,_VARI,_RL,_AS1,_LP1,_FF3,_AS2,_LP2)

5.14.3　西门子 802D 部分指令功能介绍

5.14.3.1　程序名命名规则

为了识别、调用程序和便于组织管理，每个程序必须有一个程序名。在编制程序时可以按以下规则确定程序名。

① 开始的两个符号必须是字母。

② 其后的符号可以是字母、数字或下划线。

③ 最多为 16 个字符。

④ 不得使用分隔符。

由于可以用字母，在确定程序名时，可尽可能将程序名与加工对象及其特征相联系，从而可以通过程序名直接与加工对象对号，便于程序管理。

5.14.3.2　绝对/增量尺寸输入制式 AC/IC

（1）功能

除了采用 G90/G91 设定绝对/增量尺寸输入制式外，还可以用 AC/IC 进行绝对/增量尺寸制式输入。采用 AC/IC 可以在程序段中单独指定某坐标的输入制式，从而实现同一程序段中绝对/增量制式的混合编程。

（2）编程

X=AC(...)	；某轴以绝对尺寸输入，段方式有效
X=IC(...)	；某轴以增量尺寸输入，段方式有效

（3）编程举例

N10 X20 Y0	；绝对尺寸输入制式
N20 X30 Y=IC(-10)	；X 仍为绝对尺寸输入制式，Y 轴增量尺寸输入
...	
N80 G91 X40 Y-10	；增量尺寸输入制式
N90 X=AC(5) Y-20	；Y 仍为增量尺寸输入制式，X 轴绝对尺寸输入

5.14.3.3　极点定义与极坐标编程 G110/G111/G112

（1）功能

一般情况下通常采用直角坐标编程，但当工件上出现按圆周分布等结构要素，往往不能直接获得直角坐标数据，需要进行数据处理。采用极坐标编程即可解决上述问题。工件上的点可以采用极坐标定义，即通过指定其相对极点的极半径 RP 和极角 AP 对其进行定位，如图 5-86 所示。极坐标编程同样以所使用的平面 G17～G19 作为基准平面，也可以设定垂直于该平面的第三轴的坐标值，在此情况下，可以作为柱面坐标系编程三维坐标尺寸。

（2）编程

G110 X...Y...	；相对于当前位置设定新极点，直角坐标数据
G110 RP=...AP=...	；相对于当前位置设定新极点，极坐标数据
G111 X...Y...	；相对于当前坐标零点位置设定新极点，直角坐标数据
G111 RP=...AP=...	；相对于当前坐标零点位置设定新极点，极坐标数据
G112 X...Y...	；相对于当前极点位置设定新极点，直角坐标数据
G112 RP=...AP=...	；相对于当前极点位置设定新极点，极坐标数据
G0 RP=...AP=...Z...	；快速移动极坐标编程
G1 RP=... AP=...Z...	；直线插补极坐标编程

G2 RP=... AP=...Z...　　　　；顺时针圆弧插补极坐标编程

G3 RP=... AP=...Z...　　　　；逆时针圆弧插补极坐标编程

RP——极半径，表示与极点间的距离。该值一直保存，只有当极点发生变化或对平面作出新的选择后才需要重新编程。

AP——极角，表示点和极点连线与平面中横坐标轴间的夹角，可以是正或负值，方向规定如图 5-86 所示。该值一直保存，只有当极点发生变化或对平面作出新的选择后才需要重新编程。

如果没有定义极点，则当前工件坐标系的零点就作为极点。

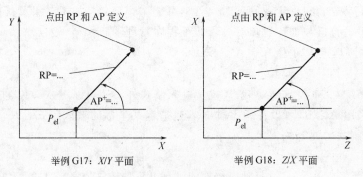

图 5-86　坐标系及其规定

（3）编程举例

加工如图 5-87 所示的五边形槽，Z 向零点设于工件上平面，槽深 1mm。

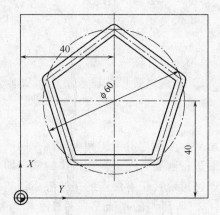

图 5-87　五边形槽加工

N10 G54 F... S... M... T...　　　；工艺数据设定

N20 G111 X40 Y40　　　　　　；相对 G54 工件坐标系设定新极点

N30 G0 RP=30 AP=18 Z2　　　；快速定位第一象限五角顶点

N40 G1 Z-1　　　　　　　　　；下刀

N50 G1 AP=90　　　　　　　　；铣第一边

N60 AP=162　　　　　　　　　；铣第二边

N70 AP=234　　　　　　　　　；铣第三边

N80 AP=306　　　　　　　　　；铣第四边

N90 AP=18　　　　　　　　　　；铣第五边

```
N100 G0 Z100              ；抬刀
N110 M2                   ；程序结束
```

5.14.3.4　附加的可编程偏置 ATRANS

（1）功能

如果工件上在不同的位置有重复出现的形状或结构，或者选用了一个新的参考点，在这种情况下就可以使用可编程零点偏置。由此，可产生一个当前工件坐标系，新输入的尺寸均是在该坐标系中的数据尺寸。

附加的可编程偏置与可编程偏置的不同之处在于"附加"。可编程偏置 TRANS 指令将清除所有之前的相对工件坐标系的坐标转换，包括偏置、旋转、镜像和比例转换。附加的可编程偏置 ATRANS 指令将在之前坐标转换的基础上再附加一次偏置转换。

（2）编程

ATRANS X... Y... Z...

ATRANS 指令要求一个独立程序段。

5.14.3.5　可编程比例系数 SCALE/ASCALE

（1）功能

用 SCALE/ASCALE 可以为各坐标轴编程一个比例系数，使各坐标轴运行数据按此比例系数进行放大或缩小，从而以同一程序加工出不同大小的相似形零件。SCALE/ASCALE 比例缩放将以当前坐标系原点为基点，如图 5-88 所示。

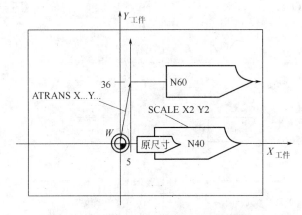

图 5-88　SCALE/ASCALE 比例系数

（2）编程

SCALE X... Y... Z...　；可编程比例设定，清除所有之前的偏置、旋转、比例和镜像指令设定

ASCALE X... Y... Z...　；附加的可编程比例设定，附加于之前的偏置、旋转、比例和镜像指令之上

SCALE/ASCALE 指令要求一个独立的程序段。

（3）取消比例

在程序段中仅输入 SCALE 指令而后面不跟坐标轴名称时，可以清除所有当前的偏置、旋转、比例和镜像设定。

（4）编程举例

N10 G54 F... S... M3 T1

```
N20 L10                    ；调用子程序按编程轮廓尺寸加工
N30 SCALE X2 Y2            ；设定 X、Y 方向比例系数为 2
N40 L10                    ；调用子程序 X、Y 方向轮廓放大 2 倍加工
N50 ATRANS X2.5 Y18        ；附加零点偏置
N60 L10                    ；调用子程序 X、Y 方向轮廓放大 2 倍，ATRANS 值
                             也放大 2 倍加工
```

...

（5）应用说明

在对圆弧进行比例缩放加工时，编程的两个坐标轴比例系数必须一致。如果在 SCALE/ASCALE 指令有效时编程 ATRANS 指令，则 ATRANS 指令中编程的偏移量也同样被比例缩放。

5.14.3.6　可编程镜像 MIRROR/AMIRROR

（1）功能

用 MIRROR/AMIRROR 可以以坐标轴镜像工件的几何尺寸，如图 5-89 所示。镜像功能实际上将进行如下转换。

① 相关坐标轴数据的正-负互相转换。

② 圆弧插补的顺-逆互相转换。

③ 刀具补偿的左-右互相转换。

使用镜像功能可以编程一些对称分布的零件结构要素，从而简化程序。

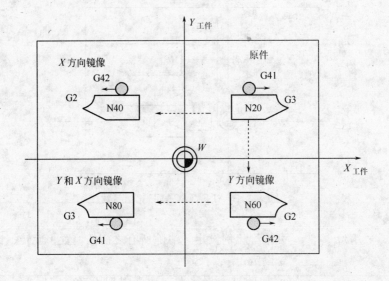

图 5-89　镜像功能

（2）编程

```
MIRROR X0 Y0 Z0            ；可编程镜像设定，清除所有之前的偏置、旋转、比例和镜像指
                            令设定
AMIRROR X0 Y0 Z0          ；附加的可编程镜像设定，附加于之前的偏置、旋转、比例和镜
                            像指令之上
```

MIRROR/AMIRROR 指令要求一个独立的程序段。坐标轴数据不予识别，但必须定义

一个数值。

（3）取消镜像

在程序段中仅输入 SCALE 指令而后面不跟坐标轴名称时，可以清除所有当前的偏置、旋转、比例和镜像设定。

（4）编程举例

N10 G55 F... S... M3 T...

N20 L02　　　　　　　　　；调用子程序在第一象限加工编程轮廓

N30 MIRROR X0　　　　　　；在 X 方向镜像，即相对 Y 轴对称镜像

N40 L02　　　　　　　　　；调用子程序在第二象限加工编程轮廓

N50 MIRROR Y0　　　　　　；在 Y 方向镜像，即相对 X 轴对称镜像

N60 L02　　　　　　　　　；调用子程序在第四象限加工编程轮廓

N70 AMIRROR X0　　　　　　；在 N50 镜像基础上再镜像

N80 L02　　　　　　　　　；调用子程序在第三象限加工编程轮廓

N90 MIRROR　　　　　　　　；取消镜像功能

...

5.14.3.7　可编程工作区域限制 G25/G26 WALIMON/ WALIMOF

（1）功能

采用 G25/ G26 功能可以在整个机床工作区间内定义各坐标轴的特定工作区域，从而确定机床在一定条件下的实际允许工作范围，如图 5-90 所示。一旦工作区域限制范围设定有效，则机床只能在该设定范围内工作。当有刀具长度补偿时，刀尖必须在此规定区域内；没有刀具长度补偿时，则刀架参考点必须在此工作区域内。WALIMON/WALIMOF 可以使能/取消 G25/G26，即可以设定 G25/G26 是否有效。

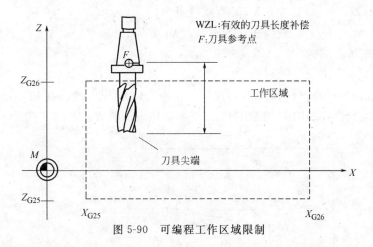

图 5-90　可编程工作区域限制

（2）编程

G25 X... Y... Z...　　　　；工作区域限制下限设定

G26 X... Y... Z...　　　　；工作区域限制上限设定

WALIMON　　　　　　　　　；工作区域限制生效

WALIMOF　　　　　　　　　；工作区域限制取消

（3）编程举例

```
N10 G54 F... S... M... T1
N20 G25 X50 Y50 Z40              ；工作区域限制下限设定，机床坐标系坐标
N30 G26 X280 Y300 Z200          ；工作区域限制上限设定，机床坐标系坐标
N40 G0 X80 Y100 Z150
N50 WALIMON                      ；工作区域限制生效
...                              ；仅在限制工作区域内运行
N100 WALIMOF                     ；工作区域限制取消
```

（4）应用说明

可编程工作区域限制通常用于在某些特定情况下限制机床的实际运行范围，防止在工作范围外的障碍物造成意外干涉，从而起到安全保护的作用。因此，它通常称为软限位，也称为软保护。可编程工作区域限制是以机床坐标系为参照系而设定的，因此只有在坐标轴回过参考点，即建立起机床坐标系后才能有效。除了通过 G25/G26 在程序中编程设定工作区域外，还可以通过系统操作面板在设定数据中输入数据进行设定。

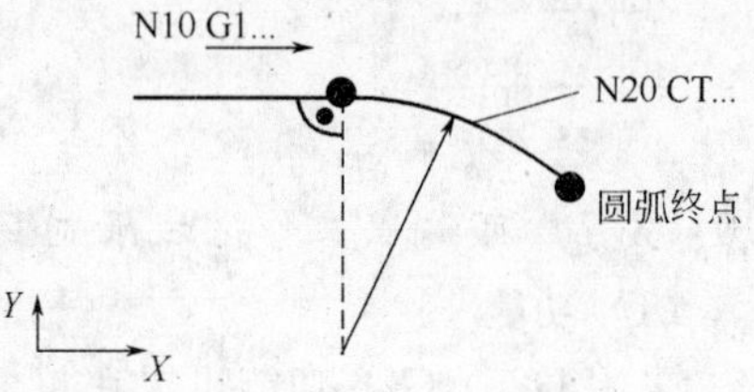

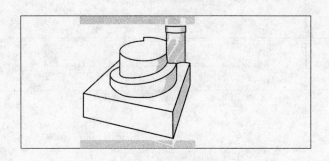

图 5-91 CT 切线过渡圆弧插补

5.14.3.8 切线过渡圆弧插补 CT

（1）功能

零件图上有这样的轮廓要素组合：直线与圆弧相切，但图纸上只标出直线的两端点与圆弧的终点。采用 CT 切线过渡圆弧插补编程，可以根据上述已知条件在当前平面中生成一段圆弧，其圆弧半径和圆心坐标由前一直线与圆弧终点的几何关系得出，如图 5-91 所示。

（2）编程

```
N10 G1 X... Y...        ；直线，X，Y 直线终点坐标
N20 CT X... Y...        ；与直线相切的圆弧，X，Y 圆弧终点坐标
```

5.14.3.9 螺旋插补 G2/G3 TURN

（1）功能

螺旋插补有两种运动组成，即由 G17、G18 或 G19 平面中的圆弧插补运动和垂直该平面的直线运动组合而成，使用 "TURN＝..." 编程螺旋的圈数。如图 5-92 所示。

图 5-92 螺旋插补

（2）编程

```
G2/G3 X... Y... I... J... TURN=...        ；圆心和终点编程
G2/G3 CR=... X... Y... TURN=...           ；半径和终点编程
```

```
G2/G3 AR=... I... J... TURN=...          ;圆心和张角编程
G2/G3 AR=... X... Y... TURN=...          ;终点和张角编程
G2/G3 AP=... RP=... TURN=...             ;极坐标编程
```

（3）编程举例

```
N10 G54 F... S... M3 T...                ;工艺数据设定，选择螺纹铣刀
N20 G0 X0 Y80 Z0                         ;快速引刀
N30 G1 Y50                               ;径向切入
N40 G3 X0 Y50 I0 J-50 TURN=3             ;铣螺旋 3 圈
...
```

5.14.3.10　加速度性能设定 BRISK/SOFT

（1）功能

BRISK/SOFT 可以对系统设定不同的加速性能，从而使机床根据实际需要按不同的加速度规律运行，如图 5-93 所示。

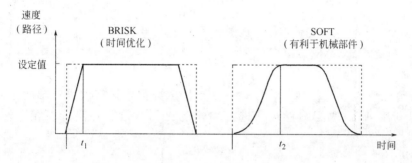

图 5-93　BRISK/SOFT 加速度性能图

BRISK 可以设定机床坐标轴按最大加速度轨迹启动运行（即刚性加速），直至达到编程所设定的进给率。BRISK 可以提供时间最优化的加工过程，可以在最短时间内达到设定的进给速度，但在加速过程中可能会出现冲击振动。

SOFT 可以设定机床坐标轴按上升的加速度轨迹启动运行，即软加速，直至达到编程所设定的进给率。SOFT 避免了加速度的突变，从而可以减少冲击振动，达到更高的运行轨迹精度。

（2）编程

```
BRISK                    ;设定刚性加速性能
SOFT                     ;设定软加速性能
```

（3）编程举例

```
N10 G54 F... S... M... T...
N20 BRISK G0 X... Y...   ;设定刚性加速性能
...                      ;粗加工
N80 SOFT G0 X... Y...    ;设定软加速性能
...                      ;精加工
N150 M2
```

（4）应用说明

系统的加速度性能对机床的实际运行情况有很大的影响。刚性加速时间短，但相对冲击较大，通常适合于粗加工。软加速相对冲击较小，可以实现机床的平稳运行，有利于保证加工精度，通常适合于精加工。

5.14.3.11　先导控制功能开关 FFWON/FFWOF

（1）功能

通过先导控制功能，可以把轨迹运行时与速度相关的随动误差减少为零，从而提高运行轨迹精度，达到令人满意的加工效果。

（2）编程

```
FFWON              ；先导控制功能开
FFWOF              ；先导控制功能关
```

（3）编程举例

```
N10 FFWON          ；先导控制功能开
N20 G1 X... Y...   ；精密重要部位加工
...
N90 FFWOF          ；先导控制功能关
```

5.14.3.12　加速度比例补偿 ACC

（1）功能

在有些情况下，对某些加工程序段，如果机床数据中设定的进给轴或主轴加速度不理想，可以利用 ACC 功能编程对其进行加速度比例补偿。补偿可以在 $0 \sim 200\%$ 范围进行。

（2）编程

```
ACC[轴名 X、Y 或 Z]=百分值      ；进给轴加速度补偿比例设定
ACC[S]=百分值                 ；主轴加速度补偿比例设定
```

（3）编程举例

```
N10 ACC[X]=80                 ；X 轴为 80% 的加速度值
N20 ACC[S]=50                 ；主轴为 50% 的加速度值
...
N80 ACC[X]=100                ；取消 X 轴加速度补偿
N90 ACC[S]=100                ；取消主轴加速度补偿
```

（4）应用说明

加速度比例补偿在自动方式和 MDA 方式下有效，对 JOG 手动方式和回参考点方式无效。ACC[...] ＝100 可以取消加速度补偿，用复位方式和程序结束同样可以取消补偿。当编程补偿比例值大于 100 时驱动必须具有相应的驱动能力，否则将报警，一般情况下慎用。

5.14.3.13　第 4 轴

（1）功能

系统具有第 4 轴功能，具体第四轴取决于机床机械硬件结构，可以是直线轴或回转轴。一般用于回转工作台，即是一回转轴，可以是 A、B 或 C 轴。回转轴运行范围在 $0 \sim 360°$ 间。

第 4 轴可以与原 X、Y 和 Z 轴一起运行，如果第 4 轴与原 X、Y、Z 轴在同一程序

段中，并含有 G1 或 G2/G3 指令，则第 4 轴不具有一个独立的进给率 F，而是取决于 X、Y、Z 轴的进给率，即与 X、Y、Z 轴一起开始和结束。如果第 4 轴用 G1 指令编程在一个独立程序段中，则以 F 设定的有效进给率运行。如果是回转轴，进给率单位：G94 为（°）/min，G95 为（°）/r。第 4 轴同样可以通过可设定零点偏置及可编程零点偏置等进行坐标转换。

（2）编程举例

```
N10 G0 X0 Y20 Z5 A＝45        ；快速移动所有轴
N20 G1 Z-2
N30 G1 X20 Y30 Z40 A90 F200  ；执行 G1，X、Y、Z 轴执行 F，A 轴与 X、Y、Z 轴同
                               时开始和结束
N40 G0 Z5
N50 G0 X0 Y20
N60 G1 A=DC(45) F300         ；仅 A 轴按最短路径以 300 度/分进给率运行到 45 度位置
```

（3）回转轴中的特殊指令 DC，ACP，ACN

```
DC(...)     ；绝对数据输入，按最短路径回目标位置
ACP(...)    ；绝对数据输入，按正方向逼近目标位置
ACN(...)    ；绝对数据输入，按负方向逼近目标位置
```

5.14.3.14　固定循环

西门子 802D 固定循环，其结构思路与西门子 802S/C 基本相同。读者在具备了第 5 章已学固定循环并掌握一定工艺知识的基础上，再注意使用在机编程，利用系统屏幕格式对应输入参数直接导出程序即可掌握，在此不再占用篇幅赘述。

思考与练习

5-1　一般情况下，数控铣床具有较宽的工艺适应范围，它可以涵盖钻、镗机床吗？

5-2　试述加工中心与数控铣床的主要区别。

5-3　为什么要进行 G17/G18/G19 平面选择？在不同平面中圆弧插补的方向如何判定？

5-4　采用终点坐标＋半径是否可以编程任意圆弧？负半径的意义是什么？能否采用终点坐标＋半径方式编程一个整圆？

5-5　准确定位与连续路径的含意是什么？一般孔系加工与非圆曲线及曲面加工如何选择准确定位/连续路径功能？

5-6　铣床刀具半径补偿有何意义？如何建立刀具半径补偿？在圆弧程序段能建立刀具半径补偿吗？在补偿平面垂直方向运行时能建立刀具半径补偿吗？

5-7　深孔循环加工的特点是什么？如何考虑深孔加工进给率？立式机床与卧式机床相比更适合加工深孔吗？

5-8　何为攻丝补偿夹头？攻丝采用补偿夹头有何意义？

5-9　如何安排精镗孔？采用 LCYC85 操作方式进行精镗孔有何优缺点？如何弥补？

5-10　采用循环可以简化程序，因此只要可能应尽量采用循环编程加工吗？LCYC75 循环加工长宽比较大的槽时有何不足？如何弥补？

5-11　拟订如图所示零件的加工工艺方案，选择刀具并编制加工程序。

5-12　拟订如图所示零件的加工工艺方案，并根据工艺方案计算基点坐标，选择刀具并

编制加工程序。

5-13 拟订如图所示零件的加工工艺方案，选择刀具并编制加工程序。

5-14 拟订如图所示零件的加工工艺方案，选择刀具并编制加工程序。

5-15 拟订如图所示零件的加工工艺方案，计算基点坐标，选择刀具并编制加工程序。

5-16 拟订如图所示零件的加工工艺方案，计算基点坐标，选择刀具并编制加工程序。

5-17 拟订如图所示零件的加工工艺方案，选择刀具并编制加工程序。

5-18 拟订如图所示零件的加工工艺方案，计算基点坐标，选择刀具并编制加工程序。

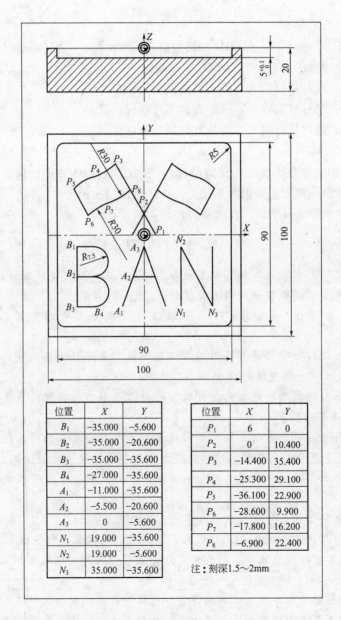

位置	X	Y
B_1	−35.000	−5.600
B_2	−35.000	−20.600
B_3	−35.000	−35.600
B_4	−27.000	−35.600
A_1	−11.000	−35.600
A_2	−5.500	−20.600
A_3	0	−5.600
N_1	19.000	−35.600
N_2	19.000	−5.600
N_3	35.000	−35.600

位置	X	Y
P_1	6	0
P_2	0	10.400
P_3	−14.400	35.400
P_4	−25.300	29.100
P_5	−36.100	22.900
P_6	−28.600	9.900
P_7	−17.800	16.200
P_8	−6.900	22.400

注：刻深1.5~2mm

题 5-11 图

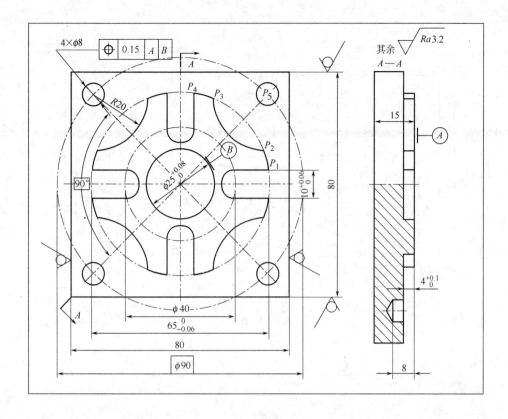

题 5-12 图

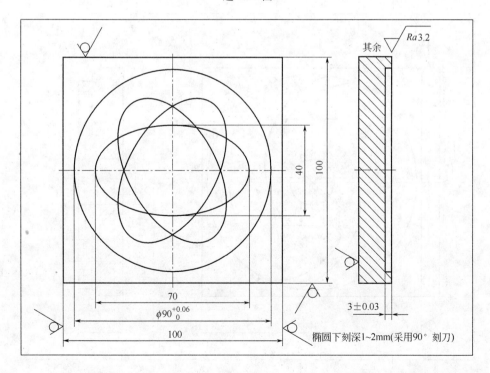

题 5-13 图

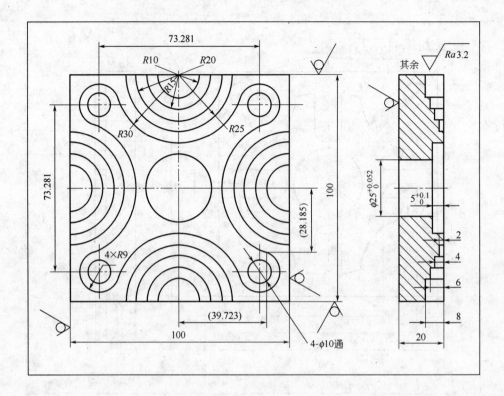

题 5-14 图

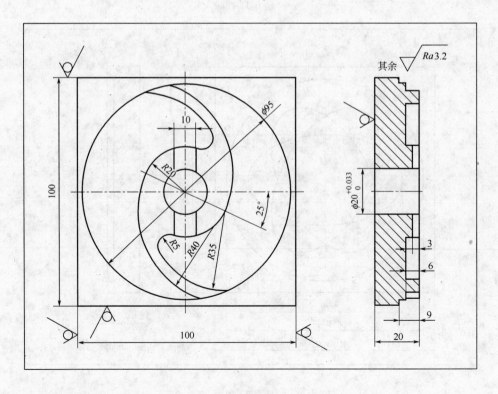

题 5-15 图

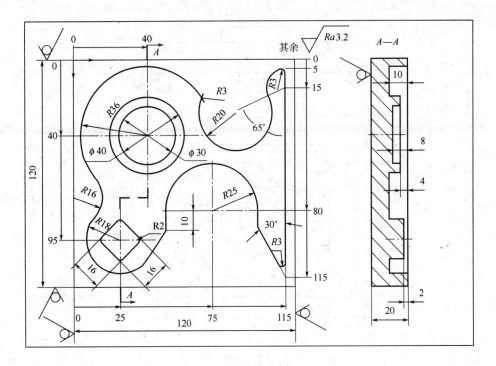

题 5-16 图

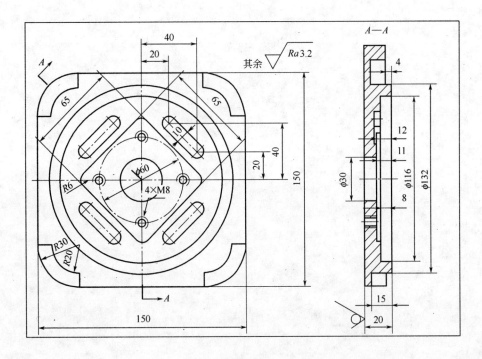

题 5-17 图

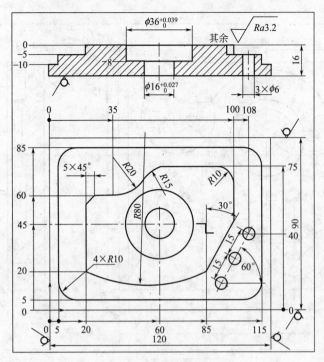

题 5-18 图

第 **6** 章　高速切削加工技术

数控技术的发明与推广应用，使得切削加工自动化程度得到极大地提高，高速切削（High Speed Cutting）和高速加工（High Speed Machining）分别简称为 HSC 和 HSM，是近年来依托于数控等新技术的发展而迅速崛起的一项先进加工技术。高速切削加工技术使得汽车、模具、飞机、轻工和信息等行业的生产率和制造质量显著提高，如同数控技术一样，高速切削和高速加工的研究与成功应用，意味着机械制造业的一场深远的技术革命，势必给制造业带来巨大的影响。

6.1　概述

6.1.1　高速切削加工历史回顾与现状

高速切削加工技术的发展和应用源于高速切削理论的研究和突破。高速切削从假设到工业应用经历了一个漫长的过程，但每一步都伴随着理论的研究和指导。

泰勒（Frederick W. Taylor）是最早研究金属切削机理的学者之一。他在一个多世纪以前的研究，赢得了"金属切削奠基人的美誉"。那时，他就强调了加工速度，是第一个研究切削速度和刀具寿命的人。泰勒常数从数学上表达了二者之间的关系，被广泛用于确定最经济的生产模式。

按照泰勒的理论，切削速度和刀具寿命的关系被假定为线性的关系，即刀具的速度越高，刀具的磨损越快。但是在实际生产中常常出现违反这一规律的现象。20 世纪上半叶，一些研究人员开始发现，在某些加工中，切屑成形过程中当切削速度达到某一个确定的点之后，情况开始发生变化，刀具磨损加剧，振动和刀具破损容易发生。但是速度继续上升，超过这一点后，又可以恢复正常加工。这是人们第一次开始对泰勒常数提出质疑。

首先提出这一问题的是德国人萨洛蒙（Carl Salomon）。萨洛蒙博士在 1924～1931 年间，用大直径圆锯片对不同材料进行大量铣削实验发现，随着切削速度不断增加，切削温度上升直到一峰值，但当切削速度进一步提高，切削温度反而下降，刀具寿命也得到改善。切削温度达到峰值的切削速度称为临界切削速度。萨洛蒙博士认为在临界切削速度两边有一个不适宜的切削加工区域，在该区域内刀具承受不了如此高温的作用，切削加工根本不可能进行，这个范围被称为"死区"（Valley of death）。当切削速度继续提高，切削温度下降到刀具许可的温度范围，这时，刀具又可进行切削加工。据此，萨洛蒙博士提出可以用比普通切削速度高出很多的速度进行切削加工，即可在切削温度下降区域进行切削加工。萨洛蒙博士实验时，切削铝的最高切削速度达到了 16700m/min。图 6-1 为萨洛蒙对各种金属进行试验获得的切削速度与温度关系的实验曲线和推理曲线。

由图 6-1 可见，对于不同的工件材料，具有不同形状的"切削速度-切削温度"曲线。萨洛蒙和他的研究室实际上完成了大部分有色金属的切削试验研究，并且推断出铸铁材料和钢材的相关曲线。可惜，大多数研究数据在第二次世界大战中遗失了。

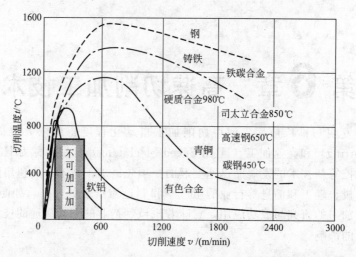

图 6-1　萨洛蒙"切削速度与温度关系"实验曲线和推理曲线

　　无论如何，萨洛蒙博士已经成为人们公认的"高速切削之父"，因为他的理论提出了一个描述切削条件的区域或者是范围，在这个区域内是不能进行切削的。萨洛蒙的观念更像一个传世之宝，而不是一个理论基础。

　　高速切削加工概念提出后，经过半个多世纪的理论和应用研究与探索，人们清楚地认识到它在市场竞争日益剧烈的制造业中的巨大潜力。进入 20 世纪 90 年代以后，各工业发达国家相继投入到高速切削加工技术的研究、开发与应用中来，尤其是高速切削机床和刀具技术的研究、开发，与之相关的技术也得到迅速发展，进给技术进一步提高，1993 年直线电机的出现拉开了高速进给的序幕。快速换刀和装卸工件的结构日益完善，时间逐渐缩短，自动新型电主轴高速切削加工中心不断投放市场。高速切削刀具的材料、结构和可靠的刀具与主轴连接的刀柄的出现与使用，标志着高速切削加工技术已从理论研究进入工业应用阶段。高速切削加工技术的发展促进了机床高速化，大大推动了现代数控加工技术的发展。1996 年芝加哥国际制造技术展览会（IMTS' 96）中最主要的技术话题就是机床高速化。1998 年 4月由美国切削刀具研究所和欧洲切削刀具联合会举办的第一届世界金属加工刀具制造会议上，与会者作了高速切削的专题报告。在 1998 年度芝加哥国际制造技术展览会（IMTS'98）上，新增加了高速切削中的刀具、刀具夹持系统分会。1999 年美国国家科学基金会设计与制造学科学资助者会议上，高速切削加工技术被列入重要会议议题。机床高速化的趋势日益显得突出。2001 年北京国际机床展览会（CIMT' 2001）上机床最高主轴转速从上届（1999 年）8000～12000r /min 普遍提高到 15000～20000r/min。现在加工中心主轴转速一般为 15000～30000r/min，快进速度为 30～60m/min，换刀时间为 3～5s。目前已经有主轴最高转速超过 150000r/min，快速进给达 200m/min 以上，换刀时间为 0.7～1.5s 的加工中心。

　　高速切削刀具技术发展也很快，主要是金刚石（PCD）、立方氮化硼（CBN）、陶瓷刀具、碳（氮）化钛 TiC（N）基硬质合金（金属陶瓷）、涂层刀具和超细晶粒硬质合金刀具品种的增加和性能的提高，许多适应高速切削刀具的结构不断出现，从而促进高速切削加工技术的进步和应用。

　　最近十多年来，高速切削加工理论基础研究进一步深入，并取得新的进展，主要是锯齿状切屑的形成机理，极高速切削加工钛合金时切屑的形成机理，机床结构动态特性及切削颤振的避免，多种刀具材料加工不同工件材料时的刀具前面、后面和加工表面的温度以及高速切削时切屑、刀具和工件切削热量的分配，进一步证实大部分切削热被切屑所带走。切削温度的实验研究表明：现有的刀具材料高速切削加工时，不论是连续或断续切削均未出现萨洛蒙理论中的"死区"。

在这一阶段，高速硬切削加工得到进一步研究、发展和应用。与磨削加工比较，高速硬切削有很多优越性，在替代磨削加工方面具有很大潜力。高速干切削加工日益受到重视，它对保护环境、减少消耗、降低成本具有重大作用。研究表明，高速干切削加工铸铁、钢、铝合金，甚至超级合金和钛都是可能的，但要根据工件材料特性，合理设计切削条件，目前尚在研究和发展之中。

目前在工业发达国家，高速切削加工技术已逐渐成为切削加工的主流，日益广泛地应用于模具、航空、航天、高速机车和汽车工业等，并取得巨大经济效益。模具制造工业中，德国、日本、美国等大约有 30%～50%的模具公司，用高速切削加工技术，加工电火花加工（EDM）用电极、淬硬模具型腔、塑料和铝合金模型等，加工效率高，质量好，减少了后续的手工打磨和抛光工序。在航空与高速机车行业，飞机的骨架与机翼、高速机车的车厢骨架均为铝合金整体薄壁构件，都需要切除大量的金属，从毛坯开始的切除量甚至达到 90%以上，采用高速切削加工技术，加工时间缩短到原来的几分之一。汽车工业的发动机铝合金和铸铁缸体，广泛采用高速切削加工技术，大大地提高了效率，降低了成本。目前生产中高速切削加工技术水平大致情况是：粗精加工铝合金的切削速度为 1000～4000m/min，最高速度为 5000～7500m/min，主要受限于机床主轴最高转速和功率。铸铁可高速精加工和半精加工，速度为 500～1500m/min，精铣灰铸铁最高速度可达 2000m/min；钢可用 300～800m/min 的速度高速精加工；淬硬钢 45～65HRC 高速精加工，切削速度为 100～500m/min；钢铁及其合金的最高切削速度主要受刀具寿命限制。铝合金钻孔速度为 200～300m/min；模数 1.5 的钢齿轮的滚齿加工速度可达 300～600m/min。

6.1.2　高速切削加工定义与优越性

（1）高速切削加工的定义

根据高速切削机理的研究结果，当切削速度达到相当高的区域时，切削力下降，切削温度降低，热变形减少，刀具耐用度提高。高速切削不仅可以大幅度提高单位时间材料切除率，还可带来一系列无可比拟的优越性。因此，高速切削的速度范围应该定义在这样一个给切削加工带来一系列优点的区域。这个切削速度区域比传统的切削速度要高得多，因此也称为超高速切削。

由此可见，高速切削加工技术中的"高速"只是一个相对的概念，对于不同的加工方法、工件材料和刀具材料，高速切削加工的切削速度并不相同。如何定义高速切削加工，至今还没有统一的概念。目前沿用的高速切削加工定义主要有以下几种。

① 1978 年 CIRP 切削委员会提出以切削线速度 500～7000m/min 的切削加工即为高速切削加工。

② 从刀具夹持装置达到平衡要求时的速度来定义，根据 ISO1940 标准，主轴要达到规定的平衡标准，主轴转速高于 8000r/min 即为高速切削加工。

③ 德国 Darmstadt 工业大学生产工程与机床研究所（PTW）提出以高于 5～10 倍的普通切削速度的切削加工定义为高速切削加工。

④ 从机床主轴设计的观点，以沿用多年的 DN 值来定义高速切削加工。DN 值达到 $(5\sim20)\times10^5$ mm·r/min 时即为高速切削加工。

高速切削的线速度范围既可按不同加工工艺（车削、铣削、钻削、镗削等）来划定，也可按加工不同的材料（铝、铸铁、碳钢、合金钢等）来划定。图 6-2 是铣削工艺条件下七种材料的传统切削速度范围（浅色）和高速切削速度范围（深色）的对照示意图［图中数据由德国 Darmstadt 工业大学的生产工程与机床研究所（PTW）经切削试验获得］。由图可知无论加工何种材料，高速切削的速度范围都要比传统切削使用的速度高得多。

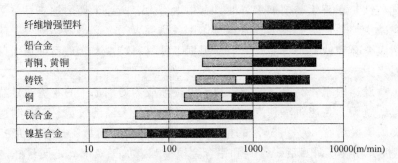

图 6-2　铣削工艺条件下七种材料的切削速度范围

值得注意的是，在进行高速切削时，为了保证零件的加工精度，必须保持刀具每齿进给量或主轴每转进给量不变。显然，随着机床主轴转速的提高，高速切削时的进给速度必然相应地大幅提高。同时为提高加工效率，高速机床也必须极大地提高空行程运行速度。此外，高速进给只有在具有很大的加（减）速度前提下才具有真正的意义，因为只有这样高速切削时运动部件才能在极短时间内达到高速和在极短时间内实现准停，以满足工作行程不大或连续短程序段零件的加工。对进给速度和快速空行程速度，不同行业有不同要求，目前高速机床的高进给速度普遍在 $40 \sim 120 \mathrm{m/min}$ 范围，而工作台加（减）速度则可高达 $1g \sim 8g$（$g = 9.81 \mathrm{m/s^2}$）。进给速度与加（减）速度已成为衡量高速切削机床性能的一项重要指标。

（2）高速切削加工的优越性

高速切削加工是一项先进的切削加工技术，由于其切削速度、进给速度相对于传统的切削加工大幅度提高，切削机理也发生了根本的变化，所以在常规切削加工中备受困扰的一系列问题，往往通过高速切削可得以解决。

与常规切削加工相比，高速切削具有下列特性。

① 具有极高的切削效率。随着切削速度的大幅度提高，进给速度也相应提高 $5 \sim 10$ 倍，单位时间内的材料切除率可达到常规切削的 $3 \sim 6$ 倍，甚至更高。此外，高速切削机床快速空行程速度的大幅提高，大大缩短了零件加工辅助时间，极大地提高了切削加工的效率。

② 切削力、切削温度降低。在高速切削加工范围内，随着切削速度的提高，切削力随之减小，根据切削速度提高的幅度，切削力可以平均减少 30%以上，尤其是径向切削力大幅度减小，有利于对刚性较差和薄壁类零件的精密加工。高速切削加工时，切屑以很高的速度排出，带走大量的切削热，切削速度提高越大，切屑带走的热量越多，通常 95%～98%以上的切削热被切屑飞速带走，仅有少量切削热传给工件，工件基本上保持冷态。因此特别适合加工易于热变形的零件。对于航空航天部门常见的铝、铝合金整体构件，这些构件具有结构复杂、壁薄等特点，采用高速切削后切削力的降低可使薄壁的机械变形大大减小，而切削时产生的热量由切屑带走，避免了构件的热应力变形，可稳定地完成整体构件的薄壁加工。目前航空航天制造业大力推广高速切削技术，已可精确地加工出壁厚为 0.1mm，高度为数十毫米的成形曲面。

③ 机床激振频率高。高速切削时，机床的激振频率特别高，该频率远离"机床—夹具—刀具—工件"工艺系统的低阶固有频率，工作平稳，振动小，从而降低零件表面粗糙

度，加工出极精密、光洁、表面残余应力很小的零件。因此采用高速切削常可省去车、铣切削后的精加工工序。

④ 可切削钛合金、高温合金等各种难加工材料。航空航天等尖端部门的零件制造大量采用难加工材料。例如镍基合金和钛合金，这种材料强度大、硬度高、耐冲击、易产生加工硬化、化学活性大、导热系数小、弹性模量小，因此刚性差，加工时易变形，而且切削温度高，单位面积上的切削力大，零件表面的冷硬现象严重，刀具后面磨损剧烈。传统加工中一般采用很低的切削速度。如果采用高速切削，将切削速度提高到 $100\sim1000\mathrm{m/min}$，不但可以大幅提高生产率，而且可有效减少刀具磨损，提高零件加工表面质量。

⑤ 可直接切削淬硬钢

高速切削加工可直接切削硬度 $45\sim65\mathrm{HRC}$ 的淬硬钢零件，对于模具型面类零件，表面复杂，硬度高，传统加工基本工艺为：退火——粗加工——淬火——磨削或电火花加工——手工打磨和抛光，精度低，周期长。采用高速切削加工技术，可以取代磨削或电火花加工，甚至取消手工打磨和抛光工序，提高加工质量和效率，而且还有利于提高模具寿命。因此高速切削加工应用于高硬度零件的制造与修复，可以极大地缩短生产周期，提高经济效益。

⑥ 可加工小尺寸结构要素零件。对于小孔、窄槽和小尺寸加工表面，由于受结构限制，只能采用较小直径规格的刀具加工，采用常规加工其切削速度很低，效率很低，加工表面质量很差，为了实现优质高效生产，采用高速加工技术是上乘之选。

正因为高速切削加工具有上述特性，所以目前国内外在汽车、航空航天、模具、轻工和信息产业等部门，高速切削加工技术已得到广泛的推广与应用，并取得了巨大的技术与经济效益。高速切削技术已成为当今先进加工技术的一个重要发展方向。

6.1.3 高速切削加工关键技术

高速切削加工技术是近年来制造界引人注目的一项高新技术，必将对制造业产生深远的影响。高速切削加工技术是在机床结构及材料、高速主轴系统、快速进给系统、高性能 CNC 系统、高性能刀具装夹系统、高速切削加工安全防护与监控系统、机床设计制造技术、高性能刀具材料及刀具设计制造技术、高效高精度测试技术、高速切削加工理论、高速切削加工工艺与编程技术等诸多相关硬件与软件技术充分发展的基础上综合而成的。图 6-3 大致表达了高速切削加工的技术体系。因此高速切削加工技术是一项复杂的系统工程，是诸多单元技术集成的一项综合技术。高速切削加工技术中高速主轴系统、快速进给系统、高性能 CNC 系统、高速刀具与刀柄系统、高速加工工艺与编程技术以及高速切削加工安全防护与监控系统等是其最重要的关键技术。它们对高速切削加工技术的发展应用起着决定性的作用。

6.1.4 高速切削加工技术发展与展望

高速切削加工技术经过短短二十来年的时间，已经在汽车、模具、航天航空等制造业中得到了推广应用并有普及之势，而且应用范围日益扩大。进入 21 世纪，高速切削加工将向纵深方向发展，从而成为切削加工的主流。未来高速加工技术的发展主要体现在以下几个方面。

（1）切削速度进一步提高

铝及其合金等轻金属和碳纤维塑料等非金属材料高速切削加工的速度目前主要受限于机床的主轴最高转速和功率。钛及其合金、高温耐热合金以及金属基复合材料高速切削加工的速度目前主要受限于刀具寿命。随着高速电主轴技术和高性能刀具等相关技术的快速发展，进一步大幅提高高速切削加工速度成为必然。

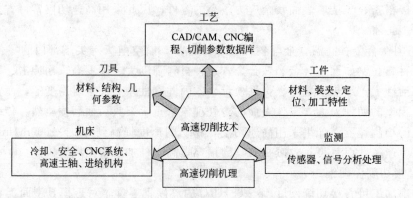

图 6-3　高速切削的技术体系

（2）进给速度进一步提高

最大的效率来自于更高的进给速度。目前铝材的切削速度达到了 7000m/min，直线进给速度达到了 60m/min。切削速度的进一步提高要求进给速度同步提高，直线电机技术的发展和成本的进一步降低，以及高性能的 CNC 系统也完全可以满足这个要求。

（3）加工精度进一步提高

高速切削加工应在高速的同时，力求保持高的加工精度，否则高速也就失去了意义。为了保证高速下的高精度，新一代的高速加工机床通过利用各种先进的现代化设计分析手段，大力改善机床的静、动态和热态特性，同时不断提高数控和伺服系统的性能，充分发挥 CNC 系统的误差补偿功能。目前的高速加工机床精度已经普遍达到：全程定位精度＜0.005mm，重复定位精度＜0.001mm。

（4）五轴化

在采用球头刀加工曲面时，当刀具中心线垂直于加工面时，如图 6-4（a）所示，由于球头铣刀的顶点切削线速度为零，顶点切出的工件表面质量会很差。采用五轴联动数控机床，刀具与工件间可以通过回转轴控制相对转过一个角度，如图 6-4（b）所示，使球头铣刀避开顶点切削，保证有一定的切削线速度，从而提高表面加工质量。实践表明，一台五轴联动数控机床的应用，其加工效率相当于两到三台三轴数控机床，甚至可以完全省去某些大型自动化生产线的投资，大大节约占地空间和工作在不同制造单元之间的周转运输时间及费用，带来十分显著的经济效益。目前五轴联动数控系统与三轴系统的差价逐步缩小，永磁环形伺服力矩电机的应用使得 A/C 复合主轴头的结构大大简化，从而可将任何三轴联动机床改造为五轴联动机床。

（5）主轴快换与高低速主轴共存

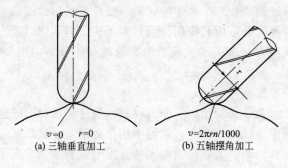

$v=0$　　$r=0$　　　　　　　　$v=2\pi rn/1000$
(a) 三轴垂直加工　　　　　　　(b) 五轴摆角加工

图 6-4　曲面球头刀顶点切削

通过对主轴的改进设计，实现主轴像刀具一样的快速交换，使得高速主轴的寿命得以极大地提高，同时实现在一台机床上高低速主轴的共存，从而扩大机床的使用范围，适应各种工件尺寸、材料和不同性质的加工。

（6）改善轴承技术

改善轴承润滑方式，在轴承滚道上采用特殊涂层，采用陶瓷球以增加刚度减少质量等提高轴承性能。磁悬浮轴承的推广应用，使得轴承的 DN 值达到 2000000。Fisher Precision 公司已经可以提供 40—40（转速 40000r/min，功率 40kW）的采用磁悬浮轴承的高速电主轴。

（7）改善刀具和主轴接触条件

目前一般 10000r/min 左右的主轴仍然采用 BT 等普通结构刀柄，更高速度的主轴则采用 HSK、KM、CAPTO、MTK、NC-50、Big Plus 等新概念刀柄，这些刀柄仍在进一步改进完善，以便在高速切削下提高其刚度。

（8）更好的动平衡

在主轴装配和高速刀柄的制造中更好地使用动平衡技术，使得主轴和高速刀柄在高速切削中具有更好的切削条件，同时提高安全性，减少主轴轴承的磨损。主轴装配中的平衡设备和技术的发展是和高速主轴、高速刀柄平行发展的技术。另外，研究整个主轴系统的自动动平衡技术是未来发展的主要方向。

（9）高速冷却系统

刀具的高速冷却系统已经和主轴及刀柄集成在一起，同时还要改进切削液的过滤装置，以进一步提高机床性能。

6.2　高速切削加工机床

高速切削加工是一项综合性高新技术，机床的高速化是实现高速切削加工的首要条件，也是最基本的因素。高速加工机床是实现高速切削加工的主体，性能优良的高速机床是发展高速切削加工的重中之重。

6.2.1　高速切削加工机床的要求

高速切削加工机床与普通机床的主要区别在于高速机床必须能够提供高的切削速度，同时必须满足高速切削加工下的一系列功能要求，主要包括以下几点。

（1）要有一个适合高速运转的主轴单元及其驱动系统

高速主轴单元，是实现高速加工的最关键技术之一，同时也是高速加工机床最为关键的部件。它不仅要能在很高的转速下旋转，而且要有高的回转精度、高的传递力矩、传动功率和良好的散热或冷却条件，要经过严格的动平衡矫正，要保证具有良好的动态和热态特性，具有极高的角加减速度以保证在极短时间内实现升降速和在指定位置的准停。高速机床与普通机床的不同之处，反映在高速主轴单元上主要表现在如下几个技术参数的变化：主轴转速一般为普通机床主轴转速的（5～10）倍，最高转速一般大于 10000r/min，有的高达 60000～100000r/min；主轴单元电机功率一般高达 20～80kW，以满足高速、高效和重载荷切削的要求；主轴单元从启动到达最高转速（或从最高转速到停止）需要的时间较短，一般只需 1～2s 即可完成，即主轴的加、减速度比普通机床高得多，一般比常规数控机床高出一个数量级，达到 $(1 \sim 8)g(g = 9.8\text{m/s}^2)$。

（2）要有一个快速反应的进给系统单元部件和数控伺服驱动系统

高速机床在高速切削加工时，随着主轴转速的提高，机床进给速度和其加、减速度也必须大幅度提高，以保证刀具每齿或工件每转进给量基本不变，否则会严重影响工件加工的表面质量和刀具寿命。同时机床空行程运动速度也必须大幅提高。现代高速加工机床进给系统执行机构的运动速度一般达到 $40\sim120\mathrm{m/min}$，进给加速度和减速度达到 $(1\sim8)g$，亦即 $9.81\sim78.48\mathrm{m/s^2}$。为此，机床进给驱动系统的设计必须突破传统数控机床中的"旋转伺服电机＋普通滚珠丝杠"的进给传动方式，采用"零传动"技术，即直接采用直线电机驱动，大幅度减轻进给移动部件的重量，并配予快速反应的伺服驱动 CNC 控制系统，实现进给部件的高速移动和快速准确定位。

(3) 要有一个高效、快速的冷却系统

在高速切削加工条件下，单位时间内切削区域产生大量的热量，如果不能使这些热量迅速地从切削区域传出，不但妨碍切削工作的正常进行，而且会造成机床、刀具和工具系统的热变形，严重影响加工精度和机床的动刚性。因此高效、快速的机床冷却系统的配套显得尤为重要。此外，为了防止高速电主轴部件在高速运转过程中出现过热现象，高速电主轴单元的强制有效的冷却也是不可忽视的一个重要方面。

(4) 高刚性的床体结构

高速切削加工机床在高速切削状态下，一方面，产生的切削力最终作用在床体上；另一方面，因速度很高，还会产生较大的附加惯性力作用在床体上，因而机床床身受力较大。设计时必须保证其具有足够的强度、刚度和高的阻尼特性。此外，高刚性和阻尼特性也是高速加工中保证加工质量和提高刀具寿命的重要因素。

(5) 安全装置和实时监控系统

在高速切削加工过程中，若刀具断裂，其初速将如同子弹一般，易于造成危险和人身伤害。为此，机床工作时必须用足够厚的钢板将切削区封闭起来，同时还要考虑便于人工观察切削区状况。除此之外，工件和刀具必须保证夹紧牢靠，必须采用主动在线监控系统，对刀具磨损、破损和主轴运行状况等进行在线识别和监控，确保人身和设备安全。

(6) 要有方便可靠的换刀装置

通过新型换刀结构设计，保证高速切削加工下换刀方便、可靠、迅捷，换刀时间短。这也是高速切削加工机床要求所必需的。

(7) 优良的热态特性和静、动态特性

高速切削加工情况下，单位时间内其移动部件间因摩擦产生的热量较多，热变形较大。机床结构设计必须保证其在内部热源和外部热源作用下，不能产生较大的热变形。为此，高速切削加工机床上一般要采取特殊的冷却措施，来冷却主轴电机、主轴支撑轴承、直线电机、液压油箱、电气柜等，有的甚至冷却主轴箱、横梁、床身等大构件。同时因高速切削加工下的动态力（惯性力、切削力、阻尼力等）和静态力（夹紧力等）较大，机床各支撑部件和其总体必须具有足够的动、静刚度，不致产生较大的受力变形，保证零件的加工精度和加工的安全性、可靠性。

总之，高速切削加工的特殊性，要求必须对实施高速切削加工的机床提出新的要求。只有这样才能实现高速、高效、高精度的平稳切削。

6.2.2 高速切削加工机床的构造特征

机床结构是影响高速数控机床性能的关键因素之一，高速切削加工技术对机床提出了新的特殊要求，传统的数控机床传动和结构，根本无法达到极高的加（减）速度和高转（移）速。因此，必须对高速切削加工机床进行全新设计，通常这种经过全新设计的高速切削加工机床具备以下一些基本构造特征。

（1）高速电主轴单元

高速机床的主轴性能在很大程度上决定了机床所能达到的最高极限转速。在高速切削加工条件下，随着变频调速技术的发展，现代数控机床主传动系统已经大大简化，基本上消除了齿轮变速箱，代之以大功率、宽调速交流变频电机实现主轴的调速。

从动力学的角度来讲，为了获得极高的快速响应（加、减速度）和转速，必须最大限度地减少旋转部件的转动惯量 J，尽可能地减少中间传动环节是其主要措施。电主轴是将主轴和电机合二为一，即所谓内藏电机式主轴，如图 6-5 所示，采用无外壳电机，并将其空心转子用压配的形式直接套装在机床主轴上，带有冷却套的定子则安装在主轴单元的壳体中。这样，电机的转子就是机床的主轴，机床主轴单元的壳体就是电机座，从而实现电机与机床主轴的一体化。

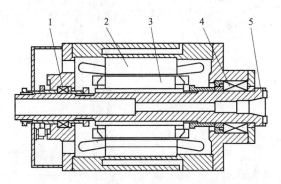

图 6-5　电主轴结构
1—后轴承；2—定子；3—转子；4—前轴承；5—主轴

高速机床采用这种一体化电主轴结构，可以获得 g 级的加速度（$1g \sim 10g$）。电主轴因其结构紧凑、重量轻、惯性小、响应性能好并可避免振动和噪声，成为高速主轴单元的理想结构。近年来，国外生产的高速数控机床几乎无一例外地采用了电主轴结构。

电主轴单元中，主轴的支撑是关键，它将决定主轴的速度、刚度、承载能力和使用寿命。目前，电主轴采用的支撑形式有陶瓷轴承、非接触液体动、静压轴承、磁浮、气浮轴承等，但应用最多的还是陶瓷轴承。

采用传统钢质滚动轴承，由于高速运转下滚动体的离心力和陀螺力矩将急剧增大，从而使得轴承温升和磨损急剧增加。采用陶瓷轴承，可以满足高速度、高刚度、低温升、长寿命的要求。在同等情况下，采用陶瓷轴承与钢质轴承相比，速度可以提高 60%，温升降低 $35\% \sim 60\%$，寿命提高 $3 \sim 6$ 倍。

接触式轴承因为存在相对运动件间的直接接触，摩擦系数大，其允许的转速受到一定的限制。因此，高速主轴单元中应用液体动、静压轴承、磁浮、气浮轴承等非接触式轴承是发展方向。

（2）高速直线电机进给单元

高速切削加工机床为了实现高效加工，必须实现高速度进给。同时，为了保证加工轮廓的高精度和低表面粗糙度，要求进给系统具有良好的快速响应特性，最大限度地减少跟随误差。为此，高速机床进给系统还必须实现高的加（减）速度进给，其值一般要求高达（$1 \sim 10$）g。

传统的"旋转电机＋滚珠丝杆"的轴向进给方案受其本身结构的限制，带来了刚度低、惯量大、非线性严重、加工精度低、传动效率低、结构复杂等一系列问题。一般其进给速度很难超过 60m/min，加速度很难超过 $(1\sim1.5)g$。目前的普通数控机床加速度一般仅达到 $(0.3\sim0.5)g$，无法满足高速加工的要求。

为了获得更高的加（减）速度和进给速度，只有最大限度地降低进给驱动系统的惯量和移动部件的质量，提高电机的进给驱动力。采用直线电机直接驱动的结构形式成为最理想的方案。

从结构上看，直线电机只是旋转电机的剖分展开，如图 6-6 所示。与传统进给系统相比，直线电机进给驱动系统具有如下优点。

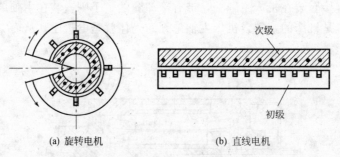

(a) 旋转电机　　　　　　(b) 直线电机

图 6-6　旋转电机展开为直线电机

① 速度高。直线电机直接驱动运动部件，中间无任何机械传动元件，无旋转运动离心力的困扰，可以很容易实现高速直线运动。目前其最大进给速度可达 180m/min 以上。

② 精度高。直线电机工作时，电磁力直接作用于运动部件，无需传统的进给系统传动元件，消除了机械间隙，大大提高了传动刚度。因此，系统不存在滚珠丝杆的导程误差、齿轮传动齿距误差以及这些机械元件的变形和间隙造成的机械滞后，机械摩擦对系统的扰动影响也得以消除，其精度完全取决于检测反馈系统本身的精度。

③ 响应速度快。由于直线电机与运动部件间直接传动，且电器时间常数小，因此直线电机驱动结构具有高的固有频率和高刚度，伺服性能好，运动部件对指令的响应快，跟踪误差小，加工轮廓精度得到很大的提高。

④ 传动效率高。采用"零传动"的直线电机伺服驱动结构，运动部件和驱动源间无中间传动元件的效率损失，传动效率得以提高。

⑤ 行程无限。由于直线电机的次级或初级是一段段地连续铺接在机床床身上，铺到那里，初级或次级（工作台）即可运动到那里，不管多长，对整个系统的刚度没有影响。

⑥ 无机械磨损、免维护。由于直线电机为非接触传动，相对运动件间具有间隙，没有直接摩擦，也就没有机械磨损，当然也无需润滑，因此也免去了定期维护。

如图 6-7 所示为直线电机构建进给单元的基本组成情况。

现代高速切削机床，无论是主轴旋转运动，还是工作台的直线进给运动，其主要结构特征就是实现机床的直接驱动——零传动，即采用电主轴单元和直线电机驱动单元。

（3）高刚性机床支撑部件

支撑件是机床的基础部件，包括床身、立柱、横梁、底座、工作台等，通常也称为"大

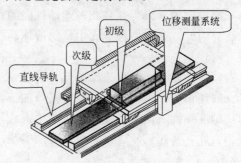

图 6-7　直线电机进给单元

件"。从运动角度,它们可分为移动支撑件和固定支撑件。对于固定支撑部件,机床上变动的切削力、运动件的惯性、旋转件的不平衡等动态力会引发支撑件和整机的振动。支撑件的热变形会改变执行机构的相对正确位置或运动轨迹,从而影响加工精度和表面质量。对于高速切削加工机床,由于切削速度大幅度提高,使得产生振动的可能性增加。单位时间内金属去除率的提高也同时伴随着能量损失的增加,使得机床热变形增加,因此热特性对机床的影响变得更加严重。综上所述,传统机床和加工中心的支撑件结构已不适合高速加工机床,对高速机床的支撑件应该有更为严格的要求。

高速切削加工时,虽然切削力一般比普通加工时低,但因高加速和高减速产生的惯性力、不平衡力等却很大,因此机床床身等大件必须具有足够的强度和刚度,高的结构刚性和高水平的阻尼特性,使机床受到的激振力很快衰减,主要措施如下。

① 合理设计截面形状、合理布置筋板结构,以提高静刚度和抗震性。

② 对于床身基体等支撑部件采用非金属环氧树脂、人造花岗石、特种钢筋混凝土或热膨胀系数比灰铸铁低 1/3 的高镍铸铁等材料制作。

③ 大件截面采用特殊的轻质结构。

④ 尽可能采用整体铸造结构。

对于工作台类运动支撑部件,设计时必须尽可能大幅度减轻其重量,保证移动部件高的速度和高的加速度,主要措施如下。

① 采用钛铝合金和纤维增强塑料等新型轻质材料制造拖板和工作台。

② 用有限元法优化机床移动部件的几何形状和尺寸参数等。

总之,在不影响刚性的条件下,使移动部件的重量或惯性尽可能的低。采取上述措施后,高速切削加工机床移动支撑部件的重量一般可比传统机床结构减少 30%~45%。

(4) 高效的冷却润滑系统和必要的防护措施

在高速切削加工情况下,单位时间内会产生大量的热量,主要包括高速旋转支撑部件所产生的热量和切削区域内产生的热量,必须设法尽快散热。这就要求其在结构上必须采取特殊的相应措施。

在切削加工区,必须把产生的热切屑迅速从工作台上清除,避免产生机床、刀具和工件的热变形,影响加工精度,妨碍高速切削加工的正常进行。作为高速切削加工机床的配套技术,目前国际上开发了各种相应的冷却装置。一种就是采用高压大流量喷射冷却系统,对加工中心切削区供给大流量高压冷却液,来消除产生的瞬时热量,既大大提高了加工效率,又延长了刀具的使用寿命。另一种采用大量冷却液以瀑布形式从机床顶部淋向机床加工区,使大量切屑立即从工作台上冲走,始终保持工作台的清洁,并形成一个恒温的小环境,使加工精度得到进一步的提高。还可在刀具系统开设一个直接供给冷却液的通路进行冷却,方式有三种:从刀夹的侧面供液;从刀具的凸缘供液;由主轴中心供液。由于高压冷却液的大量应用,采用主轴中心供液的越来越多。

普通的数控机床和加工中心主轴轴承大都采用油脂润滑方式,而对于高速加工设备,因旋转的支撑部件间会产生大量的热量,单纯的油脂润滑方式已不能满足要求。为了适应主轴高速化发展需要,新的润滑冷却方式相继开发应用。主要有油气润滑方式、喷注润滑方式、突入滚道式润滑方式等。由于轴承高速旋转时,轴承周围的空气也伴随流动,要使润滑油突破这层旋转气流很不容易,采用突入滚道式润滑方式则可以可靠地将润滑液送入轴承滚道处。如图 6-8 所示为适应该要求而设计的特殊轴承。润滑油的进油口在内滚道附近,利用高速轴承的泵效应,把润滑油吸入滚道。

对于代表高速、超高速加工中心机床主轴发展趋势的电主轴单元，必须重视其冷却要求。如图 6-9 所示为其一种结构示意图及冷却油流经路线，这样通过冷却液的循环流动将高速旋转的轴承和电机产生的高热量迅速带走，维持其在较低的温度下稳定工作。

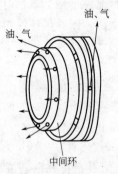

图 6-8　突入滚道式润滑用特殊轴承

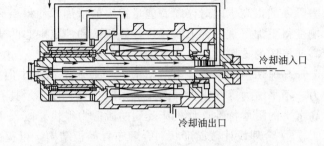

图 6-9　电主轴单元结构及冷却路线

为了防止切屑和冷却液的外溅，避免污染环境和意外伤人，高速切削加工机床还要采取必要的防护措施，在其工作时，必须用防护罩把切削区完全封闭起来。在高速旋转的刀具周围，用强度足够的优质钢板和防弹玻璃等做成安全罩和观察窗进行密封和遮挡，以确保人身和设备的安全。因为高速旋转的刀具一旦发生断裂破碎，飞出的刀具碎片能量很大，非常危险。

总之，高效、高压大流量的冷却系统、高速旋转部件必备的有效润滑系统和必要的防护是高速切削加工机床上必需的配套装置，也是其区别于普通机床的一个突出特点。

（5）快速响应的高性能数控系统

高速加工机床的数控系统，从基本原理上与传统数控系统没有本质区别。只是由于主轴转速、进给速度和其加（减）速度都非常高，这就要求采用的 CNC 数控系统必须具有高的数据处理和运算速度，保证实现高速插补、程序快速处理和有效的超前处理能力，提高进给刀具或工件的进给运动轨迹控制精度，最终保证零件的加工精度。

高速切削加工机床的 CNC 控制系统的特点如下。

① 采用 32 位 CPU、多 CPU 微处理器以及 64 位 RISC 芯片结构，以保证高速度处理程序段。因为在高速下要生成光滑、精确的复杂轮廓时，会使一个程序段的运动距离很短，其结果使 NC 程序很长。这样大的程序处理负荷，不但超过了大多数 16 位控制系统，甚至超过了某些 32 位系统的处理能力。超载的原因之一是控制系统必须高速阅读程序段，以达到高的切削速度和进给速度要求；其二是控制系统必须预先作出加速或减速的决定，以防止滞后现象发生。GE—FANUC 的 64 位 RISC 系统，可达到提前处理 6 个程序段且跟踪误差为零的效果，这样在切削加工直角时几乎不会产生伺服滞后。作为比较，16 位 CPU 一个程序段处理的速度在 60ms 以上，而大多数 32 位控制系统的程序段处理速度在 10ms 以下，而 64位 RISC 系统处理时间仅 0.5ms，每秒可处理 2000 个移动量 1mm 的程序段，而加工进给速度可达 120m/min。

② 能够迅速、准确地处理和控制信息流，把其加工误差控制在最小，同时保证控制执行机构运动平滑、机械冲击小。

③ 有足够的容量和较大的缓冲内存，以保证大容量的加工程序高速运行。同时，一般还具有网络传输功能，便于实现复杂曲面的 CAD/CAM/CAE 一体化。

总之，高速切削加工机床必须具有一个高性能数控系统，以保证高速下的快速反应能力和零件加工的高精度。这也是其区别于一般数控机床的一个主要特点。

（6）新型的"刀—机"、"工—机"接口技术

高速切削加工机床的高速化、高效化还对"刀具与机床"、"工件与机床"间新型接口配套技术提出了新的要求。高速加工中心必须采用新型高效的换刀机构、托盘交换装置，以提高换刀速度和托盘交换速度。同时，刀具和工件的夹紧装置在高转速下必须可靠牢固。现在，高速加工中心的换刀时间（刀—刀）普遍在 1.5～3.5s，有的快到 0.8～0.9s；托盘交换时间普遍在 5～8s。就是说"刀—机"和"工—机"接口必须保证更换时间短，夹紧刚性高、安全可靠等要求。对于"刀—机"的新型接口，当前应用最为成功的有德国 HSK 系列产品和美国 KM 系列产品等。

6.2.3　高速切削加工机床夹具的要求

机床夹具作为"机—工"接口，是工艺系统的基本组成要素，也是工艺装备的基本组成部分。高速加工的特殊切削条件对工件的装夹提出了更高的要求。主要体现在以下几个方面。

（1）高的动平衡精度

高速机床以普通机床高 5～10 倍的转速工作。对工件回转类机床，主轴通过夹具带动工件回转。这种情况下夹具的设计或安装不平衡会造成很大的离心力（$F = Mv^2/R = \rho\omega^2 R$），使主轴和夹具工件结合面产生扩展效应，影响连接刚度，破坏静态定位精度，严重时导致工件飞出伤人。因此，高速机床回转夹具必须进行精密动平衡，确保连接刚性和安全性。

（2）高刚性

高速加工夹具不仅要保证其本身固有的刚性，还要考虑"机—夹"、"工—夹"间的连接具有高的动态刚性，以克服高速切削抗力和离心力。夹紧方式与夹紧点的选择分布同样须考虑动态工作情况，避免在高速加工情况下产生振动或颤振，影响加工精度，甚至造成危险。

（3）重量轻

高速回转夹具应尽可能减轻夹具自重，这样一方面可以通过降低转动惯量，减少对主轴启动和停止的加（减）速性能的影响，提高主传动系统的动态响应，另一方面可以减少离心力，降低对夹具的强度和刚度等方面的要求，并有利于保证精度和转速的提高。

此外，为了与高速加工的高效率特征相适应，高速加工夹具须考虑高的自动化和柔性化。对回转夹具要注意连续流畅的外形设计，以减少对空气的扰动，降低噪声。当转速很高时，要充分考虑离心力对夹紧力的影响，必要时考虑采用特殊设计的专用高速夹具。

对于传统的三爪卡盘或动力卡盘，其卡爪组件在高速下产生的离心力与其静态夹紧力方向相反，使实际夹紧力减小。当转速达到一定值时，离心力将等于甚至大于静态夹紧力，工件将松脱飞出。更为严重的是过大的离心力可能超过夹紧机构本身的强度承受力，造成夹具的爆碎破坏，产生严重的破坏伤害事故。因此，高速加工时，必须根据实际工况考虑可行的加工速度，严格控制超速运行。

如图 6-10 所示的高速多层卡盘，采用了特殊的结构设计，变离心力不利因素为有利因素，离心块 4 在高速下的离心力依靠斜面通过离心夹紧环 3、预夹紧环 5 传到预紧螺母 7 向左推动工件夹紧环 1 将工件 8 压得更紧。

6.2.4　高速切削加工机床的合理选择

近年来，随着高速加工技术的成熟发展，国际国内机床市场竞争不断激化，可供选择的高速加工机床产品越来越多，高效地生产出高质量的产品是企业的最终目的，因此产品的性能价格比成为选择的主要指标。

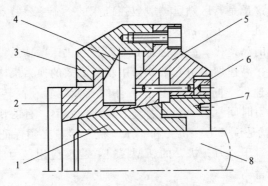

图 6-10　高速多层卡盘

1—工件夹紧环；2—卡盘体；3—离心夹紧环；4—离心块；

5—预夹紧环；6—锁紧螺母；7—预紧螺母；8—工件

从 20 世纪 90 年代后期开始，我国高速切削加工技术的应用进入高潮，进口了大批高速加工机床，并发展了自己的高速加工机床。但是，由于信息不灵、理论滞后、决策不科学、配套不完善，在选购高速机床过程中也出现了一些盲目性，导致已购设备因使用不当而没能充分发挥应有的作用。

高速切削加工技术是一门新兴的和正在普及应用的先进制造技术，购买高速切削加工机床投资大，企业必须根据实际需要和经济效益全面考虑。根据产品开发和加工的需求，在选择和购买高速加工机床时，主要应注意如下几个问题。

① 机床的性能指标追求，要从实际出发，根据产品需求和今后的发展，合理选择。在高速加工机床主要技术参数能够满足需求的情况下，切勿盲目追求"高转（移）速和大功率"，要注意性能/价格比。否则，会造成制造资源闲置和资金的巨大浪费。

② 高速机床有 HSM（高转速）型和 HVM（高移速）型之分，其价格相差很大，前者低而后者高。一般模具、飞机零件加工中，切削运动时间占加工时间的主要部分，而辅助运动时间则很少，不必对快移速度和加速度要求过高，以便降低成本，可选择采用 HSM 型。而对汽车零部件加工，辅助运动时间占整个加工时间的比例较大，选择 HVM 型高速机床，可以大幅降低非切削辅助时间，从而提高综合效益。

③ 根据切削理论计算所需转速、转矩和功率等，决定高速加工机床的电主轴的最高转速、额定功率和转矩与转速的关系（即电主轴的转速—功率—扭矩特性），注意功率、转矩的匹配。一般主轴转速在 18000~40000r/min 就基本避开可能发生共振的速度障碍区，可以稳定实现优质、高效加工的目的。

④ 合理选择电主轴支撑类型与润滑方式，在满足要求前提下，尽可能选用陶瓷轴承与永久性油脂润滑组合，这样既省去了润滑部件，又简化了日后的使用维护。

⑤ 在高速机床上，电主轴是一高价易损件，一般希望电主轴的寿命不低于 5000~10000h，并应考虑长期售后服务问题，最好在订购高速机床时，配套一台备用电主轴，避免因电主轴检修造成停机甚至整条生产线的停顿。

⑥ 注意定位精度标准的差异，国际上主要流行的定位精度标准有：ISO（国际）、JIS（日本）、ASME（美国）、VDI（德国），此外还有 GB（中国）和 BS（英国）标准等。以上六种标准中，除 JIS 标准外，均采用多次、多点测定的数理统计测定法，测量结果区别不大。而 JIS 只测定一次，其精度值较低。不同测量方法间的数据没有绝对的可比性，大体上说，JIS 标准为 ISO 标准的 1.8~2.0 倍。

⑦ 注意机床和刀具、工件的接口（刀柄系统、工装系统）的方便和通用性、平衡性等。尽可能要求供应商提供"系统成套解决方案"。

总之，合理选择和使用高速加工机床，还要从长期的应用实践中不断积累经验，掌握高速加工技术才可正确合理地使用高速加工机床，使之最大限度地发挥作用。

6.3　高速切削加工刀具系统

6.3.1　高速切削加工刀具系统的要求

刀具是工艺系统中最活跃的因素。刀具性能的好坏取决于构成刀具的材料和刀具结构。切削加工生产率和刀具寿命的高低、加工成本的大小、加工精度和表面质量的优劣等，在很大程度上取决于刀具材料和结构的合理选择。由于高速切削加工所采用的切削速度为常规切削速度的 5～10 倍，为了保证高速切削加工的顺利进行，必然对刀具材料、刀具可靠性、刀具结构及其装夹技术等有更高的特殊要求。

（1）高速切削加工对刀具材料的要求

为了适应高速切削加工技术的需要，保证优质、高效、低耗地完成高速切削加工任务，高速切削加工除了要求刀具材料具备普通刀具材料的一些基本性能之外，还应有如下更高的要求。

① 高可靠性。高速切削加工刀具应具有很高的可靠性，要求刀具的寿命高，质量一致性好，切削刃的重复精度高。如果刀具可靠性差，将会增加换刀时间，降低生产率，这将使高速切削加工失去意义。如果刀具可靠性差还将产生废品，损坏机床与设备，甚至造成人员伤亡。因此，高速切削刀具的可靠性十分重要，解决刀具的可靠性问题，成为高速切削加工成功应用的关键技术之一。在选择高速切削刀具时，除需要考虑刀具材料的可靠性外，还应考虑刀具的结构和夹固的可靠性。需要对刀具进行最高转速的试验和动平衡试验。

② 高的耐热性和抗热冲击性能。高速切削加工时切削区切削温度很高，因此，要求刀具材料的熔点高、氧化温度高、耐热性好、抗热冲击性能强。

③ 良好的高温力学性能。要求刀具材料具有很高的高温力学性能，如高温强度、高温硬度、高温韧性等。

④ 刀具材料能适应难加工材料和新型材料加工的需要。随着科学技术的发展，对工程材料提出了愈来愈高的要求，各种高强度、高硬度、耐腐蚀和耐高温的工程材料愈来愈多地被采用，它们中多数属于难加工材料，目前难加工材料已占工件的 40％ 以上。因此，高速切削加工刀具应能适应难加工材料和新型材料加工的需要。

（2）高速切削加工对刀具结构参数的要求

除了合理选择刀具材料外，正确选择刀具结构、切削刃几何参数以及刀具断屑方式等对高速切削的效率、表面质量、刀具寿命以及切削力、切削热等都有很大的影响。因此，刀具结构参数是高速刀具技术中一个重要组成部分。

一般来说，高速刀具的几何角度与传统刀具大都有对应的定性关系。选择合适的刀具参数，除了使刀具保持切削刃锋利和足够的强度外，很重要的目的是能形成足够厚度的切屑，从而使切屑成为切削过程中的散热片。切削速度越高，产生的热量越多。所以，高速切削过程中很关键的问题是要设法把切削热尽可能多的传给切屑，并利用高速切离的切屑把切削热迅速带走。由此可见，合适的刀具几何角度参数对高速切削的顺利进行具有非常重要的作用。

高速加工刀具在很高的回转速度下工作，其刀体和可转位刀片均受到很大的离心力的作用。因此，高速加工刀具对刀体材料、刀体结构和夹紧机构均提出了十分严格的要求。刀体材料重量要轻，刀体结构形式与刀片间要形成封闭连接，刀片装卸尽可能简单容易，刀片夹紧机构要可靠并具有足够的夹紧力。

为了减轻离心力的影响，刀体材料的设计应尽可能减轻质量，选择密度小、强度高的材料。高强度铝合金和碳素纤维增强塑料已经应用于制造高速铣刀刀体和刀杆。

刀体上的槽（刀座槽、容屑槽、键槽等）会引起应力集中，降低刀体强度。因此，刀体结构应尽量避免贯通式刀槽，减少尖角，防止应力集中，尽量减少机夹零件的数量。刀体结构应对称于回转轴，使重心通过刀具轴线。刀片与刀座的夹紧、调整结构应尽可能消除游隙，并且要求重复定位性好。需要使用接头、加长杆等连接时也应避免游隙并注意提高重复定位精度。此外，机夹式高速铣刀的直径趋小，长度趋长，刀齿数也趋少，以便于调整刀齿的跳动，提高加工质量。

高速切削中，镶嵌式刀具使用量很大。对于镶嵌式刀具，嵌入刀体的刀片如果没有足够的连接强度，就会在很大离心力的作用下和刀体分离，带着很大的能量沿切向飞出引起事故。因此，必须设计十分可靠的刀体结构和刀片夹紧结构。刀体与刀片间的连接配合要封闭，刀片夹紧机构要有足够的夹紧力。通常高速回转刀具刀片不允许采用摩擦力夹紧方案，而要采用带中心孔的刀片用螺钉夹紧或有可卡住的空刀窝，保证刀具精确定位和高速旋转时的安全可靠。例如，有一种可转位刀片其底面有一个圆的空刀窝，可与刀体上的圆凸台相配合，对作用在夹紧螺钉上的离心力起卸载作用。刀座、刀片的夹紧力方向最好与离心力方向一致。刀片中心孔相对刀体螺钉孔的偏心量以及刀片中心孔和螺钉的形状决定螺钉在静止状态下夹紧刀片时所受的预应力的大小。过大的预应力甚至能使螺钉产生变形而提前受损，因此使用时注意控制螺钉的预紧力，使用合格的螺钉，在拧入前应涂润滑剂以减少夹紧扭矩损失，并注意定期检查更换螺钉。

（3）高速切削加工对刀具安装（刀柄）的要求

高速切削加工刀具，尤其是高速旋转刀具，由于转速很高，无论从保证加工精度方面还是从操作安全方面考虑，对其装夹技术都应提出很高的要求。传统的弹簧夹头、螺钉等刀具装夹方法已经不能满足高速加工的需要。高速加工刀具安装要求在高速下具有高的装夹刚度，尽可能减少高转速下离心力对刀刃或刀尖位置的影响；可以传递大的切削扭矩以适应高效切削的需要；具有高的装夹回转精度，如在悬伸 $3D$（D——机床主轴前轴颈的直径）处刀具径向圆跳动误差仅 0.003mm。

6.3.2　高速切削加工刀具

随着切削速度的提高，金属切除率得到极大地提高，材料的高应变率使得切屑的形成过程以及刀具与工件间接触面上发生的各种现象都与传统切削条件下不同。刀具的热硬性和刀具的磨损问题成为关键。为了实现高速切削，必须有适合高速切削的刀具材料和刀具制造技术的支持。

目前高速切削加工使用的刀具材料主要有硬质合金、陶瓷、立方氮化硼（CBN）、聚晶金刚石（PCD）等。上述刀具材料可以承受的切削速度逐步提高，但其韧性和抗冲击能力逐步下降。高速切削刀具应该具有优良的抗冲击韧性和抗热冲击能力，更好的耐热性、耐磨性和化学稳定性，以及更好的断屑效果，并适应于更大的金属切削范围。

金刚石是碳的同素异形体，是已经发现的自然界中最硬的一种材料。金刚石刀具有两种，即天然金刚石刀具和人造金刚石刀具。天然金刚石性质较脆，在承受一定冲击力时，容易沿晶体的解理面破裂，导致大块崩刃。天然金刚石价格昂贵，目前在很多场合已经被人造金刚石所取代。

人造聚晶金刚石（PCD）是以石墨为原料，加入催化剂，经高温高压烧结而成，其成本远远低于天然金刚石。PCD 刀片可分为整体刀片和复合刀片，目前使用较多的是与硬质合金基体烧结而成的复合刀片。

目前 PCD 刀具主要应用领域包括：高速切削轻金属及其合金以及非金属材料；精密和超精密高速切削；新型陶瓷材料和难加工材料切削。

由于金刚石刀具在加工铁系金属材料时耐热性不好，化学稳定性差，强度低，脆性大，抗冲击能力差。因此，一般不用于铁系金属的加工。

立方氮化硼（CBN）是氮化硼（BN）的同素异构体之一。其结构与金刚石相似。这就决定了其具有与金刚石相似的硬度，并且具有高于金刚石的热稳定性和对铁族元素的化学稳定性。

CBN 刀具的最大不足是强度和韧性差，抗弯强度大约只有陶瓷刀具的 $1/5\sim1/2$，因此一般只用于精加工。

CBN 刀具最适合于高硬度淬火钢、高温合金、可切削轴承钢（60～62HRC）、工具钢（57～60HRC）、高速钢（62HRC）等材料的高速加工，而这是金刚石刀具所不能胜任的。CBN 刀具在加工塑性大的钢铁金属、镍基合金、铝合金和铜合金时，因为容易产生积屑瘤，使已加工表面恶化。可见金刚石和立方氮化硼刀具具有互补作用。

聚晶立方氮化硼（PCBN）是在高温高压下将细微的 CBN 材料通过结合相烧结在一起的多晶材料，具有各向同性的特点。晶粒中 CBN 的含量为 $50\%\sim60\%$ 时，具有很高的抗压强度和化学稳定性，主要用于硬切削。提高 CBN 含量，可提高其断裂韧性和耐磨性，可用于切削淬硬铸铁和具有硬化层的材料。

陶瓷刀具具有很高的硬度、耐磨性及良好的高温力学性能，与金属的亲和力小，不易与金属产生黏结，并且化学稳定性好。因此，陶瓷刀具可以加工传统刀具难以加工或根本无法加工的超硬材料，实现以车代磨，从而可以免除退火，简化工艺，大幅度节省工时电力，降低加工成本。陶瓷刀具的最佳切削速度可以比硬质合金刀具高 3～10 倍，而且刀具寿命长，可减少换刀次数，从而大大提高切削加工生产效率。陶瓷刀具材料使用的主要原料氧化铝、氮化硅等在地壳中含量最为丰富，因此，大力推广不受资源制约。

陶瓷刀具的主要缺点是强度和韧性差，热导率低。由于陶瓷刀具脆性大，抗弯强度和韧性低，因此承受冲击载荷的能力差。陶瓷热导率仅为硬质合金的 $1/3\sim1/2$，而线膨胀系数比硬质合金高 $10\%\sim30\%$，因此抗热冲击性能也差。当温度突变时，容易产生裂纹，导致刀片破损。用陶瓷刀具切削加工时，一般不宜使用切削液。

近年来，国内外在改善陶瓷刀具性能上已经有了很大的进展。通过控制原料的纯度和晶粒尺寸，添加各种碳化物、氮化物、硼化物、氧化物和晶须等，采用多种增韧机制进行增韧补强，使得陶瓷刀具材料的抗弯强度、断裂韧性和抗冲击性能都有大幅度提高，应用范围日益广泛。可以用于高速切削、干切削、硬切削，切削效率大大提高。

为了避免陶瓷刀具与工件材料产生化学反应，对韧性比较好的陶瓷刀具可以使用涂层技术。陶瓷刀具经涂层处理后，寿命将大大提高，零件加工质量也会明显改善，从而拓宽了陶瓷刀具的使用范围。

从目前情况看，大多数的硬质合金刀具，包括涂层刀具，都不适合切削硬度 58HRC 以上的淬硬钢。CBN 刀具和陶瓷刀具具有很高的显微硬度和热稳定性，是干切削淬硬钢比较理想的刀具。但 CBN 刀具价格昂贵，且抗弯强度和断裂韧性比较低。陶瓷刀具资源丰富，价格不到 CBN 刀具的一半，因此，采用陶瓷刀具也许更合适些。随着陶瓷强化技术的进一步发展，在高速精加工、半精加工、干切削和硬切削中，陶瓷刀具将会起到更加重要的作用。

TiC(N) 基硬质合金是以 TiC 为主要成分（有些加入了其他碳化物或氮化物）的 TiC-Ni-Mo 合金，其性能介于陶瓷和硬质合金之间。Ni 作为黏结相可以提高合金的强度，Ni 中添加 Mo 可以改善液态金属对 TiC 的润湿性。TiC（N）基硬质合金具有如下特点。

① 硬度高达 90～94 HRA，接近陶瓷刀具水平。

② 耐磨性能和抗月牙洼磨损能力强，与工件的亲和力小，摩擦系数小，抗黏结能力强。

③ 较高的耐热性能和抗氧化能力。

④ 化学稳定性好。

TiC（N）基硬质合金作为高速切削加工刀具材料用以精车时，切削速度比普通硬质合金提高 20％～50％

硬质合金刀具材料本身具有韧性好、抗冲击、通用性好等特点。在传统金属切削加工中占有重要地位。但是其耐热和耐磨性往往还适应不了高速切削。采用刀具涂层技术，在硬质合金刀片基体材料上加上一层或多层高性能材料，可以让硬质合金刀具焕发青春，走上高速切削的舞台。实践证明涂层硬质合金刀片在高速切削钢和铸铁时可以获得良好的效果，寿命比未涂层刀片提高几倍。此外，涂层刀片通用性好，一种刀片可以代替多种未涂层刀片，大大简化刀具管理并降低刀具成本。

涂层刀具可分成两类：一类是"硬"涂层刀具，如 TiC、TiN、Al_2O_3 涂层刀具，其主要优点是硬度高，耐磨性好。另一类是"软"涂层刀具，如 MoS_2、WS_2 涂层刀具等，也称为自润滑刀具，其表面摩擦系数低，可以降低切削力和切削温度。

金刚石薄膜涂层刀具是近几年研究成功的新型涂层刀具，它采用化学气相沉积（CVD）法在硬质合金基体沉积一层极薄（$50\mu m$ 以下）的金刚石膜而制成。这种 CVD 工艺可以在形状复杂的刀具基体上制作大面积高质量的金刚石薄膜，因此金刚石薄膜涂层刀具不仅直接冲击无涂层硬质合金刀具和陶瓷刀具市场，而且还会成为聚晶金刚石刀具强有力的竞争对手。金刚石薄膜涂层刀具特别适合于加工有色金属及纤维材料。

纳米涂层采用先进的封闭场不平衡磁溅射法，该方法获得的涂层致密性好、性能一致、重复性好、涂层间黏结强度高。采用多种涂层材料的不同组合可以满足不同的性能和功能要求。通过合理设计涂层，可以使刀具的硬度和韧性显著增加，并可实现固体润滑以减少摩擦和黏结。纳米复合涂层每层由两种材料组合而成，厚度仅为几纳米，根据切削性能的需要及涂层性质，可交互叠加涂覆上百层，总厚度达 $2～5\mu m$。

细化硬质合金晶粒可以提高硬质合金的硬度、耐磨性及热硬性，提高刀具压制时的流动性和致密性，以便压制出更加锋利的刀具刃口，更高强度和更加精密的刀具表面形状。

普通硬质合金的晶粒尺寸一般为几个微米，而超细晶粒硬质合金的晶粒尺寸一般为亚微米数量级并向纳米数量级发展。超细晶粒硬质合金强度和韧性高，抗热冲击性能好，用以制造小尺寸整体复杂刀具，可以大幅度提高切削速度。超细晶粒硬质合金刀具用于高速加工铁基、镍基和钴基高温合金，以及钛基合金和耐热不锈钢、各种喷涂焊、堆焊材料等难加工材料。

6.3.3　高速切削加工刀具装夹技术

在高速加工过程中，当切削速度达到一定程度后，刀具—机床连接系统以及切削过程会出现一些新的问题：如在高速运转条件下，传统的刀具和刀柄、主轴锥孔的配合方式和配合精度，已经不能满足切削刚度和精度的要求，必须考虑新的高速切削刀具及新的连接方式。在高速运转条件下，刀具系统（包括刀具、刀柄以及和主轴的配合等）微小的不平衡，都可能造成巨大的离心力，引起机床和切削过程的急剧振动，从而不但影响零件加工精度和表面质量，而且容易损坏刀具，降低主轴轴承的精度和寿命。

高速切削时刀具系统的动平衡非常重要，当主轴转速达到 5000r/min 以上时就要进行动平衡。传统的螺纹拉杆紧固方式会使刀具偏离中心，产生离心力和引起振动。当主轴转速超过 20000r/min 时，如果用拉杆或液压夹持刀具，就必须对刀具和刀柄进行严格的动平衡。

在高速切削加工中，刀柄成为一个关键部件。刀柄要传递机床的动力和精度，其一端是机床主轴，另一端是刀具。高速切削既要保证加工精度，又要保证高的生产率。因此，高速切削刀柄系统必须具有很高的几何精度和装夹重复精度，很高的装夹刚度，以及高速运转过程的安全可靠。

（1）刀柄与机床连接技术

高速切削加工刀柄系统必须满足刚性好、传递转矩大、体积小、动平衡好、高速下切削振动小、装夹刀具后能够承受高的加减速度和集中应力。目前，高速加工常用的刀柄形式主要有常规 7∶24 锥度刀柄、改进型 7∶24 锥度刀柄和 1∶10 短锥刀柄等。

常规 7∶24 锥度刀柄具有不自锁、刀具的悬伸量小、工艺简单、成本低、使用可靠等特点，多年来应用非常广泛。有 BT、ISO 和 SK 等不同类型，最常用的尺寸规格有 30mm、40mm、50mm。常规 7∶24 锥度刀柄与机床主轴的连接只是靠锥面定位，为单面定位结构，主轴端面与刀柄法兰端面间有较大的间隙。这种刀柄结构在高速下将出现下列问题。

① 刀具动、静刚度低。刀具高速旋转时，由于离心力和热效应的作用，主轴锥孔和刀柄均会发生径向膨胀，膨胀量大小随旋转半径和转速的增大而增大。这就造成刀柄的膨胀量小于主轴锥孔的膨胀量而出现配合间隙，使得本来靠锥面结合的低刚性连接的刚度进一步降低。

② 动平衡性差。标准 7∶24 锥柄长度较长，很难实现全长无间隙配合，一般只要求配合面前段 70％以上接触，因此配合面后段会有一定的间隙，该间隙会引起刀具的径向跳动，影响结构的动平衡。

③ 重复定位精度低。当采用自动换刀方式安装刀具时，由于锥度较长，难以保证每次换刀后刀柄与主轴锥孔结合的一致性。同时，长刀柄也限制了换刀过程的高速化。

综上可见，在高速下，主轴受离心力和热效应而发生径向膨胀，锥型刀柄会沿主轴锥孔向上窜动，主轴停止后，可导致因热压配合产生的"抱死"现象。因此，7∶24 锥度刀柄的使用转速一般不易超过 12000～20000r/min。

改进型 7∶24 锥度刀柄在原标准 7∶24 锥度刀柄基础上进行了一定的改进，刀柄的锥度仍然是 7∶24。其工作原理是采用双面定位，刀柄装入主轴锥孔锁紧前，主轴端面与刀柄法兰端面间仅有很小的间隙，锁紧后利用锥面间的弹性变形来补偿端面间隙，使得刀柄端面与主轴端面紧密接触，从而增大其刚度。改进型 7∶24 锥度刀柄与主轴的锥面及端面同时接触，保持力矩更大，刚性更强，具有较高的跳动精度和重复精度。这种刀柄由于采用了双面过定位，因此必须严格控制其形状精度和位置精度，制造工艺难度大，成本高。但其优点是可以与原 7∶24 锥柄互换使用，可应用于原主轴锥孔。

  1：10 短锥刀柄采用中空短锥双面定位结构，径向和轴向刚性好，转动惯量小，定位精度和重复定位精度高，高速时夹紧力大，非常适合高速加工。

  1：10 短锥刀柄目前主要有两大系列：HSK 和 KM 系列。HSK 刀柄是德国阿亨工业大学机床研究所在 20 世纪 90 年代初开发的一种双面夹紧刀柄。它是双面夹紧刀柄中最具有代表性的。HSK 刀柄已于 1996 年列入德国 DIN 标准，并于 2001 年 12 月成为国际标准 ISO12164。由于 HSK 刀柄的刚度和重复定位精度较标准 7：24 锥度柄提高了几倍至几十倍，因此在机械制造业得到了广泛的认同和采用。

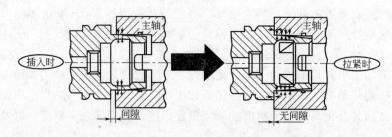

图 6-11 HSK 刀柄与主轴连接结构与工作原理

  HSK 刀柄采用锥面（径向）和法兰端面（轴向）双面定位，实现与主轴的刚性连接，如图 6-11 所示。刀柄在机床主轴上安装时，空心短锥柄与主轴锥孔能完全接触，起到定心作用。此时刀柄法兰端面与主轴端面间还存在大约 0.1mm 的间隙，在拉紧机构作用下，拉杆的向右移动使其前端的锥面将弹性夹爪径向张开，同时夹爪的外锥面作用在空心短锥柄内孔的 30°锥面上，空心短锥柄产生弹性变形，并使其端面与主轴端面靠紧，实现刀柄与主轴锥面和主轴端面的同时定位和夹紧的功能。

  按德国 DIN 标准的规定，HSK 刀柄采用平衡式设计，其结构有 A、B、C、D、E、F 六种型式。其中 A、B 型为自动换刀刀柄，C、D 型为手动换刀刀柄，E、F 为无键连接的适合于超高速切削的刀柄。每种型式又有多种尺寸规格可供选择。

  （2）刀柄与刀具连接技术

  高速切削旋转刀具，由于转速很高，无论从保证加工精度方面考虑，还是从操作安全方面考虑，对它的装夹技术都有很高的要求。普通弹簧夹头、螺钉等传统的刀具装夹方法已经不能满足高速加工的需要。国际上生产刀具夹头的著名公司和生产切削刀具的专业公司，如雄克（SCHUNK）、日研、大昭和、Epb、Wohlhaupter、EMUGE 等公司分别开发出了高精度液压夹头、热装夹头、三棱变形夹头等。

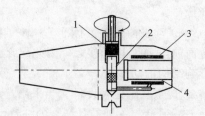

图 6-12 液压夹头工作原理
1—螺栓；2—活塞；3—油腔；4—刀柄孔

  液压夹头的工作原理如图 6-12 所示，在刀柄的周围是一个液压腔，刀具插入刀柄后，用螺栓推动油腔顶部的活塞使刀柄孔内壁膨胀，从而夹紧刀具。这种夹头夹紧精度高、刚性大、操作方便，且具有良好的减振性，可成倍提高刀具使用寿命。缺点是制造工艺复杂、成本高，并且对刀具的尺寸公差要求严格。

  热装夹头也称为收缩夹头，是一种无夹紧元件夹头。热装夹头利用材料热胀冷缩原理，在把刀具装入刀柄前，先用辅助系统把刀柄孔加热，使之因热膨胀产生孔径扩大，刀具插入刀柄后进行冷却，因冷缩而将刀具稳当地夹持在刀柄内。这种夹头精度高刚性大。缺点是操作不便，每次装夹必须对刀柄局部进行加热和冷却，容易引起刀柄的热疲劳和变形。热装夹头的夹持精度比液压夹头高，传递的扭矩比液压夹头大 1.5～2 倍，径向刚度更高达 2～3 倍，能够承受更大的离心力，更适合于整体硬质合金铣刀高速铣削淬硬模具零件等。

三棱变形夹头也是一种无夹紧元件的夹头，利用夹头本身的变形力夹紧刀具，定位精度可控制在 $3\mu m$ 以内。如图 6-13 所示，该夹头的内孔在自由状态下为三棱形，三棱的内切圆直径小于要装夹刀柄的直径，利用一个液压加力装置，对夹头施加外力，使夹头变形，内孔变为圆孔，孔径略大于刀柄直径。此时插入刀柄，然后卸掉所加的外力，内孔重新收缩呈三棱形，对刀柄实行三点夹紧。这种夹头结构紧凑、对称性好、精度高，与热装夹头比较，刀具装卸简单，且对不同膨胀系数的硬质合金刀柄和高速钢刀柄均可适用，其加力装置也比加热冷却装置简单。

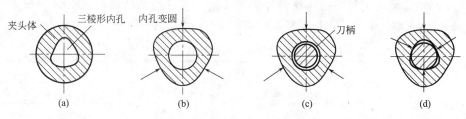

图 6-13　三棱变形夹头工作原理

弹簧夹头是传统的刀具夹持方式之一。弹簧夹头的工作原理为旋紧螺母→压入套筒→套筒内径缩小→夹紧刀具。影响弹簧夹头夹持精度的因素除了夹头本体的内孔精度、螺纹精度、套筒外锥面精度、夹持孔精度外，螺母与套筒接触面的精度以及套筒的压入方式也很重要。通过改进套筒压入方式，如把螺母分为内外两部分，中间安装滚珠轴承，使得旋紧螺母的转矩不传到套筒上，仅对套筒施加轴向压力，可以使夹头获得较大的夹持力和较高的夹持精度，从而满足高速切削加工的需要。

6.4　高速切削加工工艺与编程策略

6.4.1　各种材料的高速切削技术

（1）铝、镁、铜及其合金的高速切削加工

铝及其合金是现代工业中用途最广泛的轻金属材料，广泛应用于飞机、仪表、汽车等行业。纯铝的机械强度不高，不宜做受力结构零件。在铝中加入硅、铜、锰、镁等合金元素后形成铝合金，可以提高其强度。相对而言，铝合金强度和硬度较低，且导热系数高，切削温度有限，化学磨损很小，宜进行高速切削。但铝合金中的硬质相（如 Si）引起的磨粒磨损也会造成刀具的损坏。

聚晶金刚石（PCD）是高速加工有色金属和非金属材料比较理想的刀具材料。国内外各厂家生产的 PCD 刀具种类较多，其性能上有一定的差异，推荐的切削用量也各不相同，应按加工要求正确选择，合理使用。复杂型面铝合金件的高速加工，也可采用整体超细晶粒硬质合金和粉末高速钢及其涂层刀具。为了避免由于铝与陶瓷的化学亲和力而产生黏结，一般不宜采用陶瓷刀具。选择切削用量时，还应考虑铝合金的含硅量，含硅量增加，切削速度应降低。

聚晶金刚石刀片高速切削铝合金时不仅能获得良好的加工质量，而且刀具寿命长。加工实例如下。

零件：高硅铝合金，汽车发动机汽缸盖零件，尺寸 450mm×200mm，粗糙度要求 $Ra1.6\mu m$，平面度要求 0.05mm。

刀具：面铣刀直径 $\phi254$mm，24 齿加 1 片修光刃。

切削条件：切削速度 1356m/min，工作台进给速度 3670mm/min，刀具进给量 2.16mm/r，切削深度 1.6mm，水溶性切削液。

上例中在刀具正常磨损时加工零件数量达到 48000 件。

聚晶金刚石刀具不仅在铝合金的高速铣削中应用，还应用在铝合金的高速车、镗、钻等加工。

高速加工铝合金的刀具材料也可选用 YG（K）类硬质合金、涂层硬质合金或超细晶粒硬质合金。表 6-1 给出了超细晶粒硬质合金刀具使用水溶性切削液以 3770m/min 的切削速度高速铣削 5025 铝合金的其他加工参数和切削条件。

表 6-1　硬质合金刀具高速铣削铝合金时的加工参数

加工类型	平面粗加工	键槽加工	侧面加工
刀具	6 刃 $\phi80$ 端铣刀	2 刃 $\phi10$ 立铣刀	2 刃 $\phi10$ 立铣刀
进给速度/(mm/min)	40000	12000	6000
切削深度/mm	1	0.5	20
切削宽度/mm	50	10	0.5

高速切削加工时大部分切削热由切屑带走，工件整体温升较低，工件热变形相对较小，因此可以用来加工薄壁铝合金件。应用整体硬质合金立铣刀精铣铝合金的薄壁结构，薄壁高 20mm，厚 0.2mm，切削速度 603m/min，工作台进给速度 9600mm/min。

飞机机体材料的 60%～70% 为铝合金，而且绝大多数需要进行切削加工，通常采用"整体制造法"，即在整块毛坯上切除大量材料后，形成高精度的铝合金复杂构件，其切削工时占整个零件制造总工时的比例很大。对这种大型、薄壁、加强肋复杂的铝合金零件进行高精度、高效率的加工是切削加工技术中的一大难题。采用高速切削加工，可以大幅提高生产效率，降低成本，这是飞机制造业开发和应用高速切削技术的主要原因。目前，在美国的航天工业中，高速铣削铝合金工件，采用 5000～8000m/min 的切削速度已相当普遍，如波音公司采用高速加工整体铝合金零件，收到了缩短制造周期及提高飞机性能的双重效果。

铝合金的高速切削速度可高达 7500m/min，甚至还可以更高，目前主要受机床主轴所能达到的最高转速和功率的制约。

镁合金由于具有低密度（$1.8kg/cm^3$）和高强度的优良特性也颇受青睐。在汽车、电子电器、航空等众多领域中得到了广泛应用，是 21 世纪最具发展前景的材料之一。镁合金切削力小，切削能耗低，切削过程中发热少，切屑易断，刀具磨损小，寿命显著延长。因此，加工镁合金可以进行高速、大切削量切削，这在一定程度上抵消了镁合金价格贵的不足。原则上几乎所有刀具材料都可以用于加工镁合金，大批量生产时一般选择硬质合金刀具，金刚石刀具主要用在表面质量较严的情况。但镁合金燃点低（650℃），在加工中必须用矿物油进行强力冷却，并把切屑迅速从加工区运走。另外，高速切削时，镁合金有黏结刀具表面形成积屑瘤的倾向，影响已加工表面粗糙度。可见，镁合金的切削速度主要受限于积屑瘤和工件材料本身的易燃性。

铜及其合金应用于内燃机、船舶、电极、电子仪器及通用机械等。可以采用 YG（K）类硬质合金刀具加工，也可采用聚晶金刚石刀具进行高速切削，切削速度 200～1000m/

min，车削和镗削时的进给量 0.05~0.5mm/r，切削深度 2mm；铣削时的每齿进给量 0.1~0.5mm，切削深度 2mm。如精车 CDA105 铜合金整流子，聚晶金刚石刀具的前角 0°，后角 7°，刀尖圆弧半径 0.5mm，切削速度 225m/min，进给量 0.05mm/r，切削深度 0.23mm，干式切削，可加工整流子 2000 个以上。而应用 WC 基硬质合金刀具每个刀刃只能加工 50 个工件。

锡磷青铜（ZQSn10-1）的加工可选择 PCBN 刀具，如在车削加工 ϕ145mm×52mm 的锡磷青铜工件时，所选用的 PCBN 刀具几何参数分别为：主偏角 80°，副偏角 10°，前角 0°，后角 6°，刃倾角 0°；所用的切削用量为：切削速度 287m/min，进给量 0.15mm/r，切削深度 0.1~0.3mm。在切削行程 17360m 时，工件表面粗糙度 $Ra0.8\mu m$，工件无锥度，刀具后面磨损 $VB>0.1mm$。

（2）铸铁与钢的高速切削加工

铸铁与钢进行高速切削加工的最高速度目前能达到加工铝合金的 1/5~1/3，其中铸铁的切削速度约为 500~1500m/min，精铣灰铸铁可达 2000m/min；钢可用 300~800m/min 的速度高速精加工。加工铸铁和钢时，切削速度的进一步提高受限于刀具材料的耐热性、抗热震性能和化学稳定性，主要是切削热促使刀刃发生黏结磨损、化学磨损和热震破损，造成刀具损坏。

铸铁按金相组织分为白口铁、麻口铁、灰口铁等。白口铁组织中有相当数量的化合碳，其余为细晶粒状珠光体，硬度很高，磨料磨损严重，可切削性极差。麻口铁组织与白口铁类似，只是化合碳较少。含自由碳的铸铁称灰口铁，根据铸铁中石墨不同的结晶形态，灰口铁又分为普通灰口铁（石墨呈粗片状）、孕育铸铁（石墨呈细片状）、球墨铸铁（石墨呈小球状）、可锻铸铁（石墨呈团絮状）及蠕墨铸铁（石墨呈蠕虫状）。灰口铸铁通常指普通灰口铸铁和高强度孕育铸铁，其切削性能极好；球墨铸铁的可切削性与其基体组织有关，铁素体球铁的可切削性优于珠光体球铁；可锻铸铁的切削性能良好，车削加工性能优于易切钢，但退火时产生的表皮层由于组织不均匀，对可锻铸铁的切削性极为不利；蠕墨铸铁与球墨铸铁的切削性能非常相似，对刀具的磨损比灰铸铁要快。

合金铸铁是在铸铁中加入少量合金元素而获得，强度和硬度可以得到显著提高，具有一般铸铁不具备的耐高温、耐腐蚀、抗磨损等特殊性能，但对刀具磨损比一般灰铸铁要高。

采用一定的热处理方法可以改变铸铁的组织结构，从而改善其可切削性能。如白口铸铁经退火处理成为可锻铸铁，对铸铁进行球化处理，使其中的石墨成球状而成为球墨铸铁，可切削性能显著提高。

高速切削铸铁件所用的刀具主要有立方氮化硼刀具（PCBN）、陶瓷刀具、TiC（N）基硬质合金（金属陶瓷）、涂层刀具、超细晶粒硬质合金刀具等。

PCBN 刀具是高速切削铸铁最适宜的刀具之一，与陶瓷刀具或硬质合金刀具相比，切削速度高，加工精度好，刀具寿命长。切削普通灰铸铁时，切削参数范围：切削速度 1000~2000m/min，进给量 0.15~1.0mm/r，切削深度 0.12~2.5mm。在上述三要素中，切削速度是最重要的，随着切削速度的提高，切削力减少，大部分热量被切屑带走，切削温度上升少，有利于切削的进行。因此，用 PCBN 刀具加工铸铁时，应尽量使用高速。表 6-2 为 PCBN 刀具切削常用铸铁的切削用量。

PCBN 刀具车削灰铸铁的前角一般为 $-7°~-5°$，以便承受在连续和断续切削时所产生的较大的切削力。PCBN 刀片刃口的强化与主偏角和前角的配合非常重要，半精加工刀片刃口负倒棱几何参数为 $0.02mm×(-20)°$，精加工刀片为 $0.1mm×(-20)°$。

表 6-2 PCBN 切削常用铸铁切削用量

切削用量/mm	工件材料	切削速度/(m/min)	进给量/(mm/r)
半精加工 $a_p>0.64$	珠光体灰铸铁（HB<240）	450～1060	0.25～0.50
	珠光体灰铸铁（HB>240）	305～610	0.25～0.50
	珠光体软铸铁	550～1200	0.15～0.30
	白口铸铁	60～120	0.25～0.75
精加工 $a_p<0.64$	珠光体灰铸铁（HB<240）	450～1060	0.25～0.50
	珠光体灰铸铁（HB>240）	305～610	0.25～0.50
	珠光体软铸铁	600～1500	0.10～0.15
	白口铸铁	90～180	0.25～0.75

PCBN 刀具是高速切削加工珠光体铸铁较为理想的刀具。如精车珠光体铸铁，硬度180～260HB，切削速度470～920m/min，进给量0.12mm/r，切削深度0.35mm，干切削，每个刀片可以加工200000件，表面粗糙度 Rz 达 $8\mu m$。再如精镗珠光体铸铁汽缸套孔，硬度170～230HB，切削速度460m/min，进给量0.24mm/r，切削深度0.3mm，干切削，每个刀片可以加工2600个汽缸套孔，表面粗糙度 Rz 达 $20\mu m$。

陶瓷刀具也是高速切削铸铁的理想刀具之一，其价格比 PCBN 刀具便宜得多，在高速切削条件下，加工铸铁的切削性能比硬质合金要优越得多，切削速度可达 500～1200m/min。用 Si_3N_4 基陶瓷刀具车削 HT35-61 灰铸铁（HB179），刀具前角为 $-5°$，后角 $5°$，主偏角 $75°$，刀尖圆弧半径 0.8mm，切削速度 600m/min，进给量 0.7mm/r，切削深度 2mm，切削 30min 后，刀具后面磨损量 VB 只有 0.12mm，刀具无破损，还可正常切削。需要特别指出的是，陶瓷刀具切削铸铁时，如果铸铁硬度较低（≤HB140），陶瓷刀具用负前角时对工件表面挤裂严重，无法进行正常切削，如用陶瓷刀具 LT55 端铣硬度 140HB 铸铁时就会发生这种情况，改为正前角，就能顺利进行切削。

铸铁件的金相组织对 PCBN 和陶瓷刀具材料的选用有一定的影响。加工以珠光体为主的铸铁，用 CBN 含量（重量）为 80%～95% 的 PCBN 刀具，可在 500～1500m/min 的切削速度进行加工，也可用陶瓷刀具进行加工，切削速度≤1000m/min；当加工以铁素体为主的铸铁时，由于扩散磨损的原因，不宜采用 PCBN 刀具，而采用陶瓷刀具。但可以采用黏结相为金属 Co，平均颗粒尺寸为 $3\mu m$，CBN 含量大于 90%～95% 的 PCBN 刀具，在切削速度≥700m/min 时加工铁素体含量高的铸铁。

钢的切削加工性与其化学成分和金相组织（热处理状态）密切相关，同时还与加工工艺类别、装备水平、刀具结构、工艺参数和冷却液性能等有关。但对化学成分和金相组织一定的工件材料而言，与刀具材料的匹配对其切削加工性影响最大。

PCBN、陶瓷刀具、TiC(N) 基硬质合金（金属陶瓷）、涂层刀具等是高速切削加工钢、合金钢和淬硬钢等的常用刀具。其中 PCBN 主要适合于加工淬硬钢件（45HRC 以上）。氧化铝基陶瓷刀具适于加工碳钢、高强度钢、高锰钢、高速钢和调质钢等，根据工件材料的成分和机械性能，其切削速度范围不同，加工未淬硬钢件，一般可在 300～800m/min 速度范围进行高速切削加工。陶瓷刀具的组分不同，适于加工的钢的种类也不同，根据加工要求和钢件性质选用不同组分的陶瓷刀具及其几何角度是成功使用陶瓷刀具进行高速切削的关键。例如加工钢和合金钢，使用 Al_2O_3+TiC 陶瓷刀具最为普遍，且一般都采用负前角。涂层硬质合金刀具随涂层材料不同，一般可在 200～500m/min 范围内加工未淬硬钢件。

对于淬硬钢，传统加工工艺是先对工件进行退火处理后进行切削加工，然后进行热处理，最后再磨削加工，此方法准备时间及工序时间长，设备总投资大，加工成本高；或用电化学（EDM）方法加工，EDM 依赖于工件材料的导电性而非硬度，材料切除率太低，电极加工成本高，而且由于热影响容易出现裂纹、残余应力等使工件报废。这类材料目前已逐渐用高速切削加工的方法取代传统加工方法进行加工。

PCBN 刀具能胜任淬硬工具钢、淬硬模具钢的高速切削加工。被加工材料的硬度越高越能体现出 PCBN 刀具的优越性。由于 PCBN 刀具较脆，对于断续切削，特别是在刚性不足时，采用刀刃研磨和负倒棱，并用负前角切削以增强刀具抗冲击强度，减少刀刃破损和刀片断裂，对于特别严重的断续切削，则采用大的刀尖圆弧半径，以增加刀刃强度。加工钢时常用的 PCBN 刀具的几何参数如表 6-3 所示。当切削平稳时，PCBN 刀具可采用零度前角。PCBN 刀具切削常用淬硬钢（45HRC 以上）的切削用量见表 6-4。生产中根据不同材料及其加工要求，通过实验确定其合理优化的几何参数和切削用量。

表 6-3　加工钢时常用的 PCBN 刀具的几何参数

前角 γ_0	后角 α_0	刃倾角 λ_s	刀尖圆弧半径 r_ε	倒棱宽 b_{r1}	倒棱前角 γ_{01}
$-5°\sim-3°$	$5°\sim10°$	$0°$	$0.2\sim0.8mm$	$0.2\sim0.3mm$	$-20°\sim-8°$

表 6-4　PCBN 刀具切削常用淬硬钢的切削用量

切削深度/mm	工件材料	切削速度/（m/min）	进给量/（mm/r）
半精加工 $a_p>0.64$	淬硬高碳钢	$90\sim140$	$0.10\sim0.30$
	淬硬合金钢	$90\sim120$	$0.10\sim0.30$
	淬硬工具钢	$60\sim90$	$0.10\sim0.20$
精加工 $a_p<0.64$	淬硬高碳钢	$120\sim180$	$0.10\sim0.20$
	淬硬合金钢	$120\sim150$	$0.10\sim0.20$
	淬硬工具钢	$75\sim110$	$0.10\sim0.20$

用陶瓷做结合剂的复合 PCBN 刀具既具有陶瓷材料的良好热稳定性和化学稳定性，又具有 PCBN 刀具的高耐磨性，因而是进行淬硬钢精车的理想刀具材料。复合 PCBN 刀具能在精密车床上获得 $Ra0.0254\mu m$ 的超精密加工表面。采用 CBN 含量高的 PCBN（90%CBN）和复合 PCBN（65%CBN＋35%TiN）球头立铣刀高速加工淬硬模具钢都能获得很好的加工效果。相对而言，CBN 含量高的 PCBN 刀具的加工效果更好些。用复合 PCBN 刀具的稳定性好，化学惰性高，在高速切削加工高硬度材料时能极好地减少月牙洼磨损。

Al_2O_3 基陶瓷刀具比 PCBN 刀具便宜得多，是加工淬硬钢比较理想的刀具之一。Al_2O_3 基陶瓷刀具有多种牌号可供选择，目前，国内最好的 Al_2O_3 基陶瓷刀具是 SG-4，它可以在切削速度 $100\sim150m/min$ 的范围内加工硬度 $58\sim65HRC$ 的钢和合金钢。

涂层硬质合金立铣刀（TiCN 或 TiAlN 涂层）也可在较高速度下切削加工淬硬钢（$50\sim55HRC$）。半精加工时的切削用量：切削速度 $90\sim120m/min$，轴向切削深度 $3\%\sim4\%$刀具直径，径向切削深度 $20\%\sim40\%$刀具直径，每齿进给量 $0.05\sim0.15mm$。精加工时切削用量：切削速度 $100\sim150m/min$，轴向切削深度 $0.1\sim0.2mm$，径向切削深度 $0.1\sim0.2mm$，每齿进给量 $0.02\sim0.2mm$。

（3）钛合金的高速切削加工

钛合金具有密度小（约 $4.5g/cm^3$，仅为钢的 60%左右），比强度高，热强度高，能耐各种酸、碱、海水、大气等介质的腐蚀等一系列优良的力学、物理性能，因此在航天航空业、炼油业、化工业、采矿业、造纸业、核废料储存、电化学、食品加工、医疗设备等领域得到越来越广泛的应用。

钛合金种类繁多，可分为四大类：纯钛、α 类、α-β 类和 β 类。应用最普遍的钛合金是 α-β 类，其中 TC4（Ti-6Al-4V）占当今所用全部钛合金的 50％以上。

研究结果表明，钛合金硬度在 300HBS 以上时用传统切削加工是较难加工的材料，困难的原因并不在于其硬度，而在于钛合金本身的力学、化学、物理性能间的综合。由于钛合金切削时变形系数很小、切削温度高、加工表面易生成硬脆变质层、粘刀严重、后面的剧烈磨损，所以传统加工时通常采用极低的切削速度，生产效率非常低。

为了有效切削钛合金，必须针对钛合金的性能特点，正确选择刀具材料和刀具几何参数，优化切削用量并使用性能好的切削液及有效的浇注方式。切削钛合金必须选用红硬性好、抗弯强度高、导热性能好、抗黏结、抗扩散、抗氧化性能好的刀具材料。根据钛合金塑性小，刀—屑接触长度短，宜选较小的前角；钛合金弹性模量小，为减少摩擦，应取较大后角（≥15°）；为增强刀尖散热性能，主偏角宜取小些（≤45°）。

加工钛合金可选用不含或少含 TiC 的硬质合金刀具。大量实验表明，选用 YG（K）类硬质合金加工钛合金效果最好，YT（P）类硬质合金加工钛合金时磨损严重，效果不好。普通涂层刀具加工钛合金时磨损也较为严重，但据报道利用物理气相沉积（PVD）技术，采用精细 TiN 涂层的刀具高速立铣钛合金 IMI318 时，刀具性能远好于普通硬质合金立铣刀。陶瓷刀具广泛用来加工各种难加工材料，特别是高温合金材料如镍基合金，但由于其导热性差、断裂韧性较小和对钛的化学活性，陶瓷刀具很少被用于加工钛合金。聚晶金刚石（PCD）刀具已被用于高速加工钛合金，切削速度 180～220m/min，进给速度 0.05mm/r，切削深度 0.5mm，效果较好。天然金刚石采用乳化液冷却时，切削速度可达 200m/min 以上，但成本太高，其应用受到限制。

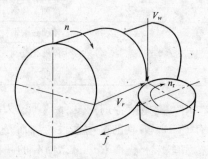

图 6-14　圆锥楔形刀具结构

除了开发新的刀具材料来提高钛合金加工时的刀具性能外，采用特殊设计的刀具结构以车铣组合加工方式可以提高钛合金加工时的刀具性能，切削速度可达 320m/min，如图 6-14 所示，这种刀具呈圆锥楔形，车削时，工件旋转，刀具也绕其轴线旋转并沿工件轴线走刀，这种旋转刀具切削时，刀具散热条件大为改善，有利于降低切削温度和减少刀具磨损。实验表明，加工 TC4 钛合金时，特殊设计的旋转刀具的刀具寿命比普通刀具提高 7 倍。

（4）镍及镍基合金的高速切削加工

镍的熔点为 1453℃，抗蚀性强，其安全温度在氧化性气体中为 1040℃，在还原性气体中为 1260℃，且具有一定的强度和塑性。因此，在现代工业中，纯镍作为耐高温、抗腐蚀材料，应用十分广泛。但是，纯镍的可切削性极差，用高速钢和硬质合金刀具进行切削时，刀具迅速磨损而失去切削能力。选用 DSL-F 复合 PCBN 刀具对纯镍进行切削加工性能优异，采用 SiC 晶须与 SiC 颗粒协同增韧的 JX-2 氧化铝基陶瓷刀具高速切削纯镍可以取得较为理想的效果。

高温合金又称为耐热合金或热强合金，是多组元的复杂合金，能在 600～1000℃ 的高温氧化气氛及燃气腐蚀条件下工作，具有优良的热强性能、热稳定性能及热疲劳性能，是航空、航天、造船工业的重要结构材料。高温合金按基体元素可分为铁基、镍基、铁-镍基和钴基合金。通常称含 Ni 量大于 50％的高温合金为镍基高温合金，镍基合金是一种具有代表性的超级耐热合金，既具有高的硬度和耐热性，又具有很高的耐蚀性，广泛用作喷射引擎零件、燃汽轮机、蒸汽轮机、飞机发动机及核能工业用材料。GH169（Inconel 718）、GH4049、GH761 等是镍基合金中具有代表性的难加工材料。镍基合金微观组织中含碳化物硬质点、热导率和比热容小、高温强度高、高剪切应力、黏性大，故在切削过程中表现出切削温度高、加工硬化严重、易形成积屑瘤、塑性变形抗力大、表面质量和精度不易保证等特点。这就要求刀具材料不仅具有高的强度和韧性，而且要具备高的导热性能和抗热震性及红硬性、耐磨、抗黏结、抗扩散、抗氧化磨损性好。目前国内外加工镍基合金主要选用 PCBN 刀具、陶瓷刀具和 YG（K）类硬质合金。由于硬质合金在高温区化学稳定性较差，极易与镍基合金发生化学反应而使刀具加剧损坏，因此一般采用非常低的切削速度（<40m/min）。而 PCBN 刀具和陶瓷刀具在高温区化学稳定性较好，适用于高速切削镍基合金。

含 85％～95％CBN、粒度 2～3μm、用金属系做黏结剂的 PCBN 刀具也可用于高速切削镍基合金，切削速度一般选择 120～240m/min，进给量 0.05～0.15mm/r，切削深度 0.1～3.0mm。研究表明：加工 GH169 工件（硬度 340HV）时，宜选用高 CBN 含量的 PCBN 刀具，因为 CBN 含量越高，PCBN 刀具的硬度越高。

车削 GH169 工件（硬度 HV440）可选用 Si_3N_4 基陶瓷刀具、氧化铝基陶瓷刀具、晶须增韧陶瓷刀具或 Sialon 陶瓷刀具，具体性能各不相同。

Si_3N_4 基陶瓷刀具和氧化铝基陶瓷刀具车削 GH169 时的几何参数：前角为−5°，后角 6°，刃倾角 15°，刀尖圆弧半径 0.8mm，进给量 0.19mm/r，切削深度 0.5mm，切削速度可高达 500m/min，水基冷却液，冷却液流量 4L/min。Si_3N_4 基陶瓷刀具和氧化铝基陶瓷刀具车削加工 GH169 时刀具的磨损形态和磨损规律与切削速度的关系非常相似，但氧化铝基陶瓷刀具磨损要比 Si_3N_4 基陶瓷刀具小，因此氧化铝基陶瓷刀具更适合加工 GH169。

车削 GH169 工件时用 SiC(20％) 晶须增韧陶瓷刀具（山特维克 CC670），可转位刀片 SNGN120712T01020，主偏角 45°，前角−6°，刃倾角 0°，刀尖圆弧半径 1.2mm。切削深度 1.5mm，切削速度可达 530m/min，进给量 0.05～0.22mm/r。晶须增韧陶瓷刀具能以 100～200m/min 的切削速度和 0.5～0.7mm/r 的进给量在镍基合金上镗削 87～800mm 直径的孔，这比一般的硬质合金刀具的切削速度约高 5 倍，而进给速度则快了 2 倍。

我国的 SiC 晶须增韧 Al_2O_3 陶瓷刀具 JX-1(Al_2O_3-SiC_w) 的物理机械性能已达到国外同类产品的先进水平。大量实验研究表明，JX-1 型 SiC 晶须增韧 Al_2O_3 陶瓷刀具是比较理想的高速切削加工镍基合金及镍基喷焊材料的刀具之一。切削时采用极压乳化液（浓度约 20∶1）可使刀具寿命提高两倍以上。

(5) 非金属材料与复合材料的高速切削加工

非金属材料种类繁多，包括塑料、橡胶、润滑材料、黏结材料和隔热耐火材料等，其中塑料又有热塑性塑料和热固性塑料等。

采用塑料类零件来代替钢、铜和铸铁等金属类零件已显示出其卓越的优点，从而得到广泛的应用，如在航空航天、汽车、机床、轴承、仪表工业中做衬套、垫片、轴承保持架、传动蜗轮、齿轮、管接头和皮带轮等。纤维增强塑料（FRP）和热固性塑料（GRP）目前除在化学工业中应用外，主要用于航空和汽车工业的小批量和中等批量零件。加工 FRP 和 GRP 材料零件，选用正确的刀具是非常重要的，可采用黏结在 WC 基硬质合金上的 PCD 刀片，也可选用硬质合金刀具。尽管 PCD 刀具成本较高，但有较长的刀具寿命，而且能够用较高的切削速度加工。用 PCD 刀具切削加工纤维增强塑料（FRP）和热固性塑料（GRP）的实例见表 6-5。

表 6-5　聚晶金刚石刀具加工非金属材料实例

加工方法	材料	切削用量	刀片种类	效果
车削电子绝缘管	50％树脂，50％编织玻璃粗纱	切削速度:236m/min 进给量:0.1mm/r 切削深度:2mm 不用冷却液	晶粒平均尺寸 25μm，前角 0°，后角 6°	每把 PCD 刀具可加工1000 多个零件
车削玻璃强化环氧树脂	60％玻璃纤维，40％环氧树脂	切削速度:426m/min 进给量:0.12mm/r 切削深度:3mm 不用冷却液	晶粒平均尺寸 25μm，前角 0°，后角 6°，刀尖圆弧半径 0.3mm	降低到硬质合金刀具成本的百分之一
切割印制电路板	FR4,65％玻璃增强环氧树脂	切削速度:3300m/min 进给速度:4mm/min 叠层（切割）厚度:30mm	晶粒平均尺寸 25μm，36 齿，直径 ϕ350mm 圆锯片	锯片切割长度为 30000mm
隐形眼镜粗车加工	聚甲基异丁烯酯(PMMA)	切削速度:188m/min 进给量:0.05mm/r 切削深度:0.2	晶粒平均尺寸 2μm	刀具寿命高于天然金刚石
铣削眼镜框	热塑性乙酸酯	切削速度:4500m/min 进给速度:10mm/min 切削深度:3～8mm 气冷	晶粒平均尺寸 10μm，前角 0°，后角 15°，单齿铣刀	用硬质合金刀具每把可加工 800 个工件，用 PCD刀具可加工 300000 个工件
车削绝缘体端面	氧化硅强化环氧树脂	切削速度:114m/min 进给量:0.2mm/r 切削深度:1.5mm 不用冷却液	晶粒平均尺寸 25μm，前角 0°，后角 6°，刀尖圆弧半径 0.8mm	Ra1.6μm，材料去除率比硬质合金提高 100％
车削轴承环罩	酚醛树脂	切削速度:480m/min 进给量:0.4mm/r 切削深度:0.5mm 不用冷却液	晶粒平均尺寸 25μm，前角 0°，后角 6°	用硬质合金刀具每把可加工 1000 个工件，用 PCD刀具可加工 120000 个工件
镗削加工刮雨器构件	玻璃纤维增强聚酯树脂	切削速度:47m/min 进给量:0.1mm/r 切削深度:0.15mm 不用冷却液	晶粒平均尺寸 25μm，前角 0°，后角 15°	每把 PCD 刀具可加工500000 个工件

　　橡胶是重要的工业材料之一，广泛用于制造轮胎、软管、板材和棒材，以及多种零件。聚异丁烯（PIB）橡胶还具有防中子辐射能力，作为车体内衬材料已在现代坦克装甲车辆上得到应用，但由于其具有显著的高弹性和黏弹性，传统切削加工方法很难保证加工尺寸，也难以得到良好的加工表面。采用高速铣削的方法可产生粉末状的切屑，不需要冷却即可得到很好的加工质量。高速切削条件为：采用 ϕ10mm 三刃整体硬质合金立铣刀，转速 1200r/min，进给速度 100mm/min。

　　石墨因其具有良好的导电性、优良的耐腐蚀性能、极好的自润滑性能、低摩擦系数和很高的导热系数，在机械、模具、电工等许多行业的应用不断扩大，如电火花加工使用的电极、轴承、机械密封环、电刷等。在很多情况下，石墨经烧结成形后，还要经切削加工后才能使用。石墨电极具有电极消耗小、加工速度快、耐高温、加工精度高等优点，有逐步取代铜电极，成为电加工电极的主流趋势。用常规的车削、铣削、磨削方法可以满足加工简单形状电极的要求。采用高速加工方式可提高石墨电极表面质量和精度，减少其后续加工工作量，降低加工成本，满足高精度复杂形状电极加工的要求。许多生产厂家推出了石墨高速切削机床，主轴转速通常在 10000~60000r/min，进给速度可达 60m/min 以上，加工壁厚可小于 1mm，最小圆角半径小于 0.2mm。高速切削加工石墨的切削速度一般大于 900m/min，此时，可选择金刚石涂层刀具、PCD、PCBN 或 TiN 涂层硬质合金刀具，陶瓷刀具不适合切削石墨材料。由于 PCD 刀具有较好的重刃磨性，因此，精加工时，一般推荐使用 PCD 刀具。

先进复合材料（如 Kevlar 和石墨类复合材料）已在航空航天工业中广泛应用，传统切削加工常选用硬质合金和 PCD 刀具，但硬质合金的切削速度有限，而在 900℃ 以上高温下 PCD 刀片与硬质合金或高速钢刀体焊接处将熔化，用陶瓷刀具则可实现 300m/min 左右的高速切削加工。

6.4.2　高速硬切削技术

硬切削被定义为对 45HRC 以上的高硬工件材料进行单点切削的加工过程，硬切削一般作为最终精加工工序。通常工件材料硬度可达 58~68HRC。对如此高硬度的材料过去一般采用磨削加工，现在可采用超硬刀具进行切削加工。硬切削是一种"以切代磨"的新工艺，是一种高效切削技术。硬切削可以切削普通淬火钢、淬硬工具钢、淬硬轴承钢等。

硬切削主要涉及工模具、轴承、齿轮、机床、工程机械、汽车及航空航天制造业等。模具制造业的大量生产实践证明，高速硬切削技术可显著提高生产率及加工表面质量（如已加工表面形成残余压应力且硬度略有提高），减少后续工序，降低生产成本。

（1）高速硬切削的特点

① 生产效率高。相对磨削而言，硬切削背吃刀量大、工件（或刀具）转速高，因此其金属切除率是磨削的 4~6 倍，而其消耗的能量仅为普通磨削加工的 1/5。

② 设备投资小，适应性好。在生产率相同情况下，CNC 车床的投资仅为 CNC 磨床的 1/3，且 CNC 车床软、硬切削均可，一机二用，占地面积小，辅助费用低。采用高速加工中心铣削淬硬模具钢，可以在很大程度上代替电火花加工。

③ 零件整体加工精度高。在淬硬模具的以铣代磨加工中，加工尺寸精度高，大大减少了手工修光时间。在以车代磨加工中，由于切削产生的大部分热量被切屑带走，不会像磨削那样容易产生表面烧伤和裂纹，因而可获得很高的圆度和很好的表面质量，而且能保证很高的位置精度。

④ 符合环保要求。磨削会产生磨屑和切削液混合物，磨屑无法再利用，易造成环境污染。高速硬切削使用超硬刀具材料，为了避免由于热冲击引起刀具损坏，一般不使用切削液，节省了购买、检测、处理切削液的成本，且产生的废屑较磨屑容易处理，可以再利用。据最新调查显示，在零件加工总成本中，切削液费用约占 16%。即使采用切削液，其回收处理也比磨削容易得多。

⑤ 可利用车刀单点切削的特点加工复杂形状的工件，而磨削只能用成形砂轮进行加工。

⑥ 一次设定可完成多项切削工序，节省工件搬运和重新装夹时间，减少工件损伤。

⑦ 硬切削过程中容易产生"白层"，"白层"是在材料表面形成一层肉眼看不见的非常薄（大约为 $1\mu m$）的硬表层，一般是因为刀片钝化引起过多的热量传递到零件内造成的。对于需要承受高接触压力的零件，"白层"是非常有害的，随着时间的推移，"白层"可能剥离并导致零件失效。

（2）高速硬切削刀具材料的选择

　　高速切削淬硬钢要求有很高的比切削率。比切削率高，切削温度也高，同时还会出现刀具的塑性变形，很快导致高速钢和一般硬质合金刀具的断裂。因此选择硬度高、热硬性好的刀具材料是高速切削淬硬钢材料的关键因素之一。能够用于高速切削淬硬钢的刀具材料有PCBN、陶瓷、超细晶粒硬质合金及涂层硬质合金。

　　① PCBN 刀具　因为具有很高的硬度和耐磨性，PCBN 刀具适合于高速切削淬硬钢。在加工硬度低于 50HRC 的工件时，PCBN 刀具形成的切屑为长条形，在刀具表面产生月牙洼磨损，从而缩短刀具寿命。因此，PCBN 刀具更适合于加工硬度高于 55～65HRC 的材料。

　　② 陶瓷刀具　陶瓷刀具的成本低于 PCBN 刀具，且具有良好的热化学稳定性，但是韧性和硬度不如 PCBN 刀具。陶瓷刀具比较适合加工相对比较软的材料（≤50HRC）。可以选择的材料有 Si_3N_4 陶瓷、晶须加强 Al_2O_3 陶瓷以及纳米级陶瓷，如 WG300、AG4、AT6 等。研究表明，氮化硅系（Si_3N_4）陶瓷容易在高温下与淬硬钢中的硅产生高温扩散而加剧刀具磨损。因此选用氧化铝系及 TiN 基陶瓷刀具比较合适。

　　③ 新型硬质合金及涂层硬质合金刀具　切削硬度在 40～50HRC 之间的工件时，低成本的新型硬质合金、涂层硬质合金以及一些纯陶瓷材料刀具可以胜任。目前开发的一些新型硬质合金、超细晶粒硬质合金和涂层硬质合金刀具，也可以适应更大范围的高速硬切削，如 YT05 刀具，可切削淬硬钢的硬度范围是 58～62HRC，而 XM052 型超细晶粒硬质合金刀具可切削硬度高达 67HRC 的高硬度淬硬钢。

　　(3) 高速硬切削刀具结构及几何参数的确定

　　刀片形状及刀具几何参数的选择合理与否，对充分发挥刀具的切削性能至关重要。硬切削刀片应选择强度高、散热条件好的刀片形状和尽可能大的刀尖圆弧半径，用圆形及大半径刀片粗加工。精加工时的刀尖半径约为 $0.8～1.2\mu m$，同时应对刀具刃口进行预加工。切削淬硬钢时的切屑为红色锻带状，脆性大，易折断，不粘接，一般在切削表面不产生积屑瘤，加工表面质量高。但淬硬钢切削力比较大，所以刀具宜采用负前角（$\gamma_0 \geqslant -5°$，或预磨出负倒棱）和较大的后角（$\alpha_0 = 10°～15°$），正前角刀片由于其切削力比较小，用于相对低刚性工况下进行硬切削，主偏角取决于机床刚性，一般取 45°～60°，以减少工件和刀具颤振。

　　由于硬切削切削力大，除了要求刀片强度高外，刀杆的强度也要求高。在巨大的切削力作用下，刀杆会产生过度的变形。为了解决这一问题，一些刀具公司推出了整体硬质合金刀杆结构。钢刀杆的弹性变形量为整体硬质合金的 3.5 倍。采用整体硬质合金刀杆结构可以使硬车、硬铣甚至硬钻更容易实现。目前很多刀具公司开发了硬切削专用刀具。

　　(4) 高速硬切削工艺参数的选择

　　总的来说，工件材料硬度越高，其切削速度应该越低。根据所选刀具材料的不同，硬切削的切削速度选择也有比较大的差别。一般来讲，使用 PCBN 刀具时，切削速度高于其他刀具材料。通常硬车和硬铣的切削速度为 80～400m/min。一般情况下，背吃刀量为 0.1～0.3mm，加工表面粗糙度要求低时可选小的背吃刀量，但不能太小，要适宜。进给量通常可以选择 0.05～0.25mm/r，具体视表面粗糙度要求和生产率要求而定。

6.4.3　高速干切削技术

　　近年来，工业生产领域相应提出了绿色制造和清洁生产的概念。机械产品的制造过程是直接消耗资源和产生废弃物的主要环节，因此，零件的绿色加工工艺愈来愈受到重视。所谓绿色加工工艺，就是在满足加工质量、加工效率和加工成本要求的条件下，把对环境的负面影响减至最小，使资源（能源、物料）利用率达到最高的工艺。

切削液在加工中对降低切削温度起了很好的作用，也有利于断屑和排屑，但同时也存在一些问题，切削液的使用、存储、保洁和处理等都十分繁琐，且成本很高；切削液对环境和操作者身体健康会造成危害；切削液的处理是不经济的，引起成本费用的显著增加，因此，未来加工的方向是采用尽量少的切削液，甚至不用切削液，即采用干切削加工技术。

追求生态效益和经济效益是推动干切削技术发展的主要动力。超硬刀具材料，特别是刀具涂层材料的发展，刀具几何形状的改进，微量润滑材料的应用以及适合干切削机床等相应配套设备的开发，有力地推动了干切削技术的迅速发展。

干切削加工是绿色制造实施的具体体现，目前已成为切削加工领域的研究热点之一。干切削技术经过多年的发展，已经进入实用化阶段，当今相当多的切削加工工序已完全可以用干切削或微量润滑切削（准干切削）来解决，据统计，在欧洲工业界，大约有 20% 的加工已经采用干切削工艺。随着制造业的发展，严格的环境立法和激烈的市场竞争，干切削加工必将得到越来越广泛的应用。

（1）干切削加工的内涵

目前大部分机器零件的加工，尤其是在自动化程度较高的数控机床和自动线上的加工，大都使用切削液。切削液的主要作用是冷却、润滑和排屑等。然而随着人们对环境保护的重视和可持续发展意识的提高，切削加工中大量使用切削液的加工方法已经受到种种限制。切削液的污染会对周围环境和操作者造成伤害，对切削液在零件及切屑表面形成的附着物的清理不仅会造成"二次污染"，而且将提高生产成本。研究表明：切削加工中切削液的费用约占生产加工总费用的 15%～17%，而刀具成本通常仅占总成本的 2%～4%，如图 6-15 所示。

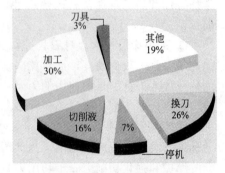

图 6-15　加工成本组成

干切削加工就是在切削过程中在刀具与工件及刀具与切屑的接触区不用切削液的加工工艺方法。从金属切削加工技术产生的那一天起，就有了干切削和湿切削加工方法。因此，干切削加工工艺方法从原理上讲并不新，且已在生产中有较长时间的应用（如铸铁的干铣削等），但其内涵与以往大不相同，因为这里的干切削加工已经不仅局限于铸铁材料的加工，而是力图在所有材料加工及所有加工方法中均采用干切削加工。

干切削不是简单的停止使用切削液，而是要在停止使用切削液同时，保证高效率、高质量、高刀具寿命以及切削过程的可靠，这就需要使用性能优良的干切削刀具、机床以及辅助设施替代传统切削中切削液的作用，从而实现真正意义上的干切削加工。干切削加工涉及刀具材料、刀具几何结构、加工机床、加工方式等各个方面，是制造技术与材料技术、信息、电子、管理等学科间的交叉与融合。

（2）干切削加工的特点

干切削加工由于不用切削液，完全消除了切削液导致的一系列负面影响。与湿切削相比，干切削具有以下特点：

① 形成的切屑干净、清洁、无污染，易于回收和处理；

② 省去了与切削液有关的传输、过滤、回收等装置及费用，简化了生产系统，节约了生产成本；

③ 节省了与切削液及切屑处理有关的费用；

④ 不产生环境污染及与切削液有关的安全与质量事故。

由于具有这些优点，干切削已成为目前清洁制造工艺研究的热点之一，并在车、铣、钻、铰、镗削加工中得到了成功的应用。

和相同条件下的湿切削加工相比，干切削也有不足的地方：

① 直接的加工能耗增大（加工变形能和摩擦能耗），切削温度增高；

② 刀具/切屑接触区的摩擦状态及磨损机理发生改变，刀具磨损加快；

③ 切屑因较高的热塑性而难以折断和控制，切屑的收集和排除较为困难；

④ 加工表面质量易于恶化。

（3）干切削加工刀具技术

由于不使用切削液，干切削的切削温度比普通湿切削要高很多，刀具能否承受干切削时巨大的热能，是实现干切削的关键。这方面的主要措施有以下几点。

① 采用新型刀具材料。干切削不仅要求刀具材料具有极高的热硬性和热韧性，而且还须有良好的耐磨性、耐热冲击和抗黏结性。目前已发展的刀具材料主要有金刚石、立方氮化硼、陶瓷、金属陶瓷、涂层和超细晶粒硬质合金等。发展具有更加优异高温力学性能、高化学稳定性和热稳定性及高抗热震性的刀具材料，是推动干切削技术发展和广泛应用的重要前提。

② 采用涂层技术。对刀具进行涂层处理，是提高刀具性能的重要途径。涂层刀具不仅提高了刀具的表面硬度，而且能降低刀具/工件和刀具/切屑表面间的摩擦，并能隔断切削区的热量传入刀具。目前使用的刀具中有 40% 是涂层刀具，新型涂层还在不断出现，使用涂层刀具实现干切削加工的趋势在不断增长。

③ 优化刀具参数和切削用量。在干切削加工中，刀具几何参数的优化非常重要。原有的标准刀具不能适应干切削，为此干切削加工应优化刀具几何参数，减少加工中刀具与切屑间的摩擦和强化切削刃。干切削刀具可以通过如下方法进行设计：

a. 基于自由切削的原理，设计刀具切削部分的几何形状，以减少由于流屑干涉引起的切削能耗；

b. 尽量增大刀具切削部分单位表面积所包容的材料体积，提高刀具刃、尖部瞬间受热能力；

c. 使刀具为负前角或使前后面凸起，以延缓月牙洼磨损对刀刃的损害，这种方法在一些新型刀具上已有应用；

d. 增大负刃倾角，改善刀刃及刀尖的切入状态，以提高刀具抗冲击和抗热震能力；

e. 加大切屑在前面断屑台上的变形量和增加断屑台的个数，以提高对强韧性切屑的断屑能力。

由于高速加工具有切削力小、散热快、加工过程稳定性好等优点，因此在干切削的切削用量选择中，应尽可能采用较大的切削用量（切削速度和进给量）。干切削技术与高速切削技术的有机结合，将获得生产率高、加工质量好和无环境污染等多重利益。

④ 合理匹配刀具材料与工件材料。干切削的主要特点是切削力大、切削温度高，工件材料与刀具材料应不易发生化学反应，因此要特别注意工件材料与刀具材料的合理匹配。

（4）干切削加工工艺应用

为使干切削取得更好的效果，除了选择正确的刀具外，还要注意选择最适宜的切削参数。较高的切削速度和进给量不但有利于达到高的生产效率，而且可以减少产生热量的时间以及热量渗入工件的时间，还可较好地控制切屑。在选择高进给速度时，要注意参考机床扭矩图，确保切削扭矩不致使机床主轴闷车。如果扭矩超过主轴能力，可以考虑选择直径小一些的刀具。如果较高的进给速度影响到表面粗糙度，可以增加刀具刀尖半径作为补偿。

在高速切削条件下，大量的切削热被切屑带走，因此高速干切削是干切削技术的主要发展方向。美国 Makino 公司提出"红月牙"（Red Crescent）干切削工艺。其机理是由于切削速度很高，产生的热量聚集于刀具前部，使切削区附近工件材料达到红热状态，导致屈服强度明显下降，从而提高材料去除率。实现"红月牙"干切削工艺的关键在刀具，目前主要采用 PCBN 和陶瓷等刀具来实现这种工艺，如用 PCBN 刀具干车削铸铁制动盘时，切削速度已达到 1000m/min。

干切削的采用与加工方法和工件材料的组合密切相关。从实际情况看，车削、铣削、滚齿等加工应用干切削较多，因为这些加工方法切削刃外露，切屑能很快离开切削区。而封闭式的钻削、铰削等加工，干切削就相对困难些，不过目前已有不少此类孔加工刀具出售。就工件材料而言，铸铁由于熔点高和热扩散系数小，最适合进行干切削；钢特别是合金钢的干切削较困难，但也有取得重大进展；对于难加工材料，则有使用激光辅助进行干切削的方式。

对于某些加工方式和工件材料组合，纯粹的干切削目前尚难于在实际生产中使用，故又产生了最小量润滑技术（Minimal Quantity Lubrication，MQL）或最小油雾润滑技术（Minimal Mist Lubrication，MML）。MQL 或 MML 是将极微量的切削液与具有一定压力的压缩空气混合并油雾化，然后一起喷向切削区，对刀具与切屑和刀具与工件的接触界面进行润滑，以减少摩擦，降低刀具温度，并防止切屑粘到刀具上，同时也冷却了切削区（油雾在切削区的汽化会吸收不少的热量），有利于排屑，从而显著改善切削加工条件。MQL 润滑使用对人健康无害的植物油或脂油，用量又极少，一般每小时的用量只有十几到几十毫升，仅为传统湿切削加工用量的几万分之一。加工后刀具、工件和切屑都保持干燥，切屑无需处理便可回收利用，因而使用 MQL 润滑的切削又被称为准干切削（Near-dry Cutting）。

目前在干切削或准干切削中使用的冷却、润滑方法很多，如气体冷却、低温冷却、保护气体油雾冷却、水蒸气冷却、喷雾冷却等。在低温冷却中又有液态氮直接喷射冷却和采用 CO_2 的自喷对切削区直接冷却，还有采用刀具内部制冷方法，甚至把刀具与冷冻机直接相连对刀具进行循环冷却，效果也很明显。采用低温冷却切削技术能有效降低切削区的温度，改变切削区的切削温度分布。

6.4.4　高速切削编程策略

为了保证高速加工顺利进行，提高零件加工质量，延长刀具寿命，缩短加工时间，高速切削加工编程具有不同于普通数控加工的特殊要求，如保持恒定的切削载荷、每齿进给量应尽可能保持恒定，并保持稳定的进给运动，使进给速度损失降低到最小、避免走刀方向和加速度的突然变化、程序处理速度最佳化等。

（1）高速切削加工方式与路径规划

① 进、退刀路径规划。高速切削加工时，刀具切入工件的方式，不仅影响加工质量，同时也直接关系到加工的安全。刀具高速切削工件时，工件将对刀具产生一定的作用力。此外，刀具以全切深和满进给速度切入工件将会缩短刀具寿命。采用较平缓地增加切削载荷，并保持恒定的切削载荷，可以达到保护刀具的目的。确定刀具进、退刀方式时，应注意在切入工件时尽量采用沿轮廓的切向或斜向切入的方式缓慢切入工件，以保持刀具轨迹光顺平滑。斜线和螺旋式切入方式适合于简单型腔的粗加工。加工表面质量和精度要求高的复杂型面时，采用沿曲面的切矢量方向或螺旋式进、退刀，可以避免刀具在

工件表面进、退刀处留下驻刀痕迹，从而获得高的加工表面质量。对于深腔件的加工，螺旋式切入是一种比较理想的进刀方式，采用相同或不同半径的螺旋路径，自内向外逐步切除型腔材料。

② 移刀路径规划。高速切削加工中的移刀是指在高进给速度时，相邻刀具路径间有效过渡的连接方式。平行线扫描表面加工是精加工复杂型面的一种手段。但是这种方法容易在每条刀具路径的末端造成进给量的突然变化。进给速度适中时，在扫描路径间采用简单的环型刀具路径可以适当缓解拐角处进给量的突然变化。但在进给速度较高时，这种简单的环型运动仍然太突然，此时采用"高尔夫球棒"式移刀轨迹效果更好。

③ 拐角路径规划。当加工工件内锐角时，刀具路径可采用圆角或圆弧走刀，并相应减小进给速度，从而得到光滑的刀具轨迹，并保持连续的高进给速度及加工过程的平稳性。拐角的残留余量可通过再加工工序去除。

④ 重复加工方式。重复加工是对零件的残留余量进行针对性加工的加工方法。在高速切削加工中，重复加工主要应用于二次粗加工以及笔式铣削和残余铣削。

采用二次粗加工时，先进行初始粗加工，然后根据加工后的形状计算二次粗加工的加工余量。在等高线粗加工中，由于零件上存在斜面，加工后会在斜面上留下台阶，从而导致残留余量不均匀，并引起刀具载荷不均匀。采用二次粗加工，可使用不同于初始粗加工的方法（平行线法、螺旋线法等）来获得均匀余量。这样可以更有效地保持刀具进行连续切削，减少空走刀，并提高精加工的加工效率。

笔式铣削主要应用于半精加工的清根操作，它通过找到前道工序大尺寸刀具加工后残留部分的所有拐角和凹槽，自动驱动刀具与两被加工曲面双切，并沿其交线方向运动来加工这些拐角。笔式铣削允许使用半径与 3D 拐角或凹槽相匹配的小尺寸刀具一次性完成所有的清根操作，可极大地减少退刀次数。此外，笔式加工可以保持相对恒定的切屑去除率，这对于高速切削加工特别重要。精加工带有壁面和底面的零件时，如果没有笔式铣削，刀具到达拐角时将要去除相当多的材料。采用笔式铣削时，拐角已被预先进行清根处理，因此可减少精加工拐角时的刀具偏斜和噪声。

残余铣削与笔式铣削相似。残余铣削可以找到前道工序使用各种不同尺寸刀具所形成的 3D 型面，且只用一把尺寸较小刀具来加工这些表面。它与笔式铣削的不同之处在于它是对前道工序采用较大尺寸刀具加工后所残留的整个表面进行加工，而笔式铣削只对拐角进行清根处理。

⑤ 高效加工方式。高效切削加工方式是实现高材料去除率的一种粗加工方法，有福井高侧刃切削法和上爬式切削法。福井高侧刃切削法采用高轴向深度铣削，通过将 Z 向背吃刀量调整为刀具直径的 1～2 倍，可高效地切削出垂直梯级式粗略工件外形。采用福井法加工后，再以上爬式切削法，可以使加工表面的形状和精度更加接近最终加工要求。上爬式切削时，采用较细的梯级节距来去除剩余梯级面，刀具从底部开始，一层一层地向上切削，梯级节距调整范围为 0.5～3mm，加工表面较陡时，采用较宽的梯级节距，加工表面较平时，则采用较细密的梯级节距。

⑥ 余摆线加工方式。余摆线加工方式是利用高速切削加工刀具侧刃去除材料来提高粗加工速度的技术。采用余摆线加工时，刀具始终沿着具有连续半径的曲线运动，采用圆弧运动方式逐次去除材料，对零件表面进行高速小切深加工，有效地避免了刀具以全宽度切入工件生成刀具路径。每环圆弧运动中，向前运动时刀具切削工件，向后运动时进行刀具冷却，并允许自由去除材料。当加工高硬度材料或采用较大切削用量时，刀具路径中刀具向后运动

的冷却或自由去除材料圆弧段与向前运动的加工圆弧段相平衡，实现了刀具切削条件的优化。此外，余摆线加工的刀具路径全部由圆弧运动组成，走刀方向没有突变，是一种有利于实现高速切削粗、精加工的一种理想加工状况。所以，余摆线加工特别适用于加工高硬度材料和高速加工的各种粗加工工序（如腔体加工），不仅能够使机床在整个加工过程中保持连续的进给速度，获得高的材料去除率，并且可延长刀具寿命。

⑦ 插入式加工方式。插入式加工是使用特制插入式加工刀具进行深型腔件加工的一种方法。它采用钻削式刀具路径沿机床 Z 轴方向从深腔去除材料。该方法是粗加工深型腔件和用大直径刀具加工相对较浅腔体的一种有效方法。

（2）高速切削编程的关键控制技术

为了保证高速切削加工的顺利实现，高速切削机床还必须采用一些高速高精度的关键控制技术，包括加工残余分析、待加工轨迹监控、自动防过切处理、尖点控制、高精度轮廓控制技术、NURBS 插补等。

① 加工残余分析。加工残余分析功能可以分析出每次切削后加工残余的准确位置，允许刀具路径创建上道工序中工件材料没有完全去除的区域。后续加工的刀具路径可在前道工序刀具路径的基础上利用加工残余分析进行优化得到。通过对工件轮廓的某些复杂部分进行加工残余分析，可尽量保持稳定的切削参数，包括保持切削厚度、进给量和切削线速度的一致性。当遇到某处背吃刀量有可能增加时，能降低进给速度，从而避免负载变化引起刀具偏斜而影响加工精度和表面质量。因此，加工残余分析可实现高速切削加工参数最佳化，使刀具走刀路径适应工件余量的变化，缩短加工时间，避免刀具破损及工件过切和残留，从而实现刀具路径的优化。

② 待加工轨迹监控（look-ahead）。待加工轨迹监控功能用于监控待加工刀具路径中由于路径曲率引起的进给速度的不规则过渡，以及轴向加速度过大等不利于高速切削加工的各种加工条件的变化，实现动态调节进给速度的一种控制方法。CNC 控制系统在进行加工控制时，通过扫描待加工程序段的数控代码，预览刀具路径上是否有方向变化，并相应地调节

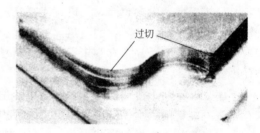

过切

图 6-16 待加工轨迹监控

进给速度。比如，在高进给速度下，待加工轨迹监控功能监测到拐角时，将自动减小进给速度，以防止刀具过切或出现残留现象。在待加工轨迹的平滑段，再将进给速度迅速提高到最大。这样通过动态调节进给速度，可以优化机床控制系统的动态性能，并获得高的加工精度和表面质量。如图 6-16 所示的两条加工痕迹，上面一条刀具痕迹在无待加工轨迹监控功能条件下加工，而下面一条刀具痕迹在待加工轨迹监控功能条件下加工，前者拐角处出现明显的过切现象。

③ 自动防过切处理。高速切削加工时，前道工序遗留的加工余量将会导致刀具切削负荷的突然加大，甚至出现过切和刀具破损现象。过切对于工件的损坏是不可修复的，对于刀具的破坏也是灾难性的。通过自动防过切处理功能，可以保护刀具的切削过程，实现高速切削加工的安全操作。

④ 尖点控制。待加工轨迹监控功能虽然可以预先了解待加工 NC 程序段的刀具轨迹，预览刀具轨迹及其走刀方向是否有变化，即是否存在拐角，但对于 3D 零件上的每个具体的走刀步距和切削余量是无法预知的。加工复杂 3D 型面时，可根据尖点高度来计算 NC 精加

工刀距路径的加工步距，而不是采用恒定的加工步距。采用尖点控制进行高速加工即可实现连续的表面精加工，减少去毛刺或其他手工精加工工序，而且可以根据 NC 精加工路径动态调整走刀步距，使材料去除率保持恒定，刀具受力情况更加稳定，并使刀具所受到的外界冲击载荷降低到最小。

⑤ 高精度轮廓控制。在模具加工中，通常可采用 CAM 系统或其他编程系统的方法，编写子程序进行轮廓加工操作。因而加工信息可能超过 CNC 中子程序的存储容量，并且可能需要进行多种 DNC 加工操作。在这种情况下，如果不能保持 CNC 高速分配处理与 DNC 操作的子程序进给速度间的平衡，子程序将不能及时进行进给操作，而且机床的平滑运动也可能得不到保证。高速加工 CNC 系统可通过高精度轮廓控制进行高速分配处理和自动加速、减速处理。针对高于常规速度的转速进行处理和分配，可提高加工精度，缩短加工时间。

⑥ NURBS 插补。采用 NURBS(Non-Uniform Rational B-spline) 插补可以减少 NC 程序的数据输入量，可比标准格式减少 $30\% \sim 50\%$，实际加工时间则因为避免了机床控制器的等待时间而大幅度缩短，特别适用于模具加工，而且 NURBS 插补不需要任何硬件。

根据零件轮廓的类型及其复杂程度来选择合适的加工方法，有助于实现高效的高速加工。加工复杂二维轮廓时，无论是外轮廓还是内轮廓，要安排刀具从切向进入轮廓进行加工。轮廓加工完毕后，刀具必须沿切线方向继续运动一段距离后再退刀，以避免刀具在工件上的切入、切出点留下接刀痕迹。加工外轮廓可采用直线式切向进、退刀。加工内轮廓一般采用圆弧式切向进、退刀。加工直纹面类工件时，可采用侧铣方式一刀成型。一般立体型面特别是较为平坦的大型表面，可以用大直径端铣刀端面贴近表面进行加工，走刀次数少，残余高度小。对于空间受限制的通道加工和组合曲面的过渡区域加工，可采用较大尺寸的刀具避开干涉，刀具刚性好，有利于提高加工精度和效率。加工由薄壁分隔成的深腔型面时，所有的型腔不要一次加工完，而要采取每次只加工一部分的方式，使所有型腔壁在两边都可保持支承。立铣刀加工薄壁件时，切削力的作用容易导致工件和刀具的变形；因此采用小轴向切深的重复端铣削，不仅可以获得恒定的刀刃半径和小的切削力，减小工件变形，而且不会出现由于刀具偏心产生的形状误差。此外，快速小切深加工薄壁零件时，加工薄壁任何一面的刀具都必须保持一直向下加工，直至越过薄壁开始新的走刀路径，这样可以通过靠近刀具切削处的未切除余量使薄壁在两边都保持支承。加工无支承的薄底时，应先从支承最少的表面开始加工，刀具在抬刀前一直保持向下加工，并逐步向支承靠近，加工后的底面不可再次与刀具接触。

采用高速加工设备后，对编程人员的需求将会增加，因为高速加工工艺要求严格，过切保护更加重要，需要花更多的时间对 NC 程序指令进行仿真检验。为了保证高速加工设备的使用率，需要配置更多的 CAM 人员。传统 CAD/CAM 中，NC 指令的编制是由远离加工现场的 CAD/CAM 工程师来完成的，由于编程与加工地点的分离，对加工工艺的理解不够具体，对现场条件不如操作人员清楚，往往需要对 NC 指令进行反复的检验与修改，而出现配合的矛盾，影响正常使用。随着 CAM 系统智能化水平的提高，已经出现了新一代独立运行的智能化 CAM 专业系统，其主要特点是面向对象实体加工方式而非传统的曲面局部加工方式，只需加工工艺的输入与选择即可自动完成编程操作，编程的复杂程度与零件的复杂程度无关，只与加工工艺有关，非常容易掌握。为了充分发挥 NC 设备操作人员的优势，缩短加工时间间隔，机侧编程已经成为发展趋势。

6.5 高速切削加工安全与监测技术

高速切削加工时，高速旋转着的工件、夹具、刀具积聚着很大的能量，承受着很大的离心力。当机床主轴转速高达 10000～20000r/min，甚至更高时，会使夹具、刀具破碎，释放出很大的能量，可能造成重大的事故和伤害。因此解决高速切削的安全问题成为推广应用高速切削的前提。

针对高速切削安全性进行研究，可以进一步提高高速切削的技术水平。根据系统安全性的概念，高速切削安全技术主要包括以下几个方面：机床操作者及机床周围现场人员的安全保障；避免机床、刀具、工件及有关设施的损伤；识别和避免可能引起重大事故的工况；保证产品产量和质量。

从机床防护结构方面，机床必须设有安全防护墙（或防护罩）和门窗，而且机床启动必须与安全装置互锁。为了防止刀具、夹具在甩飞或爆碎时对操作者的伤害及周围环境的破坏，对机床防护罩的材料和结构提出了很高的要求。国外已开发出了安全玻璃和聚合物玻璃（Polycarbon Makrolon）两种材料，以及多层复合结构，试验显示，8mm 厚的聚合物玻璃的强度相当于 3mm 厚的钢板，并且比安全玻璃能吸收更多的撞击能量，目前正在对其透明度和耐磨性进行改进。

图 6-17 刀片与楔块被甩飞后的铣刀

从切削刀具安全性考虑，主要是高速旋转的铣刀、镗刀，尤其是铣刀（包括端面铣刀、立铣刀和模具铣刀），因为高速铣削是目前高速切削技术中应用最多的一种工艺技术。在高速旋转时，这类刀具的各部分都要承受很大的离心力，其影响远远超过切削力本身，成为刀具的主要载荷。业已证明，普通铣刀的结构和强度不能适应高速切削的要求，因此研究高速铣刀的安全性更具有紧迫性和现实性。德国在 20 世纪 90 年代初就开始对高速铣刀的安全性技术进行了研究，取得了一系列实用性成果，制定了 DIN6589—1《高速铣刀的安全要求》标准草案。该标准是一个开发高速铣刀的技术指导性文件。此外，标准还规定了高速铣刀失效的实验方法和准则，成为高速铣刀安全性的指南。

图 6-18 端铣刀高速下爆碎的情形

图 6-19 带柄铣刀高速下弯曲断裂的情形

机夹可转位刀片铣刀的安全性主要体现在两个方面，即刀具零件、刀片夹紧的可靠性和刀体强度。机夹可转位铣刀在高速下的失效主要有两种形式：一种是夹紧刀片的螺钉被剪断，刀片或其他夹紧件被甩飞；另一种是刀体的爆碎。在多数情况下，首先出现的是前一种失效，即在一定高的速度下出现零件甩飞，如图 6-17 中的端铣刀（直径 ϕ100mm），铣刀刀片靠摩擦力夹紧，在转速 5000r/min 时其中的一个刀片与夹紧楔被甩飞。随着转速的进一步提高达到刀体强度的临界值，才出现后一种失效，即刀体的爆碎，如图 6-18 所示为一把端铣刀在转速为 36700r/min 时爆碎后的情形，如图 6-19 所示为一把直径 12mm 的带柄铣刀在转速达到 36000r/min 时发生弯曲、断裂的情形。刀体爆碎情形一旦发生，操作者往往来不及采取措施或躲避，刀体爆飞的碎块或甩出的零件会对操作者造成重大的人身伤害，严重损坏机床设备，造成巨大的经济损失。

高速切削时，离心力成为铣刀破坏的主要载荷，防止离心力造成的破坏关键在于刀体的强度是否足够，机夹刀的零件夹紧是否可靠。当把离心力作为主要载荷计算刀体强度时，由于刀体形状的复杂性，用经典力学理论计算得出的结果有很大的误差，不能满足安全性设计的要求。为了能在设计阶段对刀具的结构强度在离心力作用下受力和变形情况进行定性和定量分析，达姆斯塔特大学与斯马尔卡登（Schmalkalden）制造技术开发公司合作，开发了专门用于高速铣刀的有限元计算方法。该方法可以模拟在不同转速下刀具应力的大小和分布，有分别对刀体、刀座、刀片、夹紧螺钉的计算模块，通过这些模块的组合实现整个刀具的计算。该方法还能模拟刀片在刀座里的滑动、螺钉头在拧紧和工作载荷下的变形。对于一把直径 $\phi80$mm 直角面铣刀的模拟计算结果表明，夹紧螺钉在 30000～35000r/min 时已经达到失效的临界状态，刀体的失效临界状态出现在 60000r/min 以上。对同一把铣刀的爆碎试验也证明在 30000～35000r/min 范围内，螺钉的夹紧完全失效，所有被试验刀具其中一个或多个螺钉被剪断，其余的螺钉产生强烈的塑性变形，刀片已离开刀座支撑面 0.1～0.5mm。对刀片甩飞前位移过程的测量研究表明，在转速上升到 13000r/min 的过程中，刀片的位移可达 45μm。由于刀体变形的不均匀，以及每个刀片夹紧状态、摩擦条件等差异，一把铣刀的 4 个刀片可有 15～20μm 的分散。转速达到 16000r/min 时，刀片的主偏角偏转了 0.3°。这些结果不仅对于安全性，而且对于分析高速切削的加工精度也有价值。因此，在高速铣刀设计中改进夹紧系统，对于提高安全性和使用性能有直接关系。

根据模拟计算和爆碎试验研究结果，高速铣刀刀片的夹紧方法不允许采用通常的摩擦力夹紧，而要用带中心孔的刀片，用螺钉夹紧。与安全有关的结构参数包括刀片中心孔相对刀座螺钉孔的偏心量、刀片中心孔和螺钉头的形状。这些因素决定螺钉在静止状态下夹紧刀片时所受到的预应力大小，过大的预应力甚至能使螺钉产生塑性变形，降低夹紧系统失效转速。刀具旋转时，刀片的离心力对螺钉产生附加的作用力，两力叠加使螺钉剪断或产生严重塑性变形。一个 7g 重的刀片（铣刀直径 $\phi80$mm），30000r/min 时可产生 2500N 的离心力。因此，改进夹紧系统，提高螺钉甩飞的失效转速，可以发挥高速铣刀的潜力。

除了要求机床、刀具从设计、制造、性能认证等环节保证安全性外，用户同样要承担安全的责任，包括对操作人员进行培训和安全意识教育，做到刀具的最高使用转速不超过刀具制造商规定的要求，刀具与机床主轴的连接应采用端面与锥面同时定位的刀柄，保证刀具精确定位和在高速旋转时仍保持可靠连接。

在高速旋转时，刀具的不平衡会对主轴系统产生一个附加的径向载荷，其大小与转速成平方关系，从而对刀具的安全性带来不利影响。用于高速切削（高于 4000～6000r/min）的回转刀具必须通过动平衡测试，并最少应达到 ISO1940/1 规定的 G40 平衡质量等级以上。实际上，目前的一些精加工高速铣刀（或镗刀）的不平衡质量已经达到 G2.5 级，而美国平衡技术公司推出的刀具动平衡机甚至可平衡到 G1.0 级。铣刀在机床主轴上的重复安装精度也会影响铣刀旋转时的不平衡效果，使用 HSK 刀柄可以保证很高的重复安装精度。

工况监测可以有效提高高速切削加工的安全性，防患未然，避免事故的发生和扩大化。高速切削机床及切削过程的监控包括切削力监控和刀具磨损监控，机床功率监控亦可间接获得刀具磨损信息，通过主轴转速监控以判别切削参数与进给系统间的关系，此外还有刀具断裂（破损）监控，主轴轴承状况监控，电器控制系统过程稳定性监控等。

思考与练习

6-1　高速切削加工的定义是什么？

6-2　高速切削加工有何优越性？

6-3　高速切削加工的发展趋势是什么？

6-4　高速切削加工机床有何特征？

6-5　高速切削加工对夹具有何特殊要求？

6-6　如何合理选择高速切削加工机床？

6-7　高速切削加工对刀具装夹有何特殊要求？

6-8　传统 7：24 锥度刀柄在高速下有何问题？

6-9　HSK 系列 1：10 短锥柄在高速下有何优点？

6-10　高速硬切削有何特点？

6-11　高速干切削有何特点？

6-12　高速切削加工路径规划方式有哪些？

6-13　高速切削加工编程的关键控制技术有哪些？

6-14　高速切削加工切削用量的选择原则是什么？

6-15　高速切削加工安全技术主要包括哪些方面？

第 **7** 章 数控技术发展及现代制造技术

7.1 数控技术发展

现代数控机床是机电一体化的典型产品，是新一代制造系统，是柔性制造系统（FMS）、计算机集成制造系统（CIMS）等的技术基础。我国和世界发达国家一样，都把发展数控技术作为制造业发展的战略重点，将数控技术向深度和广度发展作为国家科技发展的重要内容，因此把握现代数控机床的发展趋势具有重要意义。

现代数控机床的发展趋势是高速化、高精度化、高可靠性、多功能、复合化、智能化和结构开放。主要发展方向是研制开发软、硬件都具有开放式结构的智能化全功能通用数控装置。近几年推出的以 32 位微处理器为核心的 CNC 系统是实现上述目标的产品，如德国西门子公司推出的 SINUMERIK 840D 系统、美国 CINCINNATI 的 A2100 系统、HP 公司的 OAC500 系统以及日本 FANUC 的 180/210 系统等。

7.1.1 高速化与高精度化

要实现数控设备高速化，首先要求计算机系统读入加工指令数据后，能高速处理并计算出伺服系统的移动量，并要求伺服系统能高速作出响应。为实现在极短的行程内达到高速度并在此高速度情况下保持高定位精度，必须具有高加（减）速度和高精度的位置检测系统和伺服系统。此外，必须使主轴转速、进给率、刀具交换、托盘交换等各种关键部分实现高速化，并需重新考虑设备的全部特性。日本 MAZAK 公司新开发的高效卧式加工中心 FF510，其加（减）速度达到 1g，主轴最高转速为 15000r/min，且由于具有高角加（减）速度，仅需 1.8s 即可将转速从 0 提高到 15000r/min。换刀速度为 0.9s（刀到刀）和 2.8s（切削到切削），工作台（拖板）交换速度为 6.3s。

采用 32 位微处理器，是提高 CNC 速度的有效手段。当今国内外主要的系统生产厂家都采用了 32 位微处理器技术，主频达到几十至几百兆。例如日本 FANUC 15/16/18/21 系列，在最小设定单位为 $1\mu m$ 下，最大快速进给速度达 240m/min。其一个程序段的处理时间可缩短到 0.5ms，在连续 1mm 微小程序段的移动指令下，能实现的最大进给速度可达 120m/min。

在数控设备高速化中，提高主轴转速占有重要地位。高速加工的趋势和因此产生的对高速主轴的需求增长将继续下去。主轴高速化的手段是采用内装式主轴电机。这样使得主轴驱动不必通过变速箱，而是直接把电机与主轴连接成一体后装入主轴部件，从而可将主轴转速大大提高。日本新泻铁工所的 V240 立式加工中心主轴转速高达 50000r/min，加工某个 NAC55 钢模具，在普通机床上要 9h，而在此机床上用陶瓷刀具加工，只需 12～13min。该公司生产的工作台尺寸为 450mm×750mm 的 UHS10 型超高速数控立式铣床，主轴最高转速达 100000r/min。目前机械进给传动的方法仍然以滚珠丝杠为主流，有研究表明，滚珠丝杠在 1g 加速度下，在卧式机床上可以可靠地工作，若再提高 0.5g 则就可能出现问题。一种替代的技术是采用直线电机技术。美国 GE FANUC Automation 与多家公司一起开发出一种机床，其用直线电机作为主要传动装置来控制机床运动，采用全数字 CNC 硬件和软件，能在保持 $3\sim5\mu m$ 的轮廓加工精度的同时，达到 $37500\sim70000mm/min$ 的轮廓加工速度及 $1.5g$ 的加速度。

提高数控设备的加工精度一般通过减少数控系统的控制误差和采用补偿技术来达到。在减少数控系统控制误差方面，通常采用提高数控系统的分辨率、以微小程序段实现连续进给、使 CNC 控制单位精细化、提高位置检测精度（日本的交流伺服电机中已有每转可产生 100 万个脉冲的内藏式脉冲编码器，其位置检测精度能达到 $0.01\mu m/$脉冲）以及位置伺服系统采用前馈控制与非线性控制等方法。在采用补偿技术方面，除采用齿隙补偿、丝杠螺距误差补偿和刀具补偿等技术外，近年来设备的热变形误差补偿和空间误差的综合补偿技术已成为研究的热点课题。目前，有的 CNC 已具有补偿主轴回转误差和运动部件（如工作台）颠摆角误差的功能。研究表明，综合误差补偿技术的应用可将加工误差减少 $60\%\sim80\%$。由于计算机运算速度和主轴转速的较大提高，已开发出具有真正的零跟踪误差的现代数控装置，能满足现代数控机床工作的要求，使机床可以同时进行高进给速度和高精度的加工。

7.1.2 复合化

复合化包含工序复合化和功能复合化。工件在一台设备上一次装夹后，通过自动换刀等各种措施，来完成多种工序和表面的加工。在一台数控设备上能完成多工序切削加工（如车、铣、镗、钻等）的加工中心，可以替代多台机床的多次装夹加工，既能减少装卸时间，省去工件搬运时间，减少半成品库存量，又能保证和提高工件形状位置精度，从而打破了传统的工序界限和工序分散加工的工艺规程。从近期发展趋势看，加工中心主要是通过主轴头的立卧自动转换和数控工作台来完成五面和任意方位上的加工。此外，还出现了车削与磨削复合的加工中心。美国 INGERSOLL 公司的 Masterhead 是工序高度集中加工的典型代表。这是一种带有主轴库的龙门五面体加工中心，使其加工工艺范围大为扩大。日本 MAZAK 公司推出的 INTEGEX30 车铣中心备有链式刀库，可选刀具数量较多，使用动力刀具时，可进行较重负荷的切削，并具有 Y 轴功能（$\pm90mm$），该机床实质上为车削中心和加工中心的"复合体。"

7.1.3 智能化

随着人工智能技术的不断发展，并为适应制造业生产高度柔性化、自动化的需要，数控设备的智能化程度在不断提高。

① 应用自适应控制技术。数控系统能检测对自己有影响的信息，并自动连续调整系统的有关参数，达到改进系统运行状态的目的。如通过监控切削过程中的刀具磨损、破损、切屑形态、切削力及零件的加工质量等，实现自适应调节，以提高加工精度和降低工件表面粗糙度。Mitsubishi Electric 公司的用于数控电火花成型机床的 "Miracle Fuzzy" 自适应控制器即利用基于模糊逻辑的自适应控制技术，自动控制和优化加工参数，使操作者不再需要具备专门的技能。

② 引入专家系统指导加工。将切削专家的经验、切削加工的一般规律与特殊规律存入计算机中，以加工工艺参数数据库为支撑，建立具有人工智能的专家系统，提供经过优化的切削参数，使加工系统始终处于最优和最经济的工作状态，从而达到提高编程效率和降低对操作人员技术水平的要求，大大缩短生产准备时间。目前已开发出带自学习功能的神经网络电火花加工专家系统。日本大隈公司的 7000 系列数控系统带有人工智能式自动编程功能；日本牧野公司在电火花数控系统 MAKINO-MCE20 中，用专家系统代替操作人员进行加工

监视。

③ 故障自诊断功能。故障诊断专家系统是诊断装置发展的最新动向，其为数控设备提供了一个包括二次监控、故障诊断、安全保障和经济策略等方面在内的智能诊断及维护决策信息集成系统。采用智能混合技术，可在故障诊断中实现以下功能：故障分类、信号提取、故障诊断专家系统、维护管理以及多传感信号融合。

④ 智能化交流伺服驱动装置。目前已开始研究能自动识别负载，并自动调整参数的智能化伺服系统，包括智能化主轴交流伺服驱动装置和智能化进给伺服驱动装置。这种驱动装置能自动识别电机及负载的转动惯量，并自动对控制系统参数进行优化和调整，使驱动系统处于最佳运行状态。

模糊数学、神经网络、数据库、知识库、以范例和模型为基础的决策形成系统、专家系统、现代控制理论与应用等技术的发展及在制造业中的成功应用，为新一代数控设备智能化水平的提高建立了可靠的技术基础。智能化正成为数控设备研究与发展的方向。

7.1.4 高柔性化

柔性是指数控设备适应加工对象变化的能力。数控机床发展到今天，对加工对象的变化已经有很强的适应能力，并在提高单机柔性化的同时，正朝着单元柔性化和系统柔性化方向发展。在数控机床上增加不同容量的刀具库和自动换刀机械手，增加第二主轴和交换工作台装置，或配以工业机器人和自动运输小车，以组成新的加工中心、柔性制造单元（FMC）或柔性制造系统（FMS）。如出现数控多轴加工中心、换刀换箱式加工中心、数控三坐标动力单元等具有柔性的高效加工设备和介于传统自动线与 FMS 之间的柔性制造线（FTL）。有的厂家则走组合柔性化之路，这类柔性加工系统由若干加工单元合成，单元数可依生产率要求确定，自动上下料机械手肩负责工件传输的任务。

7.1.5 小型化

近年来，随着机电一体化技术的蓬勃发展，对 CNC 装置进一步提出了小型化的要求，以便将机、电装置糅合为一体。目前许多 CNC 装置采用最新的大规模集成电路（LSI），新型 TFT 彩色液晶薄型显示器和表面安装技术，实现三维立体装配，去除了整个控制逻辑机架。如日本 FUNAC 的 16i 和 18i 系列 CNC 装置采用高密度 352 球门阵列（BGA）专用 LSI 和多晶片模块（MCM）微处理器技术，两项产品都是一个单电路卡，安装在平板显示器背后，整个 CNC 装置缩小成一块控制板。这类 CNC 装置将控制器尺寸缩小了 75%。德国西门子公司推出的 SINUMERIK 840D 的体积为 50mm×316mm×207mm，被认为是目前世界上最薄的 CNC 装置。

7.1.6 开放式体系结构

由于数控技术中大量采用计算机新技术，新一代的数控系统体系结构向着开放式系统方向发展。国际上主要数控系统和数控设备生产国及其厂家瞄准通用个人计算机（PC 机）所具有的开放性、低成本、高可靠性、软硬件资源丰富等特点，自 20 世纪 80 年代末以来竞相开发基于 PC 机的 CNC，并提出了开放式 CNC 体系结构的概念，开展了针对开放式 CNC 的前、后台标准的研究，如日本的 OSEC、欧盟的 OSACA 以及美国的 SOSAS。美国的 NGC（下一代控制器）计划的核心就是建立一个有硬件平台和软件平台的开放式系统，开发"开放式系统体系结构标准（SOSAS）"，用于管理工作站和机床控制器的设计和开发。基于 PC 的开放式 CNC 大致可分为四类：PC 连接型 CNC、PC 内装型 CNC、CNC 内装型 PC 和纯软件 CNC。典型产品有 FANUC 150/160/180/210、A2100、OA500、AdvantageCNC System、华中 I 型等。这些系统以通用 PC 机的体系结构为基础，构成了总线式（多总线）模块，开放型、嵌入式的体系结构。其软、硬件和总线规范均是对外开放的。硬件即插即用，可向系统添加在 MS-DOS、Windows3.1 或 Windows95 环境下使用的标准软件或用户软件。这为数控设备制造厂和用户进行集成给予了有力的支持，便于主机厂进行二次开发，以发挥其技术特色。经过加固的工业级 PC 机已在工业控制领域得到了广泛应用，并逐渐成为主流。其技术上的成熟程度，使其可靠性大大超过了以往的专用 CNC 硬件。先进的 CNC 系统还为用户提供了强大的联网能力。除有 RS-232C 串行接口外，还带有远程缓冲功能的 DNC（直接数控）接口，甚至 MAP（Mini MAP）或 Ethernet（以太网）接口，可实现控制器与控制器之间的连接和直接连接主机，使 DNC 和单元控制功能得以实现，便于将不同制造厂的数控设备用标准化通信网络连接起来，促使系统集成化和信息综合化，使远程操作、遥控及故障诊断成为可能。

7.2　成组技术（GT）

近年来，随着市场经济体制的不断完善和市场竞争日趋激烈，机械工业产品更新换代越来越快，产品品种不断增多，而每种产品的生产数量却呈减少趋势。据统计，世界上75%～80%的机械产品是以中小批量生产方式制造的。与大量生产企业相比，中小批量生产企业的劳动生产率比较低、生产周期长、产品成本高、市场竞争能力差。能否把大批量生产的先进工艺和高效设备以及生产方式用于组织中小批量产品的生产，一直是国际生产工程界广为关注的重大研究课题。成组技术就是针对生产中的这种需求发展起来的一种生产和管理相结合的技术。

7.2.1　成组技术的概念

充分利用事物之间的相似性，将许多具有相似信息的研究对象归并成组，并用大致相同的方法来解决这一组研究对象的生产技术问题，这样就可以发挥规模生产的优势，达到提高生产效率、降低生产成本的目的，这种技术统称为成组技术（Group Technology，GT）。

7.2.2　零件的分类编码

零件编码就是用数字表示零件的形状特征，代表零件特征的每一个数字码称为特征码。迄今为止，世界上已有 70 多种分类编码系统，应用最广的是奥匹兹（Opitz）分类编码系统。该系统是 1964 年德国阿亨工业大学 Opitz 教授领导编制的，是成组技术早期较为完善的编码系统，很多国家以它为基础建立了各国的分类编码系统。我国机械工业行业于 1984 年制订了"机械零件编码系统（简称 JLBM-1 系统）"。该系统是在分析德国奥匹兹系统和日本 KK 系统的基础上，根据我国机械产品设计的具体情况制订的。该系统由名称类别、形状及加工码、辅助码三部分共 15 个码位组成，每一码位包括从 0～9 的 10 个特征项号，如图 7-1 所示。JLBM-1 系统的特点是零件类别按名称类别矩阵划分，便于检索，码位适中，又有足够的描述信息的容量。

7.2.3　零件的分类组成

根据零件的分类编码系统对零件进行编码后，可根据零件的代码划分零件组（族），采用不同的相似性标准，可将零件划分为具有不同属性的零件组。根据零件编码划分零件组的方法有以下几种。

（1）特征码位法

以加工相似性为出发点，选择几位与加工特征直接有关的特征码位作为形成零件组的依据。例如，可以规定第 1、2、6、7 等四个码位相同的零件划为一组，根据这个规定，编码为 043063072、041103070、047023072 的这三个零件可划分为同一组。

（2）码域法

对分类编码系统中各码位的特征码规定一定的码域作为零件分组的依据，例如可以规定某一组零件的第 1 码位的特征码只允许取 0 和 1，第 2 码位的特征码只允许取 0、1、2、3 等。凡各码位上的特征码落在规定码域内的零件划为同一组。

（3）特征位码域法

这是一种将特征码位与码域法相结合的零件分组方法。根据具体生产条件与分组需要，选取特征性较强的特征码位并规定允许的特征码变化范围（码域），并以此作为零件分组的依据。

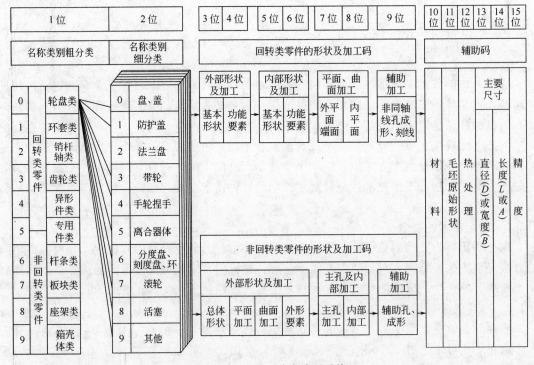

图 7-1　JLBM-1 分类编码系统

7.2.4　成组工艺

成组工艺过程是针对一个零件组设计的，适用于零件组内的每一个零件。编制成组工艺的方法通常有复合零件法和复合路线法。

复合零件法就是首先设计一个能集中反映该组零件全部结构特征和工艺特征的综合零件，它可以是组内的一个真实零件，也可以是人为综合的"假想"零件。制订综合零件的工艺过程，作为该零件组的成组工艺过程，可加工组内的每一个零件。综合零件成组工艺路线常用图表格式表示。如图 7-2 所示是 6 个零件组成的零件组的综合零件及其成组工艺过程卡示意图。

复合路线法是在零件分类成组的基础上，比较同组各零件的工艺路线，从中选中一个工序较多，安排合理并具有代表性的工艺路线。以此为基础，找出组内其余零件独有的工序，将这些独有的工序按顺序加在代表性的工艺路线上，使其成为工序齐全、适用于组内所有零件的成组工艺路线。复合路线法常用来编制非回转体类零件的成组工艺过程。

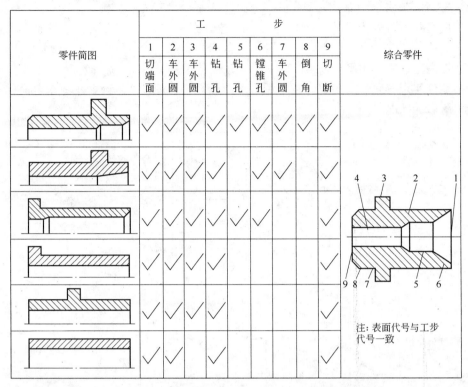

零件简图	工步									综合零件
	1	2	3	4	5	6	7	8	9	
	切端面	车外圆	车外圆	钻孔	钻孔	镗锥孔	车外圆	倒角	切断	
	√	√	√	√	√	√	√	√	√	
	√	√	√			√	√		√	
	√	√	√	√	√		√		√	
	√	√							√	
	√								√	
	√	√	√						√	

注：表面代号与工步代号一致

图 7-2　套筒类零件成组工艺过程

7.2.5　成组生产组织形式

　　成组加工所用机床应具有良好的精度和刚度，其加工范围具有较大的可调性。可采用通用机床改装，也可采用可调高效自动化机床，这使得数控机床在成组加工中获得广泛应用。

　　机床负荷率可根据工时核算，成组加工应保证各台设备特别是关键设备达到较高的负荷率（例如 80%）。若机床负荷不足或过大时，可适当调整零件组，使机床负荷率达到规定的指标。

　　成组加工所用机床根据生产组织形式有三种不同布置方式。

　　（1）成组单机

　　可用一个单机设备完成一组零件的加工，该设备可以是独立的成组加工机床或成组加工柔性制造单元。

　　（2）成组生产单元

　　一组或几组工艺上相似零件的全部工艺过程，由相应的一组机床完成。如图 7-3 所示生产单元由 4 台机床组成，可完成 6 个零件组全部工序的加工。

　　（3）成组生产流水线

　　机床设备按零件组工艺流程布置，各台设备的生产节拍基本一致。与普通流水线不同的是，在生产线上流动的不是一种零件而是一组零件，有的零件可能不经过某一台或某几台机床设备。

7.2.6　推广应用成组技术的效果

　　（1）提高生产效率

　　由于扩大了同类零件的生产数量，使中小批生产可以经济合理地采用高生产率机床和工艺装备，缩短了加工工时。

（2）提高加工质量

采用成组技术可以为零件组选择合理的工艺方案和先进的工艺设备，使加工质量稳定可靠。

（3）提高生产管理水平

产品零件实现编码、采用成组技术后，可用计算机管理生产，改变了原来多品种小批量生产管理落后的状况。

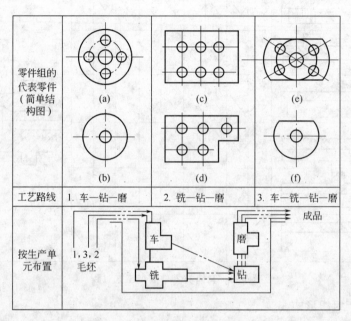

图 7-3　成组生产单元机床布置图

7.3　CAD/CAPP/CAM

7.3.1　计算机辅助设计（CAD）

计算机辅助设计（Computer Aided Design，CAD）是指工程技术人员以计算机为工具，用各自的专业知识对产品进行总体设计、绘图、分析和编写技术文档等设计活动的总称。对于通用的机械产品 CAD 系统来讲，一般应具有以下几方面的基本功能。

（1）几何造型功能

一个完整的几何模型既包括形体各部分的几何形状及空间布置（即几何信息），又包括各部分之间的连接关系（即拓扑结构）。构造几何模型的理论、方法和技术称为几何造型技术。对于 CAD 系统（尤其是机械 CAD 系统）而言，几何模型是 CAD 后续任务的基础。几何造型功能的强弱在很大程度上反映了 CAD 系统功能的强弱。因此，几何造型技术是 CAD 系统的核心。几何造型技术可以分为线框造型、曲面造型、实体造型和特征造型四类。

① 线框造型。线框造型是用顶点和边的有限集合来表示和建立物体的计算机模型。用线框建立的物体模型只有离散的空间线段而没有实在的面。线框模型在计算机内部以边表和

点表来表达和存储，实际物体是边表和点表相应的三维映象，计算机可自动实现视图变换和空间尺寸协调。线框模型虽然具有数据结构简单、易实现等优点，但在实际应用中，由于几何意义存在二义性，所有表面仅用几何表示，不能用于加工。在实际中，它所定义的物体不可能制造，因而失去意义。

② 曲面造型。曲面造型技术是在线框模型上覆盖一层薄膜所得。因此，曲面模型可以在线框模型上通过定义曲面来建立。曲面造型技术可以用来对具有复杂的自由曲面和雕塑曲面的形体进行建模。目前较多采用的建模方法有双三次样条曲面、贝赛尔曲面、B样条曲面和非均匀有理曲面等。由于曲面模型可以精确地定义零件的几何形状，避免了线框模型的二义性，且具有完整的零件表面和边界定义，所以非常适合于自动生成数控加工指令。但曲面造型方法也不是完美无缺的，它仍存在着诸如不能有效处理不规则区域的曲面、无法定义曲面的厚度及内部几何体等问题。因此，曲面模型不宜用作表示机械零件的一般方法。

③ 实体造型。实体造型系统对物体的几何和拓扑信息的表达克服了线框模型存在的二义性以及曲面模型容易丢失面信息的缺陷，从而可以自动进行真实感图像的生成和物体间的干涉检查。实体造型生成的形体具有完整的几何信息，是真实而唯一的三维物体，因此产品设计、分析和制造工序所需要的关于物体几何描述方面的数据可从实体模型中取得，可进行有限元分析、毛坯重量计算、工装夹具干涉检查等。

④ 特征造型。上面三种造型方法所描述的信息都难以提取加工时所需的几何、工艺信息和数据，给 CAD/CAPP/CAM 的集成造成了困难。为了在设计阶段能捕捉除了产品几何拓扑信息以外的设计和制造意图的高层描述，20 世纪 80 年代发展了特征造型技术。特征作为一种专业术语，含有丰富的语言信息，包括几何、拓扑、尺寸、公差、加工、装配、材料等与产品设计和制造活动相关的各类信息。它具有以下的特点。

a. 特征造型使产品设计工作在更高的层次上进行。设计人员的操作对象不再是原始的线条和体素，而是产品的功能要素，如定位孔、键槽等。特征的引用体现了设计人员的设计意图，使得建立的产品模型容易理解和组织生产，设计图样也易修改。而设计人员也能够将更多的精力用在创造性构思上。

b. 特征造型系统从一开始就基于特征设计，并将公差、粗糙度等工艺信息建立在特征模型中，使得 CAPP 和 CAM 可以直接从特征模型中提取其所需要的信息，为开发新一代基于统一产品信息模型的 CAD/CAPP/CAM 集成系统创造了条件。

近年来，已有不少商品化的 CAD 软件开始在系统中提供这种特征库和特征造型功能，并且提供用户自己定义特征的开发平台和语言。当然，特征造型技术尚不够完善，还有待于进行更深入的研究和开发。

（2）有限元分析和优化设计功能

在产品设计过程以及工程设计过程中，通常都需要作大量的分析计算，如机械产品中零部件的强度和振动计算。这些计算一般都采用有限元法，不仅简单而且精度较高。同时，系统还采用数值计算方法来优化设计，包括提高产品性能、节约原材料及降低成本。因此，有限元分析和优化设计是现代设计方法学中的一个重要组成部分，也是 CAD 系统所应具备的功能。

（3）工程绘图功能

作为实用的计算机生成机械产品图样的方法有两种：一种是交互式的图样处理，另一种是参数化的图形处理。CAD 系统的软件中都必定要有工程绘图的功能。

此外，CAD 系统一般都有数据管理功能和数据处理功能。其中数据管理功能完成对设计过程中需要使用和产生的数据、图形、文档等进行存储和管理工作。

7.3.2 计算机辅助工艺规程设计（CAPP）

长期以来，工艺规程是由工艺人员凭经验设计的，设计质量因人而异。计算机辅助工艺规程设计（Computer Aided Process Plan，CAPP）从根本上改变了上述状况，它不仅可以提高工艺规程的设计质量，而且还以脑力劳动的自动化使工艺人员从烦琐重复的工作中摆脱出来。

计算机辅助工艺规程设计方法主要有如下几种。

① 派生式 CAPP 在成组技术的基础上将编码相同或相近的零件组成零件组（族），并设计一个能集中反映该组零件全部结构特征和工艺特征的主样件（综合零件），然后按主样件设计适合本厂生产条件的典型工艺规程。当需要设计某一零件的工艺规程时，根据该零件的编码，计算机会自动识别它所属的零件组（族），并调用该组主样件的典型工艺文件，然后根据输入的形面编码、加工精度和表面质量要求，从典型工艺文件中筛选出有关工序，并进行切削用量计算。对所编制的工艺规程还可以通过人机对话方式进行修改，最后输出零件的工艺规程。派生式 CAPP 的特点是系统简单，但要求工艺人员参与并进行决策。

② 创成式 CAPP 只要求输入零件的图形和工艺信息（材料、毛坯、加工精度和表面质量要求等），计算机便会自动地利用按工艺决策制定的逻辑算法语言，自动生成工艺规程。其特点是自动化程度高，但其系统复杂，技术上尚不够成熟。目前利用创成式设计工艺规程只局限于某一特定类型的零件，其通用系统尚待进一步研究开发。

③ 半创成式 CAPP 这是一种以派生式为主、创成式为辅的设计方法，半创成式 CAPP 兼取两者之长，因此很有发展前途。

7.3.3 计算机辅助制造（CAM）

计算机辅助制造（Computer Aided Manufacturing，CAM）从广义的角度讲，是指利用计算机辅助从毛坯到产品制造过程中的直接和间接的活动，包括计算机辅助生产计划、计算机辅助工艺设计、计算机数控编程、计算机控制加工过程等内容。而从狭义的角度讲，CAM 仅指数控程序的编制，包括刀具路径的确定、刀位文件的生成、刀具轨迹仿真以及 NC 代码的生成等。

CAM 技术始于 20 世纪 50 年代，并于 1955 年首次实现了 NC 编程的自动化。随着柔性制造技术和各种微机数控（CNC）技术的发展和应用，国内外相继开发出了许多适用于各种小型机、微型机的自动编程系统。近年来，数控编程与 CAD、CAPP 的集成更是一个重要发展方向。CAD 与 CAM 集成主要有三种方式：一是把 NC 模块作为 CAD 的一个组成部分；二是将 CAD 输出的数据以标准接口的方式传递给数控编程系统；三是由 CAD 直接产生一个针对特定数控语言的专用零件源程序，由后置处理系统生成数控程序。CAPP 与 CAM 的集成也有两种方式：一是由 CAPP 系统生成标准的自动编程程序，由一个后置处理系统将此自动编程程序翻译成数控程序；另一种是将刀具路径计算结果转换成特定的数控系统的指令代码，从而生成数控程序。

目前，不论是单独的或与 CAD、CAPP 系统结合在一起的计算机辅助数控程序编制系统，都已比较成熟并日臻完善。现有的 CAD/CAM 商品化软件中的 CAM 模块都具有很强的数控编程能力，可以较好地解决生产中的编程问题。

7.4　柔性制造系统（FMS）

柔性制造技术的发展已经形成了在自动化程度和规模上不同的、多种层次和级别的柔性制造系统。带有自动换刀装置（Automatic Tool Change，ATC）的数控加工中心，是柔性制造的硬件基础，也是制造系统的基本级别。其后出现的柔性制造单元（Flexible Manufacturing Cell，FMC）是较高一级的柔性制造技术，它一般由加工中心机床与自动更换工件（Automatic Workpiece Change，AWC）的随行托盘（Pallet）或工业机器人以及自动检测与监控装置所组成。在多台加工中心机床或柔性制造单元的基础上，增加刀具和工件在加工设备与仓储之间的流通传输和存储以及必要的工件清洗和尺寸检查设备等，并由高一级计算机对整个系统进行控制和管理，这样就构成了柔性制造系统（Flexible Manufacturing System，FMS）。它可以实现多品种零件的混流机械加工或部件装配。DNC 的控制原理是柔性制造系统的控制基础。

7.4.1　柔性制造单元

FMC 是由加工中心（MC）和自动交换工件（AWC）装置所组成，同时数控系统还增加了自动检测与工况自动监控等功能。

FMC 的结构形式根据不同的加工对象、CNC 机床的类型与数量以及工件更换与存储方式的不同，可以多种多样，但主要有托盘搬运式和机器人搬运式两大类型。

（1）托盘搬运式

一般以镗铣加工中心为主构成的 FMC，大都采用工件交换工作台、工件托盘及托盘交换装置等构成自动交换工件的装置。托盘搬运的方式多用于箱体类零件和大型零件。托盘是固定工件的器具。在加工过程中，它与工件一起流动，类似于传统的随行夹具。采用托盘搬运工件的结构形式较多，以北京精密机床厂生产的 FMC1 型为例，如图 7-4 所示，它由卧式加工中心、环形交换工作台、托盘以及托盘交换装置等组成。

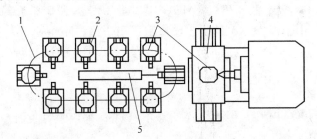

图 7-4　FMC1 型柔性制造单元

1—环形交换工作台；2—托盘座；3—托盘；4—加工中心；5—托盘交换装置

环形交换工作台用于工件的输送与中间存储，是独立的通用部件，托盘座在环形导轨上由内侧的环链拖动回转。每个托盘座上有地址识别码。当一个工件加工完毕，数控机床发出信号，由托盘交换装置将加工完的工件（包括托盘）拖至交换工作台的空位处。其后，按指令，环形交换工作台转一工位，将加工好的工件移至装卸工位，同时将待加工工件推至机床工作台并定位加工。已加工的工件转至装卸工位时，由人工或机器卸下并装上新的待加工工件。

（2）机器人搬运式

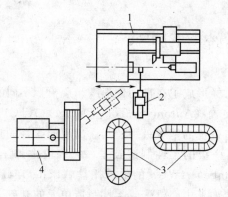

图 7-5　机器人搬运式 FMC
1—车削中心；2—机器人；3—环形交换工作台；4—加工中心

对于以车削和磨削加工中心等为主构成的 FMC，可以使用工业机器人进行工件的交换。由于机器人的抓重能力及同一规格的抓取手爪对工件形状与尺寸适应性的限制，这种搬运方式主要适用于小件或回转件的搬运。

图 7-5 所示是日本日立精机的一种 FMC。它由一台加工中心、一台车削中心、一台机器人以及两个环形交换工作台组成。机器人移动（图中箭头所示）为两台机床服务。每台机床各用一个环形交换工作台作为输送与缓冲存储。

FMC 属于无人化的柔性加工装备，一般都具有较完善的自动检测和自动监控功能，如刀具长度检测、尺寸自动补偿、切削状态监视、适应控制、切屑处理以及自动清洗等功能。其中，切削状态监视主要包括刀具折断或磨损、工件安装错误或定位不准、规定的刀具寿命已到、超负荷、热变形等工况的监视。当检测出这些不正常的工况时，便自动报警或停机。当然，并非每台 FMC 都具有这些功能。

FMC 可以作为独立运行的生产设备进行自动加工，也可作为 FMS 的加工模块。当作为独立的生产设备时，一般为一台（也有 2～3 台）CNC 机床配置一台工件自动交换装置。

FMC 具有规模小，成本低（相对 FMS），占地面积小，便于扩充等特点。与规模较大的 FMS 相比，FMC 由于投资小、风险小，特别适用于中、小企业。近年来，FMC 正以惊人的速度发展，国外不少 CNC 机床生产厂商纷纷转入 FMC 的研制与生产，说明大力发展作为独立生产设备的 FMC 是当前柔性制造技术的趋势之一。

7.4.2　柔性制造系统

有关柔性制造系统（FMS）的定义众多，但到目前为止，还无统一的定论。一般认为 FMS 应具有以下特征。

① 具有多台制造设备。这些设备不限于切削加工设备，也可以是电加工、激光加工、热处理、冲压剪切设备以及装配、检验等设备，但必须是计算机数控的。组成设备的台数也无定论，有认为由 5 台设备以上组成的系统才称为 FMS，也有认为 2～4 台设备组成的是小规模 FMS。当然只有一台设备的只能是 FMC。

② 在制造设备上，利用交换工作台或工业机器人等装置实现零件的自动上料和下料。

③ 由一个物料运输系统将所有设备连接起来，可以进行没有固定加工顺序和无节拍的随机自动制造。物料自动运输系统可由有轨小车、感应式无轨小车、移动式工业机器人和各种传送带等组成，并由计算机进行物料的自动控制。

④ 由计算机对整个系统进行高度自动化的多级控制与管理，对一定范围内的多品种，

中小批量的零部件进行制造。

⑤ 配有管理信息系统（MIS）。能提供刀具与机床的利用率报告，提供系统运行状态报告以及生产控制的计划等。

⑥ 具有动态平衡的功能，能进行最优化调度。

FMS 一般由加工、物流、信息流三个子系统组成，每个子系统还有分系统，如图 7-6 所示。其系统结构流程关系如图 7-7 所示。

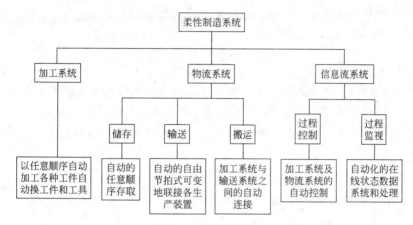

图 7-6　FMS 的构成

现有 FMS 的加工系统由 FMC 组成的还较少，多数还是由 CNC 机床以直接数字控制（DNC）的方式组成。所用的 CNC 机床主要是具有刀具库和自动换刀装置的加工中心，如多工序铣镗加工中心，车削加工中心以及多轴箱加工中心。CNC 应具有更高的可靠性和大容量的零件程序存储器。为适应多样化加工性能的要求，应采用模块化结构以便组合和扩充。

FMS 的机床大都在 10 台以下，以 4～6 台的系统最多。一个系统中的机床配置根据工序要求和负荷均衡原则进行，有"互补"和"互替"两种配置方式。"互补"是指系统需配置完成不同工序的机床（如车、铣、磨……），在工序上互

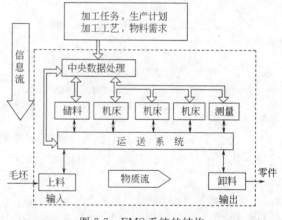

图 7-7　FMS 系统的结构

相补充，而不能代替，一个工件按预定的加工顺序顺次通过这些工位的机床。"互替"是指一个系统中完全相同的工序不止一台机床，在加工过程中，如其中一台机床正在工作，即将零件送空闲的另一台机床上加工，以免等待，或当一台有故障时，另一台相同工序的机床可以代替，不影响全线工作。一个系统中也可以两者混合配置。

加工系统中所用的刀具必须标准化、系列化以及具有较长的刀具寿命，以减少刀具数和换刀次数。加工系统中还应具备完善的在线检测和监控功能以及排屑、清洗、装卸、去毛刺等辅助功能。在被监控的对象中，刀具寿命（磨损）的监控目前多用"定时"强制换刀的方式，或定时检测刀具长度与某一固定参考点距离的变化量方式。直接检测刀具磨损的方法，由于切削环境的复杂性，至今尚未得到推广应用。

物料流是区别 FMS 和 FMC 的主要标志。它包括工件与刀具、夹具的输送、搬运（上、下料）及仓库存储。

FMS 的存储系统一般多用立体仓库并由计算机进行控制。

各制造设备之间的输送路线有直线往复式、封闭环式以及网络式，以直线往复式居多。输送设备有输送带、有轨小车、无轨小车以及行走机器人等形式。现阶段 FMS 多用结构简单的有轨小车或输送灵活的无轨小车进行输送。

无轨小车又称自动引导小车，图 7-8 所示为小车结构示意图。小车上装有托盘交换台，工件与托盘一同由交换台推上机床工作台进行加工，加工完后拉回至小车送装卸站进行装卸。

小车行车路线常用电磁引导方式或光电引导方式，图 7-9 为电磁引导原理图。在地下埋设的电缆通以低频电流后形成磁力线波，固定在车身内的两个感应线圈即产生电压。当小车未偏离电缆时，两线圈电压相等，则小车的转向电动机不产生运动；反之，小车偏离电缆时，转向电动机即产生正向或反向旋转，校正小车的位置偏离，使小车沿电缆路线运动。

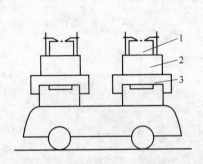

图 7-8　自动搬运小车
1—工件；2—托盘；3—托盘交换台

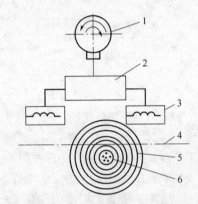

图 7-9　电磁引导原理
1—转向电动机；2—控制装置；3—感应线圈；
4—地平面；5—磁力线；6—导向电缆

光电式引导方式是在地面上铺设不锈钢带等反光带，利用反射光使小车上一排光敏管产生信号，从而引导小车总是沿反光带运动。光电引导法改道方便，但反光金属带必须保持清洁。

7.4.3　柔性制造系统实例

JCS-FMS-1 是我国的第一条 FMS，由机械工业部北京机床研究所基于日本 FANUC 公司的 FMS 技术研制成功。图 7-10 为系统组成框图，主要由以下四部分组成。

（1）加工系统

由 5 台数控机床组成。其中，数控车床 2 台，数控外圆磨床、立式加工中心及卧式加工中心各 1 台。5 台机床采用直线排列，每台机床前设置托盘站 1 个，并由 4 台 M1 型工业机器人分别在机床与托盘之间进行工件的上、下料搬运（其中两台加工中心合用 1 台工业机器人）。以机床为核心分设 5 个加工单元。

单元 1：由 STAR-TURN1200 数控车床和工业机器人组成。

单元 2：由 H160/1 数控端面外圆磨床、工业机器人以及中心孔清洗机各 1 台组成。

单元 3：由 CK7815 数控车床、工业机器人以及专用支架与反转装置各 1 台组成。

单元 4：由 JCS-018 立式加工中心、工业机器人以及专用支架与反转、回转定位装置

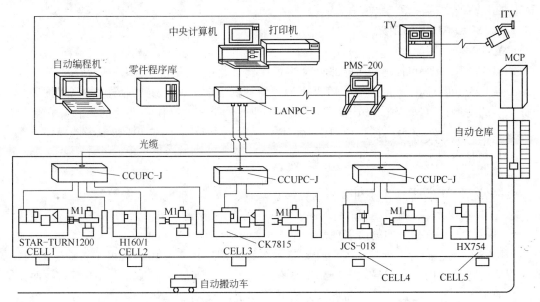

图 7-10　JCS-FMS-1 系统组成框图

组成。

　　单元 5：由 HX754 卧式加工中心、工业机器人（与单元 4 合用）以及专用支架与反转、回转定位装置组成。

　　以上 5 个单元分别与具有多路接口的单元控制器 CCU 连接，每个 CCU 可进行上、下级的数据交换以及对下属设备的协调与监控。

　　（2）物流系统

　　机床的托盘站与仓库之间采用一台电缆感应式自动引导小车进行工件的运输。平面仓库具有 15 个工件出入托盘站，它们由物流管理计算机 PMS-200 和控制装置 MCP 进行控制。

　　（3）中央管理系统

　　中央计算机承担整个系统的生产计划与作业调度、集中监控以及加工程序管理。工件的加工程序采用日本 FANUC 公司的 P-G 型自动编程机进行自动编程，将编好的零件程序存入程序库，以便加工时调用。

　　LAN（PC-J）为局部网络控制器，用以实现计算机与各单元控制器（CCU）、输送计算机以及程序库之间的信息传送与管理。采用光缆作为传输介质。

　　（4）监控系统

　　该系统采用摄像头（ITV）的工业电视（TV）对 5 个功能单元进行监视，即监视平面仓库、单元 2、单元 4、单元 5 以及引导小车的运行实况。

　　JCS-FMS-1 型柔性制造系统的投入运行，标志着我国柔性制造系统研究与开发的一个良好的开端。

7.5　计算机集成制造系统（CIMS）

　　CIMS 的基本概念包括 CIM 和 CIMS 的定义，前者表现为一种哲理，后者则是在 CIM 概念指导下建立的制造系统。深入理解两者定义的内涵，可深刻认识 CIM 的核心概念和

CIMS 的关键技术都在于"集成"。

7.5.1 CIM 和 CIMS 的定义

（1）CIM

CIM 是一种概念和哲理，可用来作为组织现代工业生产的指导思想。CIM 是 Computer Integrated Manufacturing 的缩写，可直译为"计算机集成制造"或"计算机综合制造"。这个概念中的"制造（Manufacturing）"是关于企业的一组相关操作和活动的集合，它包括市场分析、产品设计、材料选择、计划作业、生产、质量检验、生产管理和市场销售等一系列与制造企业有关的生产活动。针对企业所面临的市场激烈竞争形势，组织企业生产活动有两个基本观点：

① 企业生产活动是一个不可分割的整体，其各个环节彼此紧密关联；

② 就其本质而言，整个生产活动是一个数据采集、传递和加工处理的过程，最终形成的产品可以视为"数据"的物质表现。

CIM 这一概念的产生反映了人们开始从一个深刻的层次来分析和认识"制造"的内涵。即对制造所包含的内容不应局限于产品生产有关的工艺、库存、加工和计划等活动，而必须有广义的理解。制造应包括从产品需求分析开始到销售服务之间全过程的一切活动。另一方面，不应仅将制造的过程看作是一个从原料加工、装配到产品的物料转换过程，必须将制造理解为是一个复杂的信息转换过程，在制造中发生的相关活动都是信息处理整体中的一部分。这种关于制造的新观点指出了在企业组织生产的总体优化中，信息技术与制造过程相结合是制造业在信息社会中发展的新模式，也是企业发展的必然。

（2）CIM 与 CIMS 的定义

通过实践，人们对 CIM 理解不断深化，并逐渐认同了这样一种看法：CIM 是用全局观点（即系统观点）对待企业的全部生产经营活动，企业追求最佳效益便要做到全局优化，信息集成是支持企业全局优化的重要手段。信息集成必须通过计算机来实现，进入 20 世纪 80 年代以来的计算机和相关技术的发展使企业的整个生产经营过程的信息集成成为可能。因此人们将 CIM 定义为："CIM 作为一种组织、管理与进行企业生产的哲理，它通过网络在计算机的指挥下，综合运用现代管理、制造、信息、自动化和系统工程等领域的技术成果，将企业生产全部过程中有关人、技术、经营管理要素及其信息流与物流有机地集成并优化运行，以实现产品高质量、低成本、上市快，从而使企业赢得市场竞争"。抓住上述定义的精髓，可以把 CIM 通俗地理解为"用计算机通过信息集成实现现代化的生产制造，求得企业的总体效益"。即以计算机为工具，制造为其内容的 CIM，其哲理的核心为信息的"集成"。

如上所述，CIM 是一种组织现代化生产的哲理，而基于这种哲理组成的系统——CIMS，就是哲理的实现。因此，也可以把 CIMS 定义为："CIMS 是基于 CIM 哲理构成的优化运行的企业制造系统"。在 CIMS 的研究和实施中必须强调"信息流"和"系统集成"这两个最基本观点。

随着技术的发展，CIM 的概念也随之不断丰富和发展，使得人们可以进一步理解到：CIM 是运用系统工程的整体化观点，将现代化的信息技术和生产技术结合起来综合应用，通过计算机网络和数据库技术把生产的全过程连接起来，有效地协调和提高企业内部对市场需求的响应能力和劳动生产率，取得最大的经济效益，以保持企业生产的不断发展和生存能力的增强。总的说来，CIM 是组织现代化生产的"制造哲理"，而 CIMS 则是一种工程技术系统，是 CIM 的具体实施。可以把 CIMS 看成是未来生产自动化系统的一种模式，但这种模式不是单纯的技术上的"自动化"，它所强调的是用集成来提高企业竞争力。

（3）CIMS 的核心在于集成

CIMS 不只是一个技术系统，它更是一个企业整体集成优化系统。因此，它的核心是"集成"，其集成特征主要包括：

① 人员集成。管理者、设计者、制造者、保障者（负责质量、销售、采购、服务等的人员）以及用户应集成为一个协调整体。

② 信息集成。产品生命周期中各类信息的获取、表示、处理和操作工具集成为一体，组成统一的管理控制系统。特别是产品信息模型（PIM）和产品数据管理（PDM）在系统中应得到一体化的处理。

③ 功能集成。产品生命周期中，企业各部门功能集成以及产品开发与外部协作企业间功能的集成。

④ 技术集成。产品开发全过程中涉及的多学科知识以及各种技术、方法的集成，形成集成的知识库和方法库，以利于 CIMS 的实施。

7.5.2　CIMS 的递阶控制模式

一般把 CIMS 分为五层，如图 7-11 所示。第一层为工厂层，这是决策工厂整个资源、生产活动和经营管理的最高层。第二层为车间层，也称区间层，这里的车间并不是目前工厂中的"车间"概念，暂用"车间层"仅表示它要执行工厂整体活动中的某部分功能。第三层为单元层，这一层支配一个产品的加工或装配过程。第四层为工作站层，它将协调站内的一组设备。第五层为设备层，就是一些具体的设备，如机床、测量机等，这一层将执行具体的作业。

按照时间等级和控制等级将这五层结构形成递阶图，如图 7-12 所示。

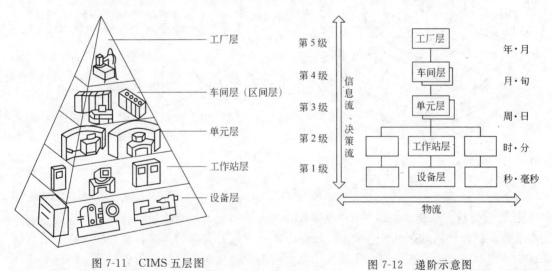

图 7-11　CIMS 五层图　　　　　　　　图 7-12　递阶示意图

第五级为工厂层，它的主要功能是全厂的信息管理、制造工程管理和产品管理，决定年计划和月计划。第四级为车间层，其功能是资源调配和任务管理。第三级为单元层，其功能是批制造，进行计划和调度。第二级为工作站层，其功能是进行准备、分配并控制设备层任务和拆卸任务。第一级为设备层，其功能是进行具体的加工、装配或测量。

7.5.3　CIMS 的构成

根据美国计算机自动化协会/制造工程师协会（CASA/SME）的定义，CIMS 的构成如图 7-13 所示。由图可见，CIMS 的核心是一个公用数据库，对信息资源进行存储与管理，并与各个计算机系统进行通信。在此基础上，需有三个计算机系统。第一个计算机系统是进行产品设计与工艺设计的 CAD/CAM 系统。第二个计算机系统是生产计划与生产控制的 CAP/CAC 系统，FMS 是这个系统的主体。当它与 CAD/CAM 系统连接起来时，数控机床就可以用 DNC 方式从 CAD/CAM 系统中获得零件的加工程序，从而实现了从产品设计到产品零件制造的无图样自动加工。第三个计算机系统是工厂自动化系统，它可以实现产品的自动装配与测试、材料的自动运输与处理等。在上述三个计算机系统的外围，还需利用计算机系统进行市场预测，编制产品发展规划，分析财政状况和进行生产管理与人员管理。

根据我国学者的研究，认为 CIMS 更应强调人、经营和技术三者的集成。从技术组成的角度来看，CIMS 通常由管理信息分系统、产品设计与制造工程设计自动化分系统、制造自动化（柔性自动化）分系统、质量保证分系统以及计算机通信网络分系统和数据库分系统六个部分组成。其中前四个为功能分系统，后两个为支撑分系统。图 7-14 为六个分系统的框图及其与外部的信息联系。但并不是任何一个企业、工厂实施 CIMS 时都必须实现这六个分系统，而应根据具体的需求和条件，在 CIM 思想指导下有选择地局部实施或分步实施。

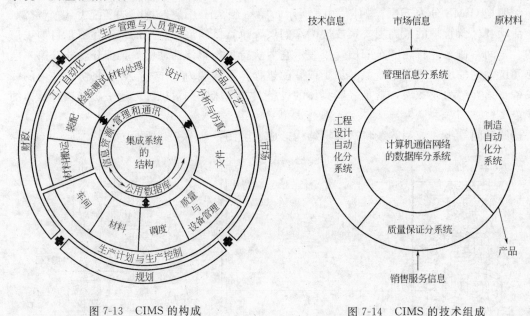

图 7-13　CIMS 的构成　　　　　　图 7-14　CIMS 的技术组成

（1）功能分系统

① 管理信息分系统。它以 MRP II 为核心，包括预测、经营决策、各级生产计划、生产技术准备、销售、供应、财务、成本、设备、工具、人力资源等管理信息功能。通过信息的集成，达到缩短产品生产周期、降低流动资金占用、提高企业应变能力的目的。

② 工程设计自动化分系统。它采用计算机辅助产品设计、制造准备及产品性能测试等技术，即常说的 CAD/CAPP/CAM/CAE 系统进行工作，目的是使产品的开发活动更高效、优质、自动化地进行。

③ 制造自动化或柔性自动化分系统。它是 CIMS 中信息流和物质流的结合点，是 CIMS 最终产生经济效益的关键所在。可以由数控机床（主要是加工中心）、清洗机、测量机、运输小车、立体仓库、多级分布式控制（管理）计算机等设备及相应的支持软件组成。根据产品的工程技术信息和车间层的加工指令，完成对零件加工的作业调度及制造，使产品制造活动优化，实现周期短、成本低、柔性高的要求。

④ 质量保证分系统。包括质量决策、质量检测与数据采集、质量评价、控制与跟踪等功能。该系统保证从产品设计、制造、检验到售后服务整个过程的优质实现，以达到产品高质量、低成本的目的，提高企业的竞争力。

（2）支撑分系统

① 计算机通信网络分系统。它是支持 CIMS 各分系统的开放型网络通信系统。它采用国际标准和工业标准规定的网络协议，可以实现异种机的互联，以及异构局部网络及多种网络的互联。它以分布为手段，满足各应用分系统对网络支持服务的不同需求，支持资源共享，实现分布处理、分布数据库、分层递阶和实时控制。

② 数据库分系统。它是支持 CIMS 各分系统，覆盖企业全部信息的数据库系统。它在逻辑上是统一的，在物理上可以是分布的全局数据管理系统，以实现企业数据的共享和信息集成。

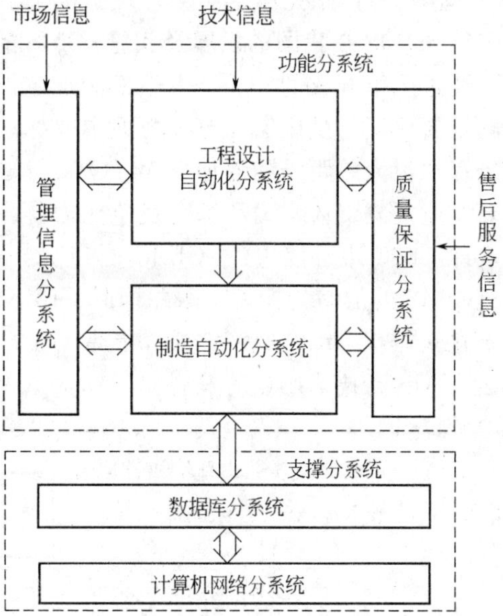

图 7-15 所示为功能分系统与支撑分系统间的关系。

图 7-15　功能分系统与支撑分系统间的关系

7.5.4　CIMS 实例

① 图 7-16 所示为 FANUC 公司的 CIMS。

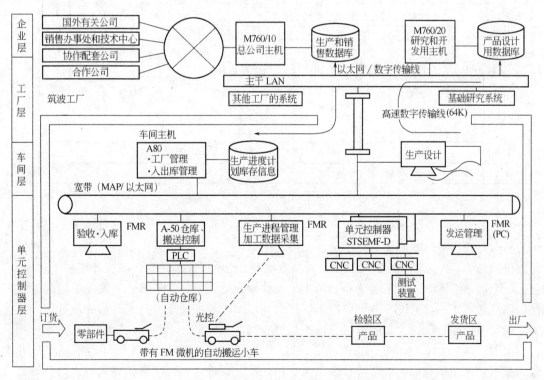

图 7-16　FANUC 筑波工厂 CIMS 结构简图

② 图 7-17 所示为德国 MTU 公司的 CIMS。

7.5.5　CIMS 在我国的发展及实施 CIMS 的效益

通过改革开放的实践，人们已清楚认识到工业现代化是国民经济持续发展和民族繁荣昌盛的重要保证，是国家综合实力的主要标志。目前，我国的工业整体水平与工业发达国家之间仍存在很大差距。随着加入 WTO 后与国际接轨步伐的加快，面对激烈的国际竞争，迫切需要企业提高整体实力和综合竞争能力。我国于 1986 年开始制订的国家高技术研究发展计划（即"863 计划"）中将 CIMS 确定为自动化领域的主题研究项目之一，并规定了我国 863/CIMS 的战略目标为：跟踪国际 CIMS 有关技术的发展；掌握 CIMS 关键技术；在制造业中建立能获得综合经济效益并能带动全局的 CIMS 示范工厂，通过推广应用及产品化促进我国 CIMS 高技术产业的发展。

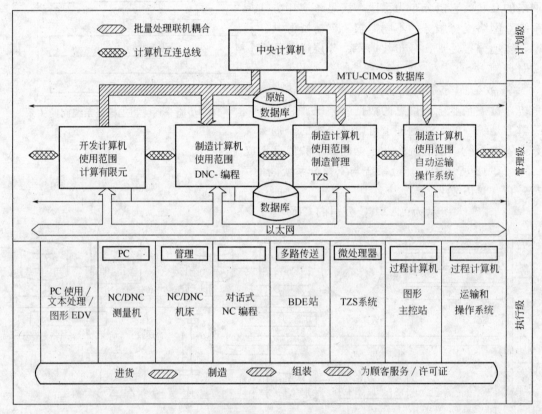

图 7-17　德国 MTU 公司 CIMS 层次结构

在"效益驱动、总体规划、重点突破、分步实施、推广应用"的方针指导下，经过十多年的努力，我国 CIMS 事业取得了迅速发展：已形成了一个健全的组织和一支比较成熟的研究队伍；实现了我国 CIMS 研究和开发的基本框架；建设形成了较好的研究环境和工程环境，包括一个国家 CIMS 实验工程中心和 7 个单元技术开放实验室；完成了一大批课题的研究工作，陆续选定了一批 CIMS 典型应用工厂作为利用 CIMS 推动企业技术改造的示范点，这些工厂包括飞机、机床、大型鼓风机、纺织机械、汽车、家电、服装以及钢铁、化工等行业。

我国"863 计划"CIMS 主题的研究和开发进程证明：CIMS 是现代制造领域中卓有成效的技术，是加快我国企业适应社会主义市场经济、促进企业经济增长方式向集约型转变的重要技术手段。

实施 CIMS 技术的效益包括可量化的经济效益和难以量化的社会效益，必须将这两种效益结合起来进行综合评价。应用实践证明，CIMS 的效益主要体现在信息集成的效益上。由于系统集成度提高，可以使各功能分系统间的配合和参数配置更优化，各种生产要素的潜力得到更有效的利用发挥，减少实际存在于企业生产中的各种资源浪费，同时使管理科学化，提高企业对市场的响应能力。具体表现在：

① 提高产品质量；

② 提高设备利用率；

③ 提高科学管理水平。

此外，实施 CIMS 后，可明显提高企业新产品开发能力，从而提高企业在国内外市场上的竞争能力。由于产品质量的明显提高、交货期短而准确、价格合理、企业的信誉随之提高，这将给企业带来极大的、不可量化的经济效益。

必须指出，CIMS 在其发展历程中的主要应用对象是离散型制造业（约占全部制造业的 50％）。其原因是这类企业面临的问题最多，生产水平和生产效益均较低，因而采用 CIMS 也更为迫切，一旦实施 CIMS 其效果也会更大、更明显。十分显然，CIMS 的思想、系统方法和集成技术同样可用于诸如连续型或混合型企业中，国内外在电器、化工、电子元件、钢铁行业中已有不少企业实施 CIMS 应用工程并取得了成功。

7.6　现代制造模式的新发展

7.6.1　敏捷制造（AM）

敏捷制造（Agile Manufacturing，AM）是一种哲理，是先进制造业的一种模式。目前世界各地都有人在研究敏捷制造，但还没有公认的定义。敏捷制造正在不断发展过程中，但必须正确认识这一概念，改变旧的传统观念，才能正确地改造旧企业，走上新运行模式的道路。

（1）敏捷制造的基本思想

面对 21 世纪的市场竞争，制造业不仅要灵活多变地满足用户对产品多样性的要求，而且新产品要快速上市。敏捷性是对于在急速变化、连续分裂的全球市场中，提供高质量、高性能、按用户要求配置的商品和服务而赢利的挑战的反应。敏捷性是动态的没有尽头的，是专门承上启下预见到未来的，是进攻性地抓住变化，始终面向企业发展的。未来市场对产品多样性要求会非常突出，各种产品和生产系统必须是可重新编程、可重新组合、可连续更换的，每张订单可能只有一件或两件产品，厂家按订单生产是希望与批量无关。上市时间是指从提出概念到产品交到用户手上的时间，它将成为竞争的关键，要力争将上市时间缩到最短。产品质量的概念已经从过去的"符合技术标准"、"经久耐用"等变成为在整个产品生命周期内使顾客满意。在生产组织、技术管理、人与人间的关系上，敏捷制造的观点与传统观念有所不同。

敏捷性在设计中的要求概括为三点：可重组（reconfigurable）、可重用（reusable）和可扩充（scalable）。经济全球化以及市场的变化，促使企业必须实施敏捷制造，具体表现为：

① 市场的分割越来越严峻；

② 必须对批量任意大小的订单生产；

③ 大批用户的客户关系管理；

④ 缩短产品生命周期；

⑤ 物理产品和服务的交融；

⑥ 全球的生产网；

⑦ 公司之间既合作又竞争；

⑧ 适合大批量用户化生产的销售基础结构；

⑨ 集团重新组织的热潮；

⑩ 把流行的社会价值观变成公司内部因素的压力。

（2）敏捷制造企业的基本特征

敏捷制造的核心思想是不断变化、快速响应，这是其竞争的基础。敏捷制造的企业特性归纳为以下几点：

① 并行工作，即企业各部门并行工作，形成一个并行工作网络；

② 继续教育，即要不断更新和提高雇员的全面技能；

③ 根据用户反应建立的组织机构，进行业务流程重组；

④ 动态多方合作，从竞争走向合作；

⑤ 珍惜雇员，把雇员的知识和创造性看成是企业的财富；

⑥ 向工作小组及其成员放权，企业组织结构要减少层次，扁平化；

⑦ 对环境仁慈，即减少污染，保护环境；

⑧ 产品终身质量保证，要做到使顾客满意；

⑨ 缩短循环周期，即上市时间尽可能短；

⑩ 技术的领先及技术的敏感；

⑪ 整个企业的集成，即通过整个企业的集成，来提高企业的柔性，以最高效率的工作去为企业的成功而奋斗。

（3）实现敏捷制造的各种措施

① 将继续教育放在实现敏捷制造的首位。高度重视并尽可能创造条件使雇员能获取最新的信息和知识。

② 虚拟企业的组成和工作。从竞争走向合作，从互相保密走向交流信息，虽与传统观念不一致，但会给企业带来更大的经济效益。如果市场上出现一个新的机遇，几家大公司，可能立即组成一种合作关系。A公司开发齿轮箱体，B公司开发轴及齿轮，C公司负责总装、测试，各家拿出最强手来共同合作开发，迅速占领市场。完成这次合作之后，各家还是各自独立的公司，这种组织方式称为"虚拟企业"（virtual enterprise）。

③ 计算机技术和人工智能技术的广泛应用。在未来的制造业中，除了分布式数据库和大范围的计算机通信网络之外，各种计算机辅助设计、辅助制造，计算机仿真与建模分析技术，都是作为先进技术的代表在敏捷企业中加以应用。在生产和经营过程中，从底层原始数据检测和收集的传感器，到控制过程的机理以至辅助决策的知识库，都将需要应用人工智能技术。

④ 方法论的指导。所谓"方法论"，就是在实现某一目标、完成某一项大工程时，所需要使用的一整套方法的集合。对敏捷企业而言，首先是人、经营和技术三者的集成，要实现全企业的集成，应对每一时期每一项具体任务有明确的规定和指导方法，这些方法的集合就叫"集成方法论"。

⑤ 环境美化工作。不仅仅指工厂企业范围内的绿化，更主要是对废弃物的管理与销毁。

⑥ 性能测量与评价。对敏捷制造、系统集成所提出的战略考虑，如缩短提前期对竞争能力有多少好处、如何度量企业的柔性、企业对新产品变异的适应能力会导致怎样的经济效益、如何检测雇员和工作小组的技能、技能标准对企业柔性又会有什么影响。这一系列问题都是在新形势新环境下提出来需要解决的。

⑦ 标准和法规的作用。要强化标准化组织，使其工作不断跟上环境和市场的改变，各种标准能及时演进。现行法规应跟随国际市场和竞争环境的变化而演进。

⑧ 组织实践。外部形势要求变，内部条件也可以变，关键在于领导能否下决心组织变革、引进新技术、实现组织改革、实现放权、进行与其他企业新形式的合作。要有富于革新精神和善于根据敏捷制造的概念进行变革的个人，更需要这样的小组，才能逐步推动全企业的变革。

（4）虚拟企业的形成

在敏捷制造的环境下，市场竞争的形式也有所变化。传统的各个公司或集团作为一个封闭的竞争单位的情景，已难以继续。发达的计算机网络和通讯工具使得地域上分散和归属于不同公司集团的设备和设计、生产能力被协调地充分利用起来，去赢得新的市场机遇。这就是所谓的"虚拟企业"。如何将虚拟企业的运作引入 CIM 实施，仍是值得研究的重要课题。

（5）改造企业文化促进系统集成

系统集成关键在于人的集成。人的集成很重要的一个问题就是企业文化，要建立一种崭新的企业文化才能适应系统集成的要求。企业文化指的是企业中大多数成员所共有的想问题和做事情习惯的或传统的想法和做法。新成员进来时要想在企业做事，就必须学习和接受这些做法。实质上，企业文化包含共有的价值观、决策模式和公开的行为模式三个主要成分。

敏捷制造的思想刚提出不久，远远没有成熟，现在也不存在一个被称为"敏捷企业"的企业，但这些想法不是无中生有的。由于它们与传统观念差距太大，还不能为人们很快接受并付诸实践。但应看到竞争形势的变化，世界市场的发展趋势，必须改革企业，规划未来。

7.6.2　并行工程（CE）

（1）传统制造业的工作方式——串行方式

传统制造业的工作方式是按产品设计—试制样机—修改设计—工艺准备—正式投产顺序进行的，即采用的是串行方式，如图 7-18 所示。多年来，这种模式已为人们普遍接受。实践证明，这种方式对于批量大、市场寿命长的产品行之有效，而对于批量不大、市场寿命短的产品就远远不能满足市场需求了。

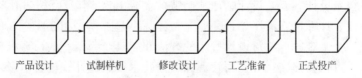

产品设计　　试制样机　　修改设计　　工艺准备　　正式投产

图 7-18　串行工作方式示意图

串行工作方式存在的问题是：设计工程师与制造工程师之间互相不了解，互相不交往，因而造成了设计图样上的技术要求可能不适合于制造工艺，甚至根本无法实现；制造工程师若主观做修改，可能会降低产品质量，要不然，就是双方来回踢皮球，影响工期。串行工作方式产品开发周期长，新产品难以很快上市。面对激烈的市场竞争，为了大大缩短产品的提前期、保证高质量，就必须改变传统的工作模式。

（2）并行工程

并行工程（concurrent engineering，CE）则是当产品处于设计阶段时，就引入生产准备等相关工作，并行地进行产品设计、工艺设计和生产准备等，也就是要求打破设计、工艺、生产计划以及加工和装配各部门间的壁垒，同时借助计算机网络实现各部门间的信息和数据资源的共享。并行工程实质上指的是集成地、并行地设计产品和处理相关的各种过程（包括制造过程和支持过程）的系统方法。在当前的环境下，利用计算机网络可以有效地达到快速、高效和保质、优质地推出新产品的目的，如图 7-19 所示。

实践证明，组织各学科联合设计小组是一条保证设计质量、提高设计效率的有效途径。并行工程主要着眼点在设计过程。并行工程要求产品开发人员在设计一开始就考虑产品整个生命周期中从概念形成到产品报废处理的所有因素，包括质量、成本、计划进度和用户要求。

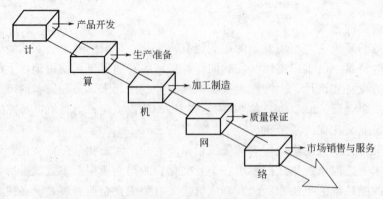

图 7-19　并行工程方式示意图

并行工程是一个关于设计过程的方法，它需要在设计中全面地考虑到相关过程的各种问题，但并非包含制造过程等其他过程。它要求所有设计工作要在生产开始前完成，并不是要求在设计产品的同时就进行生产。并行工程不是简单地指同时或交错地完成设计和生产任务，而是指对产品及其下游过程进行并行设计，不能随意消除一个完整工程过程中现存的、顺序的、向前传递信息的任一必要阶段。并行工程是对设计过程的集成，是企业集成的一个侧面，它企图做到的是优化设计，依靠集成各学科专业人员的智慧做到设计一次成功。

（3）并行工程的目标、组织、方法和工具

并行工程明确地将其目标放在缩短提前期（包括新产品开发和用户定制产品的生产）以及提高产品质量方面。之所以能够做到这样，是因为并行工程是由各个专业、各个部门的人员联合组成的。技术设计、工艺设计、加工制造的需求和经验在这里互相交流，取长补短；机械、电子、电气、计算机、液压等各种专业工程师一起工作，相互配合，用最有效、最合理的方法去解决一个个难题。并行设计所用的方法和工具，除了一些计算机辅助设计的方法和软件工具外，重点在数据交换、数据管理和通信技术。通过计算机通信网络，小组内多人同时上网设计，技术设计和工艺设计之间相互迭代，配合改进，就能达到并行工程的基本目标。将仿真软件及虚拟制造相结合，使并行设计扩展到跨地区、跨国家的范围，效果将更为显著。

7.6.3　精良生产（LP）

精良生产（Lean Production，LP）的实质就是从生产操作、组织管理、经营方式等各个方面找出一切不能为产品增值的活动或人员，并加以革除。精良生产被认为是世界级制造技术核心。它与工业工程（IE）的目标是一致的，即"以最小的投入，取得最大的产出，在花色、品种和质量上让用户满意"。它的全面实施，将以最快的速度、最低的成本设计和生产，并以合理的价格在市场上销售，从而在竞争中取得明显的优势。

德国阿亨大学的 W. Eversheim 教授为新世纪生产形象地描绘出一幅图画，这是一幢以精良生产为屋顶，以适时生产（Just In Time，JIT）、成组技术（Group Technology，GT）和全面质量管理（Total Quality Control，TQC）为三根立柱，以并行工程（Concurrent Engineering，CE）为基础的建筑物，如图 7-20 所示。

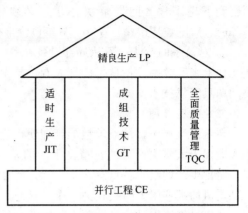

图 7-20　新世纪生产系统示意图

适时生产是精良生产的核心，它最早产生于汽车工业。其主导思想是使物流通畅，而且不早不晚地到达工作地或工人手中，使工作过程浪费最小。理想的 JIT 不仅可使全厂做到均匀有节奏地生产，而且每个部门、每道工序也是按节拍进行的。这种生产方式在全车间不存在中间仓库，每个工作场地只有一个中间储存器，储备少量的小零件。当产品检验合格后，用户立即把产品提走，车间不需要成品堆放站。这些措施，可以保证零件和产品在车间停留的时间最少，因而可以加快资金周转速度，以达到降低成本的目的。

JIT 技术实际上早在单一品种和大批量生产时就已经提出，只是随着消费市场的巨大变化，促进了它的发展和应用。大量生产的企业如果不利用成组技术，进行多品种生产，在市场竞争中必然要失败。日本非常及时地注意到这种倾向，首先在汽车和家用电器等行业进行技术改造，在组织混流生产方面有所突破。这种灵活的生产系统一方面继续保持了大量流水作业的特点，另一方面对工序的柔性进行了改造，使之能在短时间内作出快速调整或更换的反应。这一点在过去很难实现，而在数控技术和计算机技术广泛应用的今天则比较容易做到。这种在新条件下实现的 JIT，不仅可以得到单品种大量生产的全部好处——高速度和高效率，而且增加了品种，加快变换节奏。

精良生产方式实质上是从生产操作、组织管理、经营方式等各个方面，找出一切不能为产品增值的活动或人员，并加以革除。未来产品市场是多元化、个性化的，因此要力求制造系统做到成本与批量无关、生产周期短、产品复杂性高，并要求企业具有高柔性和强的应变能力去对付市场的挑战。精良生产综合了单件生产和大量生产的优点，克服了传统经营方式中的很多不合理做法，开创了一种新的高效率的生产方式，既避免了单件生产的高成本，又避免了大量生产的僵化不灵活。与大量生产相比，精良生产的人员、场地、设备都减少一半，新品开发时间、工程设计工时、现场库存也减少一半，废品大大减少，而且能生产更多、更好及各种变型的产品。大量生产与精良生产其最终目标是不同的，大量生产方式要求产品"足够好"，容忍大量库存。精良生产方式要求产品"尽善尽美"，必须精益求精，不断降低成本，做到无废品、零库存、无设备故障等，且产品品种多样化。精良生产不仅是生产方式的改变，而且改变了人们传统的认识，改变了人们的思维方式，改变了人们之间的相互关系。虽然达到这种理想境界还有很长一段路要走，但只要人们不断追求就会产生惊人的效果。

（1）精良生产的生产操作与对工人的要求

生产操作是制造企业各项活动中比重最大的一项活动，一线工人也是工厂中人数最多的人员。精良生产的做法如下。

① 减少或撤销非增值的人员和岗位，彻底消除各种浪费。浪费有资源、人力、时间、空间等多个方面，如何正确区分什么是工作，什么是浪费，在贯彻精良生产方式中，是一件非常重要的事件。

② 采用总装线上工人的集体负责制。装配工人被编成小组，每个小组对指定的一套组装工序负责。有人缺勤或某一个零件安装有问题，小组内应互相帮助，集体负责，不能把问题留到下道工序。问题解决不了，必须暂停装配线，对原因进行分析，提出"五 W"（When、Why、Where、Who、What），再提出措施（How），并保证不再发生。

③ 对效率的看法。不从局部设备在单位时间内生产多少零件来计算效率，而是从全局、从总体上来看效率。精良生产把人看做是生产中最宝贵的资源，是解决问题的根本动力，解决问题只能靠技术。

（2）精良管理

在精良生产中，精益求精的管理使得它在人员的利用、厂房的利用、时间的利用等方面都大大优于大量生产方式。精良生产的基本观念是及时供应，尽可能减少库存，甚至零库存。精良生产的组织特点有两个：一是能把最大量的工作任务和责任转移到生产线上真正为产品增值的那些工人身上；另一个是具有一个处于在适当位置的，一旦发现问题就能快速追查并找出最终原因的检测缺陷系统。精良管理的具体做法如下。

① 从组织上实现对工人的要求。工人是多面手，除了要求工人对小组的工作集体负责外，还要求工人全面了解全厂的情况。把工厂的全部信息公布出来，工厂任何地方出现任何差错，谁知道怎么解决问题就会去帮忙，这种灵活动态的工作小组就是精良管理的核心。

② 改变单调枯燥的重复工作。在精良生产的组织管理中，工人是多面手，由动态的工作小组集体负责，工作中充满了创造性的解决问题的挑战，生产活动不再枯燥无味。

③ 从推动方式变成拉取方式。在传统的生产方式下，人们为了使后工序不致停工停料，总是在前工序多生产一些产品（零件），即由前向后的推动方式。由于多生产了某种零件，或遗漏了生产下一工序所需的另一种零件，形成浪费。精良生产则是拉取方式，即后工序只在必要的时候到前工序领取必要的物品，且前工序只生产要被取走的物品，即适时生产（JIT）的概念。

（3）精良设计

精良生产与大量生产方式的设计方法有显著差别，主要表现在领导方式、集体协作、信息交流和同步开发四个方面。精良生产的基本精神就是消除一切无用的和浪费的东西。能早做的事情不要晚做，能并行进行的不要串行进行，这样总的时间进度就能缩短。在精良生产中，由于强化了设计者和制造者之间的信息交流，以及准确的预测和妥善的生产安排，与传统的大量生产方式相比生产周期大大缩短，库存、劳动量都相应减少。这也就是并行工程的基本做法。

7.6.4 虚拟制造（VM）

（1）背景

20 世纪 90 年代以来，对市场的快速响应（交货期）在工业发达国家成为竞争的焦点，于是敏捷制造、智能制造、虚拟制造等新概念、新的生产组织方式、新的生产模式相继出现。企业的柔性和快速响应市场的能力成为竞争能力的主要标志。一些学者预测，21 世纪初是技术创新的年代，就是说以高新技术、新颖的产品去开拓市场，创新将是主要标志。因此，知识的获取和创新、信息的交流和技术的合作都是 21 世纪市场竞争的热点问题。虚拟制造技术就是根据企业竞争的需求，在强调柔性和快速的前提下，于 20 世纪 80 年代提出。

随着计算机技术，特别是信息技术的迅速发展，在 20 世纪 90 年代得到人们极大的重视，获得迅速发展。

从技术发展方面来看，VM 的出现与仿真、计算机图形学、虚拟企业、虚拟原型、可视化、多媒体技术等概念和技术的发展有关。VM 依靠仿真技术来模拟制造、生产和装配过程，使设计者在计算机中"制造产品"。特别是实时性和动感方面，VM 依靠计算机图形学来建立计算机内的数字化模型，这种模型可以表达三维立体的数据，还可以像真实物体一样可视、可运动。虚拟原型是个相对于物理原型的概念，是具有一定功能的基于计算机的仿真系统。它不需要构造物理原型便能测试和评价多种设计的某些特征，达到缩短产品开发时间和降低成本的目的。可视化是一种计算机方法，它将信号转换成图形或图像，使研究者能观察它们的模拟与计算，以丰富科学发现过程。另外，媒体是信息的载体，如图形、声音、文字、图像等。多媒体技术就是以计算机为核心的集图、文、声、像处于一体的综合性处理技术。多媒体技术和可视化技术为 VM 的发展奠定了视听基础。

（2）概念

虚拟制造（Virtual Manufacturing，VM）是产品实际制造过程在计算机上的模拟实现。它基于计算机仿真与虚拟现实技术，在计算机上实现产品的设计、生产以及企业的管理与控制等产品全生命周期活动，通过增强设计、生产、管理等过程的预测、分析、评估及决策能力，达到改善企业产品的 T（时间、周期）、Q（质量）、C（成本）、S（服务）、E（环境），从而增强企业的竞争能力。

由此可见，虚拟制造是一种新的制造理念，它以信息技术、仿真技术、虚拟现实技术为支持，在产品设计或制造系统物理实现之前，就能使人体会或感受到未来产品的性能或者制造系统的状态，从而可以作出前瞻性的决策与优化实施方案。

上述虚拟现实（Virtual Reality，VR）技术是指综合应用计算机图形系统和各种显示及控制接口等设备，在计算机上生成可交互的三维环境（称为虚拟环境——Virtual Environment），以提供沉浸感觉的技术。这里的"沉浸"是指用户感觉其视点或身体的某一部分处于计算机生成的空间之中。由图形系统及各种接口设备组成的，用来产生虚拟环境并提供沉浸感觉，以及交互性操作的计算机系统，称为虚拟现实系统。

与实际制造相比，虚拟制造的特点如下。

① 产品和制造环境是虚拟模型，在计算机上对虚拟模型进行产品设计、制造、测试，甚至设计人员和用户可以"进入"虚拟的制造环境检验其设计、加工、装配和操作，而不依赖于传统的原型样机的反复修改。可以将已开发的产品（部件）存放在计算机内，这不但大大节省仓储费用，更能根据用户需求或市场变化快速改型设计，快速投入批量生产，从而能大幅度压缩新产品的开发时间、提高质量、降低成本。

② 可使分布在不同地点、不同部门的不同专业人员在同一个产品模型上同时工作，相互交流，信息共享，减少大量的文档生成及其传递的时间和误差，从而使产品开发快捷、优质、低耗，适应市场需求变化。

（3）虚拟制造类型

按照产品在生命周期中的各类活动，可将虚拟制造分成三类。

① 以设计为中心的（Design-Centered）VM。这类研究是将制造信息加入到产品设计和工艺设计过程中去，并在计算机中进行数字化"制造"，仿真多种制造方案，检验其可制造性或可装配性，预测产品的性能、报价和成本。其主要目的是通过"制造仿真"来优化产品设计和工艺过程，尽早发现设计中的问题。

② 以生产为中心的（Production-Centered）VM。这类研究是将仿真能力加入到生产计划模型中，其目的是方便和快捷地评价多种生产计划，检验新工艺流程的可信度、产品的生产效率、资源的需求状况（包括购置新设备、征询盟友等），从而优化制造环境的配置和生产的供给计划。

③ 以控制为中心的（Control-Centered）VM。这类研究是将仿真能力增加到控制模型中，提供对实际生产过程仿真的环境。其目的是在考虑车间控制的基础上，评估新的或改进的产品设计及与生产车间相关的活动，从而优化制造过程，改进制造系统。

（4）采用虚拟制造技术的效果

实践表明，VM 可以为企业带来六个方面的效果。

① 提供影响产品性能、制造成本、生产周期的相关信息，以便使决策者能够正确地处理产品的性能、制造成本、生产进度和风险之间的平衡关系，做出正确的设计和管理决策。

② 提高产品的设计质量，减少设计缺陷，优化产品性能。

③ 提高工艺规划和加工过程的合理性，优化制造质量。

④ 通过生产计划的仿真，可以优化资源配置和物流管理，实现柔性制造和敏捷制造，缩短制造周期，降低生产成本。

⑤ 通过提高产品质量，降低生产成本和缩短开发周期，以及提高企业的柔性，适应用户的特殊要求和快速响应市场的变化，形成企业的竞争优势。

⑥ 通过虚拟企业的概念以及具体的实际组成的快速响应团队，能在商战中为企业把握机遇并带来优势。

7.6.5 绿色制造（GM）

（1）背景

人类社会的存在与发展是同自然环境密不可分的。随着科学技术的进步和生产力水平的提高，人类影响自然的能力大为增强。人类在改造自然的活动中取得了一个又一个胜利，社会面貌和人们的生活都得到极大的改观，但是另一方面也带来一系列严重的问题，其中最突出的是包括人口爆炸、资源短缺和环境破坏在内的"生态危机"。这种危机反映了社会发展与自然环境之间的关系遭到破坏，出现了生态环境的不平衡、不协调。人们终于发现，人类所面对的自然界，并不是百依百顺地接受人类的征服与改造，而是对于人类的每一次错误的实践，都毫不留情地进行了"报复"。由于"报复"的屡屡发生，"报复"面的迅速扩大，危害程度的日渐加深，引起了全人类的警觉。

制造业的发展为世界经济繁荣和提高人民生活质量作出了巨大的贡献，但是也带来相当大的负面效应，工业化国家已开始尝到近 10 年工业高速发展所结的苦果——地球生态环境以前所未有的速度在急剧恶化。据统计，全世界制造业每年大约产生 55 亿吨无害废物和 7 亿吨有害废物。整个人类的生存环境面临日益增长的机电产品废弃物的压力，以及资源日益缺乏的问题。1996 年全球有 2400 万辆汽车报废，2000 年全球约有 2000 万台计算机被淘汰。如今，种类繁多的民用消费品进入千家万户，新产品源源不断地推出，产品生命周期日益缩短，造成废弃的废旧工业产品数量猛增。

面对日益严重的环境恶化问题，各国政府和工业界都意识到环境保护已刻不容缓，从而加紧制定和推行更加严格的环保法规和条例，推动环境友好（绿色）产品及技术的开发和应用。近年来，围绕生态环境问题，人们提出了"可持续发展"新概念，其含义是：既满足当代人的需求，又不对子孙后代满足其需要之能力构成危害的发展。可持续发展的思想具有极为丰富的内涵，它将生态环境与经济发展联结为一个互为因果的有机整体，认为经济发展要考虑到自然生态环境的长期承载能力，使环境和资源既能满足经济发展的需要，又使其作为人类生存的要素之一而直接满足人类长远生存的需要，从而形成了一种综合性的战略。

由此可见，制造业一方面是创造人类财富的支柱产业，但同时又是环境污染的主要源头。有鉴于此，如何使制造业尽可能少地产生环境污染，是当前环境问题研究的一个重要方面。于是，一个新的概念——绿色制造由此产生。

（2）概念

绿色制造（Green Manufacturing，GM）的定义：绿色制造是一个综合考虑环境影响和资源效率的现代制造理念和模式，其目标是使得产品从设计、制造、包装、运输、使用到报废处理的整个产品生命周期中，对环境的影响（副作用）最小，资源效率最高，并使企业经济效益和社会效益协调优化。

绿色制造有如下的优点。

① 能够减轻对地球生态环境和人类健康的危害。

② 工厂生产环境安全、清洁、舒适、优美。

③ 减少污染治理和废弃产品的后续处理费用。

④ 创办绿色企业，保持良好的形象。

⑤ 生产质优价廉的产品，增强市场竞争力。

⑥ 提高生产率。

（3）绿色制造的研究内容

为了更好地推行绿色制造，人们正在开展各方面研究，目标是开发能评估产品对环境影响的标准生命周期分析程序及其软件，开发支持绿色制造的工具和方法。目前，研究课题大致包括以下三个方面的内容。

① 绿色制造的理论体系和总体技术。包括绿色制造的理论体系，绿色制造的体系结构和多生命周期工程，绿色制造的系统运行模式——绿色制造系统，绿色制造的物能资源系统。

② 绿色制造的专题技术。包括绿色设计技术，绿色材料选择技术，绿色工艺规划技术，绿色包装技术，绿色处理技术。

③ 绿色制造的支撑技术。包括绿色制造的数据库和知识库，绿色制造系统环境影响评估系统，绿色 ERP 管理模式和绿色供应链，绿色制造的实施工具和产品。

上述研究主要集中在能源、材料等资源的合理利用，废旧产品的循环利用和拆分，安全健康，相关问题如环境工程、污染防止、面向环境的设计 DFE、生命周期工程和生命周期评估等方面。

（4）ISO 14000 系列环境管理国际标准

① 什么是 ISO 14000 系列环境管理国际标准。

国际标准化组织（International Standardnization Organization，ISO）是世界上最大的非政府性国际标准化机构，也是当今世界上规模最大的国际科学技术组织之一。它成立于 1947 年 2 月，其主要活动之一是制订各行各业的国际标准，协调世界范围的标准化工作。ISO 下设若干个管理技术委员会，TC 207 就是 ISO 下设专门为制定环境管理国际标准而成立的，在 ISO 中有非常重要的地位。ISO 中央秘书处为 TC 207 环境管理技术委员会预备了 101 个标准号，即 ISO 14000～ISO 14100，统称为 ISO 14000 系列标准。其中：

14000～14009　环境管理体系标准（EMS）

14010～14019　环境审核标准（EA）

14020～14029　环境标志标准（EL）

14030～14039　环境行为标价标准（EPE）

14040～14049　生命周期评估（LCA）

14050～14059　术语与定义（T&O）

14060　产品标准中的环境指标

14061～14100　备用

② ISO 14000 系列标准与发展中国家。

ISO 14000 系列标准在发展中国家有巨大的应用市场。ISO/TC 207 从成立开始，发展中国家就要求在 ISO 14000 系列标准中增加特别条款，以考虑发展中国家在环境问题上与发达国家的不同要求。经过广大发展中国家的坚持，ISO/TC 207 决定在 ISO 14000 系列标准中从以下五个方面对发展中国家、新工业化国家和欠发达国家加以考虑：

a. 经济基础；

b. 在国际经济、贸易中的地位；

c. 评价质量的变化性；

d. 所需的技术信息和技术帮助；

e. 如 ISO 14000 系列标准得不到实施，潜在的不利影响。

因此，ISO 14000 系列标准体现出的科学性和公正性，受到发展中国家的普遍支持。

我国非常重视 ISO 14000 系列标准的宣传和有效实施工作。为此专门成立了环境管理体系审核机构"国家认可委员会"和"中国环境管理体系审核人员国家注册委员会"，以保证从事 ISO 14000 审核机构的科学性、公正性和权威性以及从根本上保证审核人员的素质。

环境保护不仅涉及我国的未来，民族的未来，我们子孙后代的未来，而且涉及全人类的未来。因此，每一个公民，尤其是国家和人民寄予厚望的每位大学生应该引起足够的重视。爱护环境、保护环境、改善环境，培养环境意识和生态意识是教育界义不容辞的神圣职责。

思考与练习

7-1　现代数控机床的发展趋势是什么？

7-2　什么是成组技术（GT）？如何实施？

7-3　零件的分类成组有哪几种方法？各有什么特点？

7-4　什么是 CAD、CAPP、CAM？

7-5　什么是柔性制造单元（FMC）？常用的有哪几类？各自的组成和特点是什么？

7-6　什么是柔性制造系统（FMS）？它有哪些基本特征？由哪些子系统组成？

7-7　试述 CIM 和 CIMS 的定义，CIMS 的核心是什么？

7-8　什么是敏捷制造？其基本特征是什么？

7-9　什么是精良生产？精良生产的支柱是什么？

7-10　什么是并行工程？并行工程的目标是什么？

7-11　什么是虚拟制造？其特点是什么？

7-12　什么是绿色制造？试述推行绿色制造的意义。

参 考 文 献

[1]　韩鸿鸾. 基础数控技术. 北京：机械工业出版社，2000.

[2]　逯晓勤. 数控机床编程技术. 北京：机械工业出版社，2002.

[3]　刘书华. 数控机床与编程. 北京：机械工业出版社，2001.

[4]　李善术. 数控机床及其应用. 北京：机械工业出版社，2000.

[5]　李宏胜. 机床数控技术及其应用. 北京：高等教育出版社，2001.

[6]　王隆太. 机械 CAD/CAM 技术. 北京：机械工业出版社，2001.

[7]　朱晓春. 数控技术. 北京：机械工业出版社，2003.

[8]　张伯霖. 高速切削技术及应用. 北京：机械工业出版社，2003.

[9]　艾兴. 高速切削加工技术. 北京：国防工业出版社，2003.

[10]　刘志峰，张崇高，任家隆. 干切削加工技术及应用. 北京：机械工业出版社，2005.

[11]　刘战强，黄传真，郭培全. 先进切削加工技术及应用. 北京：机械工业出版社，2005.

[12]　吉卫喜. 机械制造技术. 北京：机械工业出版社，2003.

[13]　傅水根. 机械制造工艺基础. 北京：清华大学出版社，2003.

[14]　张世琪. 现代制造导论. 北京：兵器工业出版社，2000.

[15]　张思弟，饶华球，贺曙新. 数控车工简明实用手册. 南京：江苏科学技术出版社，2008.

[16]　张思弟，杨清林，数控铣床与加工中心操作工实用技术手册. 南京：江苏科学技术出版社，2010.

[17]　SINUMERIK 802S/C 操作编程－车床

[18]　SINUMERIK 802S/C 操作编程－铣床

[19]　SINUMERIK 802D 操作编程－车床

[20]　SINUMERIK 802D 操作编程－铣床